王克武　主编

北京市农业技术推广站　组编

现代农业技术推广

基础知识读本

XIANDAI NONGYE JISHU TUIGUANG

JICHU ZHISHI DUBEN

中国农业出版社

北　京

编 者 名 单

主　　编：王克武

副 主 编：聂　青　张丽红

参　　编：张令军　程　明　徐厚成　孟范玉　安顺伟　秦　贵
　　　　　李　凯　牛曼丽　韦　强　柯南雁　王海波　兰宏亮
　　　　　穆生奇　曹玲玲　台社红　周继华　宋慧欣　周吉红
　　　　　李仁崑　裴志超　田　满　徐　进　王铁臣　王　帅
　　　　　赵　鹤　曾剑波　李云飞　邓德江　胡晓艳　吴尚军
　　　　　宗　静　王　琼　马　欣　许永新　李　琳　聂紫瑾
　　　　　石颜通　徐　晨

前　言

　　农业技术推广是指通过试验、示范、培训、指导以及咨询服务等，把农业技术普及应用于农业产前、产中、产后全过程的活动。《中华人民共和国农业技术推广法》提出，国家扶持农业技术推广事业，加快农业技术的普及应用，发展高产、优质、高效、生态、安全农业。目前我国正处于从传统农业推广向现代农业推广过渡的阶段，随着现代农业的转型发展，农业技术推广工作中出现了很多新理念、新政策、新概念、新方法等。部分基层农业技术推广人员对工作中的新概念理解不透，掌握不够，迫切需要帮助和指导。

　　为了让广大基层农业技术推广人员对农业技术推广新理念、新政策、新概念、新方法等有更深入的理解和掌握，更好地发挥农业技术推广人员的作用，我们组织编写了《现代农业技术推广基础知识读本》，本书以概念阐述为主，并辅以测定方法或计算方法，可作为农业技术人员推广工作的参考书。本书共24章，分三部分，包括基础篇9章，作物篇9章，综合篇6章。基础篇包括土壤肥料、节水农业、植物保护、农业气象、生态农业、农业机械、农业信息化、农产品贮藏加工、农产品质量安全；作物篇包括作物育种与繁种、集约化育苗、粮食生产、油料生产、蔬菜生产、西甜瓜生产、食用菌生产、草莓生产、中药材生产，综合篇包括农业科学试验、现代农业推广、农民培训、农业政策与法规、农村发展规划、农业信息与新闻宣传。本书由北京市农业技术推广站组织编写，推广研究员王克武主编，编写人员为从事农业技术推广的专家和技术人员。编写过程中，得到了中国农业大学专家的指导和帮助，并参阅了大量高等院校教材和农业推广出版物，在此，我们对为本书出版提供支持的专家以及所有参考文献的作者深表谢意！

　　由于编著者水平有限，书中难免有错误和不妥之处，恳请批评指正。

编　者

2017 年 7 月

目 录

前言

《现代农业技术推广基础知识读本》
第一部分　基 础 篇

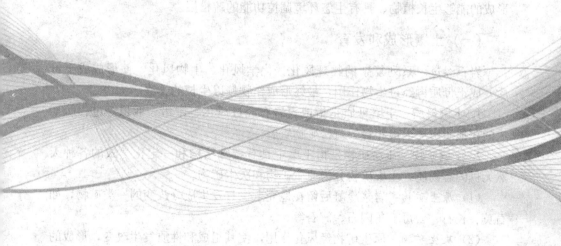

第一章 土壤肥料

土壤是地球上最宝贵的自然资源，是农业最基本的生产资料，是生态系统的重要组成部分。肥料是农业生产的物质基础，是农业可持续发展的基础。

一、土壤

土壤是指由地球表面生物、气候、母质、地形、时间等因素综合作用下所形成的能够生长植物、具有生态环境调控功能的疏松层。

(一) 土壤形成和发育

岩石经过一系列复杂的物理风化、化学风化、生物风化，便形成成土母质。成土母质再经过生物作用，最终形成作物赖以生长的土壤。

1. 土壤母质　土壤母质是指地表岩石经过风化、搬运、堆积等过程所形成的在地质历史上最年轻的疏松矿物质层。

2. 土壤矿物　土壤矿物是指土壤中具有特殊结构和一定化学式的各种天然无机固态物质。土壤矿物分为原生矿物和次生矿物。

(1) 原生矿物。岩浆冷凝后留在地壳上没有发生成分改变的一类矿物，如石英、长石、云母、角闪石、辉石等。

(2) 次生矿物。原生矿物经风化作用，使其组成和性质发生改变，形成的新矿物，主要有高岭石、蒙脱石、伊利石、氧化物等。

3. 风化作用　地壳表层的岩石在外界（大气、水分、热量和生物）因素的作用下所发生的一系列崩解和分解作用，称为风化作用。风化作用分为物理风化、化学风化和生物风化。

(1) 物理风化。地表岩石矿物因温度变化和孔隙中水的冰融以及盐类的结晶而产生的机械崩解过程称为物理风化。

(2) 化学风化。岩石在水、二氧化碳、氧气等因素作用下所发生的溶解、水化、水解、碳酸化和氧化等一系列复杂的化学变化作用称为化学风化。

(3) 生物风化。生物及其生命活动对岩石、矿物产生的破坏作用称为生物风化。

4. 土壤发育　从岩石的风化产物或堆积物经受成土因素（即母质、气候、生物、地形和时间）作用开始，经过物质与能量的转化和迁移，使土体构造发生变化，形成土壤的过程称为土壤发育。

5. 土壤年龄　是指自陆地表面相对稳定，土壤形成过程开始进行时算起，直至形成目前该类型土壤所经历的时间长度称为土壤年龄，以年计。

6. 土壤剖面　土壤剖面是指从地面向下挖掘而暴露出来的土壤垂直切面，其深度一般是指达到基岩或达到地表沉积体的一定深度。

7. 土壤发生层　土壤发生层是指土壤形成过程中成土母质发生层次分异，形成不同的土壤层次。在同一发生层，成土过程进行的淋溶、淀积、机械淋洗等作用的方式和强度基本一致，并反映在土层的形态特征上，如颜色、结构、质地、紧实度等。

（二）土壤物理性质与过程

土壤物理性质是指构成土壤的物质组成、形态以及土壤三相物质的存在状态与关系。土壤物理过程是指土壤中各项内部、三相之间以及土壤与其环境（植物、大气、地下水和地表水等）的物质和能量交换过程。

1. 土壤三相及三相关系

（1）土壤三相。土壤三相是指土壤气体、液体和固体。土壤气体（气相）主要来自大气，成分与大气接近，但土壤中氧气（O_2）比大气少，二氧化碳（CO_2）比大气多。土壤液体（液相）存在于土壤颗粒之间的空隙中，是作物生长必不可少的物质。土壤固体（固相）主要包括矿物质、有机物质和土壤小动物和微生物等。

（2）土壤三相关系。土壤中固相、液相和气相三者的数量关系称为土壤三相关系。

2. 土壤基质　土壤固相部分是土壤的骨架，一般称为土壤基质，它是保持和传导物质（水、气、溶质）和能量（热量）的介质。

（1）土壤颗粒。土壤颗粒是指岩石、矿物的风化过程及土壤成土过程中形成的碎屑物质，它是构成土壤固相的基本组成。土壤颗粒分为矿质土壤颗粒和有机土壤颗粒。土粒密度是反映土壤颗粒的基本参数。

土粒密度是指土壤固相密度或土粒平均密度。绝大多数矿质土壤土粒密度在 $2.6 \sim 2.7$ g/cm³，一般取平均值 2.65g/cm³。

（2）土壤质地。土壤质地是指土壤中各粒级占土壤重量的百分比组合，土壤质地分为沙土、壤土和黏土 3 类。

（3）土壤容重。土壤容重是指土壤在自然结构的状况下，单位体积土壤的烘干重，以 g/cm^3 来表示。土壤容重的大小与土壤质地、结构、有机质含量和土壤紧实度等有关。土壤容重测定一般采用环刀法。

（4）土壤孔隙。在土粒与土粒、土团与土团、土团与土粒之间互相支撑，构成弯弯曲曲、粗细不同和形状各异的各种间隙，这些间隙通常称为土壤孔隙。

土壤孔隙度是指土壤孔隙占土壤总体积的百分比。土壤孔隙度一般为50%左右；松散土壤可高至65%；紧实土壤可低至35%。土壤总孔隙度（%）＝100×（1－容重/比重）。土壤孔隙比是指土壤中孔隙的容积与土粒容积的比率。

3. 土壤水分　土壤水分是指存在于土壤颗粒表面和颗粒间孔隙中的水分。土壤含水量是表征土壤水分状况的指标，又称土壤含水率、土壤湿度等。土壤含水量通常采用质量含水量和容积含水量两种表示方法。土壤含水量常用测定方法有烘干法、中子法和TDR法。

4. 土壤气体　土壤气体是指土壤中各种气体的总称，在土壤中的存在状态以土壤孔隙中自由态空气为主，其活性强，能溶于土壤水和被土粒所吸附。土壤气体对流是指土壤与大气间由总压力梯度推动的气体的整体流动，土壤与大气间的对流总是由高压区流向低压区。土壤气体扩散是指在土壤气体的组成中，CO_2 的浓度高于大气，而 O_2 的浓度低于大气，在浓度梯度的作用下，驱使 CO_2 气体分子不断从土壤中向大气扩散，同时使 O_2 分子不断从大气向土壤气体扩散。

5. 土壤热量　土壤热量是指土壤热力系统与外界之间依靠温差传递的能量。土壤热性质是指影响热量在土壤中的保持、传导和分布的土壤性质，包括土壤热容量、土壤导热率和土壤热扩散率三个参数。土壤温度是指土壤热量的量度，它在土壤中的分布和变化是土壤热状况的反映，土壤温度一般用土壤温度计测量。

6. 土壤力学　土壤力学性质包括黏结性、黏着性、可塑性等。土壤黏结性是指土粒与土粒之间由于分子引力而相互黏结在一起的性质。土壤黏着性是指土壤在一定含水量的情况下土粒黏着外物表面的性能。土壤可塑性是指土壤在一定含水量时，在外力作用下能成形，当外力去除后仍能保持塑形的性质。

7. 土壤颜色　土壤颜色是指土壤表面光照反射的色光所组成的混合色，在一定程度上反映了土壤的主要化学组分和土壤的水热状况，可作为鉴别土壤肥沃程度的指标。

8. 土壤磁性　土壤磁性是指土壤中各种成分，尤其是含铁矿物的磁性的综合表述，常以磁化率、自然剩磁等表示。

（三）土壤化学性质与过程

土壤化学性质是指组成土壤的物质在土壤溶液和土壤胶体表面的化学反应及与此相关的养分吸收和保蓄过程所反映出来的基本性质；土壤化学过程是指土壤中的两个或多个化合物、单质之间产生化学反应的过程。土壤化学性质和化学过程是影响土壤肥力水平的重要因素之一。

1. 土壤胶体 土壤胶体是指土壤中高度分散的固体颗粒，微粒直径在 1～100nm。土壤胶体一般分为无机胶体、有机胶体和有机无机复合体。土壤无机胶体是指土壤中由黏土矿物等无机物形成的胶体物质；土壤有机胶体是指土壤中具有明显胶体特性的高分子有机化合物；有机无机复合体是指无机胶体与有机胶体通过表面分子缩聚、阳离子桥接及氢键合等作用联结在一起的复合体。

2. 土壤溶液 土壤溶液是指土壤水分及其所含溶质、悬浮物与可溶性气体的总称。土壤电导率指土壤导电能力的强弱。土壤电导率是测定土壤水溶性盐的指标，而土壤水溶性盐是判定土壤中盐类离子是否限制作物生长的因素。土壤中可溶性盐浓度用 EC 值表示。正常的 EC 值范围在 1～4mmhos/cm（或 mS/cm）。EC 值过高，可能会形成反渗透压，将根系中的水分置换出来，使根尖变褐或者干枯。一般采用土壤 EC 计测定。

3. 土壤酸碱性 土壤酸碱性是指土壤溶液中 H^+ 浓度和 OH^- 浓度比例不同而表现出来的酸碱性质。土壤酸碱性的强弱，常以酸碱度来衡量，一般用 pH 表示。土壤溶液中 H^+ 浓度大于 OH^- 浓度，土壤呈酸性；土壤溶液中 OH^- 浓度大于 H^+ 浓度，土壤呈碱性。测定采用电位法或比色法（农业行业标准 NY/T 1377—2007）。

土壤学常常根据土壤的 pH，将土壤的酸碱性分为若干级（表 1-1）。

表 1-1 土壤酸碱度的分级

土壤 pH	<4.4	4.5～4.9	5.0～6.4	6.5～7.5	7.6～8.5	8.6～9.5	>9.6
级别	极强酸性	强酸性	酸性	中性	微碱性	强碱性	极强碱性

4. 土壤氧化还原性 土壤氧化还原性是指土壤中各种可传递电子的物质在动态变化或平衡时所表现的性质，是影响土壤肥力与植物生长的重要因素。因土壤溶液中氧化态物质和还原态物质的浓度关系而产生的电位称为土壤氧化还原电位（Eh）。通常把 300mV 作为土壤氧化还原状况的分界线，$Eh>$ 300mV 时土壤呈氧化状态，<300mV 时土壤呈还原状态，Eh 过高或过低都对植物生长不利。

5. 土壤缓冲性　狭义的土壤缓冲性是指土壤中加入酸性或碱性物质后，土壤具有抵抗变酸或变碱而保持 pH 稳定的能力。广义上而言，土壤是一个巨大、复杂的缓冲体系，不仅对酸、碱具有缓冲性，对营养元素、污染物质、氧化还原物质同样具有缓冲性，具有抗衡外界环境变化的能力。

（四）土壤生物化学过程

土壤生物化学过程是指土壤生物直接或间接参与土壤物质转化、养分循环等生物化学反应的过程。

1. 土壤生物　土壤生物包括土壤微生物、动物和植物根系。土壤生物是土壤具有生命力的主要成分，在土壤形成和发育过程起主要作用。土壤生物的数量依不同情形用不同的方法表示，如个体数量、菌丝长度、组分含量。土壤微生物是指生活在土壤中的微生物，一般包括细菌、放线菌、真菌、藻类、原生动物、病毒及类病毒。土壤动物是指一段时间内定期在土壤中度过而对土壤具有一定影响的动物。

2. 根际　根际是指存活的植物根系显著影响的土壤区域，根际土壤与非根际土壤在物理、化学和生物学特性上有明显的不同。根系分泌物是指植物生长过程中通过根系释放到介质中的有机物质以及无机离子 H^+、K^+ 等物质。它是植物根系在生命活动过程中向外界环境分泌的各种有机化合物的总称。

3. 土壤酶　土壤酶是指土壤中的聚积酶，包括游离酶、胞内酶和胞外酶，主要来源于土壤微生物的活动、植物根系分泌物和动植物残体腐解过程中释放的酶，是一类具有催化能力的生物活性物质。

4. 土壤有机质　土壤有机质是指土壤中含碳的有机化合物，是由植物残体、动物、微生物残体、排泄物和分泌物、各种有机肥料等物质经过土壤微生物分解后重新形成的物质。土壤有机质可分为腐殖质部分和非腐殖质部分。土壤有机质数量可以用土壤有机碳含量、土壤有机质含量、土壤碳素储量以及土壤碳密度表示。一般用重铬酸钾容量法（GB 9834—1988）、灼烧法等测定。

5. 矿化作用　矿化作用是指有机物质进入土壤后，在微生物的作用下分解成水和 CO_2，并释放出其中的矿质养分和能量的过程。实际上就是微生物将复杂有机物分解为简单无机化合物和能量的过程。土壤腐殖质的形成过程称为腐殖化作用，腐殖化作用是一系列极端复杂过程的总称，其中主要的是由微生物为主导的生物和生物化学过程，还有一些纯化学反应。

6. 土壤氮素　土壤氮素主要来源于大气中和土壤气体中分子氮的生物固定、雨水和灌溉水带入的氮以及使用有机肥和化学肥料带入的氮。土壤中氮素形态可分为无机态和有机态两大类，土壤气体中存在的气态氮一般不计算在土

壤氮素之内。土壤中氮的含量范围为 0.02%～0.50%。

7. 土壤磷素 土壤中的磷包括土壤有机磷和土壤无机磷。我国大多数土壤的含磷量（0～20cm 表层土）变动在 0.04%～0.25% 之间，不同土壤类型变幅很大。土壤中的磷酸盐或施入的无机磷肥随土壤酸度和氧化还原条件变化而发生转化，无机态磷可转化为有机态磷，有机态磷经微生物分解作用转化成无机态磷或难溶性磷。易溶性磷和难溶性磷经常处于相互转化的动态平衡过程。

8. 土壤钾素 土壤中钾的含量远远高于氮和磷，大体上是全磷和全氮量的 10 倍，总体平均约为 3%。根据土壤钾的活动性，土壤钾可分为水溶性钾、交换性钾、非交换性钾和结构钾。从植物营养角度土壤钾可分为速效性钾、缓效性钾和矿物钾。

二、土壤管理

（一）土壤分类

土壤分类是指建立一个符合逻辑的多级系统，每一个级别中可包括一定数量的土壤类型，将有共性的土壤划分为同一类，即根据土壤形成条件、成土过程、土体构型、土壤属性和特征对土壤进行分门别类。

1. 单个土体 单个土体是土壤这个空间连续体在地球表层分布的最小体积，即是一种能代表个体土壤最小体积的土壤，其延伸范围应大到足以研究任何土层的本质，人为假设其平面的性状近似六角形。

2. 土壤个体（聚合土体） 土壤个体是在自然景观中以其位置、大小、坡度、剖面形态、基本属性和具有一定其他外观特征的三维实体，包括多于一个单个土体的原状土壤体积。

3. 土壤诊断层 土壤诊断层是用于识别土壤分类单元，在性质上有一系列定量说明的土层。土壤诊断特征是指具有定量说明的土壤特性。

4. 中国土壤分类系统 《中国土壤分类系统》从上到下共设土纲、亚纲、土类、亚类、土属、土种和亚种 7 级分类单元。其中土纲、亚纲、土类、亚类属高级分类单元，土属为中级分类单元，土种为基层分类的基本单元，以土类、土种最为重要。

5. 土壤地带性 在土壤成土因素中，生物、气候以及地质因素都具有特定的地理规律性，因此土壤类型在地理空间的分布与组合也必然呈现有规律的变化，这就是土壤分布的地理规律，亦即土壤分布的地带性。包括土壤纬度和经度地带性、垂直地带性和区域地带性。

6. 非地带性土壤 非地带性土壤主要包括潮土、草甸土、盐碱土、人为土等。

潮土：河流沉积物受地下水影响，并经长期旱耕而形成的一类半水成土。由于土壤地下水位较浅，毛管水前锋能达到地表而具有"夜潮"现象，故称为潮土。

草甸土：在冷湿条件下，直接受地下水浸润并在草甸植被下发育的土壤。

盐碱土：土壤中含有可溶性盐类，而且盐分浓度较高，对植物生长直接造成抑制作用或危害的土壤。盐碱土一般又称为盐渍土，是盐土和碱土的总称。

人为土：在长期人为生产活动下，通过耕作、施肥、灌溉、排水等，改变了原来土壤在自然状态下的物质循环与迁移累积，促使土壤性状发生明显的变化，同时又具备了可用于鉴别的新的发生层段与属性，从而成为一种新的土壤类型，如水稻土。

（二）土壤调查

土壤调查包括土壤特征的描述、土壤分类、土壤解译和土壤制图，是研究土壤资源，以便充分、合理、持续可利用土壤资源的最为必要、最为基本的手段。依据土壤调查的目的和任务，分为基本土壤调查和专项土壤调查；依据调查的精度和详细程度，可分为概查和详查。

1. 基本土壤调查与专项土壤调查 基本土壤调查是指依照统一的土壤分类系统进行调查，研究土壤的类型、分布、基本性状编制出具有一定规格和标准的土壤图。专项土壤调查是指针对土壤某一属性而进行的调查。

2. 土壤概查与土壤详查 土壤概查是指对一个较大区域，如大流域或省、地区一级行政区域的土壤资源作概括性的了解，概查的特点是地区广，综合性强。土壤详查是指对某一小区域，如县、乡、农场等生产单位，或小流域范围的土壤所进行的比较详细的了解。

3. 制图比例尺 制图比例尺是指土壤调查制图一条线段的长度与地面相应线段的实际长度之比。不同比例尺制图，反映不同的调查精度和工作量，通常在土壤调查与制图上将比例尺划分为5种，即详细比例尺、大比例尺、中比例尺、小比例尺和复合比例尺。

4. 制图规范 制图规范是指为了保证成图的质量符合精度要求而制定的各项制图技术指标的总称。

5. 土壤地理信息系统 土壤地理信息系统是指系统地储存、管理、分析土壤数据及与土壤形成、特性相关的辅助信息的专题地理信息系统，简称 GIS。

（三）土壤肥力与调控

土壤肥力是指土壤能经常适时供给并协调植物生长所需的水分、养分、空气、湿度、支撑条件和无毒害物质的能力，是土壤各种理化性质的综合反映。

1. 自然肥力与人工肥力 自然肥力是指土壤在自然成土因素（气候、生物、母质、地形和年龄）的综合作用下形成的肥力，是自然成土过程的产物。人工肥力是指土壤在人为因素（耕作、灌溉、施肥及其他技术措施）作用下形成的肥力。

2. 有效肥力与潜在肥力 因土壤性质、环境条件和技术水平的限制，只有其中一部分能在当季作物生产中表现出来，产生经济效益，这一部分肥力叫做有效肥力；还有一部分没有直接反映出来的肥力叫做潜在肥力。

3. 土壤生产力 土壤生产力是指土壤的生产能力的高低，可由单位面积土壤上的粮食产量或经济效益来评价。

4. 土壤耕性 土壤耕性是指在耕作过程中土壤各种性质的综合反映及在耕作后土壤外在形态的表现，包括耕作的难易程度、耕作质量的好坏、土壤宜耕期的长短。

5. 土壤改良 针对土壤的不良质地和结构，采取相应的物理、生物或化学措施，改善土壤性状，提高土壤肥力，增加作物产量，以及改善土壤环境的过程称为土壤改良。土壤改良一般分为质地改良和结构改良两种。

（1）质地改良。土壤质地过沙或过黏，不利于作物生长，可通过客土法、土层混合、引洪淤积、培肥土壤等改良土壤的措施进行土壤改良。

（2）结构改良。在农业生产实践中通过精耕细作、多施有机肥、合理轮作倒茬、合理灌溉、晒垡、冻垡、施用石灰石膏及应用土壤结构改良剂等改善土壤结构的措施，称为土壤结构改良。

6. 土传病害 土传病害是指病原体如真菌、细菌、线虫和病毒等随病残体生活在土壤中，在条件适宜时从作物根部或茎部侵害作物而引起的病害。侵染病原包括真菌、细菌、放线菌、线虫等。其中以真菌为主，分为非专性寄生与专性寄生两类。

7. 连作障碍 连作障碍是指同一作物或近缘作物频繁连续种植后，即使在正常管理情况下，也会导致作物生长发育不良，产量降低、品质变劣，土传病虫害增多、土壤养分亏缺等现象。

8. 土壤消毒 用化学制剂、加热或蒸汽处理土壤，达到杀死其中病原菌及有害昆虫或破坏其中含有的毒性物质的措施称为土壤消毒。

（四）土壤质量与退化

1. 土壤质量　土壤质量是指土壤在生态系统中保持生物的生产力、维持环境质量、促进动植物健康的能力。土壤质量由土壤肥力质量、土壤环境质量和土壤健康质量三个要素构成共同维持平衡（图1-1）。

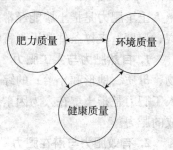

图1-1　土壤质量的构成

2. 土壤退化　土壤退化是指土壤数量减少和质量降低。数量减少可以表现为表土丧失或整个土体的毁失或土地被非农业占用。质量降低表现在土壤物理、化学和生物学方面的质量下降。根据我国实际情况，将我国土壤退化分为土壤侵蚀、土壤沙化、土壤盐化、土壤污染、土壤性质恶化、耕地非农业占用6个类型。

3. 土壤沙化与荒漠化　土壤沙化是指因风蚀、土壤细颗粒物质丧失或外来沙粒覆盖原有土壤表层，造成土壤质地变粗的过程。荒漠化是指在气候变化和人类活动等各种因素作用下，干旱、半干旱和亚湿润干旱区的土壤生产力下降或丧失的现象。

4. 土壤侵蚀　土壤侵蚀是指土壤在水力、风力、重力等外力作用下被分散、剥离、搬运和沉积的过程。地球表面均遭受不同程度的侵蚀。

5. 水土流失　水土流失是指由水力、风力、重力等作用造成水土资源和土地生产力的破坏和损失。

6. 土壤盐渍化　土壤盐渍化是指易溶性盐在土壤表层积累的现象或过程。土壤盐渍化分为盐化和碱化两个过程。

7. 土壤潜育化　土壤潜育化是指土壤处于饱和、过饱和地下水的长期浸润状态下，在1m内的土体中某些层段$Eh<200mV$，并出现铁、锰还原而生成灰色斑纹层或腐泥层或青泥层或泥炭层的土壤形成过程。

8. 土壤污染　土壤污染是指人类活动所产生的污染物，通过不同的途径进入土壤，其数量和速度超过了土壤容纳能力和净化速度的现象。土壤污染可使土壤的性质、组成及形状等发生变化，使污染物的积累逐渐破坏土壤的自然动态平衡，从而导致土壤自然功能失调，土壤质量恶化，影响作物的生长发育，以致造成产量和质量的下降。

9. 土壤养分退化　土壤养分退化是指由于过度垦殖、重化肥轻有机肥、种地忽视养地，土壤有机质匮乏而导致养分状况失衡，土壤养分长期的低投入、高产出造成土壤肥力下降的现象。

三、肥料

凡能直接供给植物生长发育所必需养分、改善土壤性状以提高植物产量和品质的物质，统称为肥料。依据肥料的性质和来源不同可分为有机肥料和无机肥料。

（一）有机肥料

有机肥料是指主要来源于植物和动物，施入土壤以提供植物营养为主要功能的含碳物料，按其来源、特性和积制方法可分为粪尿肥、堆沤肥、绿肥和杂肥四类。粪尿肥包括人粪尿、畜粪尿、禽粪等。堆沤肥包括堆肥、沤肥以及沼气发酵肥等。利用植物绿色体作肥料的都称为绿肥。

商品有机肥料是以畜禽粪便、动植物残体等富含有机质的副产品资源为主要原料，经发酵腐熟后制成的有机肥料。按组成成分可分为精制有机肥料、有机无机复混肥料、生物有机肥料；按原料来源可分为畜禽粪便有机肥、农作物发酵有机肥、腐殖酸有机肥、废渣有机肥和海藻有机肥等。商品有机肥料必须符合国家相关标准，如 GB/T 18877—2009。

（二）化学肥料

化学肥料是指利用化学和（或）物理方法人工制成的含有一种或几种农作物生长需要的营养元素的肥料。肥料利用率是指当季作物从所施肥料中吸收的养分数量占该肥料中养分总量的百分率，也可称为肥料回收率或利用系数，一般用肥料投入与产出比例来定义。肥料利用率（%）＝（施肥区植物吸收的养分量－不施肥区植物吸收的养分量）×100/施肥量。

1. 氮肥 氮肥是指含有作物营养元素氮的化肥。一般根据肥料中氮素化合物的形态可分为铵态氮肥、硝态氮肥和酰胺态氮肥 3 种类型。铵态氮肥有液体氨、氨水、碳酸氢铵、硫酸铵和氯化铵等；硝态氮肥有硝酸钠、硝酸钙、硝酸铵和硝酸钾等；酰胺态氮肥有尿素，是目前氮肥的主要品种。

2. 磷肥 磷肥是指含有作物营养元素磷的化肥。常用的水溶性磷肥有普通过磷酸钙、重过磷酸钙和磷酸铵。磷肥利用率是指当季作物从所施磷肥中吸收的磷素数量占该磷肥中磷素总量的百分率。磷在土壤中移动性小，当季利用率一般为 10%～25%，残留在土壤中可为后茬作物吸收利用，表现出明显的后效或残效。

3. 钾肥 钾肥是指含有作物营养元素钾的化肥，常用的化学钾肥有氯化钾和硫酸钾两种。钾肥利用率是指当季作物从所施钾肥中吸收的钾素数量占该钾肥中钾素总量的百分率。与土壤供钾能力、作物种类、施用技术和气候条件等因素有关。北方土壤供钾能力较强，钾肥效果较差，利用率一般为5%～20%。

4. 微肥 微肥是指含有微量元素养分的肥料，如硼肥、锰肥、铜肥、锌肥、钼肥、铁肥、氯肥等，可以是含有一种微量元素的单纯化合物，也可以是含有多种微量和大量营养元素的复合肥料和混合肥料。微肥的施用方法包括拌种、浸种、蘸秧根和叶面喷施。

5. 复混肥料 复混肥料是指氮、磷、钾 3 种养分中，至少有两种养分标明量的肥料，按制作方法或生产工艺可分为复合肥料和混合肥料两大类。

复合肥料：由化学方法制成的肥料如磷酸铵等，是复混肥料的一种。

混合肥料：以单质化肥或复合肥料为基础肥料，通过机械混合而成的肥料，工艺流程以物理过程为主。

6. 缓释肥料和迟效肥料 缓释肥料又称缓效肥料或控释肥料，其肥料中含有养分的化合物在土壤中释放速度缓慢或者养分释放速度可以得到一定程度的控制以供作物持续吸收利用。迟效肥料是指养分需要分解、转化才能被植物吸收利用的肥效慢的肥料，包括绝大部分的有机肥料和少数无机肥料。

7. 生理酸性肥料和生理碱性肥料 生理酸性肥料是指由于作物吸收化学氮肥中的阴阳离子数量不相等，当吸收阳离子多于阴离子时，使土壤酸化的肥料，如硫酸铵。生理碱性肥料是指某些肥料由于作物吸收其中阴离子多于阳离子而在土壤中残留较多的阳离子，使土壤碱性提高的肥料，如硝酸钠。

8. 叶面肥料 叶面肥料是指以叶面吸收为目的，将作物所需养分直接施用叶面的肥料。

（三）微生物肥料

微生物肥料是指一类含有活的微生物并在使用中能获得特定肥料效应能增加作物产量或提高品质的生物制剂。微生物肥料与化学肥料配合施用，可提高化肥利用率。此类肥料种类较多，在农业生产中应定位为辅助性肥料。可分为微生物菌剂、复合微生物肥料和生物有机肥三类。

1. 微生物菌剂 微生物菌剂是指有效菌经过工业化生产扩繁后，利用吸附剂（如草炭、蛭石），吸附菌体的发酵液加工制成的活菌制剂。

2. 复合微生物肥料 复合微生物肥料是指特定微生物与营养物质复合而

成，能提供、保持或改善植物营养，提高农产品产量或改善农产品品质的活体微生物制品。

3. 生物有机肥 生物有机肥是指特定功能微生物与主要以动植物残体（如畜禽粪便、农作物秸秆等）为来源并经无害化处理、腐熟的有机物料复合而成的一类兼具微生物肥料和有机肥效应的肥料。

四、植物营养

植物营养是指植物体从外界环境中吸取其生长发育所需的养分，并用以维持其生命活动。

植物营养学是指研究植物对营养物质的吸收、运输、转化和利用规律及植物与外界环境之间营养物质和能量交换的科学。

（一）必需营养元素

必需营养元素是指植物正常生长发育所必需而不能用其他元素代替的植物营养元素。根据植物需要量的多少，必需元素又分为大量营养元素、中量营养元素和微量营养元素。

确定必需营养元素的 3 个断定标准：一是这种化学元素对所有高等植物的生长发育是不可缺少的；二是缺乏这种元素后，植物会表现出特有的症状，而且其他任何一种化学元素均不能代替其作用，只有补充这种元素后症状才能减轻或消失；三是这些元素必须直接参与植物的新陈代谢，对植物起直接的营养作用。

（二）植物的根部营养

根系是植物吸收养分和水分的主要器官。根系吸收养分的过程一般包括以下 4 个过程：养分由土体向根表的迁移；养分从根表进入根内自由空间，并在细胞膜外表面聚集；养分跨膜进入原生质体；养分由根部运输到地上部。

1. 土壤养分向根部的迁移

（1）截获。养分在土壤中不经过迁移，而是根系在生长过程中直接从与根系接触的土壤颗粒表面吸收养分，类似于接触交换，这种方式称为截获。

（2）质流。植物的蒸腾作用和根系吸水造成根表土壤与土体之间出现明显的水势差，土壤水分由土体向根表流动，土壤溶液中的养分随着水流向根表迁移，称为质流。

（3）扩散。当根系截获和质流不能向植物提供足够的养分时，在根系表面出现一个养分耗竭区，使得土体与根表产生了一个养分浓度梯度，养分就沿着这个养分浓度梯度由土体向根表迁移，被称为养分的扩散作用。

2. 养分的吸收过程　分子或离子通过简单扩散或蛋白质介导的养分吸收进行的吸收过程称为被动吸收。植物细胞逆浓度梯度，消耗代谢能量，有选择性的吸收养分过程称为主动吸收。

3. 根系吸收养分向地上部运输　根系吸收的养分穿过皮层进入木质部导管，然后再向上运输，包括短距离运输和长距离运输两个过程。

（三）植物营养特性

1. 植物营养的多样性　在长期的进化与适应过程中，植物都形成了自己的营养特性。除了 17 种必需的营养元素外，有的植物要吸收一些有益元素，有的会吸收和积累一些非必需甚至有害的元素；各种植物对必需营养元素的吸收能力和需求都有明显的差异。

2. 植物营养的阶段性

（1）作物营养临界期。作物在生长发育过程中，常有一个时期对某种养分的要求在绝对数量上并不多，但需要的程度却很迫切。此时如果缺乏这种养分，作物生长发育就会受到明显的影响，而且由此造成的损失，即使在以后补施这种养分也很难恢复或弥补，这一时期称为作物营养临界期。

（2）营养最大效率期。在作物生长过程中，有一个时期作物吸收养分速度最快，吸收绝对数量最多，施肥的增产效率也最高，这一时期称为营养最大效率期。

3. 植物营养与根系特性　植物根系有 3 个重要功能，即将植物固定在土壤中，吸收和运输水分及养分，合成植物激素和其他有机物质。

（四）植物的氮素营养

1. 植物体内氮含量、分布和种类　植物体内的氮（N）含量约为干重的 $3\sim50g/kg$，植物含氮量取决于植物种类、品种、器官组织、生长时期、环境条件等多种因素。一般而言，氮含量种子＞叶＞根＞茎，植物体内氮大量以有机化合物和少量无机盐的形式存在。

2. 植物对氮的吸收与同化　植物主要吸收铵态氮、硝态氮、酰胺态氮，少量吸收其他低分子态的有机氮。植物一般主动吸收硝态氮，代谢作用显著影响硝态氮的吸收。

3. 植物氮营养失调症状　植物缺氮时，地上部和地下部生长减慢，植株

矮小，瘦弱，植物的分蘖或分枝减少。叶片均匀地、成片地转为淡绿色，浅黄色乃至黄色。相反，供氮过多时，植株徒长，贪青晚熟，易于倒伏。氮素失调最终造成作物减产和品质降低。

（五）植物的磷素营养

1. 植物体内磷含量、分布和种类 植物体内磷（P_2O_5）的质量分数一般占其干物重的 $2\sim11g/kg$，大部分以有机态磷的形式存在。植物含磷量因作物种类、不同生育时期和不同器官而异，通常油料作物＞豆科作物＞禾本科作物，生育前期高于生育后期，幼嫩器官高于衰老器官，繁殖器官高于营养器官。

2. 植物体内磷的生理功能 磷是作物体内重要有机化合物的组分，能加强光合作用和糖类的合成和运转，促进氮素的代谢和脂肪代谢，提高作物对外界环境的适应性。

3. 植物磷营养失调症状 缺磷时，植物生长发育迟缓、矮小、瘦弱，在一些作物如玉米、大豆、油菜和甘薯等茎叶上会呈现紫红色斑点或条纹；缺磷严重时叶片枯死脱落。禾谷类作物分蘖延迟或不分蘖。磷素过量供应时，谷类作物无效分蘖增多，空瘪粒增加，叶片肥厚而密集，繁殖器官过早发育，茎叶生长受到抑制，产量降低。

（六）植物的钾素营养

1. 植物体内钾含量和分布 植物体中钾（K_2O）含量通常占干物质重的 $3\sim50g/kg$，钾在植物体内主要以阳离子态存在。植物体含钾量因植物种类、器官而异，喜钾植物如烟草、马铃薯等含钾量较高；一般禾谷类作物种子含钾量较低，茎秆中含钾量较高，薯类作物块根和块茎含钾量高；植物幼嫩部分含钾量高于衰老组织。

2. 植物体内钾的生理功能 植物体内钾能增强光合作用和光合产物的运输，激活酶的活性，促进糖和脂的代谢，促进蛋白质合成，参与细胞渗透压调节和气孔开闭调控，增强植物的抗逆性。

3. 植物钾营养失调症状 缺钾时通常是老叶的叶缘先发黄，进而变褐，焦枯似灼烧状，叶片上出现褐色斑点或斑块，叶片皱缩或卷曲，钾的过量供应会抑制植物对镁、钙的吸收，出现钙、镁缺乏症。

（七）植物的中量元素营养

1. 植物的钙素营养

（1）植物体内钙含量和分布。植物钙含量一般为 $1\sim50g/kg$，通常豆科植物、甘蓝、番茄等双子叶植物需钙较多；植物体内钙主要分布在茎叶中，老叶含量比嫩叶多，地上部高于根部。

（2）植物体钙的生理功能。植物体内钙能稳定细胞膜和细胞壁，保持细胞的完整性；能促进细胞的伸长和根系生长，参与第二信使传递，对多种酶起活化作用；可调节渗透作用。

（3）植物钙素营养失调。植物缺钙时，新叶叶尖、叶缘黄化，窄小畸形成粘连状，展开受阻，叶脉皱褶，叶肉组织残缺不全并伴有焦边；顶芽黄化甚至枯死，根尖坏死，根系细弱；果实顶端易出现凹陷状黑褐色坏死。尚未见到钙营养过剩症状。

2. 植物的镁素营养

（1）植物体内镁含量和分布。一般作物镁含量约占干重的 $1\sim6g/kg$。植物体内镁一般以种子中含量最高，茎叶次之，根最少。

（2）植物体内镁的生理功能。镁是叶绿素分子中重要的金属元素，是酶的活化剂，由镁活化的酶已知有 30 多种，镁还参与蛋白质和核酸合成。有利于能量释放，促进磷酸化作用。

（3）植物镁素营养失调症状。植物缺镁通常是中、下位叶肉退绿黄化，大多发生在生育中后期，尤以果实形成后多见。不同作物缺镁症状各异。田间条件下尚未见到镁营养过剩症状。

3. 植物的硫素营养

（1）植物体内硫含量和分布。植物含硫量为干重的 $1\sim5g/kg$，平均约 $2.5g/kg$。十字花科植物、百合科植物以及豆科植物需硫量较多。植物体内硫主要分布在茎叶中，籽粒及根中含量较低。

（2）植物体内硫的生理功能。硫是植物体内蛋白质和酶的组分，参与氧化还原反应，同时还是植物体内某些挥发性物质的组分；硫可以减轻重金属离子对植物的毒害。

（3）植物硫素营养失调症状。植物硫素营养失调以硫营养缺乏为主，但空气中二氧化硫浓度过高也会对地上部分产生毒害症状。缺硫时一般表现为幼芽生长受到抑制、黄化，新叶失绿呈亮黄色，一般不坏死；茎叶、分蘖、分枝少。

（八）植物的微量元素营养

植物所需的微量元素有铁、锰、铜、锌、硼、钼和氯。植物体内硼含量一般为 $2\sim100mg/kg$（干重），锌含量一般为 $25\sim100mg/kg$（干重），钼含量一般 $0.1\sim300mg/kg$（干重），锰含量多为 $20\sim100mg/kg$（干重），铜含量为

2～20mg/kg（干重），铁含量为 100～300mg/kg（干重），氯含量为0.2%～2%。

（九）植物的有益元素营养

一些营养元素对某些作物的生长发育具有良好的刺激作用，或者是某些植物种类、在某些特定条件下所必需，但并不是所有植物所必需的，故称为有益元素。如硅元素。

（1）植物体内硅含量和分布。植物因种类不同，硅的含量各异。硅以单硅酸形态被植物吸收，但植物体内的硅，几乎都是以硅胶形态存在，硅胶一经沉淀很难移动。

（2）植物体内硅的生理功能。植物体内硅可以促进糖类的合成和运转，提高对病虫的抗性。硅能提高多种植物对铁、锰的能耐受力，并能抑制水稻对锗、砷等的吸收，从而减少这些物质对作物生长的不良影响。

（3）植物硅素营养失调症状。水稻缺硅时叶片和谷壳上有褐色斑点，叶片下披成"垂柳叶"状；麦类缺硅遇寒流时下部叶片发生下垂，甚至茎叶枯萎；黄瓜缺硅时在生殖生长阶段新展叶片畸形，花粉受精能力低，易感染白粉病和萎蔫病；番茄缺硅时，第一花絮开花期生长点停止生长，新叶畸形，叶片失绿黄化，下位叶枯死，花粉败育，开花而不受孕。

五、科学施肥

当土壤里不能提供作物生长发育所需的营养时，对作物进行人为的营养元素补充的行为称为施肥。科学施肥是指在充分了解土壤养分状况的基础上应用现代先进的施肥技术和方法，使施肥定量化、科学化，最大限度提高作物产量和效益。

（一）基本原理

1. 养分归还学说　植物从土壤中吸收养分，每次收获必然要从土壤中带走某些养分，使土壤中养分减少，土壤贫化。要维持地力和作物产量，就要归还植物带走的养分。

2. 最小养分律　最小养分律是指植物的产量由相对含量最小的养分所支配的定律。最小养分是指相对作物而言，土壤中相对含量最少而非绝对含量最少的养分。它是决定作物产量高低的制约因素。最小养分对于科学施肥来说应该是首先补充的养分。木桶定律告诉我们施肥要有针对性。

3. 限制因子律 限制因子律的含义是增加一个因子的供应，可以使作物生长增加，但在遇到另一个生长因子不足时，即使增加前一个因子，也不能使作物增产，只有缺少的因子得到满足，作物产量才能继续增长。

4. 报酬递减律 随着施肥量的增加作物总产量在增长，但随着施肥量的增加，单位肥料的增产量却逐渐减少。实质上反映了肥料投入、产出的关系。

（二）施肥用量

1. 养分丰缺指标法 根据校验研究所确定的"高""中""低"等指标等级确定相应的施肥量。在取得土壤测定结果后，将测定值与该养分的分级标准相比较，以确定测试土壤的等级，根据等级确定施肥量。

2. 肥料效应函数法 在试验设计的基础上，用田间试验资料拟合肥料效应方程，通过肥料效应方程可以计算出理论最高产量、最高产量施肥量、经济最佳施肥量等。

3. 养分平衡法 养分平衡法也称目标产量法，是以实现作物目标产量所需养分量与土壤供应养分量的差额作为施肥的依据，以达到养分收支平衡的目的。

4. 营养诊断法 利用生物、化学或物理等测试技术，分析研究直接或间接影响作物正常生长发育的营养元素丰缺、协调与否、从而确定施肥方案的施肥技术手段称为营养诊断法。

（三）施肥时期

1. 基肥 基肥也称底肥，它是在作物播种或定植前结合土壤耕作所施的肥料。

2. 种肥 种肥是在作物播种时或移栽时施于距离种子或秧苗比较近的肥料。特点是用量少，见效快。

3. 追肥 追肥是作物生长期内施用的肥料。特点是施用及时，抓住关键时期，肥料应选速效肥，一般用量较大。

（四）施肥方法

施肥方法包括土壤施肥、茎叶施肥和灌溉施肥等。

1. 土壤施肥 土壤施肥是指将肥料施于土壤由植物根系吸收的一种施肥方法，主要分为撒施和集中施肥。

（1）撒施。在播种或定植前，将肥料撒施于田面，然后通过翻耕将肥料与土壤混合均匀。或在降水或灌溉前将速效性肥料撒施于田中，让肥料随水渗入土中。

（2）集中施肥。集中施肥一般分为穴施、条施、带施和沟施。

2. 茎叶施肥　将肥料配成溶液，喷洒在作物的茎叶上，靠叶片和幼嫩枝条吸收，称为茎叶喷肥或根外追肥。

3. 灌溉施肥　将肥料溶于灌溉水中，随着灌溉水将肥料施入土壤或生长介质。

六、植物营养研究方法

1. 田间试验法　在田间条件下研究植物营养及其行为规律、供应状况和调控方法，称为植物营养田间研究。田间试验能比较客观地反映农业实际，所得的结果对生产更有实际和直接的指导意义。

2. 生物模拟法　生物模拟法是借助盆钵、培养盒（箱）等特殊的装置种植植物进行植物营养的研究方法。优点是便于调控水、肥、气、热和光照等因素，有利于开展单因子研究。盆栽试验常用的有土培法、沙培法和营养液培养法。

3. 化学分析法　化学分析法是研究植物、土壤、肥料体系内营养物质的含量、分布与动态变化的必要手段，常需要和其他研究方法结合起来进行研究。

4. 数量统计法　数量统计法是以概率论为基础，研究试验误差出现的规律性，从而确定误差的估计方法。

5. 核素技术法　核素技术法是利用放射性和稳定性同位素的示踪特性，追踪它们的变化以揭示物质运动的规律。应用核素技术可深入了解植物营养及其体内代谢的实质。

6. 酶学诊断法　了解植物体内某种酶的活动变化，以反映植物的营养状况，利用这一技术研究植物营养，被称为酶学诊断法。主要优点是反应灵敏，在植物尚未出现缺素症状时，就可以测出酶活性的变化，不足之处是专一性差。

参考文献

陆景陵，2003. 植物营养学［M］. 北京：中国农业大学出版社.
陆欣，谢英荷，2011. 土壤肥料学［M］. 北京：中国农业大学出版社土壤胶体吕贻忠，李保国，2006. 土壤学 ［M］. 北京：中国农业出版社.

熊毅，等，1983. 土壤胶体（第一册）［M］. 北京：科学出版社.

赵春江，2004. 数字农业信息标准研究（作物卷）［M］. 北京：中国农业出版社.

L. D. 贝佛尔著，周传槐译，1983. 土壤物理学 ［M］. 北京：农业出版社.

第二章 节水农业

节水农业是指节约和高效用水的农业，即在农业生产过程中，通过采取工程、农艺、管理、生物等措施，综合提高降水和灌溉水利用率及其利用效益的农业生产体系。

一、水资源

水资源包括水量和水质两个方面，是指某一流域或区域水环境在一定的经济技术条件下，支持人类的社会经济活动，并参与自然界的水分循环，维持环境生态平衡的可直接或间接利用的资源。

（一）水资源分类

1. 降水 降水是指地面从大气中获得的水汽凝结物（雨、雾、霜、雹等）的总称，雨水是降水的主要形式。有效降水量是指自然降水中保持在田间能够被作物吸收利用的那部分降水量，为总降水量与地表径流量、深层渗漏量的差值。

2. 地表水 地表水是地球表面上各种液态、固态水体的总称。主要有河流、湖泊、水库、沼泽、冰川、永久积雪等。地表水一般水量更替快，水质良好，便于取用，是人类开发利用的主要对象。依据地表水水域环境功能和保护目标，按功能高低依次划分为五类，见地表水环境质量标准（GB 3838—2002）。

3. 地下水 地下水是指存在于地壳岩石裂缝或土壤空隙中的水，亦指埋藏于地表以下各种状态的水。降水是地下水的主要来源，根据地下埋藏条件的不同，地下水可分为上层滞水、潜水和承压水三大类（图2-1）。

（1）上层滞水。贮存于填土层中的地下水称为上层滞水，其水位连续性差，无统一的自由水面，主要接受地表水与降水补给。

（2）潜水。地表以下第一个稳定隔水层以上具有自由水面的地下水称为潜水。

（3）承压水。充满两个隔水层之间的含水层中的地下水称为承压水。

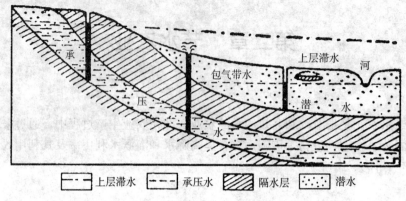

图 2-1　地下水埋深示意图

4. 再生水　再生水是将废水或污水经二级处理和深度处理后，回用于生产系统或生活杂用等的水。再生水主要处理方法包括物理或机械的分离过程，即物理法；加入化学物质与污水中有害物质发生化学反应的转化过程，即化学法；气提、吹脱、吸附、萃取、离子交换、电解电渗析、反渗透等的物理化学法；通过微生物在污水中对有机物进行氧化，即生物法。

（二）水资源量

1. 水资源可利用总量　水资源可利用总量是指地表水资源可利用量与浅层地下水资源可开采量相加再扣除两者之间的重复计算量。计算公式为：

$$W_{可利用总量}＝W_{地表水可利用量}＋W_{地下水可开采量}－W_{重复量}$$
$$W_{重复量}＝Q（W_{渠渗}＋W_{田渗}）$$

式中：Q 为可开采系数，是地下水资源可开采量与地下水资源量的比值。

2. 出入境水量　水资源的利用情况也可以通过出入境水量进行分析。入境水量一般是指上游区域产生的河川径流量，是流入区域内的实际水量。出境水量一般是指流经本地出境断面以上的河川径流量（包括入境水量和本地区间降水产生的径流量）的实际水量。

（三）缺水类型

1. 资源型缺水　资源型缺水是指因为水资源总量减少，导致不能适应经济发展的需要，形成供水紧张的现象。这种现象有人为造成，也有自然环境的变化引发的。乱砍滥伐，地表植被破坏造成水土流失，无法涵养水源而导致缺水，是导致上游缺水的主要原因。

2. 水质型缺水　水质性缺水是指大量排放的废水、污水造成淡水资源受污染而短缺的现象。对于河流、湖泊、水库而言，除来自工业废水和城市污水的污染外，来往船只排污、水产养殖投饵，土壤中残留的化肥、农药和其他污染通过农田回水和降雨径流进入水体，也是导致水质变差的重要原因。

3. 工程型缺水　工程型缺水是指特殊的地理和地质环境存不住水，缺乏水利设施留不住水。此种情形主要是指地区水资源总量并不短缺，但由于工程建设没有跟上，造成供水不足。

4. 混合型缺水　混合型缺水是指针对某一个缺水地区，情况相对复杂，有水资源不足的，有水污染缺水的，也有供水工程不足而缺水的，即资源型缺水、水质型缺水、工程型缺水多种缺水情况同时存在。

二、土壤水

土壤水是存在和保持于土壤中的水分，是土壤中各种形态水的总称。

（一）土壤水分类

土壤水按其存在形态大致可分为固态水、气态水和液态水。其中固态水是指土壤水冻结时形成的冰晶；气态水是指存在于土壤空气中的水蒸气；液态水包括束缚水和自由水，束缚水又分为吸湿水和膜状水，自由水又分为毛管水和重力水。

1. 吸湿水　土壤有吸收水汽分子的能力，以此方式被吸着的水称为吸湿水。吸湿水不能被植物吸收，重力也不能使吸湿水移动，只有在吸收能量转变为气态的先决条件下才能运动，因此称为紧束缚水。

土壤吸湿水测定方法有烘箱干燥法、红外线法、酒精燃烧法、电石法、中子散射法等，而使用最普遍的是烘箱干燥法，在国际上通用的方法是将风干土壤样品在 105 ± 2℃条件下烘烤 $6\sim8$ h，计算土壤含水量。

2. 膜状水　土粒饱吸了吸湿水后，剩余吸力仍可吸引部分液态水，在土粒周围的吸湿水层外围形成薄的水膜，称为膜状水，又称松束缚水。膜状水所受吸引力超过根的吸水能力，移动速度慢，植物只能利用膜状水的一部分。

将湿润的土壤置于 $18\,000\sim20\,000$ 倍重力的离心力作用下，残留在土壤中的含水量为最大分子持水量，它包括吸附水汽和液态水所形成的全部吸湿水和膜状水。最大分子持水量减去吸湿水量即为膜状水含量。

3. 毛管水　是指借助于毛管（势）力，吸持和保存土壤孔隙系统中的液

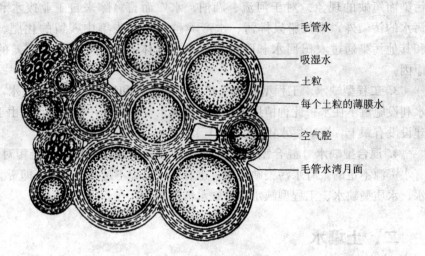

图 2-2　土壤颗粒结构

态水。又分为悬着水和支持毛管水。悬着水是指不受地下水源补给影响的毛管水，在均质土壤中，当悬着水处于平衡状态时，土壤上、下处的含水量基本一致。支持毛管水是指土壤中受到地下水源支持并上升到一定高度的毛管水，在土壤中的含量是在毛管上升高度范围内自下而上逐渐减少，到一定限度为止。

4. 重力水　当大气降水或灌溉强度超过土壤吸持水分的能力时，多余的水由重力作用通过大孔隙向下流失，称为重力水。重力水虽然可被植物吸收，但流失快，被利用的机会很少；而当重力水暂时滞留时，又占据了土壤大孔隙，有碍土壤空气的供应，对植物根的吸水有不利影响。

（二）土壤水分指标

1. 土壤含水量　土壤含水量是指土壤中所含水分的质量，一般指土壤绝对含水量，即 100g 烘干土中含有水的克数。重量含水率是指土壤中水分的重量与相应固相物质重量的比值，体积含水率是指土壤中水分占有的体积和土壤总体积的比值。土壤含水量的测定方法主要有称重法、张力计法、电阻法、中子法、γ-射线法、驻波比法、时域反射仪法及光学法等，其中称重法应用较普遍。

称重法土壤含水量计算公式如下：

$$土壤含水量（重量 \%）=\frac{m_1-m_2}{m_2-m_0}\times100$$

式中：m_0——烘干空铝盒质量（g）；

m_1——烘干前铝盒及土样质量（g）；

m_2——烘干后铝盒及土样质量（g）。

2. 田间持水量 田间持水量是指在地下水较深和排水良好的土地上充分灌水或降水后，水分充分下渗，并防止水分蒸发，经过一定时间，土壤剖面所能维持的较稳定的土壤水含量。田间持水量是土壤所能稳定保持的最高土壤含水量，也是对作物有效的最高土壤含水量，常用来作为灌溉上限和计算灌水定额的指标。

田间持水量的测定方法有田间测定法和室内测定法。田间测定法包括天然降水量法、围框淹灌法；室内测定方法主要是环刀法。

3. 土壤相对含水量 土壤相对含水量是指土壤含水量占田间持水量的百分数。计算公式如下：

$$土壤相对含水量（\%）＝土壤含水量/田间持水量×100$$

4. 萎蔫系数 植物叶片发生永久萎蔫时，土壤中尚存留的水分含量（以土壤干重的百分率计）称为萎蔫系数。用以表明植物可利用土壤水的下限，土壤含水量低于此值，植物将枯萎死亡。

5. 水势 水势是指水的化学势，是推动水在生物体内移动的势能。水在土壤－植物－大气连续体中总是从水势较高处向水势较低处移动。常用的水势测定方法有 3 种：张力计法、离心机法、压力膜法。

水势的流动特点是通过水分特征曲线体现的。水分特征曲线又称持水曲线，是土壤含水量与土壤水吸力（或土水势）的关系曲线（图 2-3）。

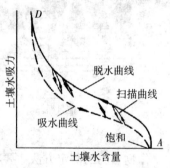

图 2-3 土壤水分特征曲线

（三）土壤墒情

墒指土壤湿度，是土壤含水量的一种相对度量。在农业生产中，一般根据不同墒情土壤呈现的颜色及特征，把土壤墒情分为黑墒、褐墒、黄墒、灰墒及干土等类型，从黑墒到干土含水量依次递减，黄墒为适种下限，灰墒和干土都需灌溉后播种。

三、农田耗水

（一）农田耗水途径

1. 棵间蒸发 棵间蒸发是指在给定面积农田上，植株间的水分蒸发。棵间蒸发随植物种类、种植密度和植物覆盖度而异。测定仪器主要有蒸发皿、小型蒸发器和大型蒸发桶三种。测定方法主要有水文学法、微气象学法、植物生理学法和红外线遥感法。

2. 作物蒸腾 作物蒸腾是指水分从活的植物体表面以水蒸气状态散失到大气中的过程。植物的蒸腾部位主要是叶片。叶片蒸腾又分角质蒸腾和气孔蒸腾，气孔蒸腾是植物蒸腾作用的最主要方式。蒸腾作用是植物吸收和运输水分的主要动力，可加速无机盐向地上部分的运输，降低植物体温度，使叶片在强光下光合作用而不致受害（图2-4）。

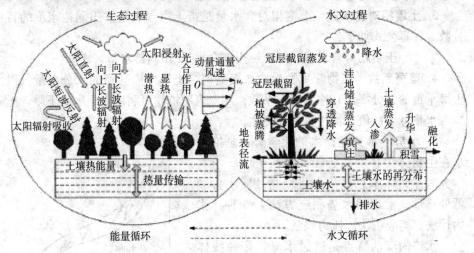

图2-4 蒸发蒸腾过程

作物蒸腾的测定方法主要有空气动力学法、水量平衡法、蒸渗仪法、涡度相关法、遥感法。水量平衡法是应用较为广泛的方法，但是测定精确度有限。蒸渗仪法又可以分为三种：称重式蒸渗仪、非称重式蒸渗仪、漂浮式蒸渗仪，是一种较为成熟准确的测定方法，但是成本较高。

3. 地面径流 地面径流是指降水后除直接蒸发、植物截留、渗入地下、填充洼地外，其余经流域地面汇入河槽，并沿河下泄的水流（图2-5）。按水流来源，地面径流可分为降水径流和融水径流；按流动方式，地面径流可分为地表径流和地下径流，同时地表径流又可分为坡面流和河槽流；此外，还有水流中含有固体物质（泥沙）形成的固体径流，水流中含有化学溶解物质构成的离子径流等。

径流测定常用的方法是定点径流测定法，设立一个径流场，边缘用PVC板封闭，用经纬仪沿着对角线测定坡度，在最低处设置接水装置测定。

4. 深层渗漏 深层渗漏是指由于降水或灌溉水量过多，使根系活动层中

图 2-5 径流形成过程

的土壤含水量超过田间持水量，所形成的重力水就下渗至根区以下的土层。

渗漏量主要采用渗漏仪进行测定。渗漏仪埋设于田间一定深度的土层，利用集水装置将渗入土壤深层的水收集起来，然后通过水泵等动力装置将水抽出地表进行计量，用于计算单位面积上的渗漏量。

（二）农田水分平衡

农田水分平衡一般是指一定时段内，农田水分收入和支出的差额，根据农业大词典中记载，其公式为：

$$P+E+f_w+m=0$$

式中：P 为降水量；E 为农田蒸散量；f_w 为地面径流量；m 为渗漏到农田地表以下的水量。

根据物质和能量守恒定律，通过分析研究农田水量的收支、储存和转化的规律，得到农田水量平衡算法，其公式为：

$$W_i=W_{i0}+P+I+U-（R+D+ET）$$

式中：W_i 为 i 时段末土壤计划湿润层内的含水量，单位：mm；W_{i0} 为 i 时段初土壤计划湿润层内的含水量，单位：mm；P 为 i 时段内有效降水量，单位：mm；I 为 i 时段内作物灌水量，单位：mm；U 为地下水分上渗量，mm；R 为地表径流量，单位：mm；D 为土壤水分渗透量，单位：mm；ET 为 i 时段内水分蒸散量，单位：mm。

（三）作物需水临界期

需水临界期又称水分临界期，是植物对水分要求最敏感的生育时期，这一时期需水不一定多，但水分利用效率高，对作物生长和产量的影响最大。如小麦、水稻是减数分裂期，玉米是吐丝期和其后两个星期。

四、工程节水

（一）水源工程

1. 地表水源工程 地表水源工程可分为蓄、引、提、调四种形式。调蓄河水及地面径流以灌溉农田的水利工程设施属蓄水工程，包括水库和塘堰；从河道或湖泊中自流引水的，无论有闸或无闸，均属引水工程；利用扬水站从河道或湖泊中直接取水的，属提水工程；跨流域调水是指水资源一级区或独立流域之间的跨流域调配。

2. 地下水源工程 地下水源工程可分为蓄水工程、自流引水工程、扬水工程、地下水开发工程和调水工程。对径流进行调节即为蓄水工程；不经调蓄，利用水的重力作用即可满足灌区用水要求即为自流引水工程；在近水源处建水泵站抽水，由输水管道送入干渠，然后分配到田间即为扬水工程；地下水开发工程主要是利用地下水作为灌溉水源的开发工程；从外流域引水补充本流域水源的工程即为调水工程。

3. 机井 机井是指用动力机械驱动水泵提水的水井。

抽水前或水位恢复后井孔中的地下水水位称为机井静水位。机井动水位是指开机抽水时，机井水面随抽水时间下降，这个变化的水面标高称动水位。在水泵出水量相对稳定、水面降到某一深度便稳定下来不再下降时的水面标高称稳定动水位。通常说的机井动水位是指稳定动水位。机井出水量是指机井抽水时单位时间流出井外的水量。机井出水量可通过实测流出井外的水量知道，测量方法很多，如浮标法、水尺法、堰板法等；安装水表的机井，可以读取单位时间内的水表变化值计算出机井出水量。

（二）灌溉工程

灌溉工程是指为浇灌农田而兴修的水利工程的总称，包括蓄水、引水、提水、输水、配水及泄水等工程。其中，蓄水工程、引水工程、提水工程在地表水源工程中有所提及；输水工程指隧洞、渡槽、倒虹吸、座槽、涵洞等；配水工程指控制和分配水量的建筑物如节制闸、分水闸、斗门。一般来说，输配水工程是针对干、支、斗、农等固定渠道而言，而田间工程则是指农渠以下的诸如毛渠、灌水沟之类的非固定渠道的工程。

（三）灌溉方式

1. 传统灌溉　传统灌溉方式是水从地表进入田间并借重力和毛细管作用浸润土壤，也称为重力灌水法。按其湿润土壤方式的不同，可分为漫灌、畦灌、沟灌和淹灌。

（1）漫灌。在田间不做任何沟埂，灌水时任其在地面漫流，借重力渗入土壤，是一种比较粗放的灌水方法。灌水均匀性差，水量浪费较大。

（2）畦灌。用田埂将灌溉土地分割成一系列长方形小畦，灌水时，将水引入畦田后，在畦田上形成很薄的水层，沿畦长方向移动，在流动过程中主要借重力作用逐渐湿润土壤。

（3）沟灌。在作物行间开挖灌水沟，水从输水沟进入灌水沟后，在流动的过程中，主要借毛细管作用湿润土壤。和畦灌比较，其优点是不会破坏作物根部附近的土壤结构，不导致田面板结，能减少土壤蒸发损失，适用于宽行距的中耕作物。

（4）淹灌。也称格田灌溉，是用田埂将灌溉土地划分成许多格田，灌水时格田内保持一定深度的水层，借重力作用湿润土壤，主要适用于水稻灌溉。

2. 高效灌溉　除传统灌溉方式以外，以管道输水为主的灌溉措施称为高效节水灌溉。主要包括喷灌、滴灌。

（1）喷灌。喷灌是利用喷头等专用设备把有压水喷洒到空中，形成水滴落到地面和作物表面的灌溉方法。根据喷灌的构成及运行原理可以分为管道式喷灌系统和机组式喷灌系统。管道式喷灌包括半固定式喷灌和固定式喷灌两种；机组式喷灌包括中心支轴式喷灌（图 2-6）、滚移式喷灌（图 2-7）和卷盘式喷灌（图 2-8）等类型。

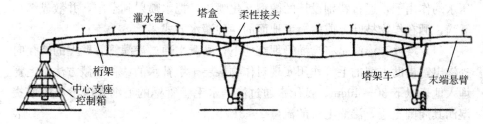

图 2-6　中心支轴式喷灌示意图

喷头的基本参数包括喷射仰角、喷头压力、喷头流量、喷灌强度、水量分布、灌水打击强度。

喷射仰角：喷射水流与水平面所成的交角。

喷头压力：喷头进水处水流的压力。

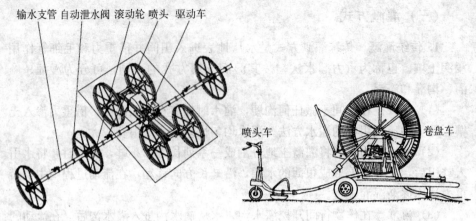

输水支管 自动泄水阀 滚动轮 喷头 驱动车

喷头车　　　　　　　卷盘车

图2-7　滚移式喷灌示意图　　　　图2-8　卷盘式喷灌示意图

喷头流量：喷头单位时间内的流量，单位为 L/min。$q = K\sqrt{10P}$，其中，q 表示喷头流量，P 表示喷头的工作压力单位为 MPa，K 表示喷头的流量系数（一般由生产厂家提供）。

喷灌强度：单位时间内喷洒在单位面积上的水量，单位为 mm/h。

水量分布：喷灌土壤中的的水层分布，影响喷头水量分布的因素包括孔的大小、压力和角度。

水滴打击强度：单位面积内水滴对土壤或作物的打击动能。

（2）滴灌。滴灌是指通过低压管道系统和安装在末级管道上的特制灌水器，将水或水肥混合液以较小的流量均匀、准确地直接输送到作物根部附近的土壤表面或土层中的灌溉方式（图2-9）。

（3）微喷。微喷又称雾滴喷灌，是指利用低压水泵和管道系统输水，在低压水的作用下，通过特别设计的微型雾化喷头，把水喷射到空中，并散成细小雾滴，洒在作物枝叶上或树冠下地面的一种灌水方式。

（4）渗灌。渗灌是将渗灌管埋在地下，灌溉水通过渗灌管管壁上的微孔向外渗出，借助土壤的毛管作用实现对作物根层土壤补水的一种灌溉方法。毛管埋入地表以下30~40cm，低压水通过渗透水毛管管壁的毛细孔以渗流的形式湿润其周围土壤，渗灌毛管的流量2~3L/h。

（5）小管出流。小管出流是指用直径4mm的微管与毛管连接作为灌水器，以细流（射流）状局部湿润作物根部附近土壤，流量一般为80~250L/h。涌泉灌也是小管出流的一种，通过安装在毛管上的涌水器形成小股水流，以涌泉方式湿润作物根部附近土壤的一种灌溉形式，尤其适合于果园和植树造林。

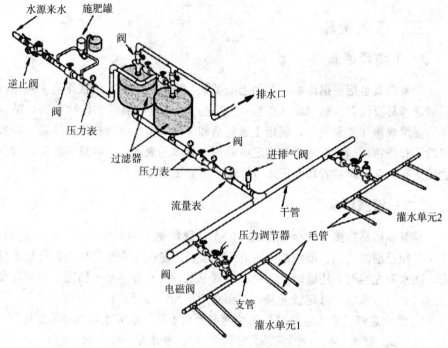

图 2-9 滴灌工程田间示意图

（四）其他工程

1. 土地平整 土地平整方法包括常规土地平整措施和激光控制平地技术。常规平地方法采用的设备有推土机、铲运机和刮平机，这种方法具有土方运移量大、费用相对较低的特点，但是精度较差。激光平地应用其灵敏的感应系统，可提高作业效率，但费用相对较高。

2. 畦田改造 为了满足畦灌的需要，用田埂将灌溉土地分隔成一系列长方形小田块，并且要求畦面平整，作畦布置合理，能控制入畦灌溉水流量和放水时间。畦的大小、入畦流量和放水时间长短与土壤透水性、土地平整状况及地面坡度等因素有关。

3. 低压管道输水 低压管道输水是指以管道代替明渠输水灌溉的一种工程形式，由管道水口分水或外接软管输水入沟、畦，主要特点是出水流量大，工作压力一般不超过 0.2MPa，末级管道上最远处出水口的水压力应有 2~5kPa。

4. 集雨补灌 通过修建贮水窖、集流槽、沉淀池等设施，将一定汇流面的雨水汇集蓄存，在作物需水关键期进行补灌的工程技术措施。

五、灌溉策略

(一) 测墒灌溉

测墒灌溉是指根据作物种类和土壤类型，按照一定的比例在作物主要种植区域选择具有代表性的地块（点），定期定点监测土壤墒情和作物长势，结合作物需水规律和气象条件，制定土壤墒情和作物旱情分级评价指标体系，对农田墒情和作物旱情进行分析和判定，并提出具体的灌溉方案和抗旱措施，指导农民或有关部门科学管理农田水分，减少不必要的灌溉。

(二) 灌溉制度

灌溉制度是指按作物全生育期的需水规律所制定的灌水次数、灌水时间、灌水定额及灌溉定额。灌溉制度将有限的灌溉水量在作物生育期内进行最优分配。在水源充足时采用适时、适量的节水灌溉；在水源不足的情况下采取非充分灌溉、调亏灌溉、低定额灌溉等，而对产量无明显影响。

1. 灌水定额　灌水定额是指单位灌溉面积上的 1 次灌水量或灌水深度。

最大灌水定额＝计划湿润深度×（田间持水量－实际含水量）

式中最大灌水定额、计划湿润深度的单位为 mm，田间持水量、实际含水量为容积含水量。灌溉量若小于最大灌水定额计算值，则灌溉深度不够，既不利于深层根系的生长发育，又会增加灌溉次数。灌溉量若大于此计算值，则将出现深层渗漏或地表径流损失。

2. 灌溉定额　灌溉定额是指作物生育期内设计灌水定额之和。当实际灌水定额小于设计值时，应采用实测法确定。每次灌水前后在典型地块取土测定土壤含水量的变化，计算出该次灌水的实际净灌水定额，将全生育期历次灌水的净灌水量定额累加起来即为灌溉定额。

3. 灌溉周期　灌溉周期是指每两次灌溉之间的时间间隔。

4. 灌溉时间　灌溉时间是指每次灌水的持续时间。

5. 灌溉水的计量方法　灌溉水的计量方法主要通过水表的计量完成，其中，水表主要分为传统水表、智能 IC 卡水表、无线远传水表等（图 2-10）。传统水表安装在灌溉系统首部，灌溉水流经首部，水表指针或字轮转动指出通过的水量。智能 IC 卡水表是利用现代微电子技术、现代传感技术、智能 IC 卡技术对用水量进行计量并进行用水数据传递及结算交易的新型水表。无线远传水表是借助于 MBUS 远传抄表管理系统实现抄表及控制，自动完成仪表数据的抄录、控制、数据存储、查询、月结、抄表结算、收费结算、报表打印等各项

功能，再将采集的数据进行分类处理。

传统水表　　　　　　　　智能IC卡水表　　　　　　无线远传水表

图 2-10　水　表

（三）灌溉指标

1. 渠系水利用系数　渠系水利用系数反映了各级输配水渠道的输水损失，表示整个渠系水的利用率，等于从取水渠首到田间末级渠道中干、支、斗、农、毛等各级渠道水利用系数的乘积。大型灌区不低于 0.55；中灌区不低于 0.65；小灌区不低于 0.75，管道输水不低于 0.95。

2. 田间水利用系数　田间水利用系数是指田间有效利用的水量（指计划湿润层内实际灌入的水量，即净灌溉水量）与进入毛渠的水量的比值。它是衡量田间工程质量和灌水技术水平的指标。水稻灌区不宜低于 0.95；旱地作物灌区不宜低于 0.90。

3. 灌溉水利用系数　灌溉水利用系数是指在 1 次灌水期间被农作物利用的净水量与水源渠首处总引进水量的比值。它是衡量灌区从水源引水到田间作物吸收利用水的过程中水利用程度的重要指标，也是指导节水灌溉和大中型灌区续建配套及节水改造健康发展的重要参考。

4. 灌溉用水保证率　灌溉用水量得到保证的年份称为保证年，在一个既定的时期内，保证年在总年数中所占的比例称为灌溉用水保证率。

5. 灌溉水利用效率　灌溉水利用效率的计算公式：

$$E_i = \frac{ET_{IU}}{W_总}$$

式中：E 为灌溉水利用效率；ET_{IU} 为作物有效灌溉水量；$W_总$ 为引入灌溉系统的总水量。

6. 有效灌溉水量　有效灌溉水量计算公式：

$$ET_{IU} = ET_U \frac{(I - I_C)}{(I - I_C) + (R - R_C - R_d)}$$

式中：ET_{IU}：作物有效灌溉水量；ET_U：有效腾发量；I：灌溉水量；I_C：灌溉水的深层渗漏量；R：降水量；R_c：降水的深层渗漏量；R_d：降水产生的田间径流（包括田间排水）。

7. 作物需水量 作物需水量是指作物在适宜的土壤水分和肥力水平下，经过正常生长发育，获得高产的植株蒸腾与棵间蒸发的水量之和，以 mm 计。作物需水量是研究农田水分变化规律、水资源开发利用、农田水利工程规划和设计、分析及计算灌溉用水量等的重要依据。

作物需水量的计算公式：

$$Ep = Cr \cdot K_c \cdot ET_0$$

式中：ET_0 即作物腾发量一般可通过当地气候分析得到，一般大田作物取 $ET_0 = 5 \sim 6mm/d$，大棚等设施内作物一般取 $ET_0 = 3 \sim 4mm/d$；K_c 为作物系数，即为作物在生长期最大可以的耗水量与参考作物腾发量的比值，一般旱地作物取 $1.0 \sim 1.15$，大田蔬菜作物取 $1.2 \sim 1.4$；Cr 为覆盖率，一般大树为 $0.8 \sim 0.9$，低矮作物为 $0.4 \sim 0.6$。

8. 水分利用效率（WUE） 水分利用效率是指作物消耗单位水量生产出的同化量。它分为三种尺度。在叶片尺度上，水分利用效率等于光合速率与蒸腾速率之比。对植物个体而言，水分利用效率＝干物质量/蒸腾量。对植物群体，水分利用效率＝干物质量/（蒸腾量＋棵间蒸发量）。

9. 水分生产效率 水分生产效率是指作物消耗单位水量的经济产量，其值等于作物经济产量与作物蒸发蒸腾量之比值。

作物水分生产效率计算公式如下：

$$I = y/(m + p + d + t)$$

式中：I——作物水分生产效率（kg/m³或元/m³）；

$\quad\quad y$——作物产量（kg/hm²或元/hm²）；

$\quad\quad m$——作物生育期内净灌水量（m³/hm²）；

$\quad\quad p$——作物生育期内有效降水量（m³/hm²）；

$\quad\quad d$——地下水补给量（m³/hm²）；

$\quad\quad t$——土壤水分变化量（m³/hm²）

10. 灌溉水分生产效率 灌溉水分生产效率是指单位灌溉水量所能生产的农产品的数量。灌溉水分生产效率能综合反映灌区的农业生产水平、灌溉工程状况和灌溉管理水平，直接地显示出在灌区投入的单位灌溉水量的农作物产出效果。实践中，往往采用灌溉水分生产率的多年平均值（包含不同水文年份）作为宏观评价指标。

（四）灌溉控制

灌溉控制主要是通过自动监测土壤水分、土壤温度、大气温度、大气相对湿度等参数，结合数学模型来预报灌水时间和需灌水量，在无人情况下，按照程序或指令来自动控制灌溉。可应用于节水灌溉系统，通过空气温度、湿度和土壤湿度等主要生态因子多参数控式调节作物生长；也可根据作物不同生长发育期的需水规律，指导作物的水分控制管理；并能实时显示各传感器的测试值和各控件的运行状态，并可将这些参数存储备用，通过人机结合，为作物生长创造生态环境条件。

六、农艺节水

（一）发展旱作农业

旱作农业是指无灌溉条件的半干旱和半湿润偏旱地区，主要依靠天然降水从事种植业生产的一种技术体系，玉米、谷子、大豆、甘薯等作物都可以旱作。随着水资源的开发利用，灌溉面积不可能无限扩大，必须重视旱作农业的发展。旱作农业的技术核心是等雨抢墒播种，充分利用降雨和土壤水一次播种保全苗，努力躲避春玉米"卡脖旱"，确保玉米正常生长。旱作配套技术措施有：选用抗旱品种，长效肥一次底施，秸秆覆盖保墒，深松蓄水保墒，应用化学抗旱制剂等。

（二）调整种植结构

发展节水农业与调整种植结构是一种既相互制约又相互促进的关系，一方面水资源供给能力制约着种植结构的调整，另一方面种植结构又要求有与之相配套的节水灌溉技术。

1. 压缩耗水作物　从可持续发展的角度来看，用低耗水作物替代高耗水作物是一种有利于节水的种植结构调整，例如北京地区在 20 世纪 90 年代用小麦生产代替水稻生产，可以在保证粮食供应的前提下，减少农业用水。新形势下，小麦节水品种代替高产品种也是一种主动的适应措施。

2. 改进作物熟制　作物熟制是指一定时间内作物正常生长收获的次数。通过调整和改进作物熟制，减少作物对水分的需求和依赖。例如北京地区在 20 世纪 90 年代初推行小麦－玉米"两茬平播"代替"三种三收"，近年来一些地下水严重超采地区，通过改变小麦-玉米两茬平播种为春玉米一年一熟，可以减少一茬作物的种植，从而降低灌溉用水量。

3. 合理安排茬口　根据当地雨热分布特点合理安排作物茬口，或通过减少同一地块上作物茬口来减少该地块全年的灌溉用水量。一些露地蔬菜和粮菜轮作地区合理安排作物茬口能起到很好的节水效果。

4. 实行休耕轮作　休耕轮作是通过"休养生息"的方式，将用地和养地相结合，提升和巩固粮食生产力。通过休耕轮作可有效降低农业用水量。休耕轮作的区域主要是通过用地养地结合，培肥地力，实现永续发展。通过作物间的轮作倒茬和季节性休耕，可以给下茬作物提供良好的地力基础和充足的生长发育时间，为提高产量和改善品质打下基础。如河北小麦冬季休耕后，将一年两熟夏玉米改为晚播春玉米或早夏播玉米，亩产提高 10% 以上。

（三）选用抗性品种

1. 节水品种　节水品种是指在干旱缺水的情况下也能正常生长、成熟的品种。比如小麦节水品种具有根系发达，生长快，入土深，根冠比值大，旗叶小，叶片上举等生物学特性。节水机理主要是根系发达，吸收深层土壤水；调节气孔开关，减少蒸发；提早成熟，躲过干旱季节；在体内缺水的情况下仍能进行正常的生命活动等。

2. 抗旱品种　抗旱品种具有种子大，根茎伸长力强，能适当深播的特点；其根系发达，生长快，入土深，根冠比值大，能利用土壤深层的水分；叶片狭长，叶细胞体积小，叶脉致密，表面茸毛多，角质层厚；叶片细胞原生质的黏性大，遇旱时失水分小，在干旱情况下气孔能继续开放，维持一定水平的光合作用。

（四）优化栽培方法

1. 育苗移栽　育苗移栽主要通过集中培育秧苗，减少因田间育苗而造成的非必要蒸发损失。

2. 垄沟栽培　垄沟栽培能改善土壤水热状况。如小麦沟播可以保持土壤墒情和水分，有利于小麦安全越冬；也可起到蓄积雨水的作用，有利于收墒和保墒。番茄越夏栽培宜采用高垄或高畦栽培，结合覆盖地膜实行膜下沟灌或膜上沟灌，既有利于保水保肥，又有利于雨季排水、防病防衰。

3. 等高种植　山坡的同等高度的地上种植农作物，坡的走向与山坡等高线一致，可以减轻雨水对山坡上土壤的冲刷，有利于保持水土资源。一般当坡度大于 3° 且小于 7° 时，采用等高种植。

4. 调整播期　通过调整播期来调整作物的群体结构，减少不必要耗水。

如冬小麦晚播节水技术，通过适当推迟小麦播期，减少冬前无效分蘖的发生，控制合理的群体，促进旺苗转壮，减少不必要的蒸腾和蒸发，从而达到节水目的。

5. 优化密度　通过优化种植密度，比如通过小麦精播和玉米单粒播种构建合同群体，既可以使作物苗齐苗壮，尽快覆盖农田，减少裸露地块面积，减少地表蒸发；又不会因为密度过高使作物得不到充分的营养。

6. 精量播种　主要针对撒播作物，通过改变播种方式，实现节水增效。比如大白菜种子丸粒化后利用精量播种机播种，改变以往的"三水齐苗、五水定棵"栽培方法，节约原来直播时用于降温增湿的灌溉用水。不仅节约灌溉用水，而且节省种子用量。

7. 调亏灌溉　调亏灌溉是指在作物生长发育某些阶段（主要是营养生长阶段）主动施加一定的水分胁迫，促使作物光合产物的分配向人们需要的组织器官倾斜，以提高其经济产量的农艺节水技术。

8. 交替灌溉　交替灌溉是指通过奇、偶数沟轮流灌溉而控制作物部分根系区域干燥、部分根系区域湿润，使不同区域的根系经受一定程度的水分胁迫锻炼激发其吸收补偿功能，诱导作物气孔保持最适宜开度减少蒸腾损失，达到不牺牲作物产量而提高水分生产效率的农艺节水技术。

（五）改进耕作方式

通过耕、耙、糖、锄、压等一整套机械的作用改善土壤耕层结构，更多地收蓄墒情，尽量减少蒸发和其他非生产性土壤水分消耗，为作物创造收墒、蓄墒、保墒在内的丰产土壤条件。生产中常用的耕作保墒措施有深耕松土、镇压耙糖、中耕松土和少耕免耕。

1. 深耕松土增墒　使用深松机械将犁底层耕松，创造疏松深厚的耕作层，深度宜 30cm 左右。

2. 镇压耙糖保墒　当表层土壤含水量在 10%～20%时，播前镇压有利于种子出苗扎根和表层保墒。旱地宜在封冻前耙糖，或在此时镇压到早春土壤解冻时再耙糖。

3. 中耕松土保墒　在作物生长过程中，锄地松土，可切断土壤毛细管，抑制水分上升，减少蒸发。同时可以灭草，贮存伏雨，培土抗倒伏，疏松土壤，有利于根系生长。

4. 少耕免耕保墒　少耕即减少耙茬播种、旋耕播种等农机作业次数。免耕法是在前茬作物收获后的土地上直接播种，播种后喷洒除草剂。

（六）推广覆盖技术

主要包括地膜覆盖技术和秸秆覆盖技术。

1. 地膜覆盖　利用塑料薄膜覆盖在农田地面上的抗旱保墒技术，根据地膜覆盖位置，可分为行间覆盖、根区覆盖；根据栽培方式，可分为畦作覆盖、垄作覆盖、平作覆盖和沟作覆盖等。

2. 秸秆覆盖　将玉米、小麦或其他作物的碎秸秆或枝条，均匀铺在作物行间，能够调节地温、抑蒸、保水和培肥地力等，为作物的生长发育创造良好条件。

（七）增加土壤蓄水

1. 有机培肥蓄水　通过施入有机肥提高土壤有机质，有效改善土壤物理、化学及生物学过程，提高土壤保水保肥性能，增加土壤的缓冲性。一般菜田每亩施入 500～800kg 精制有机肥或 $3～4m^3$ 腐熟农家肥混匀施入土壤。同时可施入腐熟饼肥 150～200kg/亩。粮食作物大田施用量一般每亩施入腐熟农家肥 $2～3m^3$。

2. 土壤深松蓄水　通过深松机具疏松土壤，打破犁底层，不翻转土层，使残茬、秸秆、杂草大部分覆盖于地表，改善耕层结构，增强雨水入渗速度和数量，缓解地表径流对土壤的冲刷，水土流失，不但增强土壤蓄水保墒和抗旱排涝能力，还增加肥料的溶解能力，减少化肥的挥发和流失从而提高肥料的利用率。

3. 果园生草蓄水　在果树行间人工种植三叶草、蒲公英、紫花苜蓿、小冠花等（也可以利用自然生草），每年定期刈割，增加地表覆盖，涵养雨水，减少蒸发，提高地力，增加果园景观。

（八）采用化学制剂

1. 保水剂　保水剂是具有较强吸水能力的高分子材料，降水时能迅速吸收为自身重量数百倍的水分，形成一个个小水库。能够反复释水、吸水，因此农业上把它比喻为"微型水库"。目前国内外的保水剂共分为两大类，一类是丙烯酰胺-丙烯酸盐共聚交联物，另一类是淀粉接枝丙烯酸盐。

2. 抗旱剂　抗旱剂能够起到调节叶片气孔开闭，抑制作物无效蒸腾，减少土壤水分损耗，起到保水、节水和缓解干旱的作用。抗旱剂在生产中主要采取叶面喷施的方法来抑制作物奢侈蒸腾。

七、灌溉施肥

灌溉施肥，也称水肥一体化，是指借助施肥设备，在灌溉的同时将肥料配成水肥混合液，通过低压管道系统与安装在末级管道上的灌水器，将水肥混合液以较小的流量均匀、准确地直接输送到作物根部附近的土壤表面或土层中，从而实现精确控制灌水量、施肥量和灌水施肥时间。主要有滴灌施肥、渗灌施肥、喷灌施肥等具体形式。

（一）灌溉施肥系统

灌溉施肥系统主要由首部枢纽、灌溉系统、施肥装置、控制设备等组成，见图 2-11。

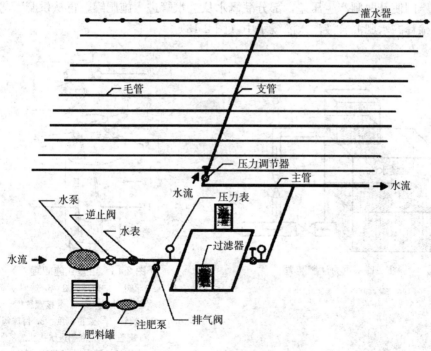

图 2-11　灌溉施肥系统

（二）首部枢纽

首部枢纽的作用是从水源中抽取水，增压并将其处理成符合微灌水质要求的水肥混合液，然后输送至输配水管网中。主要由水泵、动力机、变频设备、施肥设备、过滤设备、进排气阀、流量及压力测量仪表等组成。变频设备是实现自动变频调速恒压供水的关键配套设备。过滤设备的作用是将灌溉水中的固体颗粒滤去，防止系统堵塞。流量及压力仪表用于测量管路中水流的流量和压力，或者测量施肥系统中肥料的注入量。

(三) 施肥装置

施肥装置是指将肥料、除草剂或杀虫剂等按一定比例与灌溉水混合，并注入微灌系统的装置。常用的施肥设备包括重力注肥装置、压差式施肥罐、文丘里施肥器和注肥泵。

1. 重力注肥装置　重力注肥装置又称自压施肥装置是指注肥动力依靠重力作用进行的施肥装置（图 2-12）。

2. 压差式施肥罐　压差式施肥罐是将施肥罐与灌溉管道并联，通过控制调压阀使其两侧产生压差，部分灌溉水从进水管进入施肥罐，再从供肥管将经过稀释的水肥混合液注入灌溉水中（图 2-13）。

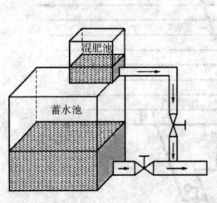

图 2-12　重力注肥装置

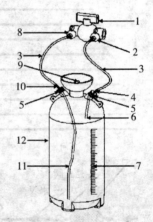

图 2-13　压差式施肥罐

1. 压差球阀　2. 付球阀2　3. 透明软管
4. 倒刺出水接头　5. 卡接螺纹帽
6. 出水延长管　7. 液位刻度　8. 付球阀1
9. 罐盖　10. 倒刺进水接头
11. 进水延长管　12. 储肥罐罐体

3. 文丘里施肥器　文丘里施肥器是液体经过流断面缩小的喉部时流速加大，产生负压，从而吸取开敞式化肥罐内的肥液（图 2-14）。

4. 注肥泵　注肥泵的工作原理是通过注射泵向微灌系统主管道注入调配好的肥液，包括叶轮式、柱塞式和隔膜式（图 2-15 至图 2-17）。

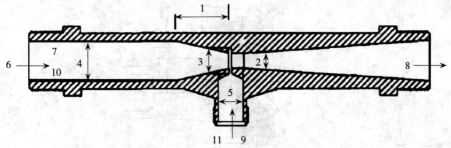

图 2-14 文丘里施肥器

1. 收缩段长度 2. 喉管直径 3. 凹槽直径 4. 进口直径 5. 吸肥口直径 6. 进口压力
7. 进口处流量 8. 出口处流量 9. 吸肥口处流量 10. 进口处流速 11. 吸肥的流速

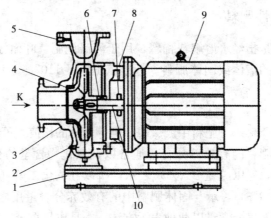

图 2-15 叶轮式注肥泵

1. 底座 2. 放水孔 3. 泵体 4. 叶轮 5. 取压孔 6. 机械密封 7. 挡水圈 8. 罐盖 9. 电机 10. 轴

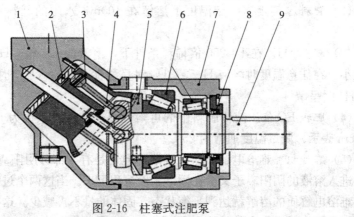

图 2-16 柱塞式注肥泵

1. 转子壳体 2. 配流盘 3. 缸体 4. 带活塞环的柱塞 5. 分时齿轮 6. 滚锥轴承
7. 轴承壳体 8. 轴封 9. 输出/输入轴

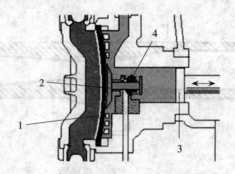

图 2-17 隔膜式注肥泵
1. 隔膜 2. 补水阀门 3. 柱塞 4. 提升阀

（四）水溶性肥料

水溶性肥料是指经水溶解或稀释，用于灌溉施肥、叶面施肥、无土栽培、浸种蘸根等用途的液体或固体肥料。标准依据 NY 1107—2010 大量元素水溶肥料标准。

1. 水溶肥的性质

（1）肥料养分配比。肥料中氮、磷、钾等养分的比值，可以氮为 1 或以最低养分定比值。肥料的有效养分含量通常以其氧化物含量的百分数表示，对氮、磷、钾来说，氮以纯氮（N%）表示，磷以五氧化二磷（P_2O_5%）表示，钾以氧化钾（K_2O%）表示。固体肥料中的有效养分含量用质量百分比表示，液体肥料中的有效养分含量以两种表示方法，一是质量百分比表示，二是每升中养分的质量（g/L）表示。

（2）肥料溶解度。一定温度下溶解在 100mL 水中的肥料质量。以克数表示。

（3）肥料 pH。在 1∶250 倍稀释条件下，溶液的 H^+ 和 OH^- 的浓度的相对大小。在任意温度时溶液 $H^+ > OH^-$ 时呈酸性，$H^+ = OH^-$ 时呈中性，$H^+ < OH^-$ 时呈碱性。

（4）肥料 EC 值。液体肥料中的可溶性离子浓度，单位为 mmhos/cm 或 mS/cm 表示，测量温度通常为 25℃。

（5）溶度积。难溶电解质尽管难溶，但还是有一部分阴阳离子进入溶液，同时进入溶液的阴阳离子又会在固体表面沉积下来。当这两个过程的速率相等时，难溶电解质的溶解就达到平衡状态，固体的量不再减少。这样的平衡状态称溶解平衡，其平衡常数叫溶度积常数，简称溶度积。

2. 水溶肥的分类 水溶肥主要分为大量元素水溶肥料、微量元素水溶肥

料、含氨基酸水溶肥料和含腐殖酸水溶肥料。

（1）大量元素水溶肥料。按添加中量、微量营养元素类型分为中量元素型和微量元素型。标准依据 NY 1107—2010。

（2）微量元素水溶肥料。分为固体产品和液体产品。标准依据 NY 1428—2010 微量元素水溶肥料。

（3）含氨基酸水溶肥料。按氨基酸添加营养元素类型将产品分为微量元素型和钙元素型产品。标准依据 NY 1429—2007 含氨基酸水溶肥料。

（4）含腐殖酸水溶肥料。按添加大量、微量营养元素类型分为大量元素型和微量元素型。其中大量元素型分为固体或液体两种剂型；微量元素型产品仅为固体剂型。标准依据 NY 1106—2006。

3. 水溶肥的要求 适合微灌施肥的肥料应满足如下要求：一是在田间温度条件下能够迅速地完全溶于水，且肥料之间不产生拮抗；二是杂质含量低，不会堵塞过滤器和滴头；三是与灌溉水相互作用小，不会引起灌溉水 pH 剧烈变化；四是对首部枢纽和灌溉系统的腐蚀性小；五是肥料中养分浓度较高。

（五）灌溉施肥制度

灌溉施肥制度是指在一定气候、土壤等自然条件和一定的农业技术措施下，为使作物获得高产稳产所制定的一整套田间灌溉施肥方案，包括作物全生育期内的灌水次数、灌水周期、灌水的延续时间、灌水定额（每次灌溉的用水量）、灌溉定额（全生育期总灌水量）、总施肥量、每次施肥量、养分配比、施肥时期和肥料品种等。灌溉施肥制度包括灌溉制度和施肥制度。灌溉制度量指根据作物生长期的需水要求，所制订的灌水次数、灌水时间、灌水定额及灌溉定额。施肥制度拟定主要是采用目标产量法，即根据获得目标产量需要消耗的养分和各生育阶段养分吸收量来确定养分供应量。

参考文献

李会安，2007. 北京市水资源利用问题与对策［J］. 北京水务，（06）：4-7.

刘昌明，王红瑞，2003. 浅析水资源与人口、经济和社会环境的关系［J］. 自然资源学报，18（05）：635-642.

刘思春，高亚军，王永一，等，2011. 土壤水势测定方法的选择及准确性研究［J］. 干旱地区农业研究，（07）：189-192.

梅旭荣，2007. 节水农业技术理论与实践［M］. 北京：中国农业出版社.

彭世琪，崔勇，李涛，2008. 微灌施肥农户操作手册 [M]. 北京：中国农业出版社.

王建生，钟华平，耿雷华，等，2006. 水资源可利用量计算 [J]. 水科学进展，(7)：549-553.

张景略，1980. 黄泛平原土壤墒情 [J]. 河南农林科技，(10)：6-8.

第三章　植物保护

植物保护是以生态学的理论为指导，应用多学科知识和农业防治、物理防治、生物防治、化学防治等技术措施，将有害生物持续地控制在允许的经济损失水平之下或美学容许的范围之内，保护植物免受病虫草鼠为害或减轻为害。

一、有害生物

有害生物是指危害栽培植物并造成经济损失或使之失去观赏价值的生物。这些有害生物包括植物病原微生物、植物线虫、植食性昆虫、植物螨类、软体动物、鼠、鸟、兽类和寄生性植物、杂草等。

1. 植物病原微生物　植物病原微生物是指可以侵犯植物体并引起感染甚至传染病的微生物，包括细菌、真菌、病毒等。

2. 植食性害虫　植食性害虫是指以植物活体为食的昆虫。多见于弹尾目、等翅目、鞘翅目、双翅目、膜翅目、鳞翅目、直翅目、半翅目、缨翅目等。

3. 植物线虫　植物线虫是指危害植物的线虫，又称植物病原线虫或植物寄生线虫。植物线虫的数量约占所有线虫种类的 20％。

4. 植物害螨　植物害螨是指危害农作物的螨类害虫，又称红蜘蛛、黄蜘蛛、壁虱等。

5. 农田杂草　农田杂草是指在农田中人们无意识栽培的有害于农作物生长的植物。

6. 鼠类　鼠类通常是指农田中危害农作物生长的哺乳纲、啮齿目的动物。

二、植物病害

植物病害是指当植物遇到病原生物侵染时，其正常的生理机能就会受到影响，从而导致一系列生理、组织和形态病变，引起植株局部或整体生长发育出现异常，甚至死亡的现象。

（一）植物病害的症状

症状是指植物病害经过一系列病变过程，最终导致植物上显示出肉眼可见的某种异常状态。外部症状通常可分为病状和病征两类。

1. 病状　病状是指在植物病部可看到的异常状态，如变色、坏死、腐烂、萎蔫和畸形等。

（1）变色。变色是指植物患病后局部或全株失去正常的绿色或发生颜色变化的现象。

（2）坏死。坏死是指植物的细胞和组织受到破坏而死亡，形成各种各样的病斑。

（3）腐烂。腐烂是指植物细胞和组织发生较大面积的消解和破坏的现象。

（4）萎蔫。萎蔫分为生理性萎蔫和病理性萎蔫。生理性萎蔫是由于土壤中含水量过少或高温时过强的蒸腾作用而使植物暂时缺水而引起的，若及时供水，植物可恢复正常；病理性萎蔫是指植物根或茎的维管束组织受到破坏而引起的凋萎现象，这种凋萎大多不能恢复，甚至导致植物死亡。

（5）畸形。畸形是指由于病组织或细胞生长受阻或过度增生而造成的形态异常的现象。

2. 病征　病征是指病原物在植物病部表面形成的繁殖体或营养体，如霉状物、粉状物、锈状物、粒状物和菌脓等。

（1）霉状物。霉状物是在发病部位形成的各种毛绒状的霉层，其颜色、质地和结构变化较大，常见的有霜霉、绵霉、青霉、绿霉、黑霉、灰霉和赤霉等。

（2）粉状物。粉状物是在寄主病部形成的白色或黑色粉层，如多种植物的白粉病和黑粉病。

（3）锈状物。锈状物是在病部表面形成的小疱状突起，破裂后散出白色或铁锈色的粉状物，常见的如萝卜白锈病和小麦锈病等。

（4）粒状物。粒状物是在寄主病部产生大小、形状及着生情况差异很大的颗粒状物。有的是针尖大小的黑色或褐色小粒点，不易与寄主组织分离，如真菌的子囊果或分生孢子果；有的是较大的颗粒，如真菌的菌核、线虫的胞囊等。

（5）脓状物。脓状物是在潮湿条件下在寄主病部所产生的黄褐色、胶黏状、似露珠的菌脓，干燥后常形成黄褐色的薄膜或胶粒，是许多细菌病害的病征。

（二）植物病因

植物病因是指引起植物偏离正常生长发育状态而表现病变的因素。植物、病原物和环境条件三者是构成植物病害及影响其发生发展的基本因素。根据病因可将植物病害分为侵染性病害和非侵染性病害。

（三）植物病害的病原

植物病害的病原物有多种，与农作物病害有关和比较重要的病原物有真菌、细菌、病毒、线虫和寄生性种子植物等。

（四）寄主植物的抗病性

寄主植物的抗病性是指寄主植物抵抗病原物侵染的性能。

1. 抗病性的类型 根据抗病能力的大小，可将植物的抗病性分为免疫、抗病、感病、耐病和避病等几种类型。

2. 垂直抗性和水平抗性 根据寄主植物的抗病性与病原物小种的致病性之间有无特异相互关系，可将植物的抗病性分为垂直抗性和水平抗性两大类。

（1）垂直抗性。垂直抗性又称为特异抗性或小种专化抗性，是指寄主与病原物之间有特异的相互作用，即寄主品种能抵抗某一病原物或其某些生理小种的侵害，而对其他一些病原物或其小种则没有抗性。

（2）水平抗性。水平抗性也称为非特异性抗性或非小种专化抗性，是指寄主与病原物之间没有特异的相互作用，即寄主品种对病原物所有小种的抗性反应是一致的。

3. 抗病性机制

（1）固定抗性。固定抗性是指先天具有的抗病机制，称为固有抗性或被动抗性；植物的固有抗性主要是以其机械坚韧性和对病原物酶作用的稳定性而抵抗病原物的侵入和扩展。

（2）诱发抗性。诱发抗性是指由于病原物的侵染或其他因素诱发产生的抗病机制，即所谓诱发抗性或主动抗性。病原物的侵染可引起寄主植物一系列组织结构的变化和一些生理化物质的积累，这些变化有的与抗病性密切相关。

（五）植物病害的发生

1. 病原物的侵染过程 病原物的侵染过程是指病原物从寄主接触、侵入寄主到引起寄主发病的过程，简称病程。一般分为 4 个阶段：侵入前期、侵入期、潜育期和发病期。

侵入前期：病原物与寄主植物接触，并形成某种侵入机构的时期，也称为接触期。

侵入期：从病原物侵入到与寄主植物建立寄生关系所经历的时期。

潜育期：病原物从侵入和建立寄生关系，到植物表现明显症状所经历的时期，即病原物在寄主体内繁殖和蔓延的时期。

发病期：植物受侵染后，经过一定的潜育期，从显症出现，到生长季节结束为止所经历的时期。

2. 病害循环 病害循环是指侵染性病害从寄主植物的前一个生长季节开始发病到下一个生长季节再度发病的过程。

初侵染和再侵染：越冬或越夏的病原物，在植物开始生长以后引起最初的侵染称为初侵染。受到初侵染的植物发病后，病原物在植物体外或体内产生大量繁殖体，通过传播又可侵染更多的植物，这种重复的侵染称为再侵染。

3. 植物病害的流行 植物病害的流行是指病害在较短时间内大面积严重发生与发展，并造成较大损失的过程或现象。

（六）植物病害的调查

病害调查的内容一般包括病害的分布、种类、病情的发生发展、农事操作与病害的关系以及其他特殊问题的调查。发病程度调查包括发病率和严重度。

发病率：染病株数占调查总株数的比率，以百分比计。

普遍率：病情的普遍程度。在条、叶锈病中用病叶数占总调查叶数的百分比（病叶率）表示；在秆锈病中用病秆数占总调查秆数的百分比（病秆率）表示。

严重度：植株或器官受害的严重程度，常用的记载方法有直接计数法和分级计数法。在条、叶锈病中用孢子堆占叶面积的百分比表示；在秆锈病中用茎秆上部两节中孢子堆占茎秆面积的百分比表示。

病情指数：是全面考虑发病率与严重度的综合指标。计算公式有两种：当严重度用分级代表值表示时，病情指数＝100×∑（各级病叶数×各级代表值）/（调查总叶数×最高级代表值）；当严重度用百分率表示时，病情指数＝普遍率×严重度×100。

三、植物虫害

危害农作物及其产品的昆虫通称为农业害虫。

（一）昆虫的生殖方式

1. 一般生殖方式　昆虫的一般生殖方式为两性生殖。其特点是必须经过雌雄两性交配，精子与卵子结合（即受精）后，由雌虫将受精卵产出体外，每粒卵发育成一个子代个体，因此又称为两性卵生。

2. 特殊生殖方式　昆虫的特殊生殖方式包括孤雌生殖、多胚生殖、胎生、幼体生殖。

孤雌生殖：也称单性生殖，是指卵不经过受精也能发育成新个体的现象。一般分为偶发性、经常性和周期性孤雌生殖 3 种类型。

多胚生殖：是指 1 粒卵能发育成 2 个以上胚胎，每个胚胎均能发育成 1 个子代个体的生殖方式。

胎生：有些昆虫的胚胎发育是在母体内完成的，自母体所产生的是后代的幼体，这种生殖方式称为胎生。

幼体生殖：一些昆虫在幼虫期就能进行生殖的现象称为幼体生殖。

（二）昆虫的个体发育

昆虫的个体发育可分为胚前发育、胚胎发育、胚后发育 3 个连续阶段。

胚前发育：生殖细胞在亲体内的发生与形成的过程。

胚胎发育：从受精卵开始卵裂到发育成幼虫为止的过程。

胚后发育：从幼体孵化开始发育到成虫性成熟为止的过程。

（三）昆虫的变态

昆虫的变态是指昆虫在个体发育过程中，不仅随着虫体的长大而发生着量的变化，而且在外部形态和内部组织器官等方面也发生着周期性的质的改变。昆虫在长期的演化过程中，形成了不同的变态类型，其中最常见的是不全变态和全变态。

1. 不全变态　不完全变态的昆虫，只经过卵、稚（若）虫、成虫 3 个时期，是有翅亚纲外生翅类（幼虫期翅芽露在体外）昆虫的变态类型。

2. 全变态　完全变态的昆虫，经过卵、幼虫、蛹、成虫 4 个时期，是有翅亚纲内生翅（幼虫翅在体内发育）类脉翅目、鞘翅目、鳞翅目、膜翅目和双翅目等所有的变态类型。

（四）昆虫的习性和行为

昆虫的行为和习性是其生物学特性的重要组成部分。

行为：昆虫的感觉器官接受刺激后，通过神经系统的综合而使效应器官产生的反应。

习性：昆虫种或种群所具有的生物学特性，亲缘关系相近的类群往往具有相似的习性，如蛾类昆虫一般都有昼伏夜出的习性，天牛类幼虫都有蛀干习性，蜂类昆虫都有访花习性等。

（五）植物害虫的种群动态

种群是种下的分类单元，是指在一定的生活环境内、占有一定空间的同种个体的总和，是种在自然界存在的基本单位，也是生物群落的基本组成单位。

1. 种群结构　种群结构即种群的组成，种群有许多同种个体组成，但又不是许多同种个体的简单相加，是指种群内不同状况的个体所占的比例，主要包括种群密度、年龄组成、性别比例、出生率、死亡率、迁入率、迁出率等。

2. 种群消长类型　种群消长类型主要是指昆虫种群的季节消长类型。昆虫的种群数量是随季节变化而消长波动的，这种波动在一定空间内常有相对的稳定性。

3. 种群的生长型　种群的生长型又称为种群在时间上的分布。它是在一定条件下，单种种群在时间序列上数量增减的变化行为。

4. 种群的数量变动　昆虫种群数量的变动主要取决于种群基数、繁殖速率、死亡率和迁移率等。

5. 群落　群落指在相同时间聚集在同一地段上各物种的种群集合。

（六）植物害虫的类别

1. 常发性害虫　在不防治的情况下，其种群数量常常达到经济危害水平，对农业生产构成严重的威胁。

2. 偶发性害虫　偶发性害虫在一般年份不会达到经济危害水平，而在个别年份常因自然控制力的破坏、不正常气候因素或治理不当等因素，致使其种群数量爆发而造成严重的经济损害。

3. 潜在性害虫　潜在性害虫是指在现行的耕作栽培和管理制度下，种群数量长期处于经济阈值以下，不会造成经济危害，但如果改变耕作制度或管理措施，可使某些种类的种群数量上升而成为关键性害虫。潜在性害虫占植食性昆虫种类的 80%～90%。

4. 迁移性害虫　迁移性害虫是指具有较强的迁移能力，可以周期性地远距离从一个地方迁移到另一个地方而发生危害的害虫。

（七）农业害虫的调查

农业害虫调查的内容包括害虫相调查、害虫种群分布调查、害虫种群动态调查、防治效果调查、受害程度调查等。

1. 害虫相调查　害虫相调查是指调查某地区或某区域或某作物田的害虫种类、种群数量比例、发生时间及其寄主受害状况等，以确定防治对象和优势天敌种群的利用价值。

2. 害虫种群分布调查　害虫种群分布调是指调查某种害虫的地理分布及其在不同分布区的虫口密度、检疫性害虫的分布情况、害虫的空间格局等，作为划定疫区和保护区以及确定正确的取样方法的依据。

虫口密度是指每单位虫子的数量，一般为每平方米（或标准样方）虫子的数量，即虫口密度＝调查总虫数/调查面积；也可以用每株作物计算，即每株虫数＝调查总虫数/调查总株数，虫口密度常用于虫灾防治和统计工作。

3. 害虫种群动态调查　害虫种群动态调查又称为系统调查，是指调查害虫种群在时间和空间上的数量动态，以便确定害虫的防治对策、防治时期和防治方法。益害比是指天敌与害虫的比例。

4. 防治效果调查　防治效果调查是指调查防治前后的虫口数量变化及对作物、天敌等的影响，以评价防治措施的效益。

5. 受害程度调查　受害程度调查是指调查害虫种群数量与作物产量和质量损失的关系，确定害虫防治时期和防治指标，并分析受害原因和估计经济损失。

虫害率是指调查被害株数占调查总株数的比例。

四、农田杂草

（一）杂草的作用

杂草既不同于作物，也不同于野生植物，对农业生产和人类活动均有多种影响。首先，杂草既然是在各种选择压力下演化而来的植物，就不会"除尽"，而且除尽杂草也是无益的；其次，由于杂草介于野生植物与栽培植物之间，因而是引种和育种的良好原始材料；再者，杂草在生态系中起着有害、有益两种作用，就应当避其害而用其利。

（二）杂草的分类

农田杂草的分类方法很多，除根据植物系统学分类外，在生产实践中多根据其生态学或生物学特性进行分类。

（三）杂草的生物学特性

农田杂草具有以下特性：多实性、连续结实性和落粒性；杂草种子的长寿性；种子的多途径传播；杂草的多途径授粉；出苗时间持续不一；杂草的可塑性；杂草多具 C_4 光合途径；杂草对作物的拟态性。

（四）农田杂草的防除

杂草的防除方法很多，常采用的有农业防除、物理防除、生物防除及化学防除等。其中农业防除包括轮作、精选种子、施用腐熟的肥料、清除田边、路旁和沟边杂草以及合理密植等；物理防除包括人工拔草、人工或动力锄草等；生物防除包括以昆虫、病原菌和养殖动物灭草等。化学除草是指用化学农药灭草，具有见效快、持效期长等优点。

五、农业鼠害

农业鼠害是指鼠类对农业生产造成的危害。由于害鼠种类多、数量大、繁殖快、分布广，几乎存在于人们生活生产的各个场所，对人类的危害极大。对鼠害防治必须采取生态防治、生物防治、器械防治和化学防治等综合措施。

1. 生态防治　主要通过破坏鼠类的适生环境，使其生长繁殖受到抑制，增加死亡率，从而控制害鼠种群数量。

2. 器械防治　器械防治又称物理防治，即使用捕鼠器械捕杀鼠类。该方法具有形式多样、设置和使用方便，对人畜安全、不污染环境、山地平原均能使用等优点。

3. 生物防治　采用保护和利用害鼠天敌控制为害的措施。

4. 化学防治

（1）急性杀鼠剂。急性杀鼠剂又称速效杀鼠剂，毒杀作用快，一般摄食后几小时至 1d 内，有时甚至只需几分钟到几十分钟，即可杀死害鼠。

（2）慢性杀鼠剂。慢性杀鼠剂又称缓效杀鼠剂，主要指抗凝血杀鼠剂。这类杀鼠剂需经害鼠多次取食，累积中毒才能发挥作用。

六、病虫害防治

目前，绿色防控是病虫害防治中提倡的防控手段。绿色防控是指从农田生态系统整体出发，以农业防治为基础，综合运用农业、物理、生物等防治方法，积极保护利用自然天敌，恶化病虫的生存条件，提高农作物抗病虫能力，在必要时合理的使用环境友好型化学农药，将病虫危害损失降到最低限度。它是持续控制病虫灾害，保障农业生产安全的重要手段。主要通过推广应用生态调控、生物防治、物理防治、科学用药等防控技术，以达到保护生物多样性，降低病虫害暴发几率的目的，同时它也是促进标准化生产，提升农产品质量安全水平，降低农药使用风险，保护生态环境的有效途径。

（一）植物检疫

植物检疫是国家或地区，为防止有害生物随植物及其产品的人为引入或传播，以法律手段和行政措施强制实施的植物保护措施，通过阻止危险性有害生物的传入和扩散，达到避免植物遭受有害生物危害的目的。

1. 疫区　局部地区发生植物检疫对象的，应划为疫区，采取封锁、消灭措施，防止植物检疫对象传出。

2. 保护区　植物检疫对象在发生地区已比较普遍的，则应将未发生地区划为保护区，防止植物检疫对象传入。

3. 植物检疫证书　为防止植物的病虫害传入、传出国境，植物货物、植物产品或其他管制物品遵守具体进口植检要求并符合认证声明，由中华人民共和国出入境检验检疫局出具的具体证书。

4. 植物检疫机构　我国有关植物检疫法规的立法和管理由农业部负责，口岸植物检疫由国家出入境检疫检验局负责，国内检疫由农业部植物检疫处和地方检疫部门负责。

5. 产地检疫　产地检疫是指在调运产品的生产基地实施的检疫。对于关卡检验较难检测或检测灵敏度不高的检疫对象常采用此法。

6. 隔离试种　隔离试种是为了防止外来病虫害的传入，而将外来种苗等繁殖材料，在一定的安全的、相对隔离的地方，进行种植、观察的一种检疫性措施。《植物检疫条例》规定：从国外引进可能潜伏有危险性病、虫的种子、苗木和其他繁殖材料，必须隔离试种。

（二）农业防治

农业防治是通过适宜的栽培措施降低有害生物种群数量或减少其侵染可能性，培育健壮植物，增强植物抗害、耐害和自身补偿能力，或避免有害生物为害的一种植物保护措施。农业防治措施包括选择抗害品种、改进耕作制度、使用无害种苗、调整播种方式、加强田间管理、安全收获等。

1. 植物抗害性 植物抗害性可以涉及多种不同机制，对于不同品种的抗性，可能是多基因的综合效应，也可能是个别主效基因的作用，因而所表现的抗性程度和类型不同，可根据抗性的表现程度分为免疫、高抗、中抗、中感和高感等类型。其中免疫是指不受某些病虫害的侵害，而其他类型则是根据不同病虫害为害的症状和造成损失的程度而划分。

2. 植物的抗害机制 抗害机制可分为抗选择性、抗生性、避害性、耐害性。

（1）选择抗性。选择抗性的产生主要是因受植物体内或表面挥发性化学物质、形态结构以及植物生长特性对小生态环境产生影响，从而不吸引甚至拒绝害虫取食产卵，不刺激或抑制病菌萌发侵染。

（2）抗生性。抗生性的产生是因植物体内存在有害的化学物质，缺乏必要的可利用的营养物质，以及内部解剖结构的差异和植物的排斥反应，对害虫和病菌造成不利影响，使害虫大量死亡、生长受到抑制、不能完成发育或延迟发育、不能繁殖或繁殖率降低，使病原物不能定殖扩展。

（3）避害性。避害性包括两个方面，一是由于植物具有某种特性，害虫和病菌虽能侵染，但不能造成危害和损失。二是由于作物品种的生长发育特性不同，使作物的易受害期与病虫的发生期错开，一旦作物的易受害期与病虫的发生期吻合，即失去避害能力。

（4）耐害性。耐害性是指有些作物品种在害虫定殖寄生取食后，表现出较强的忍受和补偿能力，不引起明显症状或产量损失。

（三）生物防治

生物防治是利用有益生物及其产物控制有害生物种群数量的一种防治技术。主要包括以虫治虫、以螨治螨、以菌治虫、以菌治菌、以鸟治虫等生物防治关键措施，目前主要的成熟产品和技术应用有释放寄生蜂、捕食螨、瓢虫等和喷施绿僵菌、白僵菌、微孢子虫、苏云金杆菌（Bt）、蜡质芽孢杆菌、枯草芽孢杆菌、核型多角体病毒（NPV）等。主要途径包括保护有益生物、引进有益生物、有益生物的人工繁殖与释放、生物产物的开发利用。

1. 生物农药防治 利用高效、低毒、低残留、环境友好型的生物农药防治农作物病虫害，优化集成农药的轮换使用、交替使用、精准使用和安全使用等配套技术，通过合理使用生物农药，既达到控制病虫害的目的，又保证农产品质量安全和生态环境。

常用的生物杀虫杀螨剂：Bt、阿维菌素、浏阳霉素、华光霉素、茴蒿素、鱼藤酮、苦参碱、藜芦碱等；杀菌剂有：井冈霉素、春雷霉素、多抗霉素、武

夷菌素、农用链霉素等。

2. 理化诱控 利用昆虫信息素（性引诱剂、聚集素等）、杀虫灯、诱虫板（黄板、蓝板）防治农作物害虫，积极开发和推广应用植物诱控、食饵诱杀、防虫网阻隔和银灰膜驱避害虫等理化诱控技术。

3. 性诱技术 性诱剂是一种从昆虫体内提纯或人工生物合成的一种对成虫的雄虫有强力引诱作物的物质，目前性诱剂主要有棉铃虫、小菜蛾、桃小食心虫、金纹细蛾。通过设置诱盆、诱盒等，诱集雄蛾，并将其杀死。

4. 天敌防治 主要利用捕生性生物（瓢虫、捕食螨、草蛉、食蚜蝇等）和寄生性生物（寄生蜂、寄生蝇等）以及微生物（白僵菌、苏云金杆菌等）防治害虫。

（四）物理防治

物理防治是指利用各种物理因子、人工和器械防治有害生物的植物保护措施。

1. 人工机械防治 人工机械防治是利用人工和简单机械，通过汰选或捕杀防治有害生物的一类措施。

2. 诱杀法 诱杀法主要是利用某些有害生物的趋性，配合一定的物理装置、化学毒剂或人工处理的防治方法，通常包括灯光诱杀、食饵诱杀和潜所诱杀。

3. 温控法 温控法是利用高温或低温来控制或杀死有害生物的技术。

4. 阻隔法 根据有害生物的侵染和扩散行为，设置物理性障碍，也可阻止有害生物的危害或扩散。

5. 辐射法 辐射法是利用电波、γ射线、X射线、红外线、紫外线、激光以及超声波等电磁辐射对有害生物进行防治的物理技术，包括直接杀灭和辐射不育等。

（五）化学防治

化学防治是用化学药剂的生物活性将有害生物种群或群体密度压低到允许的经济损失水平以下的一种防治技术。其对有害生物的杀伤作用是化学防治速效性的物质基础；对有害生物生长发育起到抑制或调节作用；对有害生物行为起到调节作用；增强作物抵抗有害生物的能力，包括改变作物的组织结构或生长情况，以及影响作物代谢过程。

1. 毒力 毒力是指农药对有害生物毒杀的能力，是衡量和比较农药潜在活性的指标。

2. 毒性 毒性是指农药对非靶标生物有机体器质性或功能性损害的能力，其中又分为急性毒性、亚急性毒性和慢性毒性等。

（1）急性毒性。生物一次性接触较大剂量的农药，在短时间内迅速作用而发生病理变化，出现中毒症状的特性称为急性毒性。

（2）亚急性毒性。生物长期连续接触一定剂量的农药，经过一段时间的累积后，表现出中毒症状的特性称为亚急性毒性。

（3）慢性毒性。生物长期接触少量农药，在体内积累，引起机体的机能受损，阻碍正常生理代谢，出现病变的毒性称为慢性毒性。

3. 选择性 选择性是指农药对不同生物的毒性差异。农药开发必须注意其对目标有害生物和非目标生物之间的毒性差异。

4. 农药的种类

（1）根据使用对象分类。根据使用对象可分为杀虫剂、杀螨剂、杀菌剂、杀鼠剂、除草剂、杀线虫剂和病毒抑制剂。

（2）根据作用范围分类。根据作用范围可分为广谱性（如敌敌畏）和选择性（如灭蚜松）。

（3）根据毒性作用及侵入途径分类。根据毒性作用及侵入途径可分为触杀剂（脂溶性，破坏神经系统；如有机磷、有机氟、有机氯）、胃毒剂（害虫取食后才通过肠壁进入血腔；多数触杀剂）、内吸剂（易被植物吸收、传输，昆虫取食植物时中毒；如灭蚜松、乐果）、熏蒸剂（挥发气态分子于作用空间，通过体壁及气孔等进入虫体而毒杀；如氯化苦、二硫化碳、溴甲烷）、拒食剂（三苯基醋酸锡）、忌避剂（驱蚊油）、引诱剂（烯蒎和萜松醇）、粘捕剂（机械油和松脂类混合物）。

5. 农药的剂型 农药剂型种类很多，主要包括干制剂、液制剂和其他制剂。

6. 农药的使用

（1）喷雾法。利用喷雾器械将药液雾化后均匀喷在植物和有害生物表面，按用液量不同又分为常量喷雾（雾点直径 $100\sim200\mu m$），低容量喷雾（雾滴直径 $50\sim100\mu m$）和超低容量喷雾（雾滴直径 $15\sim75\mu m$）。农田多用常量和低容量喷雾，两者所用农药剂型均为乳油、可湿性粉剂、可溶性粉剂、水剂和悬浮剂（胶悬剂）等，加水配成规定浓度的药液喷雾。常量喷雾所用药液浓度较低，用液量较多；低容量喷雾所用药液浓度较高，用量较少（为常量喷雾的 $1/10\sim1/20$），工效高，但雾滴易受风力吹送飘移。

①大容量喷雾法。大容量喷雾法是指每公顷面积上喷施药液量在 600L 以上的喷雾方法。是我国长期以来使用最普遍的喷雾法。

②低容量喷雾法。施药液量在每公顷（大田作物）$50\sim200L$ 的喷洒法属

于低容量喷雾法。

③超低容量喷雾法。每公顷施药液量（大田作物）少于5L的喷雾法称为超低容量喷雾法。

④精准施药技术。通过农药投入的合理分配，精确地喷洒于靶标，减少非靶标的农药流失与飘移，最大限度地提高农药的利用率，同时降低作物产品中有毒物质的残留量，提高作物产品的品质。

⑤循环喷雾技术。能够将未沉积在靶标上的药液收集回收循环再利用的喷雾技术，是目前世界上农药损失最少的施药技术之一。使用循环喷雾技术的喷雾机称为循环喷雾机，循环喷雾机能减少飘失85%。

⑥防飘喷雾技术。是指在喷雾作业过程中，防止农药雾滴或颗粒被气流携带向非靶标区域而造成农药危害的技术。

⑦静电喷雾技术。是应用高压静电在喷头与目标之间建立静电场，药液流经喷头雾化后通过不同充电方法被充上电荷，形成群体荷电雾滴，然后再静电场力和其他外力联合作用下，雾滴做定向运动而被吸附在目标上。静电喷雾技术具有雾滴尺寸均匀、沉积性好、飘移损失小、沉降分布均匀、穿透性强，且在植物叶片背面也能附着雾滴等优点。

（2）喷粉法。利用喷粉器械喷撒粉剂的方法称为喷粉法。该法工作效率高，不受水源限制，适用于大面积防治。缺点是耗药量大，易受风的影响，散布不均匀，粉剂在茎叶上黏着性差。

（3）熏蒸法。利用熏蒸剂产生的有毒气体在密闭或半密闭设施中，杀灭害虫或病原物的方法。有的熏蒸剂还可用于土壤熏蒸，即用土壤注射器或土壤消毒机将液态熏蒸剂注入土壤内，在土壤中成气体扩散。土壤熏蒸后需按规定等待一段时间，待药剂充分散发后才能播种，否则易产生药害。

（4）烟雾法。利用烟剂或雾剂防治病害的方法。烟剂系农药的固体微粒（直径$0.001\sim0.1\mu m$）分散在空气中起作用，雾剂系农药的小液滴分散在空气中起作用。施药时用物理加热法或化学加热法引燃烟雾剂。烟雾法施药扩散能力强，只在密闭的温室、塑料大棚和隐蔽的森林中应用。

（5）种子处理法。常用的方法有拌种法、浸种法、闷种法和应用种衣剂。种子处理可以防治种传病害，并保护种苗免受土壤中病原物侵染，用内吸剂处理种子还可防治地上部病害和害虫。拌种剂（粉剂）和可湿性粉剂用干拌法拌种。乳剂和水剂等液体药剂可用湿拌法。浸种法是用药液浸泡种子。闷种法是用少量药液喷拌种子后堆闷一段时间再播种。利用种衣剂为种子包衣，杀菌剂可缓慢释放，有效期延长。

7. 抗药性 抗药性又称耐药性，指病虫对农药敏感性降低，农药不能杀死害虫和病原，抗药性一词等于药物剂量失败或药物耐受。抗药性多指由病原体引起的疾病，而耐药性则亦指因长期施药，造成相同剂量却不如当初有效的情况。防治农作物病虫害过度依赖化学防治措施，在控制病虫危害损失的同时，也带来了病虫抗药性上升和病虫暴发几率增加。

8. 安全间隔期 安全间隔期是指最后一次施药至收获（采收）前的时期，自喷药后到残留量降到最大允许残留量所需间隔时间。

（六）防治指标

防治指标也称经济阈值是指需要进行防治以控制农作物病虫害不超过经济危害允许水平时的产量损失或病虫情指数（虫口密度、感病指数等）。

经济危害允许水平：植物因病虫害造成的损失与若防治其危害所需费用相等条件下的产量损失程度或病虫情指数（虫口密度、感病指数等）。

七、植保机械

植保机械一般指用于防治为害植物的病、虫、杂草等的各类机械和工具的总称。通常指化学防治时使用的机械和工具。一般按所用的动力可分为：人力（手动）植保机械、畜力植保机械、小动力植保机械、拖拉机配套植保机械、自走式植保机械、航空植保机械。按照施用化学药剂的方法可分为：喷雾机、喷粉机、土壤处理机、种子处理机、撒颗粒机等（施药机械内容详见第六章）。

附件1 几种常见农药具体安全间隔期

1. 杀菌剂 75%百菌清可湿性粉剂 7d；77%可杀得可湿性粉剂 3~5d；50%异菌脲可湿性粉剂 4~7d；70%甲基硫菌灵可湿性粉剂 5~7d；50%乙烯菌核利可湿性粉剂 4~5d；50%加瑞、58%瑞毒霉锰锌可湿性粉剂 2~3d。

2. 杀虫剂 10%氯氰菊酯乳油 2~5d；2.5%溴氯菊酯 2d；2.5%功夫乳油 7d；5%来福灵乳油 3d；5%抗蚜威可湿性粉剂 6d；1.8%爱福丁乳油 7d；10%快杀敌乳油 3d；40.7%乐斯本乳油 7d；20%灭扫利乳油 3d；20%氰戊菊酯乳油 5d；35%优杀硫磷 7d；20%甲氰菊酯乳油 3d；10%马扑立克乳油 7d；25%喹硫磷乳油 9d；50%抗蚜威可湿性粉剂 6d；5%多来宝可湿性粉剂 7d。

3. 杀螨剂 50%溴螨酯乳油 14d；50%托尔克可湿性粉剂 7d。

附件2　禁限用农药品种

一、禁止生产销售和使用的农药名单

六六六、滴滴涕、毒杀芬、二溴氯丙烷、杀虫脒、二溴乙烷、除草醚、艾氏剂、狄氏剂、汞制剂、砷类、铅类、敌枯双、氟乙酰胺、甘氟、毒鼠强、氟乙酸钠、毒鼠硅，甲胺磷、甲基对硫磷、对硫磷、久效磷、磷胺、苯线磷、地虫硫磷、甲基硫环磷、磷化钙、磷化镁、磷化锌、硫线磷、蝇毒磷、治螟磷、特丁硫磷、氯磺隆、福美胂、福美甲胂、胺苯磺隆单剂、甲磺隆单剂（38种），

百草枯水剂自2016年7月1日起停止在国内销售和使用。

胺苯磺隆复配制剂，甲磺隆复配制剂自2017年7月1日起禁止在国内销售和使用。

三氯杀螨醇自2018年10月1日起，全面禁止销售、使用。

二、限制使用的农药名单

甲拌磷、甲基异柳磷、内吸磷、克百威、涕灭威、灭线磷、硫环磷、氯唑磷：蔬菜、果树、茶树、中草药材

水胺硫磷：柑橘树

灭多威：柑橘树、苹果树、茶树、十字花科蔬菜

硫丹：苹果树、茶树

溴甲烷：草莓、黄瓜

氧乐果：甘蓝、柑橘树

氰戊菊酯：茶树

杀扑磷：柑橘树

丁酰肼（比久）：花生

氟虫腈除卫生用、玉米等部分旱田种子包衣剂外的其他用途

溴甲烷、氯化苦登记使用范围和施用方法变更为土壤熏蒸，撤销除土壤熏蒸外的其他登记。

毒死蜱、三唑磷自2016年12月31日起，禁止在蔬菜上使用。

2,4-滴丁酯不再受理、批准2,4-滴丁酯（包括原药、母药、单剂、复配制

剂，下同）的田间试验和登记申请；不再受理、批准 2,4-滴丁酯境内使用的续展登记申请。保留原药生产企业 2,4-滴丁酯产品的境外使用登记，原药生产企业可在续展登记时申请将现有登记变更为仅供出口境外使用登记。

氟苯虫酰胺自 2018 年 10 月 1 日起，禁止氟苯虫酰胺在水稻作物上使用。

克百威、甲拌磷、甲基异柳磷自 2018 年 10 月 1 日起，禁止克百威、甲拌磷、甲基异柳磷在甘蔗作物上使用。

磷化铝应当采用内外双层包装。外包装应具有良好密闭性，防水防潮防气体外泄。自 2018 年 10 月 1 日起，禁止销售、使用其他包装的磷化铝产品。

参考文献

何雄奎，2013. 药械与施药技术［M］. 北京：中国农业大学出版社.

全国农业技术推广服务中心，2013. 植物保护统计技术与方法［M］. 北京：中国农业科学技术出版社，2013.

徐洪富主编，2003. 植物保护学［M］. 北京：高等教育出版社.

郑建秋，2013. 控制农业面源污染：减少农药用量防治蔬菜病虫实用技术指导手册［M］. 北京：中国林业出版社.

04

第四章　农业气象

农业气象是指与农业生物、设施、生产活动以及生态环境相互关联、相互作用的气象条件。

一、气象学与农业气象学

(一) 气象

1. 大气　大气是指包围地球表面的一层深厚空气的总称。

（1）大气的组成。大气由一些永久气体、水汽、雾滴、冰晶及尘埃等混合组成的，这种混合物一般可分为干洁大气（包括氮气、氧气、臭氧、二氧化碳等）、水汽和杂质三类。

（2）大气污染。大气污染是指由于自然过程或人类活动，使排放到大气中的物质的数量、浓度及持续时间超过了大气环境的容许量，直接或者间接地对人类生产活动产生不良影响的现象。

2. 气象与气象学

气象：大气各种物理、化学状态和现象被称为气象。

气象学：研究气象形成原因及变化特征和规律的一门科学。

3. 气象要素　一般将构成和反映大气状态的物理量和物理现象，称气象要素，主要包括气压、气温、湿度、风、云、能见度、降水、辐射、日照和各种天气现象等。

4. 天气和天气学

天气：一定地区短时间内各种气象要素的综合所决定的大气状态称为天气。

天气学：研究天气形成及其演变规律，并肩负着对未来天气作出预报的一门科学。

5. 气候与气候学

气候：一个地区多年的大气状态，包括平均状态和极端状态。我国古代以5日为1候，3候为1气，把1年分为24节气和72候，各有其气象和物候特征，合称为气候。一个地区的气候条件常常用气候要素的平均值和极端值表示，气候系统如图 4-1 所示。

气候学：研究气候的形成、分布、变化规律及其和人类活动相互关系的一门科学。

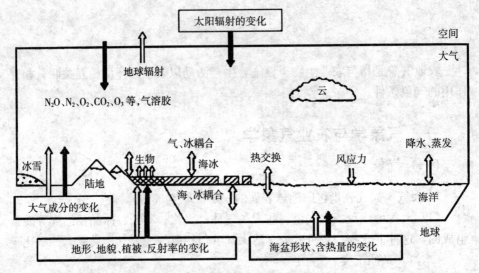

图 4-1　气候系统（GARP，1975）

（二）农业气象

1. 农业气象　大气与农业（包括种植业、林业、畜牧业、水产业等）相互关联的各种物理化学过程和现象，称为农业气象。

2. 农业气象学　农业气象学是研究农业与气象相互关系和作用的一门科学，其利用气象科学技术为农业服务，使农业尽可能的充分利用有利天气，规避灾害天气。

3. 农业物候研究法　农业物候研究法是指通过对作物的物候期与生态环境的关系研究农业物候规律的一种方法。

4. 农业气象试验法　农业气象试验法分为分期播种法、地理播种法和人工气候试验法。

（1）分期播种法。通过将同种试验作物按不同时间播种，使一种气象条件同时与作物多个生育期相遇，而同一作物生育期又能与多种气象条件相遇的方法。

（2）地理播种法。在同一时间内，将同种试验作物在不同的地点进行播种。由于不同地理位置的气象条件不同，可在较短时间内进行平行观测。

（3）人工气候试验法。利用人工控制气象条件的设施进行农业气象试验。

包括温度、光照、降水强度等单因子试验，也包括温湿、温光、温气等复因子试验。

二、农业气象要素

（一）太阳辐射

1. 太阳辐射 太阳辐射是指物体以发射电磁波或粒子的形式向外放射的能量，是农业生物进行光合作用的能量来源。由辐射所传输的能量称为辐射能，有时把辐射能也简称为辐射。太阳辐射主要集中在可见光部分（$0.4\sim0.7\mu m$），波长大于可见光的红外线（$>0.7\mu m$）和小于可见光的紫外线（$<0.4\mu m$）部分产生的辐射很小，太阳辐射光谱如图 4-2 所示。

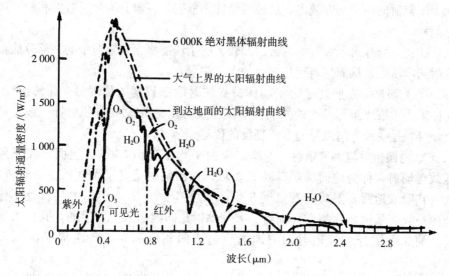

图 4-2　太阳辐射光谱图（Gates，1962）

2. 可照时数、实照时数、日照百分率

可照时数：某地从日出到日落太阳可能照射的时间间隔，又称白昼长度或天文日照。

实照时数：一天中太阳直接照射地面的实际时数，又称日照时数，常指太阳直接辐射强度大于或等于 $120W/m^2$ 的各段时间的总和。

日照百分率：实照时数与可照时数的百分比。

由于日照计只能感应太阳直接辐射，所以实照时数可用日照计测得。

3. 曙暮光时间与光照时间 日出前与日落后的一段时间内，由于大气的散射作用等原因，地面仍能够获得来自于大气的太阳辐射，天文学上把这部分散射光称为晨光和暮光，习惯上也称之为曙暮光。光照时间为可照时间和曙暮光时间总和。

4. 太阳辐射照度　太阳辐射照度简称为辐照度，是反映太阳辐射强弱程度的物理量，指单位时间内垂直投射到单位面积上的太阳能量，用符号 S 表示，单位为 $J/(m^2 \cdot s)$。

5. 吸收作用、散射作用、反射作用　由于大气对太阳辐射有一定的吸收、散射和反射作用，使太阳投射到大气上界的辐射不能完全到达地球表面。

（1）吸收作用。大气中各种成分对太阳辐射的选择性吸收，O_3 和 O_2 主要吸收紫外线，对红外线和可见光吸收很少，CO_2 和 H_2O 主要吸收红外线，对紫外线和可见光吸收很少。

（2）散射作用。大气中的各种气体分子、悬浮的水滴和尘埃等都能把入射的太阳辐射向四面八方散出，这种现象称为散射，一般分为分子散射和粗粒散射两种。

（3）反射作用。大气中的云层和较大的尘埃能将太阳辐射中的一部分能量反射到宇宙中，从而削弱到达地面的太阳辐射。

6. 光照度　光照度是表示物体被光照射明亮程度的物理量，简称照度。光照度大小取决于可见光的强弱，单位一般为勒克斯（lx）。照度计（或称勒克斯计）是一种专门测量光度、亮度的仪器。

7. 地面辐射与大气辐射　地球表面的平均温度约 300K，地面日夜不停地放射辐射，称为地面辐射，以 E_e 表示。地面辐射是底层大气的主要热源，大气在吸收地面辐射后，其温度升高，平均温度约为 200K。大气日夜不停地向外放射辐射，称为大气辐射。大气辐射是向四面八方射出的，其中投向地面的那一部分大气辐射因与地面辐射方向相反称为大气逆辐射，用 E_a 表示。

8. 地面有效辐射与地面辐射差额　地面有效辐射是指地面辐射与地面吸收的大气逆辐射之差，用 E 表示，即 $E = E_e - E_a$，通常地面温度高于大气温度，因此 E＞0。地面辐射差额是指单位面积的地表面，在一定时间内，辐射能的收入和支出之差。

9. 光合（有效）辐射　太阳辐射中对植物光合作用有效的光谱成分称为光合有效辐射（PAR），波长范围为 $0.4 \sim 0.7 \mu m$，与可见光基本重合。光合有效辐射平均约占太阳总辐射的 50%。

10. 短日照植物、长日照植物、中间性植物

（1）短日照植物。只有在日照长度小于某一时数才能开花，如果延长日照时数，就不开花结实，此类植物称为短日照植物。如水稻、大豆、玉米、高

粱、烟草、棉花、甘薯等原产于热带、亚热带的植物。

（2）中日照植物。开花时要求昼夜长短接近相等的植物，如甘蔗等。

（3）长日照植物。只有在日照长度大于某一时数后才能开花，如果缩短日照时数就不开花结实，此类植物称为长日照植物。如小麦、大麦、燕麦、亚麻、蒜、洋葱、油菜、甜菜、胡萝卜、菠菜等原产于高纬度的植物。

（4）中性日照植物。植株开花不受日照长度的影响，在长短不同的日照下都能开花结实，此类植物称为中性日照植物，又称光期钝感植物。如番茄、四季豆、黄瓜及某些早熟的棉花品种。

11. 光合作用 光合作用是指绿色植物利用光能将其吸收的 CO_2 和 H_2O 同化为有机物，并释放氧气的生理过程。

12. 光合强度 光合强度是指绿色植物单位面积单位时间内所同化的二氧化碳量，常用光合速率表示。

13. 光饱和点、光补偿点 净光合作用强度与呼吸作用强度相等时外界环境中光照强度位于光补偿点，当光照强度大于某一程度时，光合作用强度保持不变，此时外界环境中的光照强度为光饱和点。如图 4-3 所示，B 点为光补偿点，C 点为光饱和点，当光照度低于光补偿点时，植物有机质的积累小于其消耗，这对农业生产十分不利。

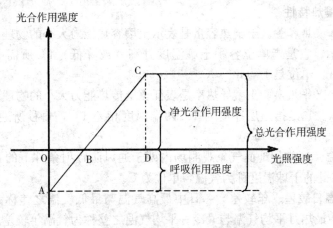

图 4-3 作物光补偿点和光饱和点位置示意图

14. 光周期现象 昼夜交替及其延续时间长度不仅影响作物开花，也影响落叶、休眠和地下块茎等营养贮藏器官的形成。如有些植物需要长夜短昼才能开花，另一些则相反，这种现象称为光周期现象。

15. 光能利用率 光能利用率是植物光合作用产物中贮存的能量占所得到的太阳能量的百分率。即单位时间内的单位土地面积上植物增加的干重换算成热量，占同一时间内该面积上所得到的太阳辐射能总量的百分比。

（二）温度

1. 地面热平衡　地面热量的收入与支出之差，称为地面热量平衡，又称为地面热量差额，是引起地面温度变化的主要原因。地面热量平衡如图 4-4 所示，其中，LE 为通过水分蒸发或凝结进行的热量交换，R 为以辐射的方式进行的热量交换，P 为地面与近地气层之间的热量交换，B 为土壤与下层地面进行的热量交换。

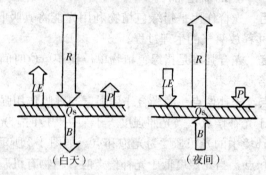

图 4-4　地面热量收支

2. 土壤热特性

（1）土壤热容量。土壤热容量是表示土壤容热能力大小的物理量，一般用符号 C 表示。它是指单位容积土壤温度升高（或降低）1℃所需吸收（或放出）的热量，单位是 J/（m^3・℃）。

（2）土壤导热率。土壤导热率是表征土壤传热能力大小的物理量，一般用符号 λ 表示。它是指土层厚度为 1m 两端温度相差 1℃，每秒所通过的热量，单位是 J/（m・s・℃）。

3. 气温　通常把地面气象观测场内处于通风防辐射条件下的百叶箱中离地面 1.5m 处的干球温度称为气温，单位为℃。

4. 气温日较差、年较差　一日中最高气温与最低气温之差称为气温日较差，一年中最热月平均气温与最冷月平均气温之差称为气温年较差。

5. 日平均温度　一日中四次观测温度值的平均值称为日平均温度，公式：

$$\overline{T}_日 = (T_{02} + T_{08} + T_{14} + T_{20}) \div 4$$

6. 三基点温度　作物维持生长发育的生物学下限温度、上限温度和最适温度称为三基点温度。当气温高于生物学上限温度或低于生物学下限温度时，作物开始受到不同程度的危害，直至凋零死亡。因此，在三基点温度之外还可以确定最高和最低死亡温度，统称为五基点温度指标。表 4-1 为几种主要作物的三基点温度。

表 4-1　几种主要作物的三基点温度（℃）

作物	最低温度	最适温度	最高温度
牧草	3～4	26	30
小麦	3～4.5	20～22	30～32
油菜	4～5	20～25	30～32
玉米	8～10	30～32	40～44
水稻	10～12	30～32	36～38
棉花	13～15	28	35

7. 农业界限温度　农业上常用一些特定的温度来标志某些重要的物候现象或者农事活动的开始、终止或转折。常用的日平均温度有以下几种：

（1）0℃。春季稳定通过 0℃时，早春作物（春小麦、青稞等）开始播种、冬小麦开始返青、多年生果木开始萌动。秋季 0℃稳定终止时，冬小麦开始越冬，土壤开始冻结，青稞及多年生果木停止生长。因此，0℃以上日数可用来评定地区农事季节的总长度，这期间的积温反映可供农业利用的总热量。

（2）5℃。春季稳定通过 5℃时，喜凉作物（如春油菜、马铃薯）开始播种，冬小麦开始进入分蘖期，树木开始萌动。秋季 5℃稳定终止的日期正是冬小麦开始进入抗寒锻炼期。因此，5℃以上日数可用来评定地区喜凉作物的生长期。

（3）10℃。春季稳定通过 10℃时，喜温作物开始播种和生长，喜凉作物生长迅速，多年生作物开始以较快的速度积累干物质。因此，10℃以上日数可用来评定地区喜温作物的生长期。

（4）15℃。春季稳定通过 15℃时，喜温作物生长迅速，热带作物组织分化，棉花、花生等进入播种期，可以采摘茶叶。秋季通过 15℃的终日，冬小麦进入播期，水稻停止灌浆，热带作物停止生长。

（5）20℃。在 20℃温度条件下，水稻安全抽穗、分蘖生长迅速，玉米、高粱安全灌浆，热带作物橡胶树正常生长、产胶。

8. 积温　积温是指某一时段的日均气温的总和。

（1）活动温度与活动积温。通常把高于生物学下限温度的温度称为活动温度，而活动积温则是指生物在某一生育时期（或全生育期）中，高于生物学下限温度的日平均气温的总和。

（2）有效温度与有效积温。有效温度指活动温度与生物学下限温度的差值，而有效积温则是指生物在某一生育时期（或全生育期）中，有效温度的总和。

9. 春化作用 某些植物经过一定时间的低温后，才能开花结果的现象称为春化作用，人工用低温处理萌动的种子，使它完成春化作用的方法，称为春化处理。

（三）水分

1. 空气湿度 通常把表征空气中水汽含量多少的物理量称为空气湿度。空气中的水汽主要来源于地面、水面或物体表面的蒸发和作物的蒸腾。

（1）饱和水汽压与实际水汽压。空气中水汽达到饱和时的水汽压称为饱和水汽压，其与空气温度的关系可用泰登（Teten）公式来表示：$e_s = 610.78e^{\frac{17.269t}{237.3+t}}$，其中：气温 t 单位为℃，饱和水汽压 e_s 的单位为 Pa。饱和水汽压与温度关系曲线如图 4-5 所示。保持空气温度不变，水汽未达到饱和状态时的水汽压即为实际水汽压，常用 e_a 表示。

（2）绝对湿度。单位容积空气中所含水汽的质量称为绝对湿度，即空气中水汽密度，单位 g/cm³。

（3）相对湿度。空气中的实际水汽压与同温度下的饱和水汽压的百分比称为相对湿度，公式：
$$RH(\%) = \frac{e_a}{e_{sa}} \times 100。$$

（4）饱和差。某一温度下，饱和水汽压和实际水汽压之差称为饱和差，饱和差值随温度升高而增大，反之则减小。

（5）露点温度。保持大气压力和水汽压不变，通过降低温度使空气达到饱和时的温度，称为露点温

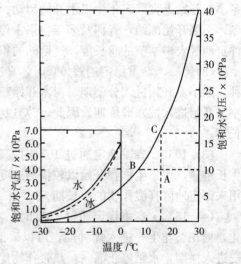

图 4-5 纯水（平水面）饱和水汽压与温度的关系曲线（Byers，1965）

度，单位为℃。当空气中温度降到露点以下时，在地面或者物体表面上就会有水汽凝结物形成，当凝结时的露点温度高于 0℃时，水汽凝结为露；当露点温度低于 0℃时，水汽凝华成霜。

2. 蒸发与蒸腾

（1）水面蒸发。水面蒸发是指水分子从水面汽化逸出的过程，其快慢用蒸发效率来描述。蒸发效率是指单位时间单位面积上因蒸发而消耗的水量。在实际测量时，常用因蒸发而消耗的水层厚度来表示。

（2）土壤蒸发。土壤蒸发是指土壤水分汽化并向大气扩散的过程。随着土壤含水量逐渐降低，土壤蒸发将经历稳高、速降、稳低三个阶段。

（3）植物蒸腾。植物蒸腾是指植物体内的水分通过其表面（主要是叶片）上的气孔以气态水的形式向外界输送的过程，其既是物理过程，也是生理过程。蒸腾系数（K_T）常用来表示植物蒸腾作用所消耗的水分，它是指植物形成单位质量干物质所消耗的水量。蒸腾效率是蒸腾系数的倒数，是指通过光合作用每消耗单位水量所产生的干物质量。

（4）农田蒸散。植物蒸腾和农田植被下土壤表面蒸发是同时发生的，将农田表面水分输送到大气中去的总过程称为农田蒸散，用 ET 表示。蒸发蒸腾势的概念在 1948 年由美国的桑斯韦特和英国的彭曼先后提出，其定义为：在一个开阔的地表上，在无平流热的干扰下，其上有生长旺盛且完全覆盖地面的短草，在充分供水时的农田总蒸发称为蒸发蒸腾势。

3. 凝结与凝华　水汽转变为液态水的过程称为凝结，直接转化为固态的过程称为凝华。大气中的水汽凝结需要两个条件：一是空气中具有吸湿性的凝结核，二是空气中水汽达到饱和或者过饱和状态。

4. 降水　以形态来分，降水可分成雨、雪、霰、雹四种。其中，雨是指从云中降落地面上的液态水；雪是指从云中降落到地表的冰晶集合物；霰是指从云中降落的直径为 $1\sim5\text{mm}$ 的不透明白色而疏松的小冰球；而当云中降落的冰球或者冰块大于 5mm 时，此时被称之为雹。

（1）降水量。降水量是表征降水多少的物理量，在一定时段内从大气中降落到地面的水分，未经蒸发、渗漏和流失而在水平面上积聚的水层厚度，单位为 mm。

（2）降水强度。降水强度是反映降水急缓的特征量，单位时间内的降水量称为降水强度。单位为 mm/d 或 mm/h。按降水强度的大小可将降水分为若干等级。

降水等级与时段降水量见表 4-2。

表 4-2　降水等级与时段降水量对照表（mm）

降水等级 ＼ 时段降水量	12h 降水量	24h 降水量	降水等级 ＼ 时段降水量	12h 降水量	24h 降水量
零星小雨	<0.1	<0.1	零星小雪	<0.1	<0.1
小雨	0.1~4.9	0.1~9.9	小雪	0.1~0.9	0.1~2.4
中雨	5.0~14.9	10.0~24.9	中雪	1.0~2.9	2.5~4.9
大雨	15.0~29.9	25.0~49.9	大雪	3.0~5.9	5.0~9.9

（续）

降水等级 \ 时段降水量	12h降水量	24h降水量	降水等级 \ 时段降水量	12h降水量	24h降水量
暴雨	30.0～69.9	50.0～99.9	暴雪	6.0～9.9	10.0～19.9
大暴雨	70.0～139.9	100.0～249.9	大暴雪	10.0～14.9	20.0～28.9
特大暴雨	≥140.0	≥250.0	特大暴雪	≥15.0	≥30.0

（3）降水变率。降水变率是反映某地降水量是否稳定的特征量，分为绝对变率和相对变率。绝对变率又称为降水距平，某地实际降水量与多年同期平均降水量之差；相对变率是指绝对变率占多年平均降水量的百分比。

（4）降水保证率。某一界限降水量在某一段时间内出现的次数与该段时间内降水总次数的百分比，称为降水频率。降水保证率表示某一界限降水量可靠程度的大小。降水量高于或低于某一界限降水量的频率之和称为高于或低于该界限降水量的降水保证率。

5. 水分与农业生产

（1）水分临界期。在作物生长发育的整个过程中，对水分最敏感的时期称为作物的水分临界期。临界期是对土壤水分下限要求最高的时期。临界期越长的作物，其产量波动性越大，临界期越短的作物，其产量越稳定。各作物水分临界期如表4-3所示。

表4-3　几种作物的水分临界期

作物	临界期	作物	临界期
小麦	孕穗～抽穗	大豆	开花
水稻	孕穗～开花	花生	开花
玉米	大喇叭口～乳熟	向日葵	花盘形成～开花
马铃薯	开花～块茎形成	棉花	开花～成铃
甜菜	抽薹～始花	高粱	孕穗～灌浆

（2）生理需水。生理需水是指用于作物根系吸收、体内运转、叶面蒸腾等生理过程的水分。

（3）生态需水。生态需水是指生态系统需水。广义上讲，生态需水是维持全球或流域生态系统的良性循环，使其有益功能和生态服务价值最大化，且保证生态系统平衡和发展所需的最小水量。狭义上讲，生态需水就是指为作物正常生长发育创造有利适宜的生态环境所需的水分。

（四）气压和风

1. 气压　通常把作用在单位面积上的大气压力称为气压，单位常用 kPa来表示，取一位小数，也曾使用 mb 和 mmHg 来表示气压的大小。一个标准大气压为 101.325kPa。

2. 气压场　气压在空间上的分布称为气压场。气压场一般可分为低压、高压、低压槽、高压脊、鞍型气压场等几种。这几种气压场的基本形式又统称为气压系统。

3. 等压线、等压面　将气压值相等的各处按一定规则连成曲线即为等压线，而空间气压相等点组成的面即是等压面。

4. 季风　大范围地区的盛行风向随季节有显著改变的大气环流称为季风。季风是由于陆地和海洋的热力学特性差异形成，以一年为周期，通常是指冬季风和夏季风。

（五）灾害性天气

通常把寒潮、霜冻、冷害、旱涝、冰雹、风害等给农业生产和人民生活造成危害的特殊天气，统称为灾害性天气。

1. 寒潮　高纬度的冷空气大规模地向中、低纬度侵袭，造成剧烈降温的天气活动，国家气象局对寒潮的一般定量标准：一次冷空气入侵，使该地日最低（或日平均）气温 24h 内降温幅度≥8℃，或 48h 内降温幅度≥12℃，或72h 内降温幅度≥16℃，且该地最低气温≤2℃的冷空气活动。

2. 霜冻、冻害　霜冻是指在温暖季节里（平均温度在 0℃ 以上）土壤表面或植物表面的温度下降到足以引起植物遭到伤害或死亡的短时间地温冻害。植物或动物在 0℃ 以下强烈低温作用下受到的伤害，称为冻害。与霜冻不同的是，冻害主要发生在作物越冬休眠或缓慢生长的季节，而霜冻则发生在作物活跃生长期间。

3. 低温冷害　低温冷害是指在作物生育期间遭受到 0℃ 以上（有时在20℃ 左右）的低温，引起作物生育期延迟或是生殖器官的生理活动受阻造成农业减产的低温灾害。

4. 干旱　因长时间降水偏少，蒸发较大，造成土壤缺水、水源枯竭的灾害性天气称为干旱。干旱根据不同的原因可分为大气干旱、土壤干旱、生理干旱和黑灾等；根据不同的时空分布，干旱又可分为春旱、夏旱、秋旱和冬旱。以北京为代表的华北地区和内蒙古东部及东北西部，春旱的发生概率均在70% 左右。按照连续无雨天数一般将干旱划分为 4 个等级，如表 4-4 所示。

表 4-4　干旱等级划分表

干旱等级	连续无雨天数 (d)	其他特点
轻度干旱	春季 16~30 夏季 16~25 秋冬 31~50	特点为降水较常年偏少，地表空气干燥，土壤出现水分轻度不足，对农作物有轻微影响
中度干旱	春季 31~45 夏季 26~35 秋冬 51~70	降水持续较常年偏少，土壤表面干燥，土壤出现水分不足，地表植物叶片白天有萎蔫现象，对农作物和生态环境造成一定影响
重度干旱	春季 46~60 夏季 36~45 秋冬 71~90	土壤出现水分持续严重不足，土壤出现较厚的干土层，植物萎蔫、叶片干枯，果实脱落，对农作物和生态环境造成较严重影响，对工业生产、人畜饮水产生一定影响
特大干旱	春季＞61 夏季＞46 秋冬＞91	土壤出现水分长时间严重不足，地表植物干枯、死亡，对农作物和生态环境造成严重影响，工业生产、人畜饮水产生较大影响

5. 洪涝　洪涝是指大量降雨未能及时排除，使农田出现积水、作物受淹的现象。

6. 梅雨　每年 6 月上旬至 7 月中旬，在我国宜昌以东的江淮地区，常出现阴雨连绵的天气，形成连阴雨灾害，此时正值江淮梅子成熟，故称这时期的降水为梅雨。

7. 干热风　干热风是一种复合灾害，其由低湿（干）、高温（热）和风三个因子组成，但主导因子是热，其次是干。干热风，又称为"火风"，多出现于 5~9 月，是北方小麦生产的重大灾害之一。一旦遭受干热风灾害，轻者小麦灌浆速度下降，籽粒干瘪，粒重降低；重者，小麦提前枯死，麦粒瘦瘪，减产严重。干热风按其强度可分为轻、重两级，我国北方麦区的具体划分指标如表 4-5 所示。

表 4-5　我国北方麦区干热风指标

麦类	区域	轻热干风			重热干风		
		t_m	R_{14}	v_{14}	t_m	R_{14}	v_{14}
冬麦	平原	≥32	≤30	≥2	≥35	≤25	≥3*
	旱塬	≥30	≤30	≥3	≥33	≤25	≥4
春麦	河套	≥32	≤30	≥2	≥34	≤25	≥4
	河西	≥32	≤30	不定	≥35	≤25	不定
冬春麦	新疆	≥34	≤25	≥3	≥36	≤20	≥3

注：t_m 为日最高气温（℃）；R_{14} 为 14 时空气相对湿度（%）；v_{14} 为 14 时风速（m/s）。

8. 冰雹 冰雹灾害是由强对流天气系统引起的一种剧烈的气象灾害，它出现的范围虽然较小，时间也比较短促，但来势猛、强度大，并常常伴随着狂风、强降水、急剧降温等阵发性灾害性天气过程。据有关资料统计，中国每年因冰雹所造成的经济损失达几亿元甚至几十亿元。用 D 表示冰雹直径，冰雹等级如表 4-6 所示。

表 4-6 冰雹等级（mm）

等　级	冰雹直径
小冰雹	$D < 5$
中冰雹	$5 \leqslant D < 20$
大冰雹	$20 \leqslant D < 50$
特大冰雹	$D \geqslant 50$

9. 风害 风力大到足以危害人们的生产活动和经济建设的风，称为风害。我国气象部门以平均风力达到或超过 6 级或瞬间风力达到或超过 8 级，作为发布大风预报的标准。大风作为一种常见的灾害性天气，对农业造成的危害主要表现在机械损伤、生理危害、风蚀沙化、影响农牧业生产活动等 4 个方面。

10. 高温灾害 当天气出现或持续保持炎热高温状态时，会造成植株生育期缩短、成穗成果减小，产量降低，北方小麦和南方早稻都易受到该种灾害侵袭。同时，高温还会导致作物呼吸作用加剧，养分消耗加快，导致作物早衰，如北方初夏高温常造成番茄早衰，冬小麦过早播种或播后遇到 18℃ 以上温度时，会出现徒长现象，既不利于扎根，又容易在越冬时受到冻害。

三、农业气候

形成气候的最基本的自然因子是太阳辐射、大气环流和下垫面性质，这三个因子相互联系且相互影响，在不同的地区长时间共同作用的结果，形成了不同的气候。

1. 气候带 气候带是指围绕地球，具有比较一致的气候特征的地带，一般地可按纬度划分为寒带、寒温带、暖温带、副热带、热带和赤道带等 6 个气候带。

2. 气候型 气候型是指气候条件基本相同的区域，由于大气环流、地理环境、海陆分布等因素的影响，在同一气候带里可出现不同的气候类型，也可在不同的气候带内出现相同的气候型。主要的气候型有海洋性气候和大陆性气候、季风气候和地中海气候、高山气候和高原气候、草原气候和沙漠气候。

3. 农业气候资源 对农业生产有利的温度、光照、水分、气流和空气成分等条件及其组合是一种可利用的自然资源，称之为农业气候资源。

4. 农业气候生产潜力 农业气候生产潜力是以气候条件来估算的农业生产潜力，即在当地自然的光、热、水等气候因素作用下，假设作物品种、土壤肥力、栽培技术和作物群体结构都处于最适状态时，单位面积可能达到的最大产量。

5. 小气候 小气候是泛指因下垫面性质或人类和生物的活动等局部环境影响而形成的小范围内（主要是贴地气层和土壤上层）的气象环境。不同下垫面形成各种不同的小气候，如农田小气候、水域小气候、防护林小气候、温室小气候、畜舍小气候、果园小气候、保护地小气候、坡地小气候等。与大气候相比，小气候具有范围小、差别大和稳定性强的特点。

6. 活动面 热量和水分等交换最显著的物体表面称为活动面。

7. 活动层 在作物层中，辐射能的吸收和放射、热量和水分的交换不仅发生在活动面上，而且发生在具有一定厚度的作物层中，该作物层即称为活动层。

8. 活动面的热量平衡 活动面热量的收入与支出之差即为活动面的热量平衡。农田中温度、湿度和风的分布与变化都受活动面或活动层热量平衡状况的影响。与裸地相比，农田活动面的热量交换更为复杂，但由于活动面向土面的乱流交换、同化二氧化碳所消耗的热量、作物增温所吸收的热量以及作物通过茎叶传导的热量都相对较小，因此，可将农田活动面的热量平衡方式简化为：$R_T = P + B + LE_c$，其中，P 为活动面与大气的湍流交换；B 为活动面与土壤的热量交换；LE_c 为农田总蒸发耗热。

9. 农业小气候 农业小气候是指与农业生产对象、农业技术措施与农业设施相关的有限空间内所形成的各类小气候的统称。

10. 农田小气候 通常把以农作物为下垫面的小气候或者以农田为研究对象的小气候称为农田小气候。它是农田贴地气层、土壤耕作层同作物群体之间物理与生物两种过程相互作用的结果。在田间，由于耕作措施和植株群体的影响，改变了农田土壤上层的状况及物理性质，导致辐射和能量的变化，从而形成独特的农田小气候。而农田小气候又反过来影响农作物的生长发育进程和产量形成。

四、农业气象观测方法

（一）气温的观测

气温观测项目有：定时气温，日最高、最低气温及气温的连续记录。气温观测仪器一般有干球温度表、最高温度表、最低温度表、温度计等。

测定气温的仪器安置在百叶箱中，百叶箱分大小两种。小百叶箱内安置干球温度表、湿球温度表、最高温度表、最低温度表和毛发湿度表。

（二）地温的观测

地温指地面和地中不同深度的土壤温度。土壤温度是指直接与土壤表面接触的温度表所指示的温度，包括地面温度、地面最高温度、地面最低温度。浅层地温包括地中 5、10、15、20cm 的温度，还有深层地温。地温观测的仪器主要有地面温度表、曲管地温表、插入式地温表。

（三）空气湿度的观测

空气湿度是表示空气中水汽含量和潮湿程度的物理量，在地面观测时，常取距离地面 1.5m 高处的湿度作为空气湿度。按照原理的不同，空气湿度观测方法主要有热力学方法、吸湿法、露点法、光学法和称量法等 5 种。常见的空气湿度观测仪器有干湿球温度表、毛发湿度表、通风干湿表、湿度计和湿敏电容湿度传感器等。

（四）降水的观测

降水观测包括记录降水起止时间、确定降水种类、测定降水量和求算降水强度。其中降水量的观测用的仪器主要有雨量器、虹吸式雨量计和翻斗式雨量计等 3 种。

（五）蒸发的观测

蒸发观测常用的仪器是小型蒸发器。该仪器一般安装在雨量器附近，终日受阳光照射的位置，并安装在固定铁架上，口缘离地 70cm，保持水平。每天20 时进行观测，用专用量杯测量前一天 20 时注入的 20mm 清水经 24h 蒸发后剩余的水量，并做记录。然后倒掉余量，重新量取 20mm（干燥地区和干燥季节需量取 30mm）清水注入蒸发器内作为次日原量。蒸发量＝原量＋降水量－剩余水量。

（六）气压的观测

测定气压的仪器有水银气压表、空盒气压表和气压计等。动槽式水银气压表是根据水银柱的重量与大气压力相平衡的原理制成的。空盒压力表读数时，轻击盒面，待指针静止后再读数，读数时视线与刻度面垂直，读取指针尖所指刻度示数，精确到0.1。气压计的使用方法与温度计类似。

（七）风的观测

风的观测包括风向和风速。常用的测风仪器有电接风向风速计和轻便风向风速表。前者用于台站长期定位观测，后者多用于野外流动观测。目测风向风力是根据风对地面或海绵物体的影响而引起的各种现象，按风力等级表估计风力。风力等级如表4-7所示。

表4-7　风力等级表

风力等级	风的名称	风速（m/s）	陆地状况
0	无风	0～0.2	静，烟直上。
1	软风	0.3～1.5	烟能表示风向，但风向标不能转动。
2	软风	1.6～3.3	人面感觉有风，树叶微响，风向标能转动。
3	微风	3.4～5.4	树叶及树枝摆动不息，旗帜展开。
4	和风	5.5～7.9	能吹起地面灰尘和纸张，树的小枝微动。
5	劲风	8.0～10.7	有叶的小树枝摇摆，内陆水面有小波。
6	强风	10.8～13.8	大树枝摆动，电线呼呼有声，举伞困难。
7	疾风	13.9～17.1	全树摇动，迎风步行感觉不便。
8	大风	17.2～20.7	微枝折毁，人向前行感觉阻力甚大
9	烈风	20.8～24.4	建筑物损坏（烟囱顶部及屋顶瓦片移动）。
10	狂风	24.5～28.4	陆上少见，可使树木拔起、建物损坏严重。
11	暴风	28.5～32.6	陆上很少，有则必有重大损毁，非凡现象。
12	飓风	32.7～36.9	陆上绝少，其摧毁力极大，非凡现象。
13	飓风	37.0～41.4	陆上绝少，其摧毁力极大，非凡现象。
14	飓风	41.5～46.1	陆上绝少，其摧毁力极大，非凡现象。
15	飓风	46.2～50.9	陆上绝少，其摧毁力极大，非凡现象。
16	飓风	51.0～56.0	陆上绝少，其摧毁力极大，非凡现象。
17	飓风	56.1～61.2	陆上绝少，其摧毁力极大，非凡现象。

（八）积温的统计

在农业生产中，为了充分利用一地的热量资源或研究某一作物与热量条件的要求，常常需要确定作物生长期长短、起止时期和积温。但由于温度的波动，春、秋季温度可能在某一界限温度值附近波动几次，因此，可采用"稳定通过"的方法来确定界限温度的起始日期和终止日期。统计时，一般采用五日滑动平均法和直方图法两种方法进行。

1. 五日滑动平均法 采用五日滑动平均气温法进行积温统计时，首先需要确定某界限温度（一般为 0℃、5℃、10℃、15℃、20℃）的起始日期和终止日期，在此基础上再进行持续天数和积温的计算。

起始日期的确定，是从春季第 1 次日均气温出现高于某界限温度之日起计算，向前推 4d，计算这 5d 的平均气温，若这 5d 的平均气温小于界限温度，则顺延 1 天，再次进行 5d 的平均气温计算，直至出现第 1 个连续 5d，满足平均气温大于或等于界限温度且后面的连续 5d 没有低于界限温度（直至夏天）。在这个连续 5d 的时段内，挑出第 1 个日均气温大于或等于该界限温度的日期，该日期即为气温稳定通过该界限温度的起始日期。

终止日期确定的方法与起始日期类似，先从秋季选出第一次低于界限温度的日期，向前推 4d，计算这连续 5d 的平均气温，若平均气温高于界限温度，则顺延 1d，再次进行 5d 的平均气温计算，直至出现第 1 个平均气温低于该界限温度的连续 5d。在这个连续 5d 的时段内，挑出最后 1 个日均气温大于或等于该界限温度的日期，此日期即为气温稳定通过该界限温度的终止日期。

通过计算起止日期之间的持续日数（包含起止日期），即可得气温稳定通过该界限温度的持续日数。而起止日期之间高于界限温度的日平均气温的和值，即为活动积温；起止日期之间的高于界限温度的日平均气温减去下限温度后的和值，即为有效积温。

2. 直方图法 直方图法是利用某地多年的月平均气温资料，绘制该地月平均气温变化的直方图，再在直方图的基础上绘制气温的变化曲线，然后再根据直方图和气温变化曲线来计算某地平均生产期的长短和统计其平均积温。

直方图和气温变化曲线以温度为纵坐标、月为横坐标绘制。选定某一界限温度，并以此界限温度作一条平行于横坐标轴的直线。该直线与气温变化曲线的交流的横坐标即为气温稳定通过该界限温度的起始和终止日期。

计算起始日期和终止日期内的总天数（包含起止日期），即为气温稳定通过该界限温度的持续日数。根据活动积温和有效积温的定义，通过计算起止日期内气温曲线同横坐标轴围成的曲边形面积即可得活动积温，通过计算界限温度直线与气温曲线围成的曲变形面积即可得有效积温。

参考文献

崔学明，2006. 农业气象系 ［M］. 北京：高等教育出版社.

段若溪，姜会飞，2002. 农业气象学 ［M］. 北京：气象出版社.

国家质检总局，国家标准委，2012. 冰雹等级（GB/T 27957—2011）［S］. 北京：中国标准
出版社.

国家质检总局，国家标准委，2012. 风力等级（GB/T 28591—2012）［S］. 北京：中国标准
出版社.

国家质检总局，国家标准委，2012. 降水量等级（GB/T 28592—2012）［S］. 北京：中国标
准出版社.

霍治国，王石立，2009. 农业和生物气象灾害 ［M］. 北京：气象出版社.

李有，任中兴，2012. 农业气象学 ［M］. 北京：化学工业出版社.

张嵩午，刘淑明，2007. 农林气象学 ［M］. 陕西：西北农林科技大学出版社.

甄文超，王秀英，2006. 气象学与农业气象学基础 ［M］. 北京：气象出版社.

中国气象局，2017. 农业气象术语第 1 部分：农业气象基础（QX/T 381.1—2017）［S］. 北
京：气象出版社.

05

第五章　生态农业

国际上，生态农业一般表述为生态上能自我维持，经济上有生命力，有利于长远发展，并在循环方面、伦理道德方面及美学上能接受的农业。在我国，生态农业一般表述为应用生态学原理和系统科学方法，把现代科技成果与传统农业技术相结合而建立起来的具有生态合理性、功能良性循环的农业。

一、生态学

生态学是研究有机体与其周围环境相互关系的学科。环境包括非生物和生物环境。非生物环境指生物体所处的环境要素，如温度、水、风等。生物环境包括同种或异种生物。

（一）个体

1. 物种　物种是具有一定形态和生理特征以及一定自然分布区域的生物类群，是动、植物和微生物分类的基本单位。物种既是生物繁殖的单元，又是生物进化的单元。同种生物个体间能产生可育后代。

2. 生活型　不同种的生物，由于长期生活在相同或相似的环境条件下，发生趋同适应，并经过自然选择或人工选育而成的相同或相似的形态和生理、生态特性的物种类群。

3. 生境　生境指生物的个体、种群或群落生活地域的环境，包括空间及直接或者间接影响生物生存的各种因素。生物环境分为大环境和小环境，小环境对生物有直接影响，大环境通过影响小环境影响生物。

4. 生态型　同种生物的不同个体群，由于长期生活在不同的自然环境中或者人工培育条件下，发生趋异适应，形成具有不同的形态、生理等特性的可以遗传的类群，称为生态型。

（1）气候生态型。长期适应不同的光周期、气温和降水等气候因子而形成的各种生态型被称为气候生态型。

（2）土壤生态型。长期在不同的土壤水分、温度和肥力等自然和栽培条件的作用下分化而形成土壤生态型。

（3）生物生态型。生物生态型是指主要在生物因子的作用下形成的生态型。

5. 生态位　生态位指一个种群在生态系统中，在时间空间上所占据的位置及其与相关种群之间的功能关系与作用。

（二）种群

种群指在一定时间内占据一定空间的同种生物的所有个体。种群中的个体并不是机械地集合在一起，而是彼此可以交配，并通过繁殖将各自的基因传给后代。

1. 种群结构　种群由许多同种个体组成，种群与个体的关系是整体与部分的关系，但不是许多同种个体的简单相加，每一个种群都有其种群密度分布、年龄组成、性别比例、出生率和死亡率等特征。

2. 种群动态　种群动态主要指种群数量在时间上和空间上的变动规律。

3. 种群间相互作用　种群间相互作用的类型可以简单地分为三大类。①中性作用，即种群之间没有相互作用。事实上，生物与生物之间是普遍联系的，没有相互作用是相对的。②正相互作用，正相互作用按其作用程度分为偏利共生、原始协作和互利共生三类。③负相互作用，包括竞争、捕食、寄生和偏害等。

（三）群落

群落指在相同时间聚集在同一地段上的各物种种群的集合。群落内部的各种生物种群具有复杂的种间关系。

1. 群落特征　群落特征包括群落中物种的多样性、群落的生长形式和结构（空间结构、时间组配和种类结构）、优势种、相对丰富度、营养结构、丰富度等。

2. 群落结构　组成群落的生物种群中所处的位置和存在的状态，包括垂直结构、水平结构和时相结构。

3. 群落演替　随着时间的推移，群落中一些物种侵入，另一些物种消失，群落组成和环境向一定方向产生有顺序的发展变化的现象。

4. 协同进化　一个物种的进化会改变作用于其他的生物的选择压力，引起其他生物也发生变化，这些变化又反过来引起相关物种的进一步变化，在很多情况下两个或更多的物种单独进化常常会相互影响形成一个相互作用的协同适应系统。

二、农业生态系统

农业生态系统是指在人类的积极参与下，利用农业生物和非生物环境之间以及农业生物种群之间的相互关系，通过合理的生态结构和高效的生态机能，进行能量转化和物质循环，并按人类社会要求进行物质生产的综合体。

（一）农业生态系统的结构

1. 物种结构 物种结构是指农业生态系统或模式内农业生物种类的组成、数量及其相互关系。物种包括初级生产者、次级生产者和分解者。通过物种结构的合理配置能够协调各种生物的关系，最大限度地利用自然资源。

2. 水平结构 农业生态系统的水平结构不仅受到温度和降水的影响，不同地貌类型也影响着农业生态系统的水平结构。农作物的生长与环境温度和降水有密切关系，不同气候类型条件下适宜生长的农作物不同，耕作制度也存在较大差异。地貌条件的不同会影响温度和水分等影响因子，间接影响农业生态系统的水平结构。

3. 垂直结构 农业生态系统中生物之间在空间垂直方向上的配置组合，称作农业生态系统的垂直结构。根据生物的不同特点在垂直方向上建立由多物种共存、多层次配置、多级物质循环利用的立体种养殖生态系统，从而达到资源的有效利用，提升能量和物质的利用效率，获得更多的产能。

4. 营养结构 生态系统中的各物种通过捕食和被捕食的关系，相互之间形成的一种紧密的联系，被称为生态系统的营养结构或食物链结构。在农业生态系统中，可以在原有的食物链中通过加环等手段，能够有效增加某一或者某些营养级的产出，还可以使某些有害的链环受到抑制，从而达到提高资源利用效率、防治有害生物的目的。

5. 时间结构 农业生态系统中，不同的作物有不同的生长发育规律，根据各种生物的生长发育时期及其对环境条件的要求，合理安排各种生物种群，使它们的生长发育时间相错有序，能够更加充分利用自然资源。调节农业生物群落时间结构的方式主要有间作、轮作、套作等。

（二）农业生态系统的功能

1. 能量流 农业生态系统的主要能源是太阳能和人工辅助能。生态系统中能量的输入、传递和散失的过程，称为生态系统的能量流。

（1）生态系统的基本组成。生态系统的组成成分有生物和非生物环境。非生物环境包括生态系统内部参加物质循环的无机元素和化合物、联系生物和非生物的有机质和气候等物理条件。生物组成包括生产者、消费者和分解者。生产者是以简单无机物制造食物的自养生物。相对生产者而言，消费者不能直接利用无机物制造有机物，直接或间接依赖生产者所制造的有机物。可以分为一级消费者、二级消费者和三级消费者等。分解者是把动植物体的复杂有机物分解为生产者能够利用的简单化合物的一类生物。

（2）食物链。通过一系列的取食和被食关系，物质和能量在生态系统中各种生物之间传递，不同生物所形成的链状关系被称为食物链。

（3）食物网。不同食物链所形成的复杂的网状关系被称为食物网。

（4）生态平衡。在一定时间内，生态系统中生物与环境、生物与生物之间通过相互作用达到的协调稳定状态。生态平衡是一种相对的平衡状态。

（5）生态效率。食物链每个环节上能量的转化效率。

（6）生态金字塔。由于能量每经过一个营养级时被净同化的部分都会小于上一个营养级的能量，当营养级按照由低到高的顺序排列时，各营养级的个体数目、生物量和所含有的能量一般呈现下大上小的类似金字塔的形状，称为生态金字塔。

2. 物质流　生态系统中的物质被植物从空气、水、土壤中吸收利用，然后以有机物的形式从一个营养级传递到下一个营养级。当动植物有机体死亡后被分解者生物分解时，它们又以无机形式的矿质元素归还到环境中，再次被植物重新吸收利用。物质流动是一个循环的过程。

（1）周转率和周转期。周转率是指生态系统某一组分中的物质在单位时间内所流出的量（或流入的量）占库存总量的分数值。周转期是周转率的倒数，反映该组分的物质全部更新的平均时间。周转率和周转期是衡量物质流动效率高低的指标。

（2）循环效率。循环物质与输入物质的比例。

（3）水循环。水循环是指地球上各种形态的水，在太阳辐射、地心引力等作用下，通过蒸发、水汽输送、凝结降水、下渗以及径流等环节，不断地发生相态转换和周而复始运动的过程。

（4）碳循环。大气中的二氧化碳被植物吸收后，通过光合作用转变成有机物质，然后通过生物呼吸作用和细菌分解作用又从有机物质转换为二氧化碳而进入大气。碳的生物循环包括了碳在动植物及环境之间的迁移。

（5）氮循环。大气中的氮经微生物等作用而进入土壤，为动植物所利用，最终又在微生物的参与下返回大气中，如此反复循环。氮循环的主要环节：生物体内有机氮的合成、氨化作用、硝化作用、反硝化作用和固氮作用。

3. 信息流　自然生态系统中，生物产生的信息以物理信号和化学信号等形式向环境中发出，并被其他生物通过各种方式接收，形成了信息网。农业生态系统不仅有自然的信息网，由于人的参与，信息的传导还存在于自然与人类之间。

4. 资金流　在现实生活中，社会资源的输入要用一定的资金按价格购买，产品的输出也按价格换回一定的资金，农业生态系统中的资金投入和产品卖出收回资金共同构成了资金流。

（三）农业生态系统服务价值

农业生态系统服务功能是指农业生态系统在农业生态过程中把太阳光转变成人类的幸福和健康生活的效用价值。农业生态系统服务为3类：一是经济服务价值，包括农业生产生态系统产品价值和旅游价值。二是社会服务价值，包括农业生态系统的艺术、科研和文化教育价值。三是生态服务价值，包括农业生态系统的空气净化、二氧化碳固定、氧气释放、水源涵养与保持、土壤肥力的更新与维持、促进养分循环、减少气象灾害和病虫等价值。

1. 生物多样性　指生命的多样性，包括基因多样性、物种多样性和景观多样性。基因多样性是一个物种或种群内的多样性；物种多样性是一个确定区域内的物种数目，即一个生物群落空间或功能组分中的物种数目；景观多样性是指生物措施与工程措施相结合的治理技术，一般在水土流失治理、盐碱地、沙荒地改造中提倡应用。

2. 水源涵养　通过恢复植被、建设水源涵养区等达到控制土壤沙化、降低水土流失的措施。

3. 碳-氧平衡　绿色植物在光合作用中制造的氧，超过了自身呼吸作用对氧的需要，其余的氧都以气体的形式排到了大气中；绿色植物还通过光合作用，不断消耗大气中的二氧化碳，这样就维持了生物圈中二氧化碳和氧气的相对平衡，简称碳-氧平衡。

4. 碳汇　从空气中清除二氧化碳的过程、活动、机制。在农田生态系统中指植物通过光合作用将大气中的二氧化碳吸收并固定在植被与土壤当中，从而减少大气中二氧化碳浓度的过程、活动或机制。

三、生态农业

（一）生态农业基本原理

1. 整体效应原理　整体效应原理根据系统论观点建立，即整体功能大于个体功能之和的原理，对整个农业生态系统的结构进行优化设计，利用系统各组分之间的相互作用及反馈机制进行调控，从而提高整个农业生态系统的生产力及其稳定性。

2. 生态位原理　各种生物种群在生态系统中都有理想的生态位。利用该原理，把适宜的价值较高的物种引入农业生态系统，填补空白生态位，达到合理稳定农业生态系统。

3. 食物链原理　生态农业要根据食物链原理组建食物链，将各营养级上因食物选择所废弃的物质作为营养源，通过混合食物链中的相应生物进一步转化利用，使生物能的有效利用率得到提高。

4. 物质循环与再生原理　生态农业体系要求尽可能适量或较少的外部投入，通过立体种植及选择归还率较高的作物以及合理轮作、增施有机肥等建立良性物质循环体系，使养分尽可能在系统中反复循环利用，实现无废弃物生产，提高营养物质的转化及利用率。

5. 生物种群相生互克原理　自然生态系统中的多种生物种群在其长期进化过程中，形成对自然环境条件特有的适应性，并形成相互依存、相互制约的稳定平衡。生态农业建设中，一般利用各种生物种群的相生互克原理，组建合理高效的复合系统（如立体种植、混合养殖等）。

6. 生物与环境协同进化原理　生物与环境的协同进化是指生物在适应环境的同时，也作用于环境，对生态环境有一定改造的能动性，从而使得环境与生物平衡发展。生态农业中运用此原理，要根据地域生态环境条件，安排生态适应性较好的生物种群，获得较高的生产率，并要特别注意保护生态环境。

（二）生态农业典型类型

1. 立体种养类型　立体种养类型利用生态位原理，将处于不同生态位的生物类群合理搭配在一起，使农业生态系统充分利用光、水、肥等自然资源，提高农业生态系统对资源的利用效率及生产效率。

2. 物质循环利用类型　物质循环利用类型利用生态系统内部能量流动和物质循环规律，一个生产环节所产生的废弃物是另外一个环节的投入品，使物质能够多层次、多途径循环利用，实现生产与生态的良性循环，提高资源的利用效率。

3. 生物相克避害类型　生物相克避害类型利用生态系统内物种之间的竞争以及食物链关系，人为调节生物种群，增加有害生物天敌数量，达到生物防治的目的，减少农田因病虫草害导致的损失。

4. 生态环境综合整治类型　生态环境综合整治类型利用生物对环境的适

应和改造，因地制宜地开展各类措施（如植树造林、农田基本建设、等高耕作等）改善生态环境。

（三）生态农业关键技术

1. 立体种植与立体种养技术 通过协调作物与作物之间，作物与动物之间以及生物与环境之间的复杂关系，充分利用互补机制并最大限度避免竞争，使各种作物、动物能适得其所，提高资源利用效率及生产效率。

2. 有机物质多层级利用技术 通过物质多层次、多途径循环利用，实现生产与生态的良性循环，提高资源的利用效率，是生态农业中最具代表性的技术手段。常见的有畜禽粪便综合利用技术和秸秆综合利用技术。

3. 生物防治病虫草害技术 利用生物措施及生态技术有效控制病、虫、草危害，优点是无毒性残留，不污染环境，又可保护生物多样性和生态系统自我调节机制。常见的有轮作、间混作等种植方式控制病虫草害，通过收获和播种时间的调整防止或减少病虫草害，利用动物、微生物治虫、除草，从生物有机体中提取生物试剂替代农药防治病虫草害等。

4. 再生能源开发技术 以开发利用生物能、生态能等新能源，替代部分化工商品能源的技术。主要有沼气发酵技术，太阳能利用技术，风能、地热能、电磁能利用技术。

5. 生物措施与工程措施配合的生态治理技术 生物措施与工程措施结合治理的技术，一般在水土流失治理、盐碱地、沙荒地改造中应用。

（四）生态农业建设规划

生态农业建设规划指在一定区域范围内，依据当地资源、环境条件及社会经济状况，遵循农业生态学和生态学原理，以农业可持续发展为目标，运用系统工程的方法，对特定行政区或地理区段内农业生态经济系统的产业结构、产业布局和农村经济发展进行部署的一种生态规划。

（五）循环农业

循环农业是一个把农业生产、农村经济发展和生态环境保护、资源高效利用融合为一体的新型综合农业体系。其本质是构建起资源再循环、再利用、减量化和可控化的农业生产模式。

1. 循环农业基本原理 循环农业体系的基本原理是通过科学设计、规模运行、精细管理和科技支撑，实现种植业、养殖业、加工业产业链过程中的生物能多级转化和资源（氮、磷）循环，通过废弃物无害化处理系统对种—养—

加工生产过程中的废弃物进行无害化处理，建立环境保育系统保护生态环境。同时通过延伸系统，建立循环农业文化园进行科普教育、传播农业文化，最终实现投入最低、产出最大、价值最高、环境影响最小的目标。

2. 循环农业关键技术 循环农业技术以"3R"为原则，即减量化、再使用、再循环，以低消耗、低排放和高效率为特征。

（1）人工食物链设计及组合技术。人工食物链设计及组合技术包括食物链的"加环"与"解链"，"加环"主要是人为增加新的营养级和延长食物链，既能实现资源能量的多级利用又能形成新的人类需要的经济产品。农业生态系统也有一些人类不需要的食物链环节，它们不仅消耗上一营养级的物质和能量，而且还会导致产量与治理效果下降，需要人工"解链"，如利用赤眼蜂防治棉铃虫、利用瓢虫防治蚜虫等。

（2）农业清洁生产技术。农业清洁生产技术是指不断采取改进设计、使用清洁的能源和材料、采用先进的工艺技术与设备、改善管理和综合利用等措施，从源头消减污染，提高资源利用效率，减少或者避免生产、服务和产品使用过程中污染的产生和排放，以减轻或者消除对人类健康和环境的危害。

（3）农村有机废弃物资源化利用技术。农村有机废弃物主要包括农作物秸秆、畜禽粪便、生活有机垃圾及农产品加工残余物质等，将废弃物进行无害化处理、资源化综合利用是有机废弃物资源化利用技术的核心。包括废弃物的收集、运输与分类技术和有机废弃物资源化处理和综合利用技术等。

四、农业资源及环境保护

1. 农业资源类型 农业资源类型按来源分为自然资源（气候、土地和水、生物）和社会资源（劳力、蓄力、农机具、电力、化肥、农药、技术、信息等），按重复利用程度分为更新资源和不可更新资源，按可存留性分为可存留性资源、不可存留性资源和半存留资源。

2. 农业资源利用 农业资源利用包括整体性与综合利用、相对有限与经济利用、可更新性与适度利用、不可更新与有效利用、资源变动性与科学利用、资源区域性与因地制宜利用。

3. 农业环境污染类型 随着经济发展与工业建设规模的扩大，污染也正日趋严重。不合理的农业生产不仅产生污染物，也容易受到外界环境的污染。农业环境污染类型包括水体污染、大气污染、土壤污染等。

五、景观农业

景观农业是草地、耕地、林、路等多种景观斑块的镶嵌体；是人类为其生存通过较完善的生物和技术活动，对土地长期或周期性经营的结果；是农业生态系统与自然生态系统在一定自然景观上的有机结合，它是按景观生态学原理规划的，具有自我调节能力、高稳定性和实现能量与物质平衡的一种新型农业。

（一）农田景观的概念

农田景观是由农田自然斑块和人类经营斑块组成的镶嵌体或者说农田地域范围内不同土地利用单元的复合体，兼具社会价值、经济价值、生态价值和美学价值，受自然环境条件和人类活动的双重影响，在斑块的性状、大小和布局上差异较大，是一个自然—社会—经济复合的大生态系统，不仅包括自然环境生态系统、大农业生态系统，还包括人物建筑生活系统。

（二）农田景观的类型

1. 大田景观 大田景观以生产为主，基本保留原有的地形、地势、地貌，对自然的改造很小，农田依照地势而成，不强调成形，无所谓方格化、笔直化、统一化。农作物的种植也不需强调整齐和色彩搭配，按生长规律的变化而变化。大田景观从物种多样性上又可以分为单一农作景观、多农作景观和多元复合农作景观。

2. 设施景观 设施景观以现代温室为载体，按照景观规划设计和旅游规划原理，运用现代高新农业科学技术将自然景观（作物为主）要素、人文景观要素和景观工程要素进行合理融合和布局，使之成为具有完整景观体系和旅游功能的新型农业景观形态。

3. 林果景观 林果景观是以生态学为指导，园林植物与果树及整个乡村环境景观相结合，形成一个完善的、多功能的、自然质朴的游赏空间。总体景致是果园内及四周道路平整、干净，果树成行成形，园内立体种植，树下四季覆盖、三季有色，有花可赏，有果可采，有景可观，有味可体。

4. 沟域景观 沟域景观主要依托地区资源和特点，以特色养殖为基础，以休闲旅游为根本，以生态环境为条件，强调文化和谐，注重山乡人文景观与山林生态环境气象贯通、文脉融合。总体景致是山水林田路成型配套，沟路有林带，山涧有彩林，三季有花，四季常青，景点成链，生态健全环境友好，展现景秀沟域美的主题。

5. 园区景观 园区景观在农业生产方面，应满足农业的生产功能；在旅游休闲方面，应具有游览观光和餐饮住宿等功能，满足游人观赏、体验、游玩、获取知识等需求；在生态学方面，应具有净化空气和保护生物多样性等功能。园区景观的总体景致是：文化创意，景致创新，有光可观，有景可赏，有物可采，有鲜可尝，有技可学，有诗可吟，观之可乐，赏之可爽，营造景秀观光园的主题。

（三）农田景观的设计

1. 设计原则

（1）整体性原则。农田景观是由相互作用的生态系统组成的，它是一个整体，规划与设计应把景观作为一个整体单位来管理，充分考虑规划区域内山、水、林、田、路、村等的有机结合，达到整体最优、系统稳定，而不必苛求且限定于局部的优化。

（2）因地制宜原则。农田景观的设计不应脱离当地的实际情况，在进行农田景观设计时，应充分考虑当地的自然条件、资源条件、社会经济等资源禀赋，提高设计的可操作性和落地可能性。

（3）功能性原则。在农田景观的设计中，要综合考虑农田的生产、生活和生态服务功能，景观农田应是优质的生产田，内容丰富的观光田和环境优美的生态田，经济、社会、生态效益融合统一的高效田。

2. 设计步骤

（1）规划背景。在进行农田景观规划时，应与主体单位充分对接，了解规划的目的、方向、范围、需求和目标等背景信息，为开展规划设计奠定基础。

（2）实地调研。对规划区域内的地形、地貌、气候、土壤、水文、植被等自然地理条件，社会、经济、人文等社会经济条件的资源现状进行调研和调查。着重调查当地的特色资源、气候资源和农业功能区划等内容。

（3）适宜性分析。根据调研和调查的结果，对实施地的农田景观适宜性进行分析，分清优势与劣势，明确机遇和挑战，进而明确规划设计的方向。

（4）规划实施。因地制宜地制订农田景观利用规则，并指导主体单位开展农田景观规划实施。

3. 设计方法

（1）色彩农田景观设计技术。色彩农田景观设计技术是通过色彩这种最直观、最具表现力和感染力的感官要素，对人的感觉器官、生理机能和心理方面的作用，使人获得视觉美感和舒适感及心灵愉悦感的农田景观设计技术。

（2）区域农田景观设计技术。区域农田景观设计技术是根据农田所处地域，所属类型的资源禀赋，因地制宜的营造具有一定尺度和层次感的农田景观设计技术。

（3）基于文化视角的农田景观构建设计技术。基于文化视角的农田景观构建设计技术是利用农作物或农业资源本身具有的文化底蕴，或一些当下流行的文化现象，通过主题营造、造型设计、功能创意等方式，把其所代表的含义具象的表现出来的一种农田景观构建技术。

（4）缓冲带工程。缓冲带工程是指河道、排水渠、道路两侧等利用植被护岸、护坡和景观提升的工程。

（5）景观美化工程。针对基本农田与果园、设施农业、村庄周围交汇处地表裸露、景观脏乱差等问题，开展裸露地表治理和植物篱建设等景观美化的工程。

（6）生物多样性保护工程。通过植被建设提高农田害虫天敌多样性、增强农田害虫自然控制能力的生物多样性保护和生态网络建设工程。

（7）农田景观管护工程。为提高并维持农田景观质量，对农田景观开展的保护、修复、重建、提升和维护等工作。

参考文献

姜达炳，2002. 农业生态环境保护［M］. 北京：中国农业科技出版社.

李素珍，2015. 生态农业生产技术［M］. 北京：中国农业科学技术出版社.

骆世明，2009. 农业生态学［M］. 北京：中国农业出版社.

孙儒泳，2002. 基础生态学［M］. 北京：高等教育出版社.

杨京平，2009. 生态农业工程［M］. 北京：中国环境科学出版社.

朱莉，王忠义，李勋，2014. 农田景观构造指南［M］. 北京：中国科学技术出版社.

Konrad martin，Joachim Sauerborn 著，马世铭，封克译，2011. 农业生态学［M］. 北京：高等教育出版社.

06

第六章　农业机械

农业机械是指在种植业、畜牧业、渔业生产中以及农产品加工和处理过程中所使用的各种机械。

一、农机具型号编制规则

产品型号由汉语拼音字母和阿拉伯数字组成，表示农机具的类别和主要特征。

产品型号的编排顺序见图 6-1。

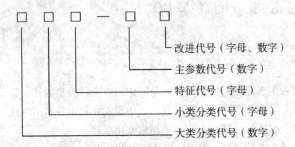

图 6-1　产品型号编排顺序

1. 产品型号　依次由分类代号、特征代号和主参数三部分组成，分类代号和特征代号与主参数之间，以短横线隔开。

2. 分类代号　由产品大类代号和小类代号组成，大类代号由数字组成，按表 6-1 的规定。

表 6-1　农机具产品大类代号

机具类别和名称	代号	机具类别和名称	代号
耕耘和整地机械	1	农副产品加工机械	6
种植和施肥机械	2	运输机械	7
田间管理和植保机械	3	排灌机械	8
收获机械	4	畜牧机械	9
脱粒、清洗、烘干和贮存机械	5	其他机械	(0)

注：属于其他机械类的农机具在编制型号时不标出"0"。

3. 小类代号　由产品基本名称的汉语拼音文字第一个字母表示，为避免型号重复，小类代号的字母，必要时可以选取汉语拼音文字的第二个或其后面的字母。

4. 特征代号　由产品主要特征（用途、结构、动力形式等）的汉语拼音文字第一个字母表示，为避免重复，特征代号的字母必要时可以选择汉语拼音文字的第二个或其后面的字母。

5. 主参数代号　用以反映农机具主要技术特性或主要结构的参数，用数字表示。

6. 改进代号　改进产品的型号在原型号后加注字母"A"表示，称为改进代号，如进行了几次改进，则在字母"A"后加注顺序号。

二、拖拉机

拖拉机作为农业生产的主力，从笨重的蒸汽机式到内燃机式，从铁轮式到胶轮式再到履带式，从钢履带到橡胶履带，从人力起动到电力起动，从纯机械到液压、电子、气动综合应用，其类型和结构不断发展。拖拉机无异于一个大力士，各组成部件相当于大力士的四肢、躯干、神经等几大系统。

1. 拖拉机的类型

（1）按行走装置的不同可分为轮式、履带式（链轨式）、半履带式（轮链式）和船式拖拉机。轮式拖拉机又分为四轮拖拉机和手扶拖拉机。

（2）按发动机的不同可分为内燃拖拉机、电动拖拉机。

（3）按驾驶方式的不同可分为方向盘式、操纵杆式、手把式拖拉机。

（4）按发动机功率的大小可分为大型、中型和小型拖拉机。一般习惯于把80马力[①]以上的拖拉机称为大型拖拉机。大于40马力而小于80马力的拖拉机称为中型拖拉机，小于40马力的拖拉机叫小型拖拉机。

（5）按用途的不同可分为通用型、水田型和特殊型拖拉机。

2. 拖拉机的组成　拖拉机一般由动力源、传动系统、行走系统、转向系统、制动系统、工作装置、电器和仪表系统等组成。

动力源一般是柴油机或汽油机。柴油机由两大机构和四大系统组成，即由曲柄连杆机构、配气机构、燃料供给系、润滑系、冷却系和起动系组成。柴油机是压燃的，不需要点火系。

[①]马力为非法定计量单位，1马力＝735瓦特。——*编者注*

3. 柴油机的性能指标

（1）有效扭矩。发动机飞轮上对外输出的旋转力矩，叫做有效扭矩，简称扭矩。它是指做功行程时，活塞顶所受的力，除去克服各部分摩擦阻力和驱动辅助装置（水泵、风扇、油泵、发电机、配气机构等）所消耗的力以外，经曲轴最后传到飞轮上可供输出的扭矩。

拖拉机行走时自身的阻力，牵引农具的阻力，转动的反向扭矩，是发动机的负荷。

（2）有效功率。衡量一台发动机工作能力的大小，用功率来表示。发动机上一般用马力作单位。发动机的有效功率是指发动机能对外输出的功率。根据国家标准，柴油机的有效功率分为 4 种，每种功率分别在发动机不同技术状态下得到，因此每台柴油机只能调整为某一种标定功率。

15 分钟功率：为柴油机允许连续运转 15min 的最大有效功率。适用于需要有短时间超负荷和加速性能的发动机。

1 小时功率：为柴油机允许连续运转 1h 的最大有效功率。适用于需要有一定功率贮备以克服突增负荷的拖拉机、船舶等。

12 小时功率：为柴油机允许连续运转 12h 的最大有效功率。适用于仅需要有在 12h 内连续运转而需充分发挥柴油机功率的排灌机械、工程机械、拖拉机等。

持续功率：为柴油机允许长期连续运转的最大有效功率。适用于长期持续运转的排灌机械、船舶、电站等。

（3）耗油量和耗油率。发动机在 1h 所消耗燃油的重量称为耗油量，单位是 kg/h。由于每台发动机功率不同，耗油量不能真正表明发动机的经济性。为了比较经济性，必须给出发动机发出每一千瓦、每一小时所消耗的油量称耗油率，单位是 g/(kW·h)。通常说明书中标明额定功率或最大有效功率时的耗油率。

三、耕整地机械

耕整地机械是对农田土壤进行加工整理使之适合于农作物生长的机械。这类机械种类很多，包括耕地、整地、作畦、起垄、中耕、除草、松土、镇压等各种田间作业所用的机械。其中，耕地机械按工作原理分为铧式犁和圆盘犁。

（一）铧式犁

铧式犁是指以犁铧和犁壁为主要工作部件进行耕翻和碎土作业的一种犁。长期以来耕地所用的主要工具就是铧式犁。铧式犁按挂接方式可分为牵引犁、悬挂犁、半悬挂犁等；按用途可分为通用犁、深耕犁、开荒犁、水田犁、山地犁、果园犁等；按工作部件可分为壁式犁、菱形犁、栅条犁等；按工作速度可分为高速犁、常速犁；按翻垡方向可分为单向犁、双向犁。

1. 牵引犁 牵引犁与拖拉机间单点挂接，拖拉机的挂接装置对犁只起牵引作用，在工作或运输时，其重量均由犁本身的轮子承受。牵引犁由牵引杆、犁架、犁体、机械或液压升降机构、调节机构、行走轮、安全装置等部件组成（图6-2）。耕地时，借助机械或液压机构来控制地轮相对犁体的高度从而达到控制耕深及水平的目的。

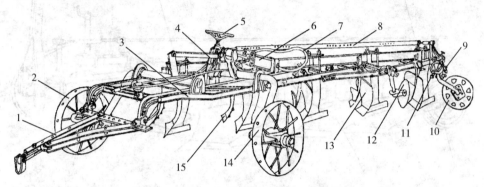

图 6-2 液压式牵引犁

1. 牵引装置 2. 沟轮 3. 犁架 4. 水平调节螺杆 5. 调节手轮 6. 油缸 7. 油管
8. 柔性拉杆 9. 尾轮水平调节螺栓 10. 尾轮 11. 尾轮垂直调节螺栓
12. 圆犁刀 13. 主犁体 14. 地轮 15. 小前犁

2. 悬挂犁 悬挂犁是通过悬挂架与拖拉机的三点悬挂机械连接，靠拖拉机的液压提升机构升降，在运输状态时，拖拉机的液压悬挂机构将整台犁升起，其结构紧凑、重量轻、机组机动灵活，可在较小地块上作业，但入土性能不如牵引犁，多与中小马力拖拉机配套。悬挂犁由犁体、圆犁刀、犁架、悬挂装置和限深轮等组成（图6-3）。

3. 半悬挂犁 半悬挂犁是在悬挂犁基础上发展起来的新机型（图6-4）。

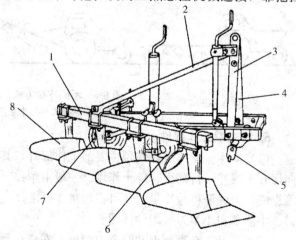

图 6-3 悬挂犁

1. 犁架 2. 中央支杆 3. 右支杆 4. 左支杆
5. 悬挂轴 6. 限深轮 7. 犁刀 8. 犁体

它所配的犁体较宽，纵向长度大，解决了悬挂犁纵向操作稳定性问题。半悬挂犁的前部像悬挂犁，但本身还具有轮子，以便在运输时承受机具的部分重量，减轻拖拉机悬挂装置所需的提升力。半悬挂犁兼有牵引犁与悬挂犁的优点。它比牵引犁结构简单、重量轻、机动灵活、易操作，比悬挂犁能配置更多犁体，稳定性、操纵性好。

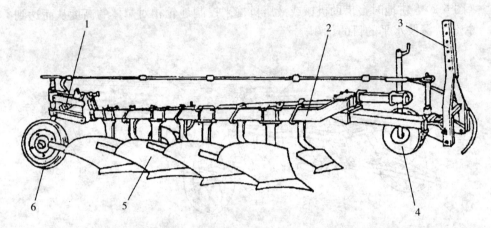

图 6-4　半悬挂犁
1. 液压油缸　2. 机架　3. 悬挂架
4. 地轮　5. 犁体　6. 限深尾轮

4. 连接方式　犁不同的连接方法见图 6-5。

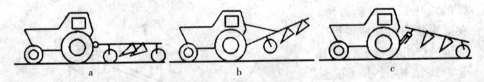

图 6-5　不同连接方式
a. 牵引式　b. 悬挂式　c. 半悬挂式

5. 铧式犁工作部件

（1）犁体。犁体是铧式犁主要的工作部件，其工作面起着在垂直和水平方向切开土壤并进行翻土、碎土作用。一般由犁铧、犁壁、犁侧板、犁柱及犁托等组成。为保证耕地质量，还可根据耕作要求及土壤情况在主犁体前安装圆犁刀、小前犁和小犁刀等附件（图 6-6）。

（2）犁刀。有直犁刀和圆盘刀两种，安装在犁体前方靠未耕地的一侧，用以垂直切开土壤，使犁体耕起的土垡整齐，耕翻后犁沟清晰，能提高耕地质量（图 6-7）。

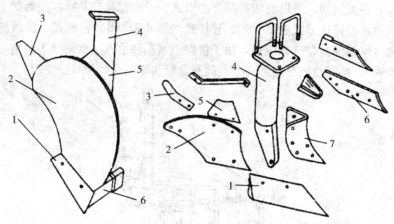

图6-6 主犁体

1. 犁铧 2. 犁壁 3. 延长板 4. 犁柱 5. 挡草板 6. 犁托 7. 犁侧板

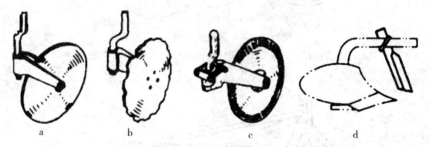

图6-7 犁 刀

a. 普通刀盘 b. 缺口刀盘 c. 波纹刀盘 d. 直犁刀

（3）覆茬器。覆茬器的作用是在土垡被犁体耕起前，先将靠未耕地一侧上层部分的土壤耕起并翻入犁沟内，随后由犁体耕翻的土垡将其覆盖，从而可使表层杂草大部分埋在下面。覆茬器的类型有铧式、切角式、圆盘式和覆草板式4种。铧式覆茬器也称小前犁。

（4）安全器。整机式安全器装在牵引式犁的拉杆与拉环之间，有销钉式和弹簧式两种，遇障碍物时销钉被切断或弹簧被压缩，使犁同拖拉机脱开。单体式安全器装在每个犁体的犁柱上，有销钉式、弹簧式等多种类型，当某个犁体遇到障碍物时，该犁体能自动向上抬起，越过障碍物。越障后，有的能自动复位，有的需人工复位。

（二）圆盘犁

圆盘犁是利用球面圆盘进行翻土碎土的耕地机具。其耕作原理较原有的耕作机具有很大区别,是以滑切和撕裂的形式、扭曲和拉伸共同作用而加工土壤的。圆盘犁按挂接形式分牵引式、悬挂式(图 6-8)和半悬挂式;按圆盘角度的配置分倾斜圆盘犁(有倾角,用于耕翻土壤)和垂直圆盘犁(无倾角,用于浅耕灭茬);按圆盘的驱动形式分普通圆盘犁和驱动圆盘犁(图 6-9)。

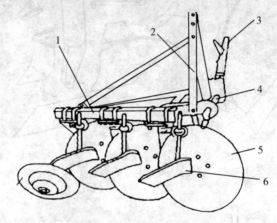

图 6-8 悬挂式圆盘犁

1. 犁架 2. 悬挂架 3. 悬挂轴调节手柄 4. 悬挂轴 5. 圆盘犁体 6. 刮土板

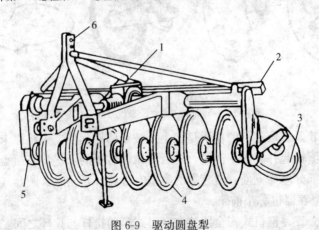

图 6-9 驱动圆盘犁

1. 中央传动箱 2. 副架 3. 尾轮 4. 圆盘 5. 侧边传动箱 6. 悬挂架

(三) 特种犁

1. 高速犁 高速犁是为与大功率拖拉机配套设计的。普通犁的耕作速度为 4.5~6km/h,当耕速超过 7km/h 时,即属高速作业。高速犁在国外(如美国)应用较多,国内只在大型农场有应用。

2. 双向犁 普通铧式犁只能向一个方向翻垡,而双向犁可向左右两个方向翻土。当犁在机组的往返行程中分别向左和右翻土时，则实际上土垡均向一侧翻转，耕后地表平整，没有沟垄。另外，在斜坡耕作时，沿等高线向下翻土，可减少坡度。

3. 调幅犁 普通铧式犁工作时幅宽的调节实际上只是改变第一个犁体与已耕地的重叠量，而调幅犁能改变犁组本身总幅宽，以适应土壤条件及耕作要求改变时对拖拉机牵引力要求的变化，能提高拖拉机的工作效率，降低油耗（图 6-10）。

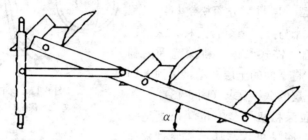

图 6-10 调幅犁

4. 栅条犁 普通犁的犁壁是由整块钢板制成，在耕黏重的土壤时，不容易脱土，因此有些犁的犁壁制成栅条式。这种犁由于犁壁与土壤的接触面较小且不连续，比较容易脱土，工作阻力也比较小。另外，栅条犁的犁壁往往是可调节的，只要改变插孔，即可改变犁壁的曲率（图 6-11）。

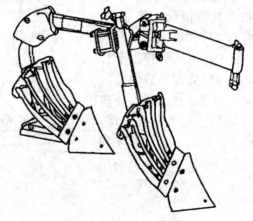

图 6-11 栅条犁

（四）深松机具

所谓深松，一般是指超过正常犁耕深度的松土作业。深松机具的种类较多，有深松犁、层耕犁、深松联合作业机及全方位深松机。

1. 深松犁 深松犁一般采用悬挂式，主要工作部件是装在机架后横梁上的凿形深松铲。连接处备有安全销，在碰到大石头等障碍时，剪断安全销，保护深松铲。限深轮装于机架两侧，用于调整和控制耕作深度。有些小型深松犁没有限深轮，靠拖拉机液压悬挂油缸来控制耕作深度（图6-12）。

2. 层耕犁 层耕犁分深松铲与铧式犁组合以及铧式犁与铧式犁组合两种。深松铲与铧式犁组合，铧式犁正常耕深范围内翻土，而深松铲将下面的土层松动，达到上翻下松、不乱土层的深耕要求（图6-13）。

3. 全方位深松机 全方位深松机是一种新型的土壤深松机具，其工作原理完全不同于国内外现用的凿式深松机，它不仅能使50cm深度内的土层得到高效的松碎，显著改善黏重土壤的透水能力，而且能在底部形成鼠道，但其深松比阻却小于犁耕比阻。

4. 凿式松土机 具有凿形工作部件，只松土而不翻土的土壤耕作机械，又称凿式犁。在常规耕作制中，用来破碎由于长期用铧式犁耕作而在耕层底部形成的坚实土层，有蓄水保墒的功效；在少耕、免耕制中，用以进行深层松土，可不乱土层，并保留残茬覆盖地表，减少水分的蒸发和流失。凿式松土机有深层松土用和浅耕用两种。

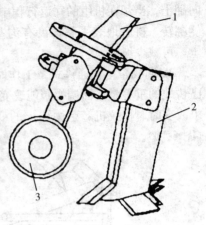

图6-12 深松犁
1. 机架 2. 深松铲 3. 限深轮

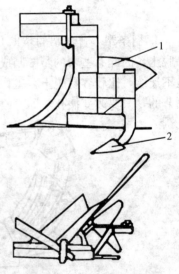

图6-13 层耕犁
1. 主犁体 2. 松土铲

（五）耙

用于碎土、平地和消灭杂草的整地农具，按工作部分不同分为齿耙、无齿耙、圆盘耙等。现在常用的耙主要有圆盘耙、钉齿耙和水田星形耙等。

1. 圆盘耙 圆盘耙以成组的凹面圆盘为工作部件，耙片刃口平面同地面垂直并与机组前进方向有一可调节的偏角（图6-14、图6-15）。作业时在拖拉

机牵引力和土壤反作用力作用下耙片滚动前进，耙片刃口切入土中，切断草根和作物残茬，并使土垡沿耙片凹面上升一定高度后翻转下落。按耙组的配置形式可分为单列式、双列对称式、双列偏置式和交错排列式 4 种。

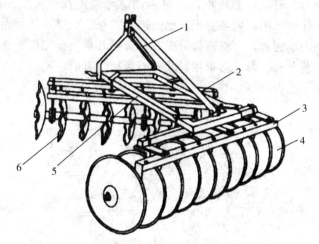

图 6-14 悬挂式圆盘耙
1. 悬挂架 2. 横梁 3. 刮泥装置 4. 圆盘耙组 5. 耙架 6. 缺口耙组

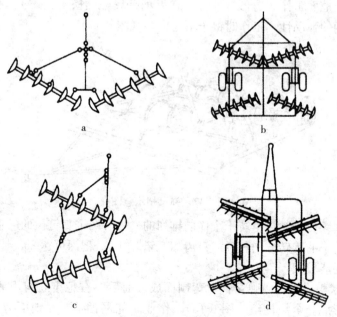

图 6-15 圆盘犁
a. 单列对称式 b. 双列对称式 c. 双列偏置式 d. 交错排列式

2. 齿耙 齿耙主要用于旱地犁耕后进一步碎土、松土、整平，为播种创造良好条件。也可用于覆盖撒播的种子和将肥料混入土中以及进行苗前、苗期的耙地除草作业。齿耙有多种类型，常用的齿耙有钉齿耙和弹齿耙。

（1）钉齿耙。钉齿耙的特点是将钉齿用螺母固定在纵横交叉的钢性耙架上。钉齿耙工作时每个耙齿各自走自己的迹线，互不重复，且间隔相等。为了不致被土块和杂草拥塞，可将钉齿分成几排，错开排列。耙齿断面有方形、圆形、椭圆形、菱形和刀形。刀形耙齿又称刀齿耙。方形、菱形和刀形耙齿有良好的松土、碎土能力（图 6-16）。

图 6-16　固定钉齿耙

（2）弹齿耙。耙齿是由弹簧钢片制成的弓形齿，作业时有弹性，像网状一样，能紧贴地面工作，仿形性能好。弹齿耙有较好的松土、碎土、除草效果。由于其铲柄的弹动性，工作时铲子不易堵塞（图 6-17）。

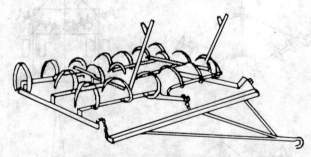

图 6-17　弹尺耙示意图

（3）立式转齿耙。由若干个横向排列的、带有两个直钉齿的门字形转子组成。相邻转子的旋转方向相反，钉齿相互错开 90°。耙深可达 25cm，适用于块根作物，耗能较大。

3. 网状耙 耙齿由弹簧钢丝弯制而成。前后左右耙齿之间用活动铰链彼此相连，形成一个挠性组（图 6-18）。作业时如网铺地，对地面适应性较好，适用于犁耕后碎土，也适用于玉米、甜菜等作物的疏苗。

4. 滚笼耙 滚笼耙工作部件是一个横置卧式圆笼，在土壤反力作用下滚

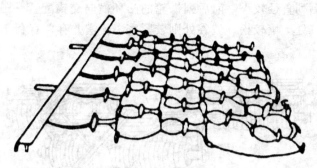

图 6-18　网状钉齿耙

动前进，压碎土块，用于砂壤土的耕后碎土作业，也用于水田整地。

5. 星轮耙　星轮耙工作部件是由许多星轮排列而成耙组。作业时各星轮在土壤反力作用下旋转碎土，兼有镇压作用。

（六）镇压器

镇压器是适当压实耕翻后表层疏松土壤的土壤耕作机械。作用于土层的深度和压实土壤的程度决定于其工作部件的形状、大小和重量。镇压器主要用于压碎土块、压紧耕作层、平整土地或进行播后镇压。常用的镇压器多为牵引式，根据形状不同有 V 形、网环形和圆筒形等不同类型。

1. 圆筒形镇压器　圆筒形镇压器工作部件是石制（实心）或铁制（空心）圆柱形压磙，能压实 3～5cm 的表层土壤，表面光滑，可减少风蚀（图 6-19）。

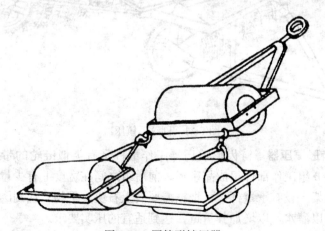

图 6-19　圆筒形镇压器

2. V 形镇压器　V 形镇压器工作部件由轮缘有凸环的铁轮套装在轴上组成，每一铁轮均能自由转动。一台镇压器通常由前后两列工作部件组成，前列直径较大，后列直径较小，前后列铁轮的凸环横向交错配置。压后地面呈 V 形波状，波峰处土壤较松，波谷处则较紧密，松实并存，有利于保墒（图 6-20）。

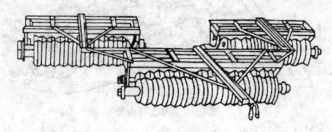

图 6-20　V 形镇压器

3. 锥形镇压器　锥形镇压器工作部件由若干对配装的锥形压碇组成，每对前后两个压碇的锥角方向相反，作业时对土壤有较强的搓擦作用。

4. 网纹形镇压器　网纹形镇压器工作部件由许多轮缘上有网状突起的铁轮组成，作业时网状突起深入土中将次表层土壤压实，在地表形成松软的呈网状花纹的覆盖层，达到上松下实的要求，并有一定的碎土效果（图 6-21）。

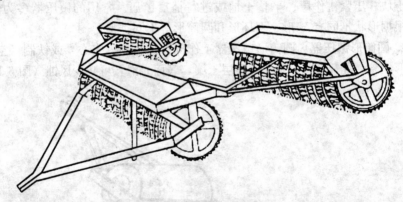

图 6-21　网纹形镇压器

5. 链齿形镇压器　链齿形镇压器工作部件带有类似链轮的带齿圆盘。镇压器一般由 3 组工作部件组成品字形，前后组之间在宽度上有少量重叠。有些镇压器在机架上设有承重框，可根据需要装上石块等重物；铁制圆筒形镇压器的圆筒内可以灌水，以增加其重量，达到适宜的压实要求。

6. 管状辊镇压器　管状辊镇压器是把管子或型钢作成圆筒形，平行排列起来，在一根轴上连接许多个，这种镇压器重量轻，但破碎效果好，镇压后地面呈规则的凸凹不平，减少风蚀，土壤水分保持良好。

7. 齿盘 V 形镇压器　齿盘 V 形镇压器是在两个 V 形轮之间加装一个齿盘，且齿盘的外径稍大于 V 形轮，齿盘在回转的同时上下运动。这种镇压器的破碎能力极强，既可有效地用于重黏土壤，还可用于镇压带霜冻的土壤。

（七）旋耕机

旋耕机是一种能够一次性完成耕耙作业的机具。旋耕机按旋耕刀轴的位置可分为横轴式（卧式）、立轴式（立式）和斜轴式；按与拖拉机的连接方式可分为牵引式、悬挂式和直接连接式；按刀轴传动方式可分为中间传动式和侧边传动式。

1. 横轴式旋耕机　横轴式旋耕机工作部件由旋耕刀辊和按多头螺线均匀配置的若干把切刀片组成的一种旋耕机，由拖拉机动力输出轴通过传动装置驱动，常用转速为 190～280r/min。刀辊的旋转方向通常与拖拉机轮子转动的方向一致。切土刀片由前向后切削土层，并将土块向后上方抛到罩壳和拖板上，使之进一步破碎。刀辊切土和抛土时，土壤对刀辊的反作用力有助于推动机组前进，因而卧式旋耕机作业时所需牵引力很小，有时甚至可以由刀辊推动机组前进（图 6-22）。

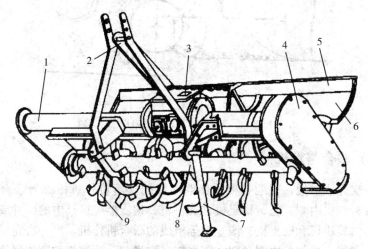

图 6-22　横轴式旋耕机

1. 主梁　2. 悬挂架　3. 齿轮箱　4. 侧边传动箱　5. 平土拖板
6. 挡土罩　7. 支撑杆　8. 刀轴　9. 旋耕刀

2. 立轴式旋耕机　立轴式旋耕机工作部件为装有 2～3 个螺线形切刀的旋耕器。作业时旋耕器绕立轴旋转，切刀将土切碎。适用于稻田水耕，有较强的碎土、起浆作用，但覆盖性能差。为增强旋耕机的耕作效果，在有些国家的旋耕机上加装各种附加装置，如在旋耕机后面挂接钉齿耙以增强碎土作用，加装松土铲以加深耕层等。

3. 旋耕机的构造 旋耕机主要是由机架、传动系统、旋转刀轴、刀片、耕深调节装置、罩壳等组成。机架是由中央齿轮箱、左右主梁、侧边传动箱和侧板等组成。传动系统是由拖拉机动力输出轴传来的动力经万向节传给中间齿轮箱，再经侧边传动箱驱动刀轴回转，也有直接由中间齿轮箱驱动刀轴回转的。旋耕刀轴由无缝钢管制成，轴的两端焊有轴头，用来和左右支臂连接。

4. 旋耕机的工作过程 旋耕机工作时，刀片方面由拖拉机动力输出轴驱动做回转运动，以旋转刀齿为工作部件。目前，以刀轴水平横置的横轴式旋耕机应用较多（图 6-23）。

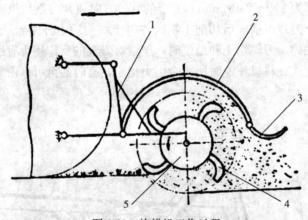

图 6-23 旋耕机工作过程
1. 悬挂架 2. 罩壳 3. 拖板 4. 刀片 5. 刀轴

(八) 联合整地机械

能一次完成耕地、整地等多种作业项目的土壤耕作机械称为联合整地机械。联合耕作机由犁、耙、松土机、旋耕机、镇压器等机具中的两种或两种以上组成。由旋耕机和松土机、滚笼耙等组成的联合耕作机，可一次完成土壤的基本耕作和表土耕作；由圆盘耙、钉齿耙、弹齿耙、滚笼耙和镇压器等组成的联合耕作机，可在犁耕后一次完成播前的种床准备耕作。

1. 耕耙犁 耕耙犁是由铧式犁和驱动型碎土部件组成的联合耕作机。其铧式犁犁体的翼部较普通犁体短，在翼部外侧配置旋耕器（图 6-24）。后者由拖拉机动力输出轴驱动，配置方式有立式、卧式和斜置式 3 种。

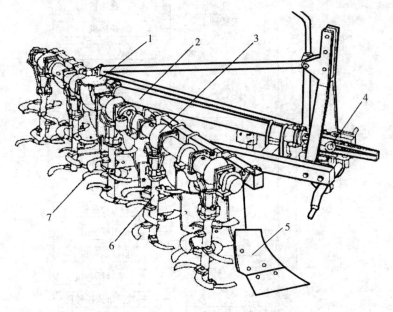

图 6-24 耕耙犁

1. 万向节 2. 分传动箱 3. 传动轴 4. 主传动箱 5. 弯刀 6. 刀轴 7. 犁体

2. 深松联合作业机 深松联合作业机深松时能一次完成两种以上的作业项目。按联合作业的方式不同可分为深松联合耕作机、深松与旋耕、起垄联合作业机及多用组合犁等多种形式。深松联合耕作机是为适应机械深松少耕法的推广和大功率轮式拖拉机发展的需要而设计的，主要适用于我国北方干旱、半干旱地区。

四、播种机

(一) 常用播种机

常用播种机类别见图 6-25。
谷物施肥播种机示意图见图 6-26。

(二) 特殊播种机

1. 铺膜播种机 铺膜播种机械主要是由铺膜机和播种机组合而成。铺膜机种类较多，包括单一铺膜机、做畦铺膜机、先播种后铺膜机组和先铺膜后播种机组等类型。其铺膜过程大致相同（图 6-27）。

2. 抗旱播种机 抗旱节水型播种机是把灌水设施与播种机结合的一种机

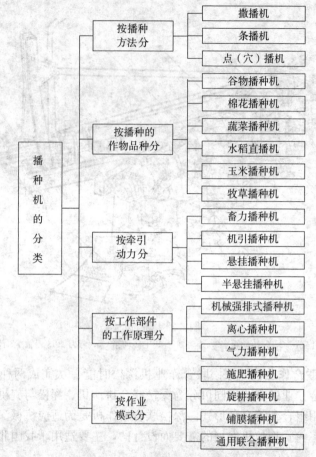

图 6-25　常用播种机

械，用于土壤墒情不足时作物的播种，能在灌水的同时完成播种作业。该机的代表机型有单体播种机、施水硬茬播种机和抗旱灌水播种机。

3. 联合播种机　联合作业机具能同时完成整地、筑埂、平畦、铺膜、播种、施肥、喷药等多项作业或其中某几项作业。联合作业机具可以减少田间作业次数，减轻机械对土壤的压实，缩短作业周期。抢农时，还可以节约设备投资，降低作业成本。目前用于生产的联合播种机主要有旋耕播种机和整地播种机（图 6-28）。

4. 免耕播种机　免耕播种是近年来发展的保护性耕作中一项农业栽培新技术，它是在未耕整的茬地上直接播种，与此配套的机具称为免耕播种机。免耕播种机的多数部件与传统播种机相同，不同的是由于未耕翻地土壤坚硬，地表还有残茬，因此它配备了能切断残茬和破土开种沟的破茬部件（图 6-29）。

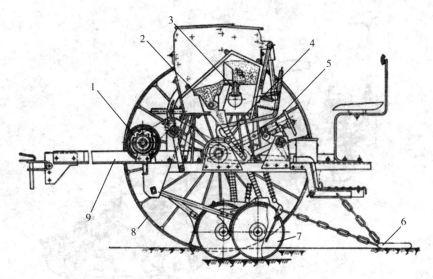

图 6-26 谷物施肥播种机
1. 传动机构 2. 排种器 3. 排肥器 4. 输种管 5. 播深调节机构
6. 覆土器 7. 开沟器 8. 行走轮 9. 机架

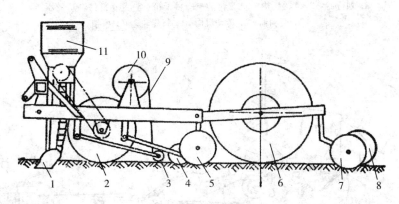

图 6-27 铺膜播种机
1. 开沟器 2. 镇压辊 3. 展膜辊 4. 压膜辊 5. 圆盘覆土器（前） 6. 穿孔播种装置
7. 圆盘覆土器（后） 8. 镇压辊 9. 塑料薄膜 10. 膜卷 11. 施肥装置

5. 种子带播种机 种子带播种机目前应用较少，新疆地区在棉花生产过程中少量应用了种子带铺膜播种机。该机可与多种类型拖拉机配套使用，可一次完成开沟铺膜、膜下播种子带、膜上打孔和覆土镇压等作业。主要由机架、悬挂大梁、前整形轮、后镇压轮、开沟圆盘、顺膜辊、展膜轮及仿形连杆等组成。

6. 液力喷播设备 喷播设备主要由搅拌、喷射、料罐等部分组成。一般安装在载重汽车上，施工时现场拌料，现场喷播，可实现绿化植物种植机械化

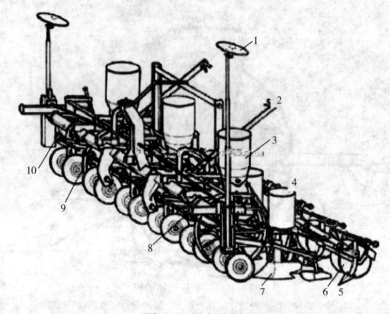

图 6-28　联合播种机

1. 划行器　2. 起落机构　3. 肥料箱　4. 种子箱　5. 起垄部件　6. 镇压器
7. 开沟器　8. 传动机构　9. 行走轮　10. 机架

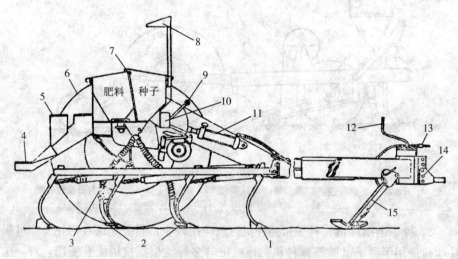

图 6-29　锄铲式免耕播种机

1. 松土除草铲　2. 开沟器　3. 导种管　4. 可折叠踏板　5. 二级踏板　6. 行走轮
7. 种子肥料箱　8. 照明灯　9. 播量调节把　10. 计量器　11. 升降油缸
12. 调平摇把　13. 高压油管　14. 挂接器　15. 支腿

作业。喷播机是进行喷播绿化的重要设备，直接影响喷播的质量和效率。

五、栽植机

栽植机的分类方法多种多样，按照栽植器结构不同的分类，介绍以下几种栽植机。

1. 链夹式栽植机

链夹式栽植机由钳夹、栽植环形链、开沟器、镇压轮、传动链、地轮、滑道等部件组成。链夹式栽植机要求秧苗的高度不超过 300mm，栽植株距的调节比钳夹式栽植机容易，其他特点与钳夹式栽植机相同（图 6-30）。

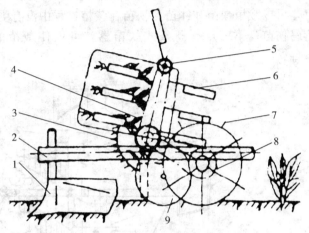

图 6-30 链夹式栽植机
1. 开沟器 2. 机架 3. 滑道 4. 秧苗 5. 移栽环形链
6. 钳夹 7. 地轮 8. 传动链 9. 镇压轮

2. 吊杯式栽植机

吊杯式栽植机主要适合于栽植钵苗，它由偏心圆环、喂入爪、喂入盘、吊杯、导轨等工作部件构成。吊杯式栽植机的主要特点是能够在铺膜条件下进行栽植，利用吊杯打穴，然后将秧苗栽植到土壤中（图 6-31）。

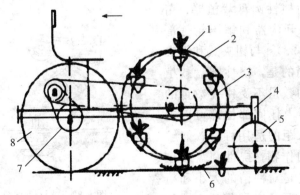

图 6-31 吊杯式栽植器示意图
1. 吊杯栽植器 2. 栽植圆盘 3. 偏心圆盘 4. 机架 5. 压实轮 6. 导轨 7. 传动装置 8. 仿形传动轮

3. 导苗管式栽植机 导苗管式栽植机主要工作部件由喂入器、导苗管、栅条式扶苗器、凿形刀式破茬分草器、滑刀式开沟器、覆土镇压轮、主梁及苗架等组成，采用单组传动。破茬分草器由单组固定卡上的刀库通过连接螺杆固定在主梁上（图6-32）。导苗管式栽植机与其他类型栽植机的不同之处是：第一，由多个喂入杯构成的喂入器水平转动，人工喂入时有多个喂入点，可以提高栽植频率，一般可以达到60株/分钟；第二，对秧苗的适用性好，可以栽植裸苗和钵苗，秧苗在栽植过程中没有受到强制性约束，因此不容易伤苗；第三，有栅条式扶苗器，可以使栽植的秧苗不倒伏，栽植质量好。

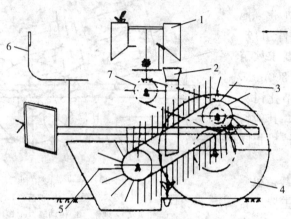

图 6-32　导苗管式栽植器
1. 投苗筒　2. 导苗管　3. 扶苗条　4. 覆土轮　5. 开沟器　6. 座椅　7. 传动机构

4. 挠性圆盘栽植机 挠性圆盘栽植机主要由挠性圆盘栽植器、苗箱、输送带、开沟器和镇压轮等部分组成（图6-33）。与钳夹式和链夹式栽植器不同的是，挠性圆盘栽植器夹持秧苗的数量不受钳夹数量的限制，在圆周内任何部位都可以夹苗，因此对株距的适用性好，能够栽植株距小的作物。挠性圆盘栽植机的主要不足是对秧苗的大小和粗细要求严格，而且容易伤苗，株距的变化大。

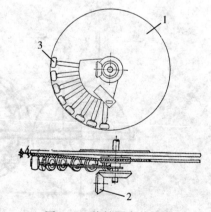

图 6-33　挠性圆盘栽植机
1. 挠性圆盘　2. 传动锥齿轮　3. 压盘机构

六、施肥机械

1. 撒肥机　撒肥机主要用作整地前将化肥均匀撒布地面，再进行耕翻整地、将肥料埋入耕作层下。它的优点在于撒施幅宽大、工作效率高。目前使用较成熟的有离心圆盘式、气力式和链指式撒肥机等。

2. 播种施肥机　种肥的合理施用方法是种、肥分开深施。一般是在播种机上采用单独的输肥管与施肥开沟器，也可采用组合式开沟器。谷物施肥沟播机，采用播后留沟的沟播方式和种肥侧位深施工艺。作业时，镇压轮通过传动装置带动排种器和搅刀，化肥和种子分别排入导肥管和导种管。同时，施肥开沟器先开出肥沟，化肥导入沟底后由回土及播种开沟器的作用而覆盖；位于施肥开沟器后方的播种开沟器再开出种沟，将种子播在化肥侧上方，然后由镇压轮压实所需的沟形。

3. 追肥机　追肥的合理施用方法是将化肥施在作物根系的侧深部位，通常是在通用中耕机上装设排肥器与施肥开沟器。追肥机械可分为单行深施和多行侧施两种。化肥排肥器主要针对颗粒状和粉状的固态化肥，目前用于生产的大都是机械强排完成化肥的条播，在工作中能完成搅动和排肥，防止化肥结块。

4. 螺旋式撒厩肥机　螺旋式撒厩肥机的结构特点是由装在车厢式肥料箱底部的输肥部件进行撒布。撒肥部件包括撒肥滚筒、击肥轮和撒布螺旋等。撒肥滚筒的作用是击碎肥料，并将其喂送给撒布螺旋。击肥轮用来击碎表层厩肥，并将多余的厩肥抛回肥箱中，使排施的厩肥层保持一定厚度，从而保证撒布均匀。撒布螺旋高速旋转，将肥料向后和向左右两侧均匀地抛撒（图 6-34）。

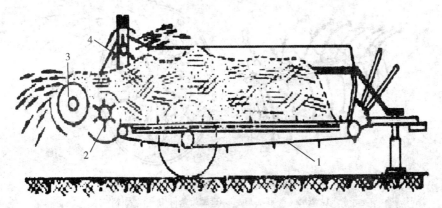

图 6-34　螺旋式撒厩肥机
1. 输肥链　2. 撒肥滚筒　3. 撒布螺旋　4. 击肥轮

5. 牵引式装肥撒肥车

牵引式装肥撒肥车以动力输出轴传输撒肥机的动力，也有把撒肥器做成既能撒肥又能装肥的结构。装肥时，撒肥器位于车箱下方，将肥料上抛，由挡板导入肥箱内。这时，输肥链反转，将肥料运向撒肥机前部，使肥箱逐渐装满。撒肥时，油缸将撒肥器升到靠近肥箱的位置，同时更换传动轴接头，改变转动方向，进行撒肥（图6-35）。

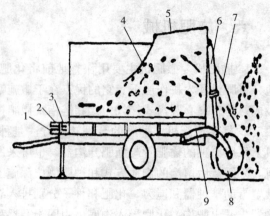

图6-35 牵引式装肥撒肥车

1. 撒肥传动接头 2. 装肥传动接头
3. 换向器 4、5、7. 挡板 6. 升降油缸
8. 撒肥装肥器 9. 传动支撑

6. 甩链式厩肥撒布机

甩链式厩肥撒布机采用圆筒形肥箱，筒内有一根纵轴，轴上交错地固定着若干根端部装有甩锤的甩肥链（图6-36）。工作时，甩链由拖拉机动力输出轴驱动，以200~300r/min的转速旋转，破碎厩肥，并将其甩出。这种撒布机除撒布固体厩肥外，还能撒施粪浆。它的侧向撒肥方式可以将厩肥撒到机组难以通过的地方；但侧向撒肥均匀度较差，近处撒得多，远处撒得少。

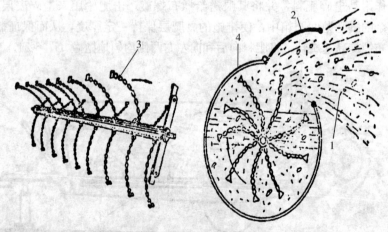

图6-36 甩链式厩肥撒布机

1. 厩肥 2. 排肥口 3. 排肥齿条机构 4. 壳体

7. 厩肥撒施车

厩肥撒施车是一种集厩肥运输和撒施为一体的施肥机械，它主要由撒施工作部件、车斗、输肥链、牵引拉杆、动力传动轴等部分组成。

作业时,由拖拉机牵引,并从拖拉机的动力输出轴获得动力,驱动输肥链和撒施工作部件,输肥链及刮肥板在向后运动的过程中,将车斗内的厩肥向撒施工作部件输送,一对高速旋转的撒施工作部件(包括撒施滚筒和撒肥螺旋)将厩肥破碎后向后抛撒,均匀地撒施在地里。除了带卧式撒肥工作部件的厩肥撒施车外,还有立式撒肥工作部件的厩肥撒施车。

七、施药机械

施药机械多种多样:①按喷施农药的剂型和用途分为喷雾器(机)、喷粉器(机)、烟雾机、撒粒机等;②按配套动力分为人力植保机、畜力植保机、小型动力植保机、拖拉机悬挂或牵引式大型植保机、航空植保机等,人力植保机械一般称为"器",机动植保机械一般称为"机";③按运载方式分为手持式、肩挂式、背负式、手提式、担架式、手推车式、拖拉机牵引式、拖拉机悬挂式及自走式等;④按施液量多少分为常量喷雾、低容量喷雾、超低容量喷雾机等;⑤按雾化方式可分为液力式喷雾机、风送式喷雾机、热力式喷雾机、离心式喷雾机、静电喷雾机等。

一种施药机械往往包含着几种不同分类的综合,常见的有喷雾机(器)、喷粉器、烟雾机、撒粒机、诱杀器、拌种机和土壤消毒机等。

(一)手动喷雾器

手动喷雾器是以手动方式产生的压力迫使药液通过液力喷头喷出,与外界空气相撞击而分散成为雾滴的喷雾机械。它具有结构简单、使用方便、价格低廉、适用性较广等特点,是目前我国农村中最常用的施药机械。目前我国手动喷雾器主要有背负式喷雾器、压缩式喷雾器、单管喷雾器和踏板式喷雾器。

1. 背负式喷雾器 背负式喷雾器包括两大部分,即工作部件和辅助部件。工作部件主要是液泵和喷射部件,辅助部件包括药液箱、空气室和传动机构等。液泵为往复活塞泵,装在药液箱内,由泵盖、泵筒、塞杆、皮碗、进水阀、出水阀和吸水滤网等组成;喷射部件由胶管、直通开关、套管、喷管和喷头等组成(图6-37)。

2. 压缩式喷雾器 压缩式喷雾器一般由气筒、药液桶和喷射部件三部分组成。气筒由气筒管、塞杆、皮碗和压出阀等组成。气筒管上端装有垫片和压盖,下端装有压出阀,内部塞杆皮碗作上下运动。塞杆上端装有一个手柄,下端装有大垫圈、皮碗和螺母等供泵气之用。压出阀由阀体、铜球、垫圈等组成,是气体压出的路径(图6-38)。

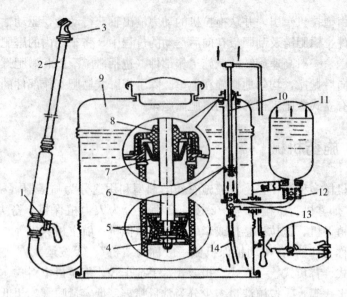

图 6-37　手动背负式喷雾机

1. 开关　2. 喷杆　3. 喷头　4. 固定螺母　5. 皮碗　6. 塞杆　7. 毡圈　8. 泵盖
9. 药液箱　10. 泵筒　11. 空气室　12. 出水阀　13. 进水阀　14. 吸水管

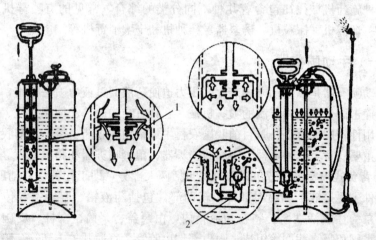

图 6-38　压缩式喷雾器

1. 皮碗　2. 出水阀

3. 单管喷雾器　单管喷雾器主要由液泵、空气室和喷射部件三部分组成。液泵由泵筒、塞杆、进水阀和出水阀等组成。空气室由气室盖、气室桶身和气室底等组成。喷射部件与背负式喷雾器相同。

4. 踏板式喷雾器　踏板式喷雾器是一种喷射压力较高、射程较远、雾滴较细的手动喷雾器。操作者以脚踏住机座，用手推摇杆前后摆动，带动柱塞泵往复运动，将药液吸入泵体，并压入空气室，达到一定压力后，即可进行正常喷雾（图6-39）。踏板式喷雾器适用于果树、桑树、园林、架棚植物等的病虫害防治，也可用于仓储除虫和建筑喷浆、装饰内壁等。

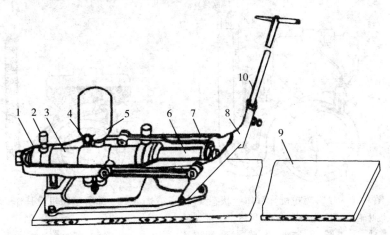

图 6-39　踏板式喷雾器

1. 框架　2. 油杯　3. 液压泵缸　4. 出液口　5. 空气室
6. 柱塞　7. 连杆　8. 杠杆　9. 踏板　10. 遥感

（二）手动喷粉器

手动喷粉器是一种由人力驱动风机产生气流来喷撒粉剂的机具，它结构简单、操作方便，功效比手动喷雾器高，作业时不消耗液体，可以节省人工。但是由于喷粉时受风力影响较大，且易造成环境污染，所以只适用于特殊环境的农田如封闭的温室、大棚，郁闭性好的果园、高秆作物、生长后期的棉田和水稻田等。

（三）手持电动离心喷雾机

手持电动离心喷雾机是一种由微型电动机驱动，利用工作部件（如转盘）旋转的能量进行雾化，手持作业的喷雾机。用它来喷洒农药油剂，雾滴体积中径约为 $70\mu m$，施液量在 5L/ha 以下，所以也被称作电动超低量喷雾机。

（四）背负式机动喷雾喷粉机

背负式机动喷雾喷粉机是采用气压输液、气力喷雾、气流输粉原理，由汽油机驱动植保机具，该机型具有结构紧凑、操作灵活、作业效率高、适应性广、价格适中和喷洒质量好等优点。它可以进行喷雾、超低量喷雾、喷粉等项作业。背负式机动喷雾喷粉机由机架、风机、药箱、喷药部件等几大部分组成（图6-40、图6-41）。

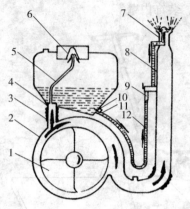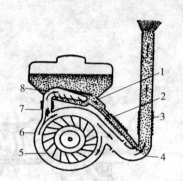

图 6-40　喷雾喷粉机弥雾作业状态
1. 风机叶轮　2. 风机外壳　3. 进风门　4. 进气塞
5. 软管　6. 滤网　7. 喷头　8. 喷管　9. 开关
10. 粉门　11. 出水塞接头　12. 输液管

图 6-41　喷雾喷粉机及其作业状态
1. 粉门　2. 输粉管　3. 喷管
4. 弯头　5. 叶轮　6. 风机
7. 进风阀　8. 吹粉管

（五）喷射式机动喷雾机

喷射式机动喷雾机是指由发动机带动液泵产生高压，用喷枪进行宽幅远射程喷雾的机动喷雾机。主要由机架、发动机（汽油机、柴油机或拖拉机动力输出轴）、液泵、吸水部件、药箱（或混药器）、喷射部件等组成。按机具的大小可分为便携式、担架式和车载式。

（六）喷杆式喷雾机

喷杆式喷雾机是装有喷杆的液力喷雾机。该类喷雾机具有生产效率高、喷洒质量好等优点。喷杆喷雾机的种类很多，根据喷杆形式不同可分为喷杆式、吊杆式、气流辅助式。根据动力源不同可分为自走式和非自走式。根据机具作业幅宽的不同可分为大型（喷幅在18m以上，主要与功率36.7kW以上的拖拉机配套作业，多为牵引式）、中型（喷幅为10～18m，主要与功率在20～36.7kW的拖拉机配套作业）和小型（喷幅在10m以下，配套动力多为小四轮拖拉机和手扶拖拉机）。

八、收获机械

根据不同的用途，收获机械可以分为收割机械、脱粒机械和联合收割机。

（一）收割机械

收割机械一般分为 3 种：一是收割机，用于分段收获，它能将作物割断，经过割台输送，将茎秆在地上放成"转向条铺"（转成大概与其前进方向垂直），以供人工分把和打捆；二是割晒机，用于两段联合收获，它能将作物割断，并在地上顺势放成穗尾相互搭接的"顺向条铺"，经晾晒后进行捡拾联合收获；三是割捆机，它能将作物割断，用绳索自动打捆并放于地面。

1. 收割台　收割机根据割台的类型有卧式割台收割机和立式割台收割机两种。

（1）卧式割台收割机。卧式割台收割机由拨禾轮、一条或前后两条帆布输送带、分禾器、切割器和传动装置等组成。作业时，往复式切割器在拨禾轮压板的配合下，将作物割断并向后拨倒在帆布输送带上，输送带将作物送向机器的左侧。双条输送带由于后输送带较前输送带长，使穗头部分落地较晚，而使排出的禾秆在地面铺成同机器行进方向成一偏角的整齐禾条，便于人工捡拾打捆（图 6-42）。

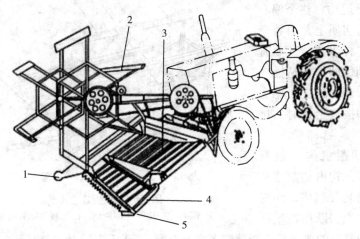

图 6-42　卧式割台收割机
1. 分禾器　2. 拨禾轮　3. 后输送带　4. 前输送带　5. 切割器

（2）立式割台收割机。立式割台收割机能把割断的作物直立在切割器平面上，紧贴输送器被输出机外铺放成条（图 6-43）。

2. 拨禾轮　拨禾轮是卧式割台的主要装置，主要的功能是：把待割的作物拨向切器器；将倒伏的待割作物扶直；在切割时扶持茎秆；把割断的作物拨向割台，避免作物堆积在割刀上。拨禾轮有压板式和偏心式两种，后者收割倒伏作物的性能比较好（图 6-44、图 6-45）。偏心式拨禾轮的特点是，在拨禾压板上装有拨齿，每块压板固定在一根管轴上，拨禾轮转动时，压板除公转外，

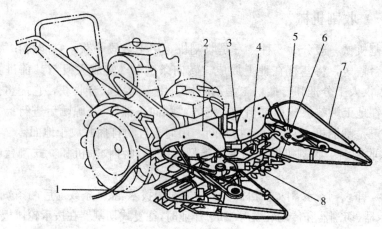

图 6-43　立式割台收割机

1. 铺禾杆　2. 后挡板　3. 转向阀　4. 上输送带　5. 拨禾轮　6. 切割器　7. 分禾器　8. 下输送带

自身还受偏心机构控制做平面平行运动，整个偏心拨禾机构实质上是由数个平行四连杆组成，从而有利于向倒伏的作物丛插入并将其扶起，减少对穗头的打击和拨齿上提时的挑草现象。

3. 切割机构　收割机的切割机构由切割器和割刀传动装置组成。切割机构是用来切断作物茎秆

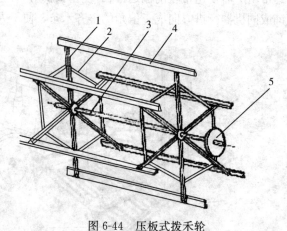

图 6-44　压板式拨禾轮

1. 辐条　2. 拉筋　3. 轮轴　4. 压板　5. 皮带轮

的。对切割器的要求是：割茬整齐（无撕裂）、无漏割、功率消耗小、震动小、结构简单、容易更换和适应性广。

（1）切割器。收获机械的切割器有往复式、圆盘式两种。稻麦收获机械多采用往复式。

（2）割刀传动装置。割刀传动装置将动力传递给割刀，同时将圆周运动改变为往复式直线运动，实现切割过程。

（二）脱粒机

脱粒机是将谷粒从谷穗上脱下，并从脱出物（包括谷粒、碎秸秆、颖壳和

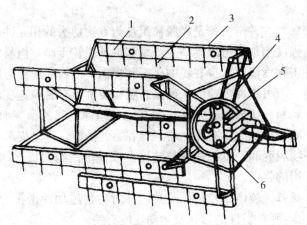

图 6-45　偏心式拨禾轮

1. 拨禾板　2. 弹齿　3. 钢管　4. 辐条　5. 偏心圆环　6. 滚轮

混杂物等）中分离、清选出来的机器。在分段收获稻麦时，脱粒是最后的作业环节。脱粒机械一般分为：半喂入脱粒机，能将作物带穗头的上半部分喂入机器进行脱粒，使茎秆能大部分保持完整；全喂入脱粒机，能将作物全部喂入机器进行脱粒，茎秆也全部被揉乱、打碎。

1. 脱粒装置　脱粒装置按喂入的方式可分为两类，即作物全部喂入脱粒装置的全喂入式和仅穗部喂入脱粒装置的半喂入式；按滚筒形式分有开式和闭式、单滚筒和双滚筒、直流式和轴流式；按脱粒齿形分有纹杆式、钉齿式（图6-46）、弓齿式。

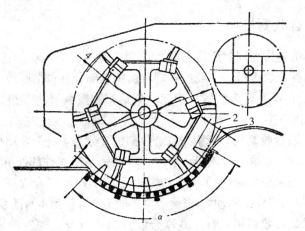

图 6-46　钉齿滚筒脱粒装置

1. 入口间隙　2. 重合度　3. 出口间隙　4. 齿高　α. 包角

2. 脱粒方式

（1）冲击脱粒。冲击脱粒是靠脱粒组件与谷物穗头的相互冲击作用而使谷物脱粒。冲击强度增加，可以提高生产率和保证脱粒干净，但易使谷粒破碎和损失；降低冲击强度能够减少谷粒的破裂和损伤，但增加脱粒时间、降低生产率。冲击强度一般可用冲击速度来衡量。脱粒装置上有脱粒速度的调节装置。

（2）搓擦脱粒。搓擦脱粒是靠作物与脱粒组件之间的摩擦而使谷物脱粒。脱净的程度与摩擦力的大小有关，增强对谷物的搓擦，可以提高生产率和脱净率，但会使谷物脱壳和脱皮。在脱粒装置上改变滚筒与凹板之间的间隙大小，能调整搓擦作用的强度。

（3）梳刷脱粒。梳刷脱粒是靠脱粒组件对谷物施加冲击拉力而将其脱粒。"梳刷"的能力与脱粒组件的形状及运动速度有关。

3. 分离装置 由于脱出物中的长茎秆含量较多，为了减少谷粒的夹带损失，提高分离效率，在机器上均采用了较庞大的分离装置，将从脱粒装置排出的秸秆中夹带的谷粒及断穗分离出来，并将秸秆送往机后。分离机构的种类比较多，其工作原理主要有两大类。第一类是利用抛扬的原理进行分离，第二类是利用离心力原理进行分离。

4. 清选装置 清选装置是将脱粒装置脱下和分离装置分出来的谷物混合物中的颖壳、碎茎和断穗等清除干净，将细小杂物排出机外，以得到清洁的谷粒。常用的清选原理大致可以分为两类：一类是按照谷粒的悬浮速度进行清选；另一类是利用气流和筛子配合进行清选。有了气流的配合，可以将轻杂物吹走，有利于谷粒的分离。

（三）联合收割机

联合收割机是指能同时完成谷物的收割、脱粒、分离和清选等多项作业，获得比较清洁谷粒的机械。一般由收割台、脱粒部分（包括脱粒、分离、清粮装置）、输送、传动、行走装置、粮箱、集草车和操纵机构等组成。联合收割机作业流程见图6-47。

1. 牵引式联合收割机 牵引式联合收割机又分为本身带发动机和不带发动机两种。割幅不太大的联合收割机一般本身不带发动机，工作部件由拖拉机的动力输出轴驱动。当割幅较大时，为了便于和拖拉机配套作业，联合收割机上常带有发动机。这时，拖拉机只作牵引动力，联合收割机的工作部件由本身的发动机驱动。

2. 自走式联合收割机 自走式联合收割机由自身上的发动机驱动，其收割台可配置在机器的正前方，能自行开道，机动性好，转移地块方便，所以，虽然它的造价较高，发动机和行走系统得不到充分利用，但目前应用的还是比

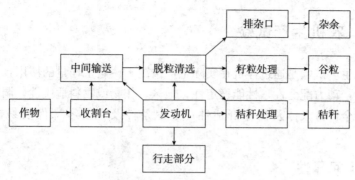

图 6-47 联合收割机作业流程

较广泛。一般又分为轮式自走式和履带自走式。

3. 悬挂式联合收割机 悬挂式联合收割机分为全悬挂式和半悬挂式两种，都可悬挂在拖拉机上。全悬挂式联合收割机为了整机重量的平衡，其收割台一般都悬挂在拖拉机的前方，脱粒机悬挂在拖拉机的后方，二者之间用配置在拖拉机侧面的输送槽连接。半悬挂式联合收割机本身带有一个行走轮，使一部分重量通过前后方两个铰接点加在拖拉机上。

4. 半喂入联合收割机 先将作物割断，经输送装置将作物带穗的上半段喂入脱粒装置，进行脱粒、清选作业，茎秆可基本保持完整。

5. 全喂入联合收割机 先割断作物，然后将其全部喂入脱粒装置，并完成分离、清选作业（图 6-48）。

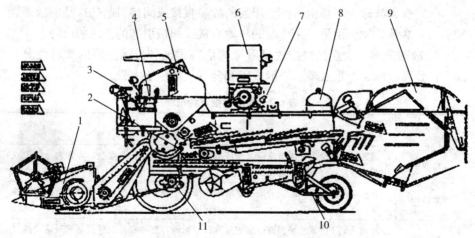

图 6-48 东风-5 联合收获机

1. 收割台 2. 脱粒部分 3. 液压系统 4. 驾驶台 5. 粮箱 6. 发动机
7. 电器系统 8. 燃油箱 9. 集草箱 10. 转向轮桥 11. 主动轮桥

九、农机生产试验

农机生产试验是通过样机在实际生产情况下一定工作量的使用，考核样机的可靠性，动力配套性，性能稳定性，地区、作物或物料适应性，调整保养方便性，安全性，人体及操作舒适性，卫生条件及主要零部件及易损件的耐用性。

（一）可靠性

农机在规定条件下和规定时间内，完成规定功能的能力。可靠性考核应统计被试样机发生的本质故障、关联故障和非关联故障，非关联故障不计入故障次数。

1. 故障　产品丧失规定的功能。

2. 故障模式　故障的表现形式。

（1）本质故障。产品在规定的条件下使用，由于产品本身固有的弱点而引起的故障。

（2）关联故障。由于本质故障发生引起与之相关的单元（产品、机构、总成、部件、零件、材料等）出现的故障。

（3）非关联故障。未按产品使用说明书、技术条件规定操作，由于维修不当或操作人员使用不当或误动作造成的故障。

（4）独立故障。不是由另一个产品的故障直接或间接引起的产品的故障。

（5）从属故障。由另一个产品的故障直接或间接引起的产品的故障。

3. 故障分类　农业机械按故障后果的危害程度和排除故障的难易性分为四类：致命故障、严重故障、一般故障和轻度故障（表 6-2）。

表 6-2　故障类型及特征

故障类型	故障基本特征
致命故障	导致功能完全丧失或造成重大经济损失的故障；危及作业安全，导致人身伤亡或引起重要总成（系统）报废
严重故障	导致功能严重下降或经济损失显著的故障；主要零部件损坏，关键部位的紧固件损坏
一般故障	导致功能下降或经济损失增加的故障；一般的零部件和标准件损坏或脱落，通过调整或更换可修复
轻度故障	引起操作人员操作不便但不影响工作的故障；可在较短时间内用配备的工具维修或更换易损件排除的故障，在正常维护保养中更换价值较低的零件和标准件

4. 故障间隔时间   相邻两次故障间的持续时间。

5. 平均故障间隔时间   对可修复的产品，是指一个或多个产品在它的使用寿命期内的某个观察期间积累工作时间与故障次数之比。

6. 可用度   在某个观察时期内，产品能工作时间对能工作时间与不能工作时间之和的比。

$$K = \frac{\sum T_z}{\sum T_z + \sum T_g} \times 100$$

式中：

K——可用度（使用有效度），%；

T_z——生产考核期间的班次作业时间，h；

T_g——样机在生产考核期间每班次的故障时间，h。

7. 修复时间   从发现故障到产品恢复规定功能所需的时间，即故障诊断、修理准备及修理实施时间之和。

8. 平均修复时间   修复时间的总和与修理次数之比。

9. 平均首次故障前时间   产品发生首次致命故障、严重故障或一般故障时的平均工作时间。

（二）作业效率

生产试验时间分类见表 6-3。

表 6-3   生产试验时间分类

总延续时间（T_y）	班次时间（T_b）	作业时间（T_z）	纯工作时间（T_c）
			地头转弯空行时间
			工艺服务时间（停机加种、加肥、装苗和装卸物料等时间）
		非作业时间	调整保养时间（停机润滑、调整和保养等时间）
			机具故障时间（故障停机、排除故障以及在工作地点更换或修复失效零件等时间）
			1千米内空行转移时间或场上作业机具在同一场地（田块）的转移时间
	非班次时间		配套动力的保养、调整和故障时间
			1千米以上空行转移时间（包括从停机场到田间的往返运行时间）
			自然条件造成的停机时间
			组织不善造成的停机时间（包括在工作地点修理时等待零件、配件或工具时间，非正常情况下的等待加工物料、种、苗、肥等时间）
			其他原因造成的停机时间（如操作人员吃饭休息等消耗的时间）

1. 纯工作小时生产率

$$E_c = \frac{\sum Q_{cb}}{\sum T_c}$$

式中：

E_c——纯工作小时生产率，hm^2/h、t/h 或 $t \cdot km/h$；

Q_{cb}——生产查定的班次作业量，hm^2、t 或 $t \cdot km$；

T_c——生产查定班次纯工作时间，h。

2. 作业小时生产率

$$E_z = \frac{\sum Q_b}{\sum T_z}$$

式中：

E_z——作业小时生产率，hm^2/h、t/h 或 $t \cdot km/h$；

Q_b——生产考核期间的班次作业量，hm^2、t 或 $t \cdot km$；

T_z——生产考核期间的班次作业时间，h。

3. 班次小时生产率

$$E_b = \frac{\sum Q_b}{\sum T_b}$$

式中：

E_b——班次小时生产率，hm^2/h、t/h 或 $t \cdot km/h$；

T_b——班次考核期间的班次时间，h。

4. 工时生产率

$$E_g = \frac{\sum Q_b}{\sum (T_{gc} + T_{gf})}$$

式中：

E_g——工时生产率，$hm^2/$工时、$t/$工时 或 $t \cdot km/$工时；

T_{gc}——机组操作人员的班次工时，工时；

T_{gf}——机组辅助人员（如供料、卸料、捆扎、排杂等）的班次工时，工时。

注：工时是指在机器作业过程中全数操作人员与辅助人员实际操作或处理所耗用的总时间。

5. 标定单位功率生产率

$$E_p = \frac{\sum Q_b}{p}$$

式中：

E_p——标定单位功率生产率，$hm^2/(kW \cdot h)$ 或 $t/(kW \cdot h)$；

p——样机（配套动力）的标定功率，kW。

（三）作业成本

作业成本以整个生产试验所得到的数据和有关资料进行计算。即折算为单位作业量的成本，其单位为元/hm^2、元/t 等。按下式计算：

$$C = C_g + C_n + C_x + C_z + C_t + C_{jg}$$

式中：

C——作业成本，元/hm^2 或元/t；

C_g——单位作业量的平均工资费，元/hm^2 或元/t；

C_n——单位作业量的平均能源费，元/hm^2 或元/t；

C_x——单位作业量的日常零星修理费，元/hm^2 或元/t；

C_z——单位作业量平均机器（组）折旧费，元/hm^2 或元/t；

C_t——单位作业量所负担的机器（组）修理提成费，元/hm^2 或元/t；

C_{jg}——单位作业量的经营管理费，元/hm^2 或元/t。

1. 工资费

$$C_g = \frac{\sum C_{gz}}{\sum Q_b}$$

式中：

C_{gz}——生产试验期间机组操作人员和辅助人员的工资费，元。

2. 能源费

$$C_n = G_n \times C_{nz} + G_f \times C_{nf}$$

式中：

C_{nz}——主能源价格，按当地牌价，元/kg、元/$kW \cdot h$；

C_{nf}——副油料价格，按当地牌价，元/kg。

3. 日常零星修理费

$$C_x = \frac{\sum C_{xh} + \sum C_{xw}}{\sum Q_b}$$

式中：

C_{xh}——生产试验期间每次更换零件费，元；

C_{xw}——生产试验期间每次零星维修费，元。

4. 机器折旧费

$$C_z = C_{zd} + C_{zj} = \frac{C_d\ (1-Z_d)}{T_{jd} \times T_d \times E_b} + \frac{C_j\ (1-Z_j)}{T_{jj} \times T_j \times E_b}$$

式中：

C_{zd}——单位作业量的动力部分折旧费，元/hm² 或元/t；

C_{zj}——单位作业量的农机具部分折旧费，元/hm² 或元/t；

C_d——动力机部分原价，元；

C_j——农机具部分原价，元；

Z_d——动力机报废时的残值率（一般为10%），%；

Z_j——机具报废时的残值率（一般为5%），%；

T_{jd}——动力机折旧年限，年；

T_{jj}——农机具折旧年限，年；

T_d——动力机年使用时间，h；

T_j——农机具年使用时间，h。

5. 机具的修理提成费

$$C_t = C_{td} + C_{tj} = \frac{C_d \times X_d}{T_d \times E_b} + \frac{C_j \times X_j}{T_j \times E_b}$$

式中：

C_{td}——单位作业量所负担的动力机修理提成费，元/hm² 或元/t；

C_{tj}——单位作业量所负担的农机具修理提成费，元/hm² 或元/t；

X_d——动力机的年修理费用率，%；

X_j——农机具的年修理费用率，%。

6. 机具的经营管理费

$$C_{jg} = \frac{C_{js}}{\sum Q_b}$$

式中：

C_{js}——生产试验期间实际经营管理费用，元。

7. 能源消耗量：

单位能源消耗量

$$G_n = \frac{\sum G_{nz}}{\sum Q_{cb}}$$

式中

G_n——单位作业量的能源消耗量，kg/hm²、kW·h/t 或 kg/（t·km）；

G_{nz}——生产查定班次的主能源(如燃油、煤或电等)消耗量，kg 或 kmW·h。

8. 单位副油料消耗量 按机组所用的副油料（如机油、液压油、润滑油等）分别计算在规定周期内作业量的消耗量。

$$G_f = \frac{\sum G_{nf}}{\sum Q_{qb}}$$

式中：

G_f——单位作业量的副油料消耗量，kg/hm^2、kg/t 或 $kg/(t·km)$；

G_{nf}——规定周期中每次更换和添加的副油料质量，kg；

Q_{qb}——规定周期中的班次作业量，hm^2、t 或 t·km。

9. 油料消耗比

$$B_{fz} = \frac{G_f}{G_n} \times 100$$

式中：

B_{fz}——单位作业量的副油料消耗量占主燃油消耗量的百分比，%。

十、农机作业质量指标

（一）耕整地

1. 耕深 用耕深仪或耕深尺测定。用耕深尺测定时，沿机组前进方向每隔 2m 左、右两侧各测定一点，每个行程总测点数不少于 20 点，按如下公式计算：

行程的耕深平均值

$$a_j = \frac{\sum_{i=1}^{n_j} a_{ji}}{n_j}$$

式中：

a_j——第 j 个行程的耕深平均值，cm；

a_{ji}——第 j 个行程中的第 i 个点的耕深值，cm；

n_j——第 j 个行程中的测定点数。

工况的耕深平均值

$$a = \frac{\sum_{j=1}^{N} a_j}{N}$$

式中：

a——工况的耕深平均值，cm；

N——同一工况中的行程数。

2. 耕深稳定性 行程的耕深标准差、变异系数。

$$S_j = \sqrt{\dfrac{\sum\limits_{i=1}^{n_j}(a_{ji} - a_j)^2}{n_j - 1}}$$

$$V_j = \frac{S_j}{a_j} \times 100$$

式中：

S_j——第 j 个行程的耕深标准差，cm；

V_j——第 j 个行程的耕深变异系数，%。

工况的耕深标准差、变异系数

$$S = \sqrt{\dfrac{\sum\limits_{j=1}^{N}S_j^2}{N}}$$

$$V = \frac{S}{a} \times 100$$

式中：

S——工况的耕深标准差，cm；

V——工况的耕深变异系数，%。

3. 碎土率 在已耕地上测定 0.5m×0.5m 面积内的全耕层土块，土块大小按其最长边分为小于 4cm，4～8cm，大于 8cm 三级。并以小于 4cm 的土块质量占总质量的百分比为碎土率，每一行程测定一点。

4. 植被覆盖率 每个行程测定一点，按如下公式计算：

$$F_b \frac{W_q - W_h}{W_q} \times 100$$

式中：

F_b——植被覆盖率，%；

W_q——耕前植被平均值，g；

W_h——耕后植被平均值，g。

5. 耕后地表平整度 沿垂直于机组前进方向，在地表最高点以上取一水平基准线，在其适当位置上取一定宽度(与样机耕宽相当)，分成 10 等分，测定各等分点至地表的距离。计算其平均值和标准差，并以标准差的平均值表示其平整度。

6. 垄

垄高：垄顶至沟底的距离，cm。

垄（行）距：相邻两垄（行）中心线的距离，cm。

（二）播种

1. 播种量　单位播行长度或单位播种面积内播入的种子数量或质量。

2. 播量稳定性　指排种器的排种量不随时间变化而保持稳定的程度，可用于评价条播机播量的稳定性。

3. 排种量　播种器在单位时间内排出种子的数量或质量。

4. 各行排量一致性　指一台播种机上各个排种器在相同条件下排种量的一致程度。

5. 排种均匀性　指从排种器排种口排出种子的数量或质量的均匀程度。

6. 播种均匀性　指播种时种子在种沟内分布的均匀程度。

7. 播深稳定性　指种子上面覆土层的厚度一致性。

8. 种子破碎率　指排种器排出种子中受机械损伤的种子量占排出种子量的百分比。

9. 穴粒数合格率　穴播时，每穴种子粒数与规定值粒数上下相差 2 粒以内为合格。合格穴数占取样总穴数的百分比即为穴粒数合格率。

10. 粒距　播行内相邻两粒种子间的距离。理论粒距：由制造厂规定和控制机构所能控制的种子间距。

11. 漏播　理论上应该播一粒种子的地方而实际上没有种子称为漏播。统计计算时，凡种子粒距大于 1.5 倍理论粒距称为漏播。

12. 重播　理论上应该播一粒种子的地方而实际上播下了两粒或多粒种子称为重播。统计计算时，凡种子粒距小于或等于 0.5 倍理论粒距称为重播。

13. 滑移率　播种机在田间作业中，传动轮运转时，相对于地面的滑移程度。

$$\delta_1 = \left| \frac{S - 2\pi Rn}{2\pi Rn} \right| \times 100$$

式中：

δ_1——滑移率，%；

S——传动轮走过的实际距离，m；

R——传动轮半径，m；

n——传动轮在路程 S 内的转数。

（三）移栽

1. 立苗率　移栽后秧苗主茎与地面夹角不小于 30° 的株数占秧苗实际移栽

株数（不含漏苗、埋苗、倒伏、伤苗的株数）的百分比。

$$L = \frac{N_{lm}}{N} \times 100$$

式中：

L——立苗率，%；

N_{lm}——立苗株数，株；

N——测定总株数，株。

2. 埋苗率

$$C = \frac{N_{mm}}{N} \times 100$$

式中：

C——埋苗率，%；

N_{mm}——埋苗株数，株；

N——测定总株数，株。

3. 伤苗率

$$W = \frac{N_{sm}}{N} \times 100$$

式中：

W——伤苗率，%；

N_{sm}——伤苗株数，株；

N——测定总株数，株。

4. 漏栽率　在检测中，根据相邻两株的株距（X_i）和理论株距（X_r）之间的关系确定漏栽株数。

当 $1.5X_r < X_i < 2.5X_r$ 时，漏栽 1 株；

当 $2.5X_r < X_i < 3.5X_r$ 时，漏栽 2 株；

当 $3.5X_r < X_i < 4.5X_r$ 时，漏栽 3 株。以此类推。

漏栽率按如下公式计算：

$$M = \frac{N_{lz}}{N'} \times 100$$

式中：

M——漏栽率，%；

N_{lz}——漏栽株数，株；

N'——理论移栽株数，株。

5. 株距变异系数

$$CV_x = \frac{S_x}{\overline{X}} \times 100$$

式中：

CV_x——变异系数，%；

$\overline{X}$——株距平均值，cm；

S_x——株距标准差，cm。

6. 栽植深度合格率 秧苗移栽的深度范围在理论栽植深度的±2cm内，视为栽植深度合格。

$$H = \frac{N_h}{N'} \times 100$$

式中：

H——栽植深度合格率，%；

N_h——栽植深度合格的总株数，株；

N'——理论移栽株数，株。

（四）施药

施药液量与喷头喷量、喷幅、喷施作业前进速度关系公式：

$$V = 600 \times \frac{nq}{SW}$$

式中：

V——施药液量，L/hm²；

S——前进速度，km/h；

W——喷雾机喷幅，m；

n——喷头数；

q——每个喷头的喷量，L/min。

（五）收获

不同类型作物的收获农机差异较大，以蔬菜为例根据收获部位不同，蔬菜收获机可以分为叶菜类收获机、根菜类收获机和果类菜收获机。文中以谷物（小麦）联合收获机械为例介绍相关性能参数及测算依据。

1. 谷物联合收获 用谷物联合收获机收获小麦、水稻，一次完成切割、脱开，分离和清粮等项作业。

2. 损失率 谷物收获机械各部分损失籽粒质量占籽粒总质量的百分率。

3. 自然破碎 籽粒在收割前已有裂纹或破损，带壳作物在收割前外壳已开裂或籽粒已脱出者为自然破碎。

4. 破碎率 谷物（小麦）联合收获时，因机械损伤而造成破裂、裂纹、破皮的籽粒质量占所收获籽粒总质量的百分率。

5. 含杂率 谷物联合收获，收获物所含非籽粒杂质质量占其总质量的百分率。

6. 割茬高度 作物收获后，留在地块中的禾茬高度。

十一、农机推广

1. 机具配套比 一台农业机械主机配套的机具数量。

2. 耕种收综合机械化水平 反映农业机械化在种植业生产中实际作用的大小，表明机械化生产方式替代传统生产方式达到的程度。

$$A=0.4 \times A_1 + 0.3 \times A_2 + 0.3 \times A_3$$

式中：

A_1——耕整地机械化程度，%；

A_2——播栽机械化程度，%；

A_3——收获机械化程度，%。

（1）耕整地机械化程度。

$$A_1 = \frac{S_{jg}}{S_{yg}} \times 100$$

式中：

S_{jg}——机耕面积，指本年度内曾经利用拖拉机或其他动力机械（如机耕船）带动作业机械耕整过的自然耕地面积，其面积不能重复统计，如在 $1hm^2$ 耕地上，当年不论耕整几次仍做 $1hm^2$ 统计，hm^2；

S_{yg}——应耕地面积，hm^2。

（2）播栽机械化程度。

$$A_2 = \frac{S_{jb}}{S_{zb}} \times 100$$

式中：

S_{jb}——机播面积，指当年使用各种播、栽机械实际播种、栽插农作物的总面积，hm^2；

S_{zb}——农作物总播种面积，由于复种指数的差异可能大于或小于耕地面积，hm^2。

（3）收获机械化程度。

$$A_3 = \frac{S_{js}}{S_{zs}} \times 100$$

式中：

S_{js}——机械收获面积，指当年使用各种收获机械实际收获各种农作物的总面积，hm^2；

S_{zs}——总收获面积，各种农作物收获总面积。由于遭受自然灾害而绝产的不能计入收获面积，收获面积等于或小于农作物总播种面积，hm^2。

3. 农业机械化综合保障能力　反映农机装备、农机人员对提高农业综合生产能力、实现发展目标的保障能力。

$$B = 0.3 \times \left(\frac{B_1}{B_{1c}} + \frac{B_2}{B_{2c}} \right) \times 100 + 0.4B_3$$

式中：

B_1——农业劳均农机原值，元/人；

B_2——单位播种面积农机动力，kW/hm^2；

B_3——受专业培训的农机人员占比，实际值大于参照值时，按参照值计算，%；

B_{1c}——农业劳均农机原值参照值，元/人；

B_{2c}——单位面积农机动力参照值，kW/hm^2。

（1）农业劳均农机原值。

$$B_1 = \frac{Y_{nj}}{L_{ny}}$$

式中：

Y_{nj}——农业机械原值，指以货币表现的农业机械拥有总量，是指购买和安装农业机械时所实际支付的金额，以及以后进行各项改造时所增加的价值的合计，万元；

L_{ny}——农业劳动力数，指农林牧渔业从业人员数，即当年从事农林牧渔业生产的劳动力人数，万人。

（2）单位播种面积农机动力。

$$B_2 = \frac{P_{nj}}{S_{zb}}$$

式中：

P_{nj}——农机总动力，指主要用于农林牧渔业的各种动力机械的动力总和，kW。

（3）受专业培训的农机人员占比。

$$B_3 = \frac{L_{px}}{L_{nj}} \times 100$$

式中：

L_{px}——指乡村农机人员中受过专业培训的人员数，人；

L_{nj}——乡村农机人员总数，指县以下（不含县）从事农业机械化管理、生产和经营服务的人员，单位为人。

4. 设施农业机械化水平

$$U_s = 0.2 \times C_1 + 0.2 \times C_2 + 0.2 \times C_3 + 0.1 \times C_4 + 0.3 \times C_5$$

式中：

U_s——设施农业机械化水平；

C_1——耕整地机械化水平；

C_2——种植机械化水平；

C_3——采运机械化水平；

C_4——灌溉施肥机械化水平；

C_5——环境调控机械化水平。

5. 农业机械化综合效益　农业机械化综合效益是指反映农业机械化的综合经济社会效益和达到的社会平均生产力水平。

参考文献

GB/T 17997—2008. 农药喷雾机（器）田间操作规程及喷洒质量评定.

GB/T 5262—2008. 农业机械试验条件测定方法的一般规定.

GB/T 5667—2008. 农业机械生产试验方法.

GB/T 5668—2008. 旋耕机.

JB/T 8574—1997. 农机具产品型号编制规则.

NY/T 1408. 1—2007. 农业机械化水平评价第1部分：种植业.

NY/T 1924—2010. 油菜移栽机质量评价技术规范.

NY/T 2709—2015. 油菜播种机作业质量.

NY/T 995—2006. 谷物（小麦）联合收获机械作业质量.

第七章　农业信息化

农业信息化是指农业全过程的信息化，是现代信息技术在农业生产、流通、交易、消费等各个环节全面地发挥和应用，迅速地改造传统农业，大幅度地提高农业生产效率，促进农业持续、稳定、高效发展的过程。

一、农业信息资源类型

农业信息资源是指经过加工处理后形成的大量有序化的农业信息集合。农业信息是指在农业生产、经营、管理和服务等环节产生或涉及的信息总称。

（一）农业网站类型

1. 农业网站　农业网站是以汇集、发布农业网络信息资源并提供相关服务为主要内容的网站。

2. 农业综合门户网站　农业综合门户网站是集成各种农业应用系统、数据资源和互联网资源，以统一的用户界面提供综合性信息资源及服务的农业网站。

3. 农业电子政务网站　农业电子政务网站是政府机构通过应用现代网络通信与计算机技术将其内部和外部的管理和服务职能通过精简优化整合重组后到网上，打破时间空间以及部门分隔的制约，为社会公众以及自身提供一体化的高效优质廉洁的管理和服务而建立的网站。

4. 农业电子商务网站　农业电子商务网站是提供一系列的农业信息咨询、农产品网络营销、电子支付、物流配送管理、客户管理等商业服务的网站。

（二）农业数据资源

1. 农业数据　农业数据是农业信息的数字化表现形式。

2. 农业元数据　农业元数据是关于农业数据集的来源、内容、质量、表达方式、管理方式和其他特征的描述数据，是实现农业信息共享的核心标准之一。

3. 农业数据元　农业数据元是通过定义、标识、表示以及允许值等一系列属性描述农业某一信息的数据单元。

4. 农业数据库 农业数据库是一种有组织的动态存储、管理、重复利用、分析预测一系列有密切联系的农业方面的数据集合的数据管理系统。

5. 农业专题数据库 农业专题数据库是描述农业某一特定领域的属性、技术和市场的数据集合。

6. 农业空间数据库 农业空间数据库是用点、线、面及实体等基本空间数据结构来描述农业空间环境的数据集合。

7. 农业数据字典 农业数据字典是农业数据库中所有对象及其关系的信息集合。

8. 农业知识库 农业知识库是知识工程中结构化，易操作，易利用，全面有组织的知识集群，是针对农业领域问题求解的需要，采用某种（或若干）知识表示方式在计算机存储器中存储、组织、管理和使用的互相联系的知识片集合。

9. 农业大数据 大数据指的是数据量和复杂程度超过传统数据库系统处理能力的数据，具备大量化、多样化、快速化、价值密度低的特征。

二、农业信息服务体系

农业信息服务体系是指从事农业信息服务的机构和队伍按照一定运行机制形成的有机整体。农业信息服务是指信息服务机构以用户的涉农信息需求为中心，开展的信息搜集、生产、加工、传播等服务工作。

（一）农业信息服务机构

1. 基层信息服务站 在基层为农民提供有关农业政策、法规、技术、市场方面的信息浏览、查询、采集、咨询、发布等信息服务的场所称为基层信息服务站。一般包括乡镇信息服务站和村级信息服务站。

2. 乡镇信息服务站 建立在乡镇和农村建制镇所辖区提供农业信息和服务的场所称为乡镇信息服务站。

3. 村级信息服务站 在行政村建立的具有乡村事务管理、信息交流共享、信息服务聚合、农民信息培训和文化生活娱乐等功能的信息服务场所称为村级信息服务站。

4. 农民专业合作社 农民专业合作社是在农村家庭承包经营基础上，同类农产品的生产经营者或者同类农业生产经营服务的提供者、利用者，自愿联合、民主管理的互助性经济组织。

5. 信息化体验中心 信息化体验中心以政府投资为主导，引导企业共同

参与，采用公私合作的模式，免费向农户提供信息化培训及各类信息服务。

（二）农业信息服务队伍

1. 农业信息化管理人员　农业信息化管理人员指来自国家、省、市、县、乡镇各级政府农口部门涉及信息化业务的行政管理人员。

2. 农业信息服务专家　具有丰富的农业知识，能够为农民提供农业技术和农业经济发展咨询服务、参与农业新技术推广与开发、组织农业技术培训、制定各种防治农业灾害预案和实施方案的人员称为农业信息服务专家。

3. 农村信息员　农村信息员是指在农村、产业化龙头企业、农产品批发市场、中介组织中从事农业信息服务的人员。

4. 农技推广人员　农技推广人员是指长期开展农业技术试验、示范、培训、指导、宣传以及咨询服务的人员。

（三）农业信息服务机制

1. 政府主导型农业信息服务机制　政府主导型农业信息服务机制是以政府的财政支持为资金保证开展公益性信息服务为基本特征，通过制定政策、组织人员、投入资金、配备设施等手段为农民提供无偿农业信息服务的机制。

2. 市场驱动型农业信息服务机制　企业以市场为导向、以营利为目的、以农民为对象开展有偿农业信息服务的机制称为市场驱动型农业信息服务机制。

3. 公益性农业信息服务机制　高校、科研院所和社会团体依托自身技术和专业优势，以提供公益性服务为特征的无偿农业信息服务机制称为公益性农业信息服务机制。

4. 协会带动型信息服务机制　具有社团性质的农民专业经济合作组织、农业专业技术协会、农业行业协会等组织以自筹资金开展自助式信息服务为基本特征，通过信息搜集、整理、聘请专家以及组织服务活动为会员开展信息服务的机制称为协会带动型信息服务机制。

三、农业信息技术

农业信息技术是指利用信息技术对农业生产、经营管理、生产决策过程中的自然、经济和社会信息进行采集、存储、传递、处理和分析，为农业研究者、生产者、经营者和管理者提供资料查询、技术咨询、辅助决策和自动调控等多项服务的技术总称。

（一）农业信息感知技术

1. 农业遥感技术　农业遥感技术是集空间信息技术、计算机技术、数据库、网络技术于一体，通过地理信息系统技术和全球定位系统技术的支持，在农业资源调查、农作物种植结构监测、农作物估产、生态环境监测等方面进行全方位的数据管理、数据分析和成果的生成和可视化输出，是目前较有效地对地观测技术和信息获取手段。

2. 农业传感器技术　农业传感器技术是农业物联网的核心，主要用于采集各个农业要素信息，在种植业上主要是光、温、水、肥、气等参数。

3. 全球定位系统　全球定位系统利用卫星，在全球范围内进行实时定位、导航的技术，简称 GPS。在农业上主要应用于精准农业。GPS 卫星系统主要由空间卫星星座、地面监控站及用户设备三部分构成。GPS 系统组成见图 7-1。

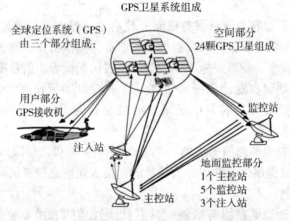

图 7-1　GPS 系统组成

4. 射频识别技术（RFID 技术）　射频识别技术又称电子标签，指利用射频信号通过空间耦合（交替磁场或电磁场）实现无接触信息传递并通过所传递的信息达到自动识别目的的技术。基本的射频识别系统由标签、阅读器和天线组成，见图 7-2。

5. 条码技术　对条形编码进行自动识别、数据采集和存储的技术的总称，主要用于农产品的追溯、仓储管理、物流配送和销售等环节。

6. 机器视觉　应用计算机技术和图像传感技术模拟生物宏观视觉功能对目标进行测量、跟踪和识别，并模拟人的判断，进而对图像进行分析和得出结论的过程称为机器视觉。

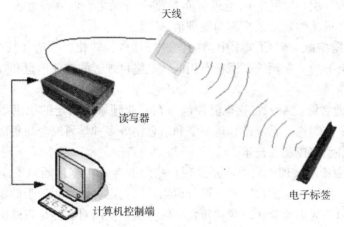

图 7-2 RFID 系统组成

注：目前 RFID 标准已经比较成熟，ISO/IEC、EPCglobal 标准应用最广。

（二）农业信息传输技术

1. 无线传感器网络 无线传感器网络是由部署在监测区域内大量的微型传感器节点组成，通过无线通信方式形成的一个多跳的自组织的网络系统（传感器网络由 ISO/IEC、JTC1、WG7 负责标准化）。

2. Zigbee 技术 基于 IEEE802.15.4 标准的关于无线组网、安全和应用方面的技术标准，被广泛应用在无线传感网络组建中。

3. Wi-Fi 技术 Wi-Fi 全称 Wireless Fidelity，即无线高保真，是一种无线通信协议，正式名称是 IEEE802.11b，属于短距离无线通信技术。Wi-Fi 速率最高可达 11Mb/s。

4. 蓝牙技术 蓝牙技术是一种支持设备短距离通信（一般 10m 内）的无线电技术。能在包括移动电话、PDA、无线耳机、笔记本电脑、相关外设等之间进行无线信息交换。

5. 3G 技术 3G 技术是第三代移动通信技术，是指支持高速数据传输的蜂窝移动通讯技术。目前 3G 存在 CDMA2000、WCDMA、TD-SCDMA 等 3 种标准。

6. 4G 技术 4G 技术是集 3G 与 WLAN 于一体并能够传输高质量视频图像以及图像传输质量与高清晰度电视不相上下的技术产品，是第四代移动通信及其技术的简称。

（三）农业信息处理技术

1. 地理信息系统 在计算机硬、软件系统支持下，对整个或部分地球表层（包括大气层）空间中的地理分布数据进行采集、储存、管理、运算、分析、显示和描述的技术系统称为地理信息系统。

2. 数据挖掘 对数据库中的数据进行抽取、转化、分析和模式化处理，从中提取有效的、新颖的、潜在有用的、最终可理解的农业信息和知识的过程称为数据挖掘。

3. 农业智能控制 农业智能控制是在农业领域中给定的约束条件下，将人工智能、控制论、系统论、运筹学和信息论等多种学科综合与集成，以实现对目标的自动化控制的技术。

4. 农业诊断推理 农业诊断推理是指农业专家根据诊断对象所表现出的特征信息，采用一定的诊断方法进行识别，以判定客体是否处于健康状态，找出相应原因并提出改变状态或预防发生的办法，从而对客体状态做出合乎客观实际结论的过程。

5. 农业视觉信息处理 农业视觉信息处理是指利用图像处理技术对采集的农业场景图像进行处理，从而实现对农业场景中的目标进行识别和理解的过程。

6. 云计算 云计算指将计算任务分布在大量计算机构成的资源池上，使各种应用系统能够根据需要获取计算力、存储空间和各种软件服务。

7. 农业信息系统 利用计算机硬件、软件、网络通信设备及其他办公设备进行农业信息收集、传递、存贮、加工、维护和使用的集成化人机系统。

8. 农业决策支持系统 通过数据、模型和知识，辅助农业工作者以人机交互方式进行半结构化或非结构化决策的计算机应用系统。

9. 农业专家系统 是指一个具有大量的农业知识与经验的程序系统，它应用人工智能技术和计算机技术，根据农业领域一个或多个专家提供的知识和经验，进行推理和判断，模拟农业专家的决策过程从而解决农业领域的复杂问题的应用系统。

（四）农业信息集成技术

1. 物联网 是通过智能传感器、射频识别（RFID）、激光扫描仪、全球定位系统（GPS）、遥感等信息传感设备及系统和其他基于物—物通信模式（MZM）的短距无线自组织网络，按照约定的协议，把任何物品与互联网连接起来，进行信息交换和通信，以实现智能化识别、定位、跟踪、监控和管理的一种巨大智能网络。

2. 农业物联网 物联网技术在农业生产、经营、管理和服务中的具体应用，就是运用各类传感器、RFID、视觉采集终端等感知设备，广泛的采集大田种植、设施园艺、畜禽养殖、水产养殖、农产品物流等领域的农业现场信息。通过建立数据传输和格式转换方法，充分利用无线传感器网络、电信网和互联网等信息传输通道，实现农业信息的多尺度可靠传输。最后将获取的海量农业信息进行融合、处理，并通过智能化操作终端实现自动化生产、最优化控制、智能化管理、系统化物流、电子化交易，进而实现农业集约、高产、优质、高效、生态和安全的目标。农业物联网体系结构见图7-3。

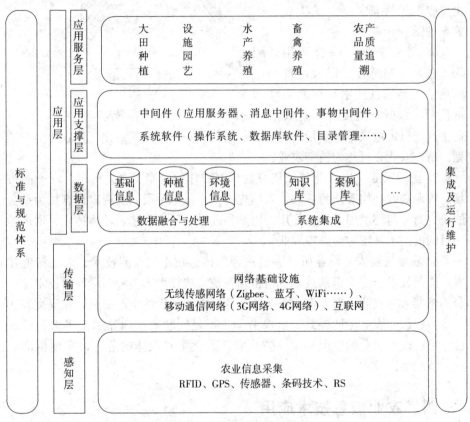

图 7-3　农业物联网体系结构

3. 农业物联网标准　农业物联网标准是对物联网技术在农业生产、经营、管理和服务等具体应用中的相关科学技术成果进行总结，经有关方面协商一致，由农业标准主管部门或相关专业委员会批准，以规定的形式发布，在相关领域公认并共同遵守的准则和依据。

4. 智慧农业　智慧农业以实现农业系统的整体最优为目标，以农业全链条、全产业、全过程的智能化为特征，以物联网技术为支撑和手段，以自动化生产、系统化物流、电子化交易、智能化管理和最优化控制为主要生产方式的高产、优质、高效、生态、安全、低耗的一种现代农业发展模式与形态。

5. 3S技术 地理信息系统（GIS）、遥感技术（RS）和全球定位系统（GPS）三种技术的集成称为3S技术。在农业中主要应用于精准农业。3S集成关系见图7-4。

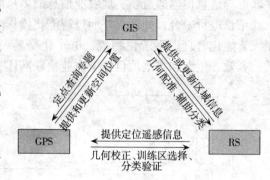

图 7-4　3S集成关系

6. 精准农业 综合运用GPS技术、遥感技术以及地理信息系统等信息技术和智能装备技术，根据空间变异，对农业生产进行定量决策、变量投入、定位实施的一种高度集约化现代农业生产类型。精准农业亦可称为精细农业。

7. 虚拟农业 以农业领域研究对象（农作物、畜、禽、水产、农产品市场、资源高效利用等）为核心，采用先进信息技术手段，实现以计算机为平台的研究对象与环境因子交互作用，以品种改良、环境改造、环境适应、增产等为目的的技术系统称为虚拟农业。

8. 农业机器人 农业机器人是一种集传感技术、监测技术、人工智能技术、通信技术、图像识别技术、精密及系统集成技术等多种前沿科学技术于一身的机器人。农业机器人作为农业生产领域中新一代的生产工具，在提高农业生产力、改变农业生产模式、解决劳动力不足问题等方面显示出极大的优越性，可以改善农业的生产环境，防止农药、化肥对人体的危害，实现精准农业，节约生产成本。

四、农业信息技术应用

（一）农业生产信息化

1. 农田种植信息化 通信技术、计算机技术和微电子技术等现代信息技术在产前农田资源管理，产中农情监测和精准农业作业以及产后农机指挥调度等领域的应用和普及的程度。

2. 农田智能灌溉系统 农田智能灌溉系统是应用物联网技术感知土壤墒情信息，根据模型计算作物需水量，对灌溉的时间和水量进行控制的智能应用系统。

3. 墒情监测系统 墒情监测系统是应用传感器技术实时观测土壤水分、温度、水质、地下水位以及农田气象等信息，并进行预测预警和远程控制，为大田农作物生长提供合适水环境、合理节约水资源的应用系统。

4. 测土配方施肥系统 测土配方施肥系统指建立在测土配方技术的基础上，以 3S 技术（RS、GIS、GPS）和专家系统技术为核心，以土壤测试和肥料田间试验为基础，根据作物需肥规律、土壤供肥性能和肥料效应，在合理施用有机肥料的基础上，提出氮、磷、钾及中、微量元素等肥料的施用数量、施肥时期和施用方法的系统。

5. 农田气象监测系统 农田气象监测系统是实现空气温湿度、太阳辐射强度、降水量等农田各类气象因子的采集与监测，远程控制和调节农田微气候的应用系统。

6. 农作物病虫害预警系统 农作物病虫害预警系统是应用通信技术、计算机网络和多媒体技术实现病虫害诊断、防治和预警等知识表示，集成网络诊断、远程会诊和呼叫中心等多种诊断模式的应用系统。

7. 作物生长模型 作物生长模型是基于计算机技术，模拟作物全生育期或部分生育期的生长过程，预测不同环境条件下植物生长指标的应用系统。

8. 设施园艺信息化 通信技术、计算机技术和微电子技术等现代信息技术、智能装备在设施园艺环境精准感知、作业的自动化生产以及设施管理和控制的全过程的应用。

9. 温室环境控制系统 通过各种传感器实时监测温室内的光照、温度、湿度和 CO_2 浓度等参数，并通过控制设备和执行机构对室内作物生长环境进行调节，为作物生长提供适宜环境的应用系统称为温室环境控制系统。

10. 农产品检测分级系统 农产品检测分级系统是通过采用计算机视觉技术和图像处理技术，对农产品的表面颜色、形状、缺陷等特征参数进行识别和判断，根据农产品标准进行分级的系统。

11. 优化栽培专家系统 优化栽培专家系统是应用人工智能技术，根据土壤学、植物营养施肥学、栽培学等领域专家知识和经验，结合相关试验数据，利用数学模型进行判断和推理，预测预报作物品种栽培密度、施肥量及肥料产中分配比例的应用系统，目前已应用到小麦、玉米、水稻等品种的栽培中。

（二）农业经营信息化

1. 农产品物流信息化 农产品物流信息化是指现代信息技术在农产品产后加工、包装、储存、运输和配送等环节应用的过程。

2. 农业电子商务　农业电子商务是应用计算机技术、网络技术、多媒体技术等现代信息技术，以农业生产销售为中心，通过一系列的电子化交易行为包括农业信息咨询、农产品网络营销、农产品电子支付、农业物流管理、客户关系管理等，方便农业经营者获取信息、提高农业信息服务水平的一种交易过程和商业模式。

3. 农业企业经营信息化　现代信息技术在企业采购、生产、营销、财务和人力资源管理等环节的应用过程。

4. 农业专业合作社经营信息化　现代信息技术在农业专业合作社会员管理、财务管理、资源管理、办公自动化及成员培训管理等环节的应用过程，旨在通过信息化实现"生产在社、营销在网、业务交流、资源共享"。

5. 农产品批发市场信息化　现代信息技术在农产品批发市场物流配送、市场管理、农产品交易等环节的应用过程。

（三）农业管理信息化

1. 农业资源管理信息化　现代信息技术在耕地、草原和水域空间分布、面积、质量等自然属性信息以及使用权、承包权动态信息、农用地基础设施情况等经济属性信息管理上的应用过程。

2. 农产品质量安全监管信息化　通过建立或完善农产品质量安全监测信息管理系统，对食用农产品生产、加工、流通等各个环节关键信息进行全程跟踪、监管和预警分析，实现对农业主要投入品、农产品质量安全追溯等方面的管理的过程。

3. 农业综合执法信息化　应用先进的信息技术和管理手段，通过建设或完善行政许可审批信息管理系统，完善农药、种子、饲料、兽药等经营许可证审批流程的过程。

4. 农业应急指挥信息化　以现代信息技术为手段，通过通讯指挥、数据共享、预测分析、指挥决策等方面，及时掌握突发农业公共事件信息，提高预防和处置突发农业公共事件能力，减少突发公共事件对农业造成的损失的过程。

5. 金农工程　由农业部牵头、国家粮食局等单位配合，2007年起开始实施，通过建立农业综合管理和服务信息系统，加速推进农业农村信息化进程的一项工程。

（四）农业服务信息化

1. 农业信息服务平台　利用现代农业信息技术，为企业、农民等提供农

业信息和服务的软硬件设施集合。

2. 网络电视 以电视机、个人电脑及手持设备为显示终端，通过机顶盒或计算机接入宽带网络，实现了数字电视、移动电视、互动电视等服务模式下获取农业信息的电视观看模式。

3. 语音信息服务系统 利用先进的语音网络技术，通过电话、传真、手机、人工语音服务等方式，接受用户的语音请求，并将所需信息传递到用户手中。

4. 数字广播 是一种通信和广播相融合的新概念多媒体移动广播服务，又称为第 3 代无线电广播。通过传送包括音频、视频、数据、文字、图形等在内的多媒体信号，为农业信息的传播提供了一条途径。

（五）农业信息化贡献率

1. 贡献率 是分析经济效益的一个指标，它是有效或有用成果数量与资源消耗及占用量之比，即产出量与投入量之比或所得量与所费量之比。计量公式如下：

$$贡献率（\%）=\frac{贡献量（产出量、所得量）}{投入量（消耗量、占用量）}×100$$

2. 农业信息化贡献率是指农业信息化对农业经济增长的贡献量占农业经济总增长量的比重。它是反映农业信息化在农业生产效益增长以及农业经济发展中功能和作用的一项综合指标。计算方法如下：

$$农业信息化贡献率（\%）=\frac{农业信息化对经济增长的贡献量}{农业经济的增长总量}×100$$

但是，农业信息化本身是一个复杂的系统工程，有很多的影响因素，造成农业信息化贡献率很难直接测算。

参考文献

陈晓华，2012. 农业信息化概论［M］. 北京：中国农业出版社.

李道亮，2012. 农业物联网导论［M］. 北京：科学出版社.

李道亮，2011. 中国农村信息化发展报告（2010）［M］. 北京：北京理工大学出版社.

王璀民，2008. 本体知识库的构建与进化方法研究［D］. 中国海洋大学.

第八章　农产品贮藏加工

一、农产品采后生理

（一）呼吸作用

呼吸作用是指在酶的参与下将体内的复杂有机物分解为简单物质，并释放出能量的过程。农产品在采收之后，光合作用基本停止，呼吸作用便成为新陈代谢的主要过程。采后呼吸作用与采后品质变化、成熟衰老进程、贮藏寿命、货架期、采后生理性病害和抗病能力有着密切关系。

1. 呼吸类型

（1）有氧呼吸与无氧呼吸。根据呼吸过程是否有氧参与，将呼吸作用分为有氧呼吸和无氧呼吸两种类型。

有氧呼吸是指在有氧的条件下，通过多种酶的催化作用，吸进氧气分解自身的有机物质为二氧化碳和水，并释放能量的过程（图8-1）。

无氧呼吸是指在缺氧的条件下，或者即使有氧但缺乏氧化酶或生命力衰退时所进行的呼吸。进行无氧呼吸时，由于有机物质没有被彻底氧化，便产生了各种分解的中间物，如酒精、乳酸、乙醛等（图8-2）。

图8-1　有氧呼吸模型图

图8-2　无氧呼吸模型图

（2）呼吸跃变型和非呼吸跃变型。根据采后呼吸强度的变化曲线，呼吸作用可以分为呼吸跃变型和非呼吸跃变型两种类型。

呼吸跃变型，其特征是在农产品采后初期，其呼吸强度渐趋下降，而后迅速上升，并出现高峰，随后迅速下降。呼吸跃变峰值出现的早晚与贮藏密切相关。

非呼吸跃变型，采后组织成熟衰老过程中的呼吸作用变化平缓，不形成呼吸高峰。

2. 呼吸指标

（1）呼吸强度（RI）。呼吸作用的强弱用呼吸强度来表示，用每千克新鲜农产品在 1 小时内释放出二氧化碳的量或吸收氧气的毫克数来表示，即 mg/（kg·h）。呼吸强度一般采用碱液吸收法或红外线二氧化碳分析仪来测定。

（2）呼吸商（RQ）。呼吸商又称呼吸系数，是呼吸时释放出二氧化碳和吸收消耗的氧的容积之比。

（3）呼吸温度系数（Q_{10}）。呼吸温度系数是指当环境温度提高 10℃ 时，农产品反应加速的呼吸强度。

（4）呼吸热。在农产品呼吸作用过程中，消耗的呼吸底物，一部分用于合成能量供组织生命活动所用，另一部分则以热量的形式释放出来，这一部分热量称为呼吸热。

（5）呼吸高峰。呼吸跃变型农产品采后成熟衰老进程中，进入完熟期或衰老期时，其呼吸强度出现骤然升高，随后趋于下降，呈一明显的峰形变化，这个峰即为呼吸高峰。

（二）植物激素生理

1. 五大类植物激素 迄今认为植体内存在着五大类植物激素，即生长素（IAA）、赤霉素（GA_3）、细胞分裂素（CTK）、脱落酸（ABA）和乙烯（ETH），它们之间相互协调，共同作用，调节着植物生长发育的各个阶段。其中生长素、赤霉素和细胞分裂素协同生长，而乙烯和脱落酸协同促进衰老。

2. 乙烯及其生理作用 乙烯是一种简单的不饱和烃类化合物（C_2H_4），在常温常压下为气体，植物对它非常敏感，尤其对果实的成熟衰老起着重要的调控作用。乙烯的主要生理作用是提高呼吸强度、促进产品成熟、加快叶绿素分解、促进器官脱落等。

（三）采后蒸腾生理

1. 失重 失重又称为自然损耗，是指贮藏过程器官的蒸腾失水和干物质损耗，所造成的重量减少。其中水分是影响蔬菜脆嫩、新鲜、饱满、营养和风味的重要组分，失水使蔬菜失重、失鲜，表皮皱缩、光泽消失、味道变劣、营养流失，不仅品质下降，而且降低耐贮性和抗病性。

2. 结露　在农产品贮藏过程中常常会见到产品表面或塑料薄膜包装袋内出现水珠，这种现象称为结露或"出汗"。产生这种现象的原因主要是品温与环境温度相差过大，当环境温度降到露点温度以下时，过多的水蒸气从空气中析出而在产品表面、包装物内侧、贮藏库顶部或库壁上凝结成水珠。

（四）休眠与生长

1. 休眠　植物在生长发育世代交替过程中，遇到不良条件时，有的器官会暂时停止生长，这种现象称为休眠。在整个休眠过程中农产品的一切生理活动均降到最低水平，有利于农产品的贮藏保鲜。

2. 生长　生长是指农产品在采收以后出现的细胞、器官或整个有机体在数目、大小与重量的不可逆增加。农产品采收后的生长现象在大多数情况下是不希望出现的，必须采取措施加以有效控制。

二、农产品采后生物技术

生物技术是指利用生物有机体（从微生物到高等动植物）或其组成部分（包括器官、组织、或细胞器等）发展新产品或新工艺的一种技术体系。

（一）基因工程

基因工程是对生物遗传物质——核酸的分离提取、体外剪切、拼接重组以及扩增与表达等技术。基因工程的基本过程就是利用重组 DNA 技术，在体外通过人工"剪切"和"拼接"等方法，对生物的基因进行改造和重新组合，然后导入受体细胞内进行无性繁殖，使重组基因在受体内表达，产生出人类需要的基因产物。

1. 目的基因　目的基因又称靶基因，是指根据基因工程的目的和设计所需要的某些 DNA 分子片段，它含有一种或几种遗传信息的全套密码。

2. 植物转基因技术　植物转基因技术是利用生物、物理或化学等手段将外源基因导入植物细胞，以获得转基因植株的技术。

（二）细胞工程

细胞工程是以生物的基本单位细胞（有时也包括器官或组织）离体培养、

繁殖、再生、融合，以及细胞核、细胞质乃至染色体与细胞器（如线粒体、叶绿体等）的移植与改建等操作技术。

1. 细胞培养　细胞培养就是利用植物细胞的全能性，把细胞接种到特制的培养基上，给予必要的生长条件，使它们增殖与分化，发育成完整植株的过程。

2. 细胞融合　细胞整合是指在一定的条件下将两个或多个细胞融合为一个细胞的过程。

3. 细胞重组　细胞重组就是在体外条件下，运用一定的技术从活细胞中分离出各种细胞的结构或组成部件，再把它们在不同细胞之间重新装配，使其成为具有生物活性的细胞的过程。

（三）酶工程

酶工程是指利用生物有机体内酶所记忆的某些特异催化功能，借助固定化技术、生物反应器和生物传感器等新技术、新装置，高效优质地生产特定产品的一种技术。

（四）发酵工程

发酵工程也称为微生物工程，是指给微生物提供最适宜的发酵条件使其生产特定产品的一种技术。

三、采后商品化处理

采后商品化处理是指为了保持和改进农产品质量并使其从农产品转化为商品所采取的一系列措施的总和。其过程包括修整、挑选、预贮愈伤、药剂处理、预冷、分级、包装等环节。

（一）分级

分级是提高商品质量和实现产品商品化的重要手段，并便于产品的包装和运输。产品经过分级后，商品质量大大提高，减少了贮运过程中的损失，并便于包装、运输及市场的规范化管理。蔬菜产品的分级因产品种类及供食用部位不同而有差异，一般在形状、新鲜度、颜色、品质、病虫害及机械损伤等方面符合要求的基础上，再按大小进行分级。表8-1为某配送企业的普通黄瓜分级标准。

表 8-1　普通黄瓜分级标准

等级	一级	二级	三级
指标	形状整齐，色泽一致，表皮光滑、鲜亮、洁净，无机械伤；新鲜，无皱缩；个体大小差异不超过均值的5%。	形状整齐，色泽一致，表皮较光滑、洁净，有轻微机械伤；较新鲜，有轻微皱缩；个体大小差异不超过均值的10%。	形状整齐，色泽一致，表皮较光滑、洁净，有轻微机械伤；较新鲜，有轻微皱缩；个体大小差异不超过均值的15%。
2L		35cm>L≥32cm	
L		32cm>L≥30cm	
M		30cm>L≥25cm	
S		25cm>L≥23cm	

（二）预冷

预冷是蔬菜采后在运输和冷藏前采取人为降温的措施迅速将产品温度降低到规定温度范围内的过程，是蔬菜配送的重要环节，能够起到快速消除蔬菜田间热的作用，可明显地延长蔬菜的贮藏保鲜期和货架期。当前，蔬菜预冷方法主要有空气预冷、水预冷、真空预冷、碎冰预冷和湿冷系统预冷等。

1. 压差预冷技术　压差预冷技术是利用抽风扇强迫冷风进入果蔬包装箱中，使包装箱两侧造成压力差，使冷风由包装箱之一侧通风孔进入包装箱中与产品接触后由另一侧通风孔出来，同时将箱内的热量带走。压差预冷是空气预冷的一种形式，其优点是设备简单，适用于大多数农产品；其缺点是易造成2%以上的失水（图8-3）。

图 8-3　压差预冷技术

2. 冷水预冷技术　冷水预冷是将田间采收的果蔬放入冷水之中，或用冷水冲、水淋，通过低温水使蔬菜产品迅速降温的一种预冷方式。具有成本较低、设备简单、降温快、冷却均匀、预冷效果好等优点。冷却水的温度在不使产品受冷害的情况下要尽量的低一些，一般在 0～1℃（图 8-4）。

图 8-4　冷水预冷技术

3. 蓄冷预冷技术　蓄冷预冷技术是指将田间采收的水果和蔬菜放入包装容器中并加入蓄冷材料，通过蓄冷材料放冷，消除果蔬的田间热，使果蔬温度迅速降低的措施。常见的蓄冷材料主要有水、氯化钠溶液、氯化钾溶液等，其蓄冷后一般为固态，如碎冰、冰瓶、冰袋、蓄冷板等。该技术适用于那些与冰接触不会产生伤害的产品，如菠菜、花椰菜、抱子甘蓝、葱、胡萝卜和甜瓜等，对于那些喜温性果蔬，可采用聚丙烯网套或报纸等包裹冰袋后再使用，能有效避免冻害的发生。不同温度条件下蔬菜蓄冷预冷配置冰袋用量及时间见表 8-2。

表 8-2　不同温度条件下蔬菜蓄冷预冷配置冰袋用量及时间

环境温度	初始品温	预冷目标品温	预冷时间	冰袋∶蔬菜
26℃	20℃	15℃	5 小时	2∶10
33℃	26℃	15℃	6 小时	3∶10
42℃	28℃	15℃	5 小时	4∶10

4. 真空预冷技术　真空预冷是将果蔬置于保温的真空室里，用真空泵对室内抽真空。当室内真空度达到果蔬温度对应的水蒸气的饱和压力时，果蔬表面纤维间隙中的水分开始蒸发，蒸发时将带走蒸发潜热，使果蔬温度降低，进一步降压，直至果蔬冷却到所需的温度。真空预冷适用于表面积较大的蔬菜，如生菜、芹菜、菠菜、青花菜等，具有冷却时间短、预冷效果好等优点，一般

将蔬菜温度降到1℃时预冷时间仅需20～30min。真空预冷的缺点是设备投资较高，操作复杂，少量使用时不经济（图8-5）。

图8-5 真空预冷技术

5. 湿冷系统预冷 湿冷系统是在机械制冷和蓄冷技术基础上发展起来的一项新技术。通过机械制冰蓄积冷量，获取低温的冰水，经过混合换热器让冰水与库内空气传热传质，得到接近冰点温度的高湿空气来冷却果蔬。由于能同时提供高湿、低温的贮藏环境，因而适用于果蔬的预冷保鲜。

（三）保鲜

保鲜是指为了减少果蔬的采后损耗及营养流失而采取人为措施使其保持新鲜状态，包括贮藏、运输、销售等环节的保鲜，通常意义的保鲜指的是蔬菜和水果的贮藏保鲜。

（四）包装

中国国家标准GB/T 4122.1—2008中规定，包装的定义："为在流通过程中保护产品，方便贮运，促进销售，按一定技术方法而采用的容器、材料及辅助物等的总体名称。也指为了达到上述目的而采用容器、材料和辅助物的过程中施加一定技术方法等的操作活动。"

四、采后病害及其防治

（一）采后生理失调

1. 低温伤害 农产品采后贮藏在不适宜的低温下产生的生理病变称为低

温伤害。

（1）冷害。冷害是由于贮藏的温度低于产品最适温的下限所致。冷害发病的温度是在组织的冰点之上，即 0℃以上的不适低温伤害。

（2）冻害。冻害发生在农产品的冰点温度以下，冻害主要导致细胞结冰破裂，组织损伤，出现萎蔫、变色和死亡。

2. 呼吸失调 农产品贮藏在不恰当的气体浓度环境中，正常的呼吸代谢受阻而造成呼吸代谢失调，又称气体伤害。

（1）低氧伤害。低氧伤害是指当贮藏环境中氧浓度低于一定值时，农产品正常的呼吸作用就受到影响，导致产品无氧呼吸，产生和积累大量的挥发性代谢产物，毒害组织细胞，产生异味，使风味品质恶化。

（2）高二氧化碳伤害。高二氧化碳伤害是指当贮藏环境中二氧化碳浓度高于一定值时，要抑制线粒体的琥珀酸脱氢酶系统，影响三羧酸循环的正常进行，导致丙酮酸向乙醛和乙醇转化，使乙醛和乙醇等挥发性物质积累，引起组织伤害和出现风味品质恶化。

3. 衰老 衰老是果实生长发育的最后阶段，果实采后衰老过程中要出现明显的生理衰退，也是贮藏期间常见的一种生理失调症。

4. 营养失调 营养失调是指由于营养物质亏缺引起农产品的生理失调。

5. 二氧化硫毒害 二氧化硫作为一种杀菌剂被广泛用于农产品的采后贮藏。由于二氧化硫处理不当容易引起产品中毒。被伤害的细胞内淀粉粒减少，干扰细胞质的生理作用，破坏叶绿素，使组织发白。

6. 乙烯毒害 乙烯毒害是指由于乙烯处理不当导致的农产品中毒现象。表现为果色变暗，失去光泽，出现斑块，软化腐败。

（二）侵染性病害

1. 病原物 病原物是指引起农产品采后腐烂的病原菌，主要有真菌和细菌两大类。

2. 侵染过程 病原菌通过一定传播介体到达农产品的感病点上，与之接触，然后侵入寄生体内获得营养，建立寄生关系，并在寄主体内进一步扩展使寄主组织破坏或死亡，最后出现症状。这种接触、侵入、扩展和出现症状的过程，称为侵染过程。

3. 防治措施

（1）物理防治。农产品采后病害的物理防治方法主要包括低温贮运、贮运前处理、控制相对湿度、气调处理，以及辐射处理、电离辐射处理、X光射线处理、β射线处理和紫外线处理。

（2）化学防治。化学防治是指通过喷洒、浸泡和熏蒸等方法将化学药剂施用在农产品上，直接杀死农产品表面和体内的病原物的防治方法。

（3）生物防治。生物防治是指通过微生物之间固有的拮抗作用，利用一些对农产品不造成危害的微生物或具有抑菌作用的天然物质来抑制病原物侵染的方法。

（4）综合防治。农产品采后病害的有效防治是建立在综合防治措施的基础上的，主要包括采前田间的栽培管理和采后系列化配套技术处理。

五、贮藏保鲜基本方法

（一）堆藏

堆藏是将蔬菜产品直接堆积在地上或坑内的一种贮藏方法。根据气候变化情况，在菜堆表面用土壤、席子、草帘或秸秆等覆盖，以维持适宜的温湿度，保持产品的水分，防止受热、受冻、风吹和雨淋等（图8-6）。北方常用此方法贮藏大白菜、甘蓝、白萝卜、洋葱和胡萝卜等蔬菜。

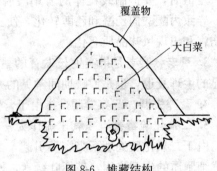

图 8-6 堆藏结构

（二）沟藏

沟藏是将蔬菜产品按一定层次堆放在泥、沙等埋藏物里，形成一个保温、保湿的环境条件，以达到贮藏保鲜目的的一种贮藏方法。比较适合贮藏萝卜、胡萝卜、马铃薯、生姜、洋葱等根茎类蔬菜（图8-7）。

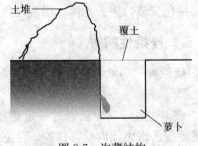

图 8-7 沟藏结构

（三）窖藏

窖藏是利用窖洞来贮藏蔬菜的一种方法。窖洞可分为半地下式和地下式，具有冬暖夏凉的特点（图8-8）。

图 8-8 窖 藏

（四）冷库贮藏

冷库贮藏是指用一个适当设计的绝缘建筑作贮藏库，借助制冷系统降低贮藏库内温度，并始终保持库内恒定低温的一种贮藏方法（图 8-9）。

图 8-9 冷库贮藏

（五）蓄冷贮藏

蓄冷贮藏指利用某些材料的蓄冷特性，蓄积冷量并用于果蔬贮藏的一种实用保鲜技术。常用的蓄冷材料主要有冰袋和相变蓄冷板，其中的主要储能剂有水，以及氯化钠、氯化钾、丙三醇等共晶盐（图 8-10）。蓄冷材料的使用量与环境温度、产品温度、包装材料、保鲜期等密切相关。

（六）冰温贮藏

冰温贮藏是将果蔬贮藏在 0℃以下至各果蔬冻结点的温度内进行保鲜的技

图 8-10 蓄冷材料

术,属于非冻结保存,是继冷藏、气调贮藏之后的第三代保鲜技术。与传统贮藏技术相比,具有不破坏生物细胞,抑制有害微生物活动,抑制呼吸作用,延长保鲜期等作用。

(七)气调贮藏

气调贮藏是调节控制果蔬产品贮藏环境中气体成分的贮藏方法。

1. 自发气调贮藏 自发气调贮藏简称 MA,是指在最初气调系统中建立起预定的气体浓度或者不进行调节,在随后贮藏期间利用果蔬自身呼吸和包装的透气功能来调节气体成分的方法,其主要形式是塑料薄膜封闭气调贮藏(图 8-11)。

图 8-11 塑料薄膜大帐气调贮藏
1. 蔬菜筐 2. 充气袖口 3. 垫木 4. 石灰包 5. 抽气袖口 6. 塑料帐

2. 人工气调贮藏 人工气调贮藏简称 CA,是指根据果蔬的需要和人的意愿调节贮藏环境中各气体成分的浓度并保持稳定的一种气调贮藏方法,其主要形式是机械气调贮藏库。几种蔬菜产品气调贮藏条件见表 8-3。

表 8-3 几种蔬菜产品气调贮藏条件

种　　类	温度（℃）	空气湿度（%）	氧气（%）	二氧化碳（%）
番茄（绿熟）	12～14	85～90	2～4	0～5
番茄（红熟）	8～10	85～90	2～4	0～5
芦笋	0～2	95	10～15	7～12
豆类	5～10	90～95	2～3	5～10
花椰菜	0～1	90～95	2～3	8～12
食用菌	0～5	90～95	空气	10～5
甘蓝	0～1	95	2～3	3～6
芹菜	0～2	90～95	3～5	1～4
生菜	0～2	90～95	2～3	2～5
洋葱	0～2	70～80	1～4	2～5
菠菜	0～2	95	21	10～20

（八）减压贮藏

减压贮藏是气调贮藏的特殊运用形式，是通过减压技术使贮藏环境中的气压低于大气压，即具有一定的真空度。由于气压的降低，使氧气分压也减少，乙烯等有害气体浓度也较低，从而起到延长贮藏保鲜的目的。

六、农产品加工方法

1. 净菜（初加工蔬菜）　蔬菜中的净菜是指无枯黄叶、无泥沙、无杂物的蔬菜，净菜一般不改变原料蔬菜的形状。

2. 鲜切果蔬加工　鲜切果蔬又称最少加工果蔬、切割果蔬、最少加工冷藏果蔬等，是对新鲜果蔬进行分级、整理、清洗、切分、去心（核）、整修、保鲜、包装等处理，并使产品保持生鲜状态的制品。消费者购买这类产品后不需要做进一步的处理，可直接食用或烹饪。鲜切蔬菜具有新鲜、方便、营养、无公害等特点。

3. 果蔬脱水　果蔬脱水是指将新鲜水果蔬菜经过洗涤、烘干等加工制作，脱去蔬菜中大部分水后而制成的一种干制品，果蔬原有色泽和营养成分基本保持不变。脱水方法主要有热风干燥脱水和冷冻真空干燥脱水两种方法。食用时主要将其浸入清水中即可复原，并保留果蔬原有的色泽、营养和风味。

4. 果蔬制汁　果蔬汁是指直接从新鲜水果和蔬菜取得的未添加任何外来物质的汁液。以果蔬汁为基料，加水、糖、酸或香料调配而成的液体饮品称为果蔬汁饮料。根据工艺不同可将果蔬汁分为澄清汁、混浊汁和浓缩汁。水果和蔬菜是低热量的食物，其中所含的单糖、无机盐、维生素 C 均为人体易于吸收又不可或缺的养分。

5. 蔬菜腌制 凡利用食盐渗入蔬菜组织内部，以降低其水分活度，提高其渗透压，有选择地控制微生物的发酵和添加各种配料，以抑制腐败菌的生长，增强保藏性能，保持其食用品质的保藏方法，称为蔬菜腌制。腌制蔬菜是一种利用高浓度盐液、乳酸菌发酵来保存蔬菜，并通过腌制，增进蔬菜风味的发酵食品。

6. 果蔬糖制 果蔬糖制是利用高浓度糖液的渗透脱水作用，将果品蔬菜加工成糖制品的加工方法。果蔬糖制品具有高糖、高酸的特点，不仅改善了原料的食用品质，赋予产品良好的色泽和风味，而且提高了产品在保藏和贮运期的品质和期限。

7. 果蔬罐藏 果蔬罐藏是将果蔬原料经预处理后密封在容器或包装袋中，通过杀菌工艺杀灭大部分微生物的营养细胞，在维持密闭和真空的条件下，得以在室温下长期保存的果蔬保藏方法。凡用罐藏方法加工的食品称为罐藏食品，主要种类有清渍类果蔬罐头、醋渍类果蔬罐头、调味类果蔬罐头、酱渍类果蔬罐头等。

8. 果蔬速冻 速冻保藏是利用人工制冷技术降低食品温度，使其达到长期保藏而较好保持产品质量的最重要的加工方法。果蔬速冻是要求在 30 分钟或更短时间内将新鲜果蔬的中心温度降至冻结点以下，把水中 80% 游离水尽快冻结成冰，以抑制微生物的活动和酶的作用，可以很大程度上防止腐败及生物化学作用，使新鲜果蔬能长期保藏。

9. 果品制酒 果酒是以果实为原料配制而成的，色、香、味俱佳且营养丰富的含醇饮料。果品制得的酒类，以葡萄酒为大宗，是世界性商品。

果醋是以果实或果酒为原料，采用醋酸发酵技术酿造而成的调味品。

七、农产品加工杀菌技术

（一）加热杀菌

加热杀菌是农产品加工与贮藏中用于改善产品品质、延长贮藏期的最重要的处理方法之一。其作用主要是杀死微生物、钝化酶；改善农产品的品质和特性，提高农产品中营养成分的可消化性和可利用率；破坏农产品中不需要或有害的成分。

1. 巴氏杀菌 巴氏杀菌是指低于水的沸点（100℃）的加热方法，常称为

低温杀菌。常用于 pH4.5 以下的酸性食品，如饮料、果汁、果酱、糖水水果类罐头和酸渍蔬菜类罐头的杀菌。

2. 高温杀菌　高温杀菌是指经 100℃ 以上的杀菌处理，又称为阿佩尔杀菌法。主要应用于 pH4.5 以上的低酸性食品的杀菌。

3. 超高温瞬时杀菌　超高温瞬时杀菌是指在 135~150℃ 温度下保温 2~8s 的杀菌处理工艺。超高温产品的货架寿命即使不用冷藏也可以长达数周到数月。

（二）化学药物杀菌

化学药物杀菌是指利用化学药剂杀灭有害微生物的方法。杀菌剂在农产品加工中一般并不直接用于产品本身，而主要是用于水的消毒和环境消毒。

（三）电离辐射杀菌

电离辐射杀菌是指利用电离辐射射线对产品进行的杀菌方法，也称为冷杀菌。

（四）紫外线杀菌

紫外线杀菌是指利用紫外线对产品进行的杀菌方法。可以杀灭各种微生物，包括细菌、真菌、病毒、立克次体等。

（五）过滤杀菌

过滤是将液体或气体中所含有的固态粒子分离出来的操作过程，其目的在于澄清液体，收集液体中的固形物，除去悬浮于液体和气体中不需要的固形物、尘埃及微生物。

（六）超高压杀菌

超高压杀菌是指将物料以柔性材料包装后，置于压力在 200MPa 以上的高压装置中处理，使之达到杀菌目的的一种新型杀菌方法。在灭菌的同时，可以较好地保持产品原有的色、香、味及营养成分。

（七）脉冲电场杀菌

脉冲电场杀菌是指通过高强度脉冲电场瞬时破坏微生物的细胞膜使微生物致死。由于杀菌过程中温度低（最高温度不超过 50℃），从而可以避免热杀菌的缺陷。

（八）欧姆加热杀菌

欧姆加热杀菌是一种新型加热杀菌方法，它借助于通入电流使物料内部产生热量达到杀菌的目的。

八、评价贮藏保鲜效果的主要指标

（一）一般物理性状

主要包括质量、形态和大小、色泽、硬度等指标。

1. 平均重量　平均重量测定采用称重法。一般取单果（棵）10 个，分别称重，求出平均重量。

2. 色泽　色泽测定采用颜色卡片比较法。观察记录果实的果实粗细、底色和面色状态，对照颜色卡片进行分级，记录颜色种类和深浅及占果实表面积的百分数等。

3. 硬度　硬度测定采用硬度计法。取果实 10 个，在对应两面的最大横径处薄薄削去一层皮 1～2mm，测相对应的 2～4 点取平均值。

（二）营养指标

1. 可滴定酸　可滴定酸测定采用碱中和滴定法。

2. 游离氨基酸总量　游离氨基酸测定采用茚三酮比色法。

3. 总酚　总酚测定采用甲醇比色法。

4. 类黄酮　类黄酮测定采用甲醇比色法。

5. 花青素　花青素测定采用甲醇比色法。

6. 可溶性糖　可溶性糖测定采用蒽酮比色法。

7. 可溶性蛋白质　可溶性蛋白质测定采用考马斯亮蓝染色法。

8. 番茄红素　番茄红素测定采用分光光度计法。

9. 维生素 C　维生素 C 测定采用 2，6-二氯靛酚滴定法。

10. 可溶性固形物　可溶性固形物测定采用手持折光仪法。

11. 纤维素　纤维素测定采用重量法。

12. 灰分　灰分测定采用重量法。

13. 亚硝酸盐　亚硝酸盐测定采用盐酸萘乙胺法。

（三）理化指标

1. 含水量　含水量测定采用烘干法或真空干燥法。

2. 过氧化物酶（POD）活性 过氧化物酶测定采用愈创木酚比色法。

3. 超氧阴离子产生速率 超氧阴离子产生速率测定采用羟胺比色法。

4. 超氧化物歧化酶（SOD）活性 超氧化物歧化酶活性测定采用氮蓝四唑比色法。

5. 丙二醛（MDA） 丙二醛测定采用硫代巴比妥酸比色法。

6. 过氧化氢含量 过氧化氢含量测定采用试剂盒（南京建成科技有限公司）测定法。

7. 总抗氧化能力 总抗氧化能力测定采用试剂盒（南京建成科技有限公司）测定法。

8. 呼吸强度 呼吸强度测定采用碱液吸收法或红外线二氧化碳分析仪测定。

9. 细胞膜通透性 细胞膜通透性测定采用电导率法。

10. pH pH 测定采用电化学法。取压榨液用校正的 pH 计测定，重复 3 次取平均值。

11. 内源乙烯 内源乙烯测定采用气相色谱分析法。

九、相关标准

1. 蔬菜初加工生产技术规程　DB 11/T 506—2007
2. 蔬菜供应链安全风险管理指南　DB 11/T 750—2010
3. 蔬菜采后处理技术规程第 1 部分：根菜类　DB 11/T 867.1—2012
4. 蔬菜采后处理技术规程第 2 部分：叶菜类　DB 11/T 867.2—2012
5. 蔬菜采后处理技术规程第 3 部分：花菜类　DB 11/T 867.3—2012
6. 蔬菜采后处理技术规程第 4 部分：茄果类　DB 11/T 867.4—2012
7. 蔬菜采后处理技术规程第 5 部分：瓜类　DB 11/T 867.5—2012
8. 蔬菜采后处理技术规程第 6 部分：豆类　DB 11/T 867.6—2012
9. 蔬菜采后处理技术规程第 7 部分：其他类　DB 11/T 867.7—2012
10. 蔬菜干制品卫生要求　DB 11/ 620—2009

第九章　农产品质量安全

农产品是指来源于农业的初级产品，即在农业活动中获得的植物、动物、微生物及其产品，包括植物产品、动物产品和微生物产品三大类。农产品质量安全是指农产品质量符合保障人的健康、安全的要求，广义的农产品质量安全还包括农产品满足贮运、加工、消费、出口等方面的需求。

一、农产品质量安全指标

（一）农产品质量指标

农产品质量指标是指农产品满足人体基本营养、品质和商品交易需要的程度，包括色、香、味、形、规格、水分、杂质等。质量指标是可以选择的，是市场交换的结果，有高低之分。

1. 营养品质　农产品的营养品质主要包括营养特性和功能特性。农产品的营养特性，包括农产品的理化成分即水分、灰分、pH、氨基酸、维生素、矿物质元素、热量等；功能特性主要是农产品的医疗性、人的嗜好性和适口性、农产品的感官特性（色、香、味、形）。

2. 加工品质　农产品的加工品质包括采收质量、包装质量、保鲜质量、运输质量等。

3. 外观品质　农产品的外观品质包括颜色特征、光泽特征、形状特征、大小特征、硬度特征、质地特征、损伤特征等。

4. 风味品质　农产品的风味品质包括香气（各种挥发性气味）、味道（咸、甜、酸、苦、鲜）、化学感觉（化学性感官因素口腔内之触觉神经所察觉到的感觉）等。

（二）农产品安全指标

农产品安全指标（卫生指标）是指农产品直接或间接对人体健康造成危害的指标。安全指标是不可选择的、有底线的，需要严控，政府和生产经营者必须保障。

1. 安全性指标　包括产品可食性、杂质含量、农药残留（有机磷类、氨

基甲酸酯类）等。

2. 卫生特性指标 包括微生物含量、重金属元素残留量、激素含量等。

（1）微生物。引起农产品腐败变质的腐败菌包括细菌、霉菌、酵母菌。致使农产品引起食源性疾病的致病菌包括大肠杆菌、金黄色葡萄球菌、沙门氏菌等。我国卫生部颁布的食品微生物指标有菌落总数、大肠菌群、致病菌三项。

（2）重金属。农产品的重金属主要检测指标包括铅、镉、汞、砷、硒。

（3）激素。如在农业生产过程中使用的多效唑、赤霉素、2，4-二氯苯氧乙酸、噻苯隆、氯吡脲、4-氯苯氧乙酸等。

（三）农产品质量安全标准

农产品质量安全标准是指依照有关法律、行政法规的规定制定和发布的农产品质量安全强制性技术规范。一般是指规定农产品质量要求和卫生要求，以保障人的健康、安全的技术规范和要求。如农产品中农药、兽药等化学物质的残留限量，重金属等有毒有害物质的允许量，对致病性寄生虫、微生物或者生物毒素的规定，对农药、兽药、添加剂、保鲜剂、防腐剂等化学物质的使用规定等。

根据我国标准管理现状，农产品质量安全标准大致包括以下几类：

1. 安全卫生标准 主要是指农产品中农药、兽药等有毒有害物质最大允许量或最大残留限量。

2. 农业投入品类标准 主要是指农业生产所用种子种苗、肥料、农药、兽药、饲料和饲料添加剂等的质量标准。

3. 农业资源环境类标准 主要是指动植物种质资源、农业水资源、耕地资源、草地资源、农产品产地环境（含养殖环境）、生态环境等方面的标准。

4. 动植物防疫检疫类标准 主要是指动植物检疫与防疫、诊断与防治等方面的标准。

5. 管理规范类标准 主要是指农业投入品安全使用准则、农产品安全控制规范（GAP、GMP、HACCP、GVP），以及农产品包装、标识、贮运等方面的标准。

6. 农产品品质规格类标准 主要是指重要农产品质量、规格的分等分级标准。

7. 生产技术规程 主要是指农产品种植、养殖、采摘、捕捞、保鲜加工等操作技术规程。

8. 分析测试方法类标准 主要是指农业生态环境、农药肥料等农业投入品、农产品成分等的分析与测试技术规范。

9. 名词术语类标准 主要是指农产品质量及其安全的名词、术语等方面标准。

（四）农产品质量安全水平

农产品质量安全水平是指农产品符合规定的标准和要求的程度。当前提高农产品质量安全水平，就是要提高防范农产品中有毒有害物质对人体健康可能产生的危害的能力。

1. 制约农产品质量安全水平的因素

（1）生产过于分散，标准化程度低。我国农产品生产主体面广量大、小而分散，经营者整体文化水平低，生产技能弱，技术标准难以贯彻落实，分散经营成为了制约农业标准化水平提升的主要障碍。

（2）组织比较松散，质量控制难以落实。农民生产经营呈现分散化、低效率的特征。大量的小规模分散经营必然造成质量控制的困难和生产经营者质量安全自律意识淡薄。受经济利益驱动，掺杂使假、违规添加使用有毒有害物质现象屡禁不止。

2. 提升农产品质量安全水平的举措

（1）推进生产规模化。扩大农产品生产经营规模，实现经营成本下降，收益上升，使农产品生产变成经营者致富的主要来源，促使其重视质量安全。培育壮大农业企业、农民合作社、家庭农场等规模化经营主体，使得土地达到相对集中，优化土地、劳动、资金的组合，提高集约化经营水平，既可以使生产规模化、产业化，又可提高土地效率。

（2）全面实施标准化生产。围绕发展无公害农产品、绿色食品、有机农产品、农产品地理标志产品和出口农产品，依托农业企业、农民合作社建设一批区域特色标准化农产品生产、加工示范基地。对示范基地的产地环境、农业投入品、产前和产后加工、分等分级和包装实施全过程的标准化管理。同时，培育壮大农业企业、农民合作社、家庭农场等标准化实施主体，重点依托农民合作组织，按照"六统一"（统一品种、统一投入品、统一技术规程、统一品牌、统一包装、统一销售）的要求开展农产品标准化生产，推进农产品全产业、全过程标准化实施。

（五）农产品质量危害特点

农产品质量危害有以下几个特点：

①危害的直接性。受物理性、化学性和生物性污染的农产品均可能直接对人体健康和生命安全产生危害。

②危害的隐蔽性。

③危害的累积性。

④危害产生的多环节性。

⑤管理的复杂性。

（六）农产品质量危害来源

1. 按污染源的性质分类

（1）物理性污染。由物理性因素对农产品质量安全产生的危害，如因人工或机械等因素在农产品中混入杂质或农产品因辐射导致放射性污染等。

（2）化学性污染。在生产加工过程中使用化学合成物质而对农产品质量安全产生的危害，如使用农药、肥料、激素、添加剂等造成的残留。

（3）生物性污染。自然界中各类生物性污染对农产品质量安全产生的危害，如致病性细菌、病毒以及某些毒素等。

2. 按污染源的来源分类

（1）种养殖过程可能产生的危害。包括因投入品不合理使用或非法使用造成的农药、肥料、激素、兽药、硝酸盐、生长调节剂、添加剂等有毒有害残留物，产地环境带来的铅、隔、汞、砷等重金属元素，石油烃、多环芳烃、氟化物等有机污染物，以及六六六、滴滴涕等持久性有机污染物。

（2）保鲜包装贮运过程可能产生的危害。包括贮存过程中不合理或非法使用的保鲜剂、促熟剂和包装运输材料中有害化学物等产生的污染。

（3）作物自身产生的有害物质带来的危害。如黄曲霉毒素、赤霉素、沙门氏菌、禽流感病毒等。

（4）农业新技术应用带来的潜在危害。如外来物种侵入等。

二、农产品产地安全

农产品产地是指植物、动物、微生物及其产品生产的相关区域，包括种植业和养殖业。农产品产地安全是指农产品产地的土壤、水体和大气环境质量等符合农产品安全生产的要求。

（一）农业环境

农业环境是指影响农业生物生存和发展的各种天然的和经过人工改造的自然因素的总体，包括农业用地、用水、大气、生物等，是人类赖以生存的自然环境中的一个重要组成部分。

(二) 影响农产品产地环境质量的因素

1. 环境因素　环境因素主要包括工业废弃物与城镇生活污水、垃圾等。

（1）污水污染。工业废水、城市生活废水、医院污水未经处理或处理未达标排入农田，或者用于农田灌溉，引起病原微生物和寄生虫污染。

（2）垃圾污染。垃圾侵占土地，堵塞江湖，有碍卫生，影响景观，危害环境（土壤、水体、空气）从而危害农作物生长及人体健康的现象。垃圾污染包括工业废渣污染和生活垃圾污染两类。

2. 农业化学投入品污染　农业化学投入品污染包括农药污染、肥料污染、农膜污染等。

（1）农药污染。由于长期滥用农药，使环境（农田土壤、农业用水、农田大气）和农产品中的有害物质大大增加，危害到生态和人类。

（2）肥料污染。由于肥料长期使用不当，造成肥料流失、富集和挥发，造成环境（土壤、水体、大气）污染，导致生态系统失调。

（3）农膜污染。由于农业生产中废弃农膜得不到妥善处理，在土壤中不断积累，破坏了土壤结构、影响作物正常生长并造成农作物减产。

(三)《中华人民共和国农产品质量安全法》对产地环境的要求

（1）禁止在有毒有害物质超过规定标准的区域生产、捕捞、采集食用农产品和建立农产品生产基地。

（2）禁止违反法律、法规的规定向农产品产地排放或者倾倒废水、废气、固体废物或者其他有毒有害物质。农业生产用水和用作肥料的固体废物，应当符合国家规定的标准（表9-1至表9-3）。

（3）农产品生产者应当合理使用化肥、农药、兽药、农用薄膜等化工产品，防止对农产品产地造成污染。

表 9-1　一般基地环境的水质标准

项　目	浓度限值
pH	5.5～8.5
化学需氧量/（mg/L）	≤150
总汞含量/（mg/L）	≤0.001
总镉含量/（mg/L）	≤0.005
总砷含量/（mg/L）	≤0.05
总铅含量/（mg/L）	≤0.10

（续）

项 目	浓度限值
铬（六价）含量/（mg/L）	≤0.10
氟化物含量/（mg/L）	≤2.0
氰化物含量/（mg/L）	≤0.50
石油类含量/（mg/L）	≤1.0
粪大肠杆菌数/（个/L）	≤10000

表 9-2 一般基地环境的大气标准

项 目	浓度限值	
	日平均	时平均
总悬浮颗粒（标准状态）含量/（mg/m³）	≤0.3	—
二氧化硫（标准状态）含量/（mg/m³）	≤0.15	≤0.5
二氧化氮（标准状态）含量/（mg/m³）	≤0.12	≤0.24
氟化物 （标准状态）含量/（μg/m³）	7	7

表 9-3 一般基地环境的土壤标准

耕作条件	旱田			水田		
pH	<6.5	6.5～7.5	>7.5	<6.5	6.5～7.5	>7.5
镉含量/（mg/L）	≤0.30	≤0.30	≤0.40	≤0.30	≤0.30	≤0.40
汞含量/（mg/L）	≤0.25	≤0.30	≤0.35	≤0.30	≤0.40	≤0.40
砷含量/（mg/L）	≤25	≤20	≤20	≤20	≤20	≤15
铅含量/（mg/L）	≤50	≤50	≤50	≤50	≤50	≤50
铬（六价）含量/（mg/L）	≤120	≤120	≤120	≤120	≤120	≤120
铜含量/（mg/L）	≤50	≤60	≤60	≤50	≤60	≤60

三、农产品安全生产

农产品安全生产是指在农产品生产过程中，生产者所采取的一切农事操作应符合法律法规要求和国家或相关行业标准，以保证农产品质量的安全、生产者的安全和生产环境的安全。

（一）农业投入品

农业投入品是指在农业和农产品生产过程中使用或添加的物质，主要包括生物投入品、化学投入品和农业设施设备等3类。

1. 农业投入品分类

（1）生物投入品。主要包括种子、苗木、微生物制剂（包括疫苗）、天敌生物和转基因种苗等。

（2）化学投入品。主要包括农兽药（生物源农药）、植物生长调节剂、动物激素、抗生素、保鲜剂等。

（3）农业设施设备。主要包括农机具、农膜、温室大棚、灌溉设施、养殖设施、环境调节设施等。

2. 农业投入品的禁止生产、禁止使用、不得检出、检出限、一律标准

（1）禁止生产。是指在本国（或本地区）不允许再生产该产品。

（2）禁止使用。是指在本国（或本地区）全部或特定种类农产品生产中不允许使用该产品，或不允许用于特定的用途。

（3）不得检出。是指不能被检出有某种危害物的存在，但这与仪器的检出限有关，这些物质一旦被检出，即视为超标。

（4）检出限。是指由特定的分析步骤能够合理地检测出的最小分析信号求得的最低浓度（或质量），以浓度（或质量）表示。

（5）一律标准。是指对于没有具体规定的化学物在食品（或饲料）中的限量，统一采用一个事先设定的默认标准。

（二）影响农产品质量安全的因素

①生产者对农产品质量安全意识的强弱程度。
②生产者的经济条件、硬件设施等。
③农产品产地的优劣条件。
④农产品生产过程的规范性。

（三）农产品安全生产的全程控制

在农产品生产中，产地（场址、水域）的选择，农业投入品（如种植业使用的化肥、农药，畜禽、水产养殖使用的兽药、饲料、添加剂、消毒剂等）的选择、采购与使用都与农产品的安全直接相关，都是农产品安全生产的关键环节，可采取物理、化学和生物等技术措施和管理手段有效控制。在农产品生产、储运、加工、包装等全部活动和过程中可能危及农产品质量安全的关键点进行有效控制，以解决农产品"从农田到餐桌"的质量安全问题。

（四）种植业农产品安全生产

1. 选择适宜的作物品种

（1）品种。是在任一方面具有独特性的栽培植物群体，它可通过有性的、无性的或其他的方式繁殖或重组，保持或重现其独特性。

（2）植物新品种。经过人工培育的或者对发现的野生植物加以开发，具备新颖性、特异性、一致性和稳定性并有适当命名的植物品种。

（3）适宜品种。适合当地的自然环境、栽培设施，能够满足生产目标、减少病虫害发生，能满足市场需求的品种。

2. 建立健康的栽培技术体系 创造适宜的生长条件，保证作物生长对光照、温度、湿度、水分等环境要素的需求。综合自然环境、生产习惯和市场需求，选择合理的栽培方式，包括直播和育苗栽培、露地栽培和设施栽培、有土栽培和无土栽培等。根据不同的栽培方式选择合理的种植密度，充分利用地力和光能，保证作物群体和个体的正常发育。建立合理的轮作制度，以合理利用土壤肥力、减少病虫害发生。根据目标产量，合理施肥，保证充足的养分供给。

3. 病虫害的综合防控

（1）农业防治。农业防治也称耕作防治，是通过发展或调整农艺或园艺措施，使环境不适于有害生物而适于寄主植物，以减少有害物数量或将有害物造成的损害减至最少，或防止这种损害发生的防治方法。农业防治是有害生物综合治理技术体系中的一项，既经济又有效，不污染环境，对人畜安全。

（2）物理防治。利用简单工具和各种物理因素，如光、热、电、温度、湿度和放射能、声波等防治病虫害的措施。通过诱杀、设置物理障碍来降低病虫害发生概率。

（3）生物防治。利用一种生物对付另外一种生物的方法。生物防治，大致可以分为以虫治虫、以鸟治虫和以菌治虫三大类。它是降低杂草和害虫等有害生物种群密度的一种方法。它利用了生物物种间的相互关系，以一种或一类生物抑制另一种或另一类生物。它的最大优点是不污染环境，是农药等非生物防治病虫害方法所不能比的。

（4）化学防治。化学防治又称农药防治，是用化学药剂的毒性来防治病虫害。化学防治是植物保护最常用的方法，也是综合防治中一项重要措施。农药防治具有防治病虫草害效果好、作用快、特别是对爆发性的病虫能在短时间内控制危害，使用方法简便，便于机械化作业，不受地区和季节限制等优点。

四、农产品质量安全检验

农产品质量安全检验分为：感官检验、理化检验、微生物检验三部分。

（一）感官检验

根据食品的外部特征（颜色、气味等）直接作用于人体感觉器官所引起的反应而对食品进行检验的方法。通过感官检验可明显的辨别该食品是否腐败变质或霉变。

如果从感官检查上已发现明显的腐败变质和霉变现象，即可考虑不必再进行其他的理化指标和细菌指标的检验。

（二）理化检验

运用现代科学技术和检测手段，监测和检验农产品中与营养卫生有关的化学物质，具体指出这些物质的种类和含量，说明是否符合卫生标准和质量要求。

根据农产品化学成分，通常将理化检验的内容分为四个主要部分：农产品营养成分的检验、添加剂的检验、农产品中有毒有害物质的检验、农产品中矿物质-常微量元素的检验。

（三）微生物检验

运用微生物学的理论和方法，研究外界环境和检验农产品中微生物的种类、数量、性质及其对人体健康的影响，以判别食品是否符合质量标准。

通过农产品微生物检验，可以判断农产品卫生情况，能够对农产品被细菌污染的程度作出正确评价。我国卫生部颁布的食品微生物指标有菌落总数、大肠菌群、致病菌三项。

五、农产品质量安全认证

农产品质量安全认证是指依据农产品标准和相应的技术要求，经认证机构确认并通过颁发认证证书和认证标志来证明某一农产品符合相应标准和相应技术要求的活动。

（一）无公害农产品

无公害农产品是指产地环境、生产过程、产品质量符合国家有关标准和规范的要求，经认证合格获得认证证书并允许使用无公害农产品标志的未经加工或初加工的食用农产品。也就是使用安全的投入品，按照规定的技术规范生产，产地环境、产品质量符合国家强制性标准并使用特有标志的安全农产品。生产

过程中允许使用农药和化肥，但不能使用国家禁止使用的高毒、高残留农药。

1. 全国统一无公害农产品标志　颜色由绿色和橙色组成。标志图案主要由麦穗、对勾和无公害农产品字样组成，麦穗代表农产品，对勾表示合格，橙色寓意成熟和丰收，绿色象征环保和安全（图9-1）。

2. 我国农产品无公害认证方式　采取的是产地认定与产品认证相结合的方式。产地认定由省级农业行政主管部门负责组织实施。产品认证由农业部农产品质量安全中心统一组织实施。

图 9-1　无公害农产品标志

（二）绿色食品

绿色食品是指产自优良环境，按照规定的技术规范生产，实行全程质量控制，无污染、安全、优质并使用专用标志的食用农产品及加工品。绿色食品分为 A 级和 AA 级绿色食品。其中，A 级绿色食品生产中允许限量使用化学合成生产资料，AA 级绿色食品要求在生产过程中不使用化学合成的肥料、农药、饲料添加剂、食品添加剂和其他有害于环境和健康的物质。

1. 绿色食品质量证明商标　国家工商行政管理局核准注册的绿色食品质量证明商标共四种形式，分别为绿色食品标志商标、绿色食品中文文字商标、绿色食品英文文字商标及绿色食品标志、文字组合商标（图9-2）。

2. 绿色食品标准　是由农业部发布的推荐性农业行业标准（NY/T），是绿色食品生产企业必须遵照执行的标准。绿色食品标准以全程质量控制为核心，由以下 6 个部分构成：产地环境标准、生产技术标准、产品标准、包装标准、贮藏和运输标准和其他相关标准。绿色食品认证证书有效期为三年。

图 9-2　绿色食品标志

（三）有机产品

有机产品是指按照有机农业生产标准，在生产中不使用人工合成的肥料、农药、生长调节剂和畜禽饲料添加剂等物质，不采用基因工程获得的生物及其产物。

1. 我国有机产品的标志　分为"中国有机产品"认证标志和"中国有机

转换产品"认证标志两种，标志图案由三部分组成，即外围的圆形、中间的种子图形及其周围的环形线条，字样为中英文结合方式。"中国有机产品"图形主体颜色为绿色和橙色（图9-3），"中国有机转换产品"图形主体颜色为绿色和橙色（图9-4）。

图9-3　有机食品标志

图9-4　中国有机转换产品

2. 我国有机产品标准　产品标准参照国际有机农业和有机农产品的法规与标准制定的，完全实行企业化运作模式。有机产品认证证书有效期为一年。

（四）农产品地理标志

农产品地理标志是指标示农产品来源于特定地域，产品品质和相关特征主要取决于自然生态环境和历史人文因素，并以地域名称冠名的特有农产品标志。

1. 农产品地理标志图案　由中华人民共和国农业部中英文字样、农产品地理标志中英文字样和麦穗、地球、日月图案等元素构成（图9-5）。

2. 农产品地理标志证书　由农业部颁发，农产品地理标志登记证书长期有效。符合农产品地理标志使用条件的单位和个人，可以向登记证书持有人申请使用农产品地理标志。使用农产品地理标志，应当

图9-5　农产品地理标志

按照生产经营年度与登记证书持有人签订农产品地理标志使用协议。农产品标志登记证书持有人不得向农产品地理标志使用人收取使用费。

六、农产品质量安全监管

农产品质量安全监管是指通过对农产品生产资料的管理、农产品生产技术的指导、农产品的加工处理阶段、物流阶段、销售阶段及其质量安全和检测

等，进行全方位系统化的监督管理，以确保农产品"从农田到餐桌"全过程的安全监督，保证消费者的生命安全和健康。

（一）农产品质量安全监管方法

1. 农产品质量安全流通监管 对农产品批发市场经营者进行管理，记录其经营产品的交易情况，实现农产品批发市场的全程安全管理。

2. 农产品质量安全专项整治 针对农药残留、违禁使用、生产销售禁用农药等，加大巡查检查和监督抽查力度，严厉打击农产品质量安全领域的违法违规行为，严防、严管、严控农产品质量安全风险。

3. 农产品质量安全监督抽查 为了查处农产品质量安全违法行为，对生产或销售的农产品进行抽样检测的活动。

4. 农产品质量安全例行监测 为了全面、及时、准确地掌握和了解农产品质量安全状况，及时掌控风险隐患，有针对性地加以生产指导和过程控制，定期对影响农产品质量安全的有害因素进行检验、分析和评价的活动。

（二）农产品质量安全监管制度

根据《中华人民共和国农产品质量安全法》的规定，农产品质量安全监管主要包括以下 9 项制度：

①各级政府及其农业部门以及其他相关职能部门相互配合的管理体制。

②农产品质量安全信息发布制度。

③农产品生产记录制度。

④农产品包装与标识制度。

⑤农产品质量安全市场准入制度。

⑥农产品质量安全监测和监督检查制度。

⑦农产品质量安全风险评估制度。

⑧农产品质量安全事故报告制度。

⑨农产品质量安全责任追究制度等。

（三）农产品质量安全监管体系

农产品质量安全监管体系是针对我国农产品质量安全保障方面所形成的监督和管理体系，包括人员队伍、机构设置、设备配置、职能确定、资金保障、监管措施等。目前需要尽快开展和完善的工作有加快建设乡镇监管体系，落实职能，强化工作措施，开展专项整治、加快完善标准体系、加快建设质检体系、加快健全风险评估体系等。

(四) 农产品质量安全监管法律依据

①中华人民共和国农产品质量安全法。

②中华人民共和国食品安全法。

③农产品包装标识管理办法。

④农产品产地安全管理办法。

⑤无公害农产品管理办法。

⑥绿色食品标志管理办法。

⑦有机产品认证实施规则。

⑧农产品地理标志管理办法。

⑨中华人民共和国农业部公告 (第 199 号)。

⑩中华人民共和国农业部公告 (第 176 号)。

⑪中华人民共和国农业部公告 (第 193 号)。

⑫中华人民共和国农业部公告 (第 1519 号)。

⑬已公布 151 种食品和饲料中非法添加名单。

七、农产品质量安全追溯

"农产品质量安全追溯"是现代农业的一个亮点，是实现农产品质量安全现代化管理的手段，利用信息技术对农产品进行标识，保证每个农产品都有一一对应的标识，相当于为农产品办理了"身份证"，记录在生产、加工、贮藏、运输、销售等环节的详尽信息，解决农产品的溯源应用。

"农产品质量安全追溯"体系涉及的服务对象是政府、生产者、消费者，一般包括政府监管、企业管理、公众信息等信息平台，涉及信息记录、采集、交换、传递、追踪等环节。将农产品从生产到加工直至销售等全过程结合起来，逐步形成产销区一体化的农产品质量安全追溯信息网络。通过健全农产品质量安全可追溯制度，实现农产品"生产有记录、流向可追踪、储运可查询、质量可追溯、责任可界定、违者可追究"，一旦出现问题，可以准确无误地追究相关人员的责任。

1. 农产品质量安全追溯体系　综合运用多种网络技术、条码识别等前沿技术，实现对农业生产、流通过程的信息管理和农产品质量的追溯管理、农产品生产档案 (产地环境、生产流程、质量检测) 管理、条形码标签设计和打印、基于网站和手机短信平台的质量安全溯源等功能，基于单机或网络环境运行，可用于农产品质量监管部门和农业生产企业应用。

2. 农产品质量安全追溯的目的 实现农产品安全生产管理、农产品流通管理、农产品质量监督管理和农产品质量追溯。

3. 农产品质量安全追溯体系示意图 见图 9-6。

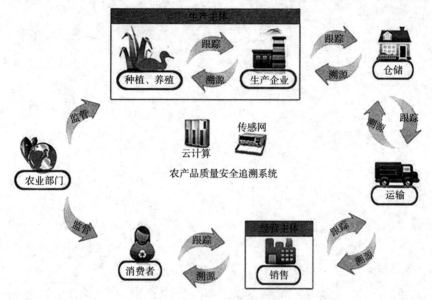

图 9-6 农产品质量安全追溯体系

4. 农产品质量安全追溯的意义 建立农产品质量安全追溯体系，可以提高农产品质量安全突发事件的应急处理能力；提高政府管理部门对农产品质量安全的监管效率；增强消费者的安全感；提高生产企业诚信意识和生产管理水平；提升我国农产品的国际竞争力。

《现代农业技术推广基础知识读本》

第二部分　作　物　篇

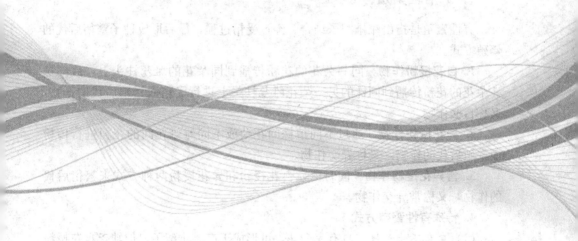

第十章　作物育种

作物育种是指通过创造遗传变异、改良遗传特性，选育和繁殖优良作物品种的技术。作物品种是指人类在一定的生态和经济条件下，根据人类的需要所选育的某种作物的一定群体。

一、繁殖方式

（一）有性繁殖

有性繁殖是指由雌雄配子结合，经过受精过程，最后形成种子繁衍后代的繁殖方式。

1. 自花授粉作物　同一朵花的花粉传播到同朵花的雌蕊柱头上，或同株一朵花的花粉传播到同株的另一朵花雌蕊柱头上进行受精而繁殖后代的作物，又称自交作物。

2. 异花授粉作物　通过不同植株间花朵或不同雌雄花间的花粉进行传粉而繁殖后代的作物，又称异交作物。

3. 常异花授粉作物　同时依靠自花授粉和异花授粉两种方式来繁衍后代的作物，又称常异交作物。

4. 特殊有性繁殖方式

（1）自交不亲和性。具有完全花，可形成正产雌雄配子，但缺乏自花授粉结实能力的一种自交不育性。

（2）雄性不育性。植株的雌穗正常，而花粉败育，不产生有功能的雄配子的特性。

（二）无性繁殖

无性繁殖是指凡是不经过两性细胞受精过程而繁殖后代的方式。

1. 营养体繁殖　利用作物营养器官的再生能力，使其长成新的作物体的繁殖方式。

2. 无融合生殖　用未经雌雄配子结合的正常受精过程而形成种子进行后代繁衍的方式。

（三）品种特性

1. 特异性　本品种具有一个或多个不同于其他品种的形态、生理等特征。

2. 一致性　同品种内植株性状整齐一致的特性。

3. 稳定性　在繁殖或再组成该品种时，品种的特异性和一致性能保持不变。

（四）遗传性状

1. 质量性状　属性性状，同一种性状的不同表现型之间不存在连续性的数量变化，而呈现质的中断性变化的那些性状。

2. 数量性状　个体间表现的差异只能用数量来区别，变异呈连续性的性状，易受环境条件影响。

（五）品种类型

根据作物繁殖方式、商品种子的生产方法、遗传基础、育种特点和利用形式等，可将作物品种区分为下列 4 种类型。

1. 自交系品种　自交系品种又称纯系品种，是对突变或杂合基因型经过多代连续自交并加以选择而得到的同质纯合群体。包括自花授粉作物、常异花授粉作物的纯系品种和异花授粉作物的自交系品种。

2. 杂交种品种　在严格选择亲本和控制授粉的条件下生产的各类杂交组合的 F_1 植株群体。它们的基因型是高度杂合的，群体又具有不同程度的同质性，表现出很高的生产力。

3. 群体品种　品种的遗传基础比较复杂，群体内植株基因型有一定程度的杂合性和异质性。因作物种类和组成方式的不同，包括异花授粉作物的自由授粉品种、异花授粉作物的综合品种、自花授粉作物的复合品种和自花授粉作物的多系品种 4 类。

4. 无性系品种　由一个无性系或几个遗传上相近的无性系经过营养器官繁殖而成的。它们的基因型由母体决定，表现与母本相同。

二、种质资源

种质资源又被称作作物育种的原始材料、品种资源、遗传资源、基因资源等，它们是一类内涵大体相同的名词术语，一般是指具有特定种质或基因，可供育种及相关研究利用的各种生物类型，包括地方品种、改良品种、新选育品种、引进品种、突变体、野生种、近缘种、人工创造的各种生物类型的植株、种子、无性繁殖器官、单个细胞、单个染色体甚至单个基因等。

（一）种质资源分类

1. 根据亲缘关系分类

（1）初级基因库。库内的各资源材料间能相互杂交、正常结实，无生殖隔离，杂种可育，染色体配对良好，基因转移容易。

（2）次级基因库。资源间存在一定的生殖隔离，杂交不实或杂种不育，但借助特殊的育种手段可以实现基因的转移。

（3）三级基因库。亲缘关系更远的类型，彼此间杂交不实和杂种不育现象十分严重，基因转移困难。

2. 按照来源分类

（1）本地种质资源。在本地的自然和栽培条件下，经长期的栽培和选育而得到的作物育种材料和作物品种，是育种工作最基本的原始材料。其中，作物品种包括古老的地方品种、当前推广的改良品种和过时品种。

（2）外地种质资源。由国内不同气候区域或由国外引进的植物品种和类型。此类种质资源具有不同生物学、经济学和遗传性状，某些性状是本地种质资源所不具备的，集中反映了遗传的多样性。

（3）野生种质资源。现代作物的野生近缘种和有价值的野生植物（如与作物近缘的杂草）。这类种质资源常具有作物所缺少的某些重要性状，可通过远缘杂交及现代生物技术将优良性状导入作物。

（4）人工种质资源。通过（远缘）杂交、理化诱变、基因工程等手段创造的杂交后代、突变体或中间材料。这些材料具有一些明显的优良性状，含有丰富的遗传变异，是培育新品种和进行有关理论研究的珍贵材料。

（二）种质资源收集

1. 直接考察收集　到野外实地考察收集，多用于收集野生近缘种、原始栽培类型和地方品种，是获取种质资源最基本的途径。

2. 征集　通过通信等方式向国内外有关单位或个人有偿或无偿索取所需要的种质资源，是获取种质资源花费最少、见效最快的途径。

3. 交换　育种工作者彼此互通各自所需的种质资源。

4. 转引　通过第三者获取所需要的种质资源。

（三）种质资源整理

对收集到的种质资源需及时进行整理。首先应将样本对照现场记录，进行

初步整理、归类，将同种异名者合并，以减少重复；将同名异种者予以改正，给以科学的登记和编号；此外，还要进行简单的分类，确定每份材料所属的植物分类学地位和生态类型，以便对收集材料的亲缘关系、适应性和基本生育特性有个基本的认识和了解，为保存和进一步研究提供依据。

（四）种质资源保存

种质资源是指利用天然或人工创造的适宜环境保存种质资源，目的是维持样本的一定数量与保持各样本的生活力及原有的遗传变异性。从狭义上讲，保存主要采用自然（原生境保存）和种质库相结合的办法。保存种质资源涉及种质资源的保存范围和保存方法两个方面。

1. 种植保存 为了保持种质资源的种子或无性繁殖器官的生活力，并不断补充其数量，必须每隔一定时间（1～5 年）播种 1 次。一般可分为就地种植保存和迁地种植保存。

2. 贮藏保存 通过控制贮藏时的温度、湿度等条件的方法，来保持种质资源种子的生活力。当库存种子的活力降低到一定限度时，需要进行繁殖更新。

3. 离体保存 因为植物体每个细胞都含有发育所必需的全部遗传信息，所以可开展种质材料离体保存。20 世纪 70 年代以来，国内外开展了用试管保存组织或细胞培养物的方法，可以解决常规的种子储藏法所不易保存的一些资源材料，还可以大大缩小种质资源保存的空间，节省土地和劳力。此外，该方法还具有繁殖速度快，可避免病虫危害等优点。目前，作为保存种质资源的细胞或组织培养物有愈伤组织、悬浮细胞、幼芽生长点、花粉、花药、体细胞、原生质体、幼胚、组织块等。

4. 基因文库保存 基因文库技术保存种质程序为：从动、植物或微生物中提取大分子质量的 DNA，用限制性内切核酸酶将其切成许多 DNA 片段，用连接酶将目的 DNA 片段连接到克隆载体上，然后通过载体把该 DNA 片段转移到繁殖速度快的大肠杆菌中，通过大肠杆菌的大量无性繁殖而产生大量生物体中的单拷贝基因。此后，当需要某个基因时，可通过某种方法来"钩取"获得。因此，建立某一物种的基因文库，不仅可以长期保存该物种的遗传资源，而且还可以通过反复的培养繁殖筛选，获得各种目的基因。

5. 利用保存 种质资源在发现其利用价值后，及时用于育成品种或中间育种材料是一种对种质资源切实有效的保存方式。

（五）种质资源研究

1. 鉴定 对种质资源材料做出客观的科学评价。鉴定是种质资源研究的主要工作，鉴定的内容因作物不同而异，一般包括植物学性状、农艺性状、生理生化特性、产品品质性状和细胞学性状等。鉴定方法根据鉴定所依据的性状分为直接鉴定和间接鉴定，根据鉴定的条件分为自然鉴定和诱发鉴定，根据鉴定的手段分为官能鉴定和实验室鉴定，根据鉴定的地点分为当地鉴定和异地鉴定。为了提高鉴定结果的可靠性，供试材料应来自同一年份、同一地点和相同的栽培条件，取样要合理准确，尽量减少由环境因子的差异所造成的误差。

种质资源特征、特性的观察鉴定属于表观性鉴定，表现型不仅受外界环境条件的影响，而且常是多个基因共同作用的结果。因此，要在表观性鉴定的基础上进行深入的基因型鉴定，并掌握种质性状的基本遗传特点，只有这样才能更好地为育种服务。基因组学研究为种质资源的基因型鉴定提供了新的理论和方法。利用分子标记技术和遗传连锁图谱，可以在较短时间内找到人们感兴趣的目标基因。另外，还应进一步研究主要经济性状的遗传变异性、选择潜力、选择可靠性、选择效果、基因型与环境的互作效应等重要问题。

2. 聚类分析 在种质资源研究中，常需要对研究对象进行分类。聚类分析是应用多元统计分析原理研究分类问题的一种数学方法，其考察性状既可以是质量性状，也可以是数量性状，还可以利用分子标记分析所得到的基因型数据，然后将所有数据进行综合考察，主观因素少，分类结果更加客观和科学。聚类分析中将两个样品定位一类的主要依据有两种，一种是样品间的距离，另一种是样品间的相似系数。聚类分析的方法主要有系统聚类法和模糊聚类法两种。

（六）种质资源利用

1. 分子标记技术在种质资源利用中的作用 近年来发展起来的分子标记技术，是开发利用作物种质资源的有力工具。利用分子标记技术可以广泛开发利用种质资源，拓宽育种基础；标记目的基因，提高育种效率；揭示物种亲缘关系，有效进行种质资源创新；鉴定遗传多样性，确定利用杂种优势育种的亲本选配。

2. 基因工程技术在种质资源利用中的作用 日益成熟的基因工程技术，使人们能够从植物的基因组中克隆有重要经济价值及科学研究价值的目的基因，进而用遗传工程的手段将其转移到另一个物种或品种中，并对其结构与功能进行研究。应用新的生物技术与常规鉴定相结合，在种质资源中发掘新的优良基因并对其进行克隆，建立基因文库（基因银行）。育种者可以在研究各种优良基因多样性和遗传特点的基础上，选择所需的基因或基因型并使之结合，育出新的品种，使作物种质资源在满足日益增长的人类生活需要中发挥应有的作用。

（七）种质资源信息化

随着植物种质资源信息的激增和计算机技术的发展，促使许多国家、地区和国际农业研究机构开始研究利用电子计算机建立自己的种质资源管理系统。不同国家、不同作物的品种资源数据库或信息系统尽管在规模、组成等方面不同，但品种资源信息管理的目标都是满足育种家和有关研究人员对植物引进、登记和最初的繁殖，品种性状的描述和评价，世代、系谱的维护与保存，生活力的测定，复壮和种质资源分配等主要信息的需求。建立种质资源数据库或信息系统的目的在于迅速而准确地为育种者、遗传研究者提供有关优质、丰产、抗病、抗逆及其他特异需求的种质资源信息，为新品种选育与遗传研究服务。建立种质资源数据库系统的一般步骤包括：数据收集、数据分类和规范化处理、数据库管理系统设计。

三、育种目标

作物的育种目标是指在一定的自然、栽培和经济条件下，计划选育的品种应具备的优良特征特性，也就是对育成品种在生物学和经济学性状上的具体要求。

（一）高产

高产是指单位面积上作物产量高。在保证一定品质的前提下，高产是所有作物育种的基本目标。作物高产品种必须有最佳产量构成因素、合理株型和库源关系等。

1. 作物产量构成因素　一个作物产量构成因素之间能否有效协调增长决定了其产量的高低。单位面积产量是产量各个构成因素的乘积。在某作物品种产量较低时，同时提高各产量构成因素比较容易；但当其丰产潜力达到一定水平时，各产量构成因素之间是相互制约的，常具有一定程度的负相关。因此，在实际育种中，应通过提高影响产量的主要构成因素，而不断提高产量。同一作物，不同高产品种产量构成因素的主次也是不同的。在一般条件下，各种作物在低产条件下，群体不足，个体发育不良，提高产量的关键是增加群体数量。在高产条件下，各种作物都已达到较大群体，在群体与个体的矛盾中，适当促进个体发育应作为高产的突破点。

2. 作物理想株型　株型通俗讲就是植株的长相。不同作物所要求的合理株型不完全相同。如禾谷类作物的理想株型：矮秆、半矮秆，株型紧凑，叶片直立（叶片的大小及叶片与茎秆的夹角从上到下逐渐加大）、叶厚、窄短，叶色较深，且持绿性好。棉花的理想株型：株型较紧凑，主茎节间稍长，果枝节间较短，果枝与主茎夹角小，叶片中等，着生直立。

3. 作物光合效率　合理株型是作物高产品种的形态特征，高光合效率是高产品种的生理基础。高光合效率育种是通过提高作物本身的光合效率和降低呼吸消耗来提高作物产量的方法。

经济产量＝（光合面积×光合效率×光合时间－呼吸消耗）×经济系数

前三者代表光合产物的生产，减去呼吸消耗，即为生物学产量。一个高产品种应具有叶面积适当，光合效率高，叶面积保持时间长，呼吸消耗低，经济系数高等特点。从作物生理指标分析，较快达到最大叶面积系数、有效叶面积保持时间长、光合产物较早向籽粒转移是作物高产品种应具备的生理指标。

（二）优质

优质是现代农业对作物品种的基本要求，由经济发展和市场的需求决定的。农作物产品的品质依据作物种类和用途而异。

1. 与产量相关的品质性状　某些品质性状与产量直接相关，是构成产量的重要因素。如谷物的碾磨品质好，其产量也高，稻谷的糙米率、精米率、整粒精米率的高低决定作物最终的产量。

2. 与营养相关的品质性状　改良作物品质（营养品质），有利于保证人畜健康。改良作物营养品质常指对人有利的营养成分提高和不利成分的减少。

3. 与加工相关的品质性状　在食品加工中，不同用途的优质品种的选用，对现代作物育种提出了新的要求，专用优质品种的选育也是现代育种的一个发展趋势。

（三）稳产

稳产是指优良品种在推广的不同地区和不同年份间产量变化幅度较小，在环境多变的条件下能够保持均衡的增产作用。稳产是优良品种的重要条件，它主要涉及品种对病虫害以及不良的气候、土壤等环境条件的抗耐性，当产量达到较高水平时，保持和提高推广品种的稳产性是非常重要的。

1. 对病虫害的抗性　病虫害的危害对植物产量和品质都有严重影响。在生产中，为防治病虫害而大量使用化学药剂，不仅提高了生产成本，而且带来残留危害、食品安全和环境污染等问题。因此，抗病虫作物品种的培育是防止病虫害最经济、最有效和最安全的途径。

2. 对环境胁迫的抗（耐）性　作物的环境胁迫因素可分为温度胁迫、水分胁迫和土壤矿物质胁迫等。由于地区之间差异，气候和土壤条件十分复杂，环境胁迫的种类也不尽相同。因此，抗逆育种应根据不同地区的主要环境胁迫因素进行选育抗性品种，不同作物抗逆的目标要求也不同。

3. 抗倒伏性　对于禾谷类作物来说，抗倒伏性也是影响作物稳产的重要性状。倒伏不仅降低作物产量，而且影响作物品质，不利于机械化收获。造成植株倒伏的原因很多，例如植株高大，茎秆强度差，韧性差，根系不发达及病虫害等。因此，矮化育种、抗病虫害育种都会提高作物的抗倒伏性。

4. 广泛的适应性　作物的稳产性要求作物具有广泛的适应性。作物适应性是指作物某品种对不同生产和环境条件的适应程度和范围。在一般情况下要求适应性广的品种不仅种植的地区广泛、推广面积大，而且要在不同年份和地区间产量保持稳定。

（四）生育期适宜

现代作物生产对作物育种的要求很高，既要求所育成品种能充分利用当地生长期的光、热资源，获得高产，同时满足复种要求，又能避免或减轻自然灾害的危害。适宜的成熟期对于很多作物扩大种植范围是一个非常重要的育种目标；适当早熟是许多地区高产、稳产的重要条件。

（五）适应机械化

农业生产的机械化是产业结构调整，提高农业生产率，使农民增收的必然要求。因此，在制定育种目标时就要充分考虑所育成的新品种一定要适应机械化生产。适应机械化生产的新品种要求株型紧凑、秆硬不倒、生长整齐、株高一致、结实部位适中、成熟一致、不脱粒等。

四、作物引种

广义的引种泛指从外地或外国引进新植物、新作物、新品种、品系以及供研究用的各类遗传资源材料。从生产的角度来讲，引种是指从外地引进作物新品种或新品系，通过适应性试验鉴定后，直接在本地推广种植的方法。引种材料可以是繁殖器官（如种子）、营养器官或染色体片段（如含有目的基因的质粒）。

（一）引种的基本原理

1. 气候相似原理　20 世纪初，德国科学家 Mayr 提出的气候相似论是引种工作中被广泛接受的基本理论之一。该理论的要点是，原产地区与引种地区之间，影响作物生产的主要因素，应尽可能相似，以提高品种相互引种成功的可能性。但该理论过于强调温度条件和作物对环境条件反应不变的一面，而忽视了光、温、气等其他气候条件和作物对环境条件反应可变的一面。

2. 生态相似原理　作物品种的形态特征和生物学特性都是长期自然选择和人工选择的产物，因此它们都适应于一定的自然环境和栽培条件，这些与作物品种形成及生长发育有密切关系的环境条件即为生态条件。各种生态条件处于相互影响、相互制约的复合体中，称为生态环境。任何作物品种的正常生长，都需要有与它们相应的生态环境，不同作物或不同品种类型，对不同生态环境具有不同的生态适应性。在生产中，作物品种对地区生态环境的适应性主要从生育期、产量及稳产性上得到反映。掌握所引品种必需的生态环境对引种非常重要，是引种成功与否的重要因素。一般来说，从生态环境相似的地区引入品种易于成功。一种作物对一定地区的生态环境具有相应的遗传适应性。同一物种变种范围内，在生物学特征、形态特征等方面均与当地主要生态条件相适应，遗传结构也基本相似的作物类型称为生态型。不同生态型之间相互引种有一定困难，相同生态型之间相互引种较易成功。

（二）引种的基本规律

根据作物对温度、光照的要求不同，可将作物分为低温长日照作物和高温短日照作物。不同类型的作物引种后有不同的生长变化规律。

1. 低温长日照作物的引种规律

（1）原产高纬度地区的品种，引至低纬度地区种植，常因为低纬度地区冬季气温高于高纬度地区，春季日照短于高纬度地区，在感温阶段对低温的要求和感光阶段对长日照的要求得不到满足，会表现出生育期延长，甚至不能抽穗开花。

（2）原产低纬度地区的品种，引至高纬度地区种植，由于温度、日照条件都能很快满足，表现生长期缩短。但由于高纬度地区冬季寒冷，春季霜冻严重，特别是当品种进入穗分化时期遇低温，容易受到冻害，植株可能缩小，不易获得较高的产量。

（3）低温长日照作物的播种区域有秋播区和春播区之分。其秋播区的春性品种引到春播区春播，有的可以适应，而且因为春播区的日照长且光照强，常表现出早熟，粒重提高，甚至比原产地生长好。这类作物春播区春性品种引到秋播区秋播，有的因春季光照不能满足要求而表现晚熟，结实不良；有的易受冻害。

（4）高海拔地区的冬作物品种往往偏冬性，引到平原地区常不能适应。而平原地区的冬作物品种引到高海拔地区春播，有适应的可能性。

2. 高温短日照作物的引种规律

（1）原产高纬度地区的高温短日照作物，大多是春播的，属于早熟春播作物，其感温性强而感光性弱。这些品种向低纬度地区引种时，往往因为低纬度地区气温高于高纬度地区，会缩短生育期，提早成熟，但株、穗、粒变小，产量降低，存在能否高产的问题。

（2）原产低纬度地区的高温短日照作物品种，有春播、夏播之分，有的还可以秋播。一般，这类作物的春播品种感光性较强而感温性较弱，引至高纬度地区种植，常表现迟熟，营养器官增大。夏、秋播品种一般感光性较强而感温性较弱，引至高纬度地区种植，不能满足对短日照的要求，株、穗可能较大，但往往延迟成熟，存在能否安全成熟的问题。

（3）高海拔地区的作物品种感温性较强，引到平原地区往往表现早熟，有能否高产的问题。而平原地区的品种引到高海拔地区往往由于温度较低而延迟成熟，存在能否安全成熟的问题。

（三）引种的主要方法

为确保引种成功，必须按照引种的一般规律和一切经过试验的原则，明确引种目标和任务，并按以下步骤进行：

1. 引种计划的制订和引种材料的收集　首先，根据当地生产发展的需求，结合当地自然、经济条件和现有种或品种存在的问题等确定引种目标。其次，根据引种目标，开展调查研究。最后，在调查研究的基础上，确定适宜的引种地区和作物类型及品种，详细了解每个品种的选育历史、光温反应特性、生态类型、遗传性状以及原产地的生态环境、耕作制度、生产水平等。在同一地区、同一生态类型中，尽可能多地收集基因型不同的品种，品种数可多些，但每个品种材料种子数量能满足初步试验需要即可。

2. 引种材料的检疫　引种是病虫害和杂草传播的重要途径，从外地区、特别是外国引进的材料必须要通过严格的检疫。引入后要在检疫圃隔离种植，一旦发现新的病、虫、杂草要彻底清除，以防蔓延。

3. 引种材料的试验鉴定和评价　以当地具有代表性的品种为对照，对所引进的材料进行系统的观察、比较、鉴定，包括生育期、产量性状、稳产性、产品品质、抗逆性等，以评价引进材料在本地区种植条件下的实际利用价值。引种试验包括观察试验、品种比较试验和区域试验、栽培试验。

五、育种方法

育种方法包括自然变异选育、杂交重组、人工诱变、遗传工程等，各种类型的品种选育可采用不同的育种方法和途径。

（一）选择育种

选择育种是指对现有品种群体中出现的自然变异进行性状鉴定，选择并通过品系比较试验、区域试验和生产试验培育农作物新品种的育种途径。选择育种是利用现有品种群体中出现的自然变异，从中选择出符合生产需要的基因型，并进行后续试验，无需人工创造变异。选择育种是从自然变异种选择优良个体，因此只能从现有群体中分离出好的基因型，改良现有品种，而不能有目的的创新，产生新的基因型。选择育种包括系统选择育种和混合选择育种等方法。

1. 系统选择育种 系统选择育种又称纯系育种，是通过个体选择、株行试验和品系比较试验到新品种育成的一系列过程。系统选择育种更适合自花授粉作物，而常异花授粉作物品种群体和异花授粉作物品种群体经单株选择后、反而破坏了品种的群体结构，导致生活力和适应性衰退。基本工作环节包括：优良变异个体的选择、株行比较试验、品系比较试验、区域试验和生产试验、品种审定与推广。

2. 混合选择育种 是从原始品种群体中，按育种目标的统一要求，选择一批个体，混合脱粒，所得的种子下季与原始品种的种子成对种植，从而进行比较鉴定，如经过混合选择的群体确比原品种优越，就可以取代原始品种，作为改良品种加以繁殖和推广。基本工作环节包括：从原始品种群体中进行混合选择、比较试验、繁殖和推广。

3. 其他方法

（1）集团混合选择育种。又称归类的混合选择育种，就是当原始品种群体中有几种基本符合育种要求而分别具有优点的不同类型时，为了鉴定类型间在生产应用上的潜力，则需要按类型分别混合脱粒，即分别组成集团，然后各集团之间及其与原始品种之间进行比较试验，从而选择其中最优的集团进行繁殖，作为一种新品种加以推广。

（2）改良混合选择育种。通过个体选择和分系鉴定，淘汰伪劣的系统，然后将选留的各系混合脱粒，再通过与原品种的比较试验，表现确有优越性时，则加以繁殖推广。改良混合选择育种是通过个体选择及其后代鉴定的混合选择育种，其广泛用于自花授粉作物和常异花授粉作物良种繁育中的原种生产。

（二）杂交育种

杂交育种是指用基因型不同的亲本材料通过有性杂交获得杂种，并对杂交后代进行培育、选择以育成新品种的方法。这是国内外广泛应用且卓有成效的一种育种途径。现在主要作物的优良品种绝大多数是用杂交育种法育成的。杂交育种可分为组合育种和超亲育种两种类型。组合育种是将分属于不同品种的、控制不同性状的优良基因随机组合，形成不同的基因组合，通过定向选择育成集双亲亲本优点于一体的新品种。其遗传机理主要是基因重组和互作。超亲育种是将双亲控制同一性状的不同微效基因积累于一个杂种个体中，形成在该性状上超过任一亲本的类型。其遗传机理主要是基因累加和互作。

（三）回交育种

回交育种是育种家改进品种个别性状的一种有效方法。当 A 品种有许多优良性状，而个别性状有所欠缺时，可选择具有 A 所缺性状的另一品种 B 和 A 杂交，F_1 及以后各世代又用 A 进行多次回交和选择，准备改进的性状借选择以保持，A 品种原有的优良性状通过回交而恢复。因此回交育种方法速度快，在改良农作物品种个别缺点时有独特的功效。用于多次回交的亲本称轮回亲本，如 A 品种。它是有利性状的（目标性状）接受者，又称受体亲本；只有第一次杂交时应用的亲本，如品种 B 称为非轮回亲本，它是目标性状的提供者，故称供体亲本。

（四）杂种优势利用

杂种优势是生物界的一种普遍现象，一般是指杂种在生长势、生活力、抗逆性、繁殖力、适应性、产量、品质等方面优于其亲本的现象，具有普遍性和多样性的特点。

1. 杂种优势的度量

（1）中亲优势。又称相对优势，杂种（F_1）的产量或某一数量性状的平均值与双亲（P_1 与 P_2）同一性状平均值的差数除以双亲同一性状的平均值。计算公式为

中亲优势（%）＝（F_1－MP）/MP×100；MP＝（P_1＋P_2）/2

（2）超亲优势。杂种（F_1）的产量或某一数量性状的平均值与高值亲本（HP）同一性状平均值的差数除以高值亲本（HP）。计算公式为：

超亲优势（%）＝（F_1－HP）/HP×100

有些性状在 F_1 可能表现出超低值亲本（LP）的现象，如这些性状是杂种

优势育种的目标时，可称为负向的超亲优势。计算公式为：

$$负向超亲优势（\%）＝（F_1－LP）/LP×100$$

（3）超标优势。杂种（F_1）的产量或某一数量性状的平均值与当地推广品种（CK）同一性状的平均值的差数除以当地推广品种（CK）。计算公式为：

$$超标优势（\%）＝（F_1－CK）/CK×100$$

（4）杂种优势指数。杂种（F_1）某一数量性状的平均值与双亲同一性状的平均值的比值。计算公式为

$$杂种优势指数（\%）＝F_1/MP×100$$

2. 杂种品种选育程序

（1）基本条件。作物杂种优势要在生产上加以利用，必须满足3个基本条件：强优势的杂交组合，异交结实率高、繁殖与制种技术简单易行。

（2）亲本选配。为了发挥杂种的优势，用于制种的亲本在遗传上必须是高度纯和的。杂种品种选育包括选育优良亲本和按一定杂交方式组配杂种两个方面，优良亲本是获得强优势杂种品种的基础，对于异花授粉作物和常异花授粉作物而言，选育自交系是利用杂种优势的第一步工作。

（3）配合力。指一个亲本与另外的亲本杂交后，杂种一代的生产力或其他性状指标的大小。配合力高低是选择杂种亲本的重要依据，它直接影响杂种的产量。配合力是自交系的一种内在属性，受多种基因效应支配。配合力分为一般配合力和特殊配合力。

①一般配合力。一个纯系（自交系）亲本与其他若干个品种（自交系）杂交后，其杂种一代在某个数量性状上的平均表现。一般配合力是由基因加性效应决定的，为可遗传部分。

②特殊配合力。两个特定亲本系所组配的杂交种的产量水平，又称为某一特定组合 F_1 的实测值与其双亲一般配合力算得的预测值之差。特殊配合力是由基因的非加性效应决定的，即受基因间显性、超显性和上位效应所控制，只能在特定的组合中由双亲的等位基因间或非等位基因间的互作而反映出来，是不能遗传的部分。

（4）杂种品种亲本选配原则。优良的亲本是选配优良杂种的基础，但有了优良亲本并不等于有了优良杂种。双亲性状的搭配、互补以及性状的显隐性和遗传传递力等都影响杂种目标性状的表现。选配亲本的原则概括为：配合力高、亲缘关系较远（包括地理远缘、血缘较远、类型和性状差异较大）、性状良好并互补、亲本自身产量高、花期相近。

3. 杂种品种的类型

（1）品种间杂种品种。用两个品种组配的杂种品种，如品种甲×品种乙。

（2）品种-自交系间杂种品种。用自由授粉品种和自交系组配的杂种品种，如品种甲×自交系 A。

（3）自交系间杂种品种。用自交系做亲本组配的杂种品种，因亲本数目和组配方式的不同，可分为下列 4 种。

①单交种。用两个自交系组配而成，如 A×B。

②三交种。用三个自交系组配而成，组合方式为（A×B）×C。

③双交种。用 4 个自交系组配而成，先配合成两个单交种，再配合成双交种，组合方式为（A×B）×（C×D）。

④综合杂交种。用多个自交系组配而成。

（4）雄性不育杂种品种。用各种雄性不育系做母本配制而成，因雄性不育类型不同可分为胞质雄性不育杂种品种、细胞核雄性不育杂种品种和光温敏雄性不育杂种品种。

（5）自交不亲和系杂种品种。用自交不亲和系作母本与正常品种（系）杂交而成。

（6）种间与亚种间杂种品种。作物不同种间和不同亚种间杂交能正常结实，可配制种间杂种和亚种间杂交种。

（7）核质杂种。不同种属间的细胞核、细胞质存在一定程度的分化，不同核质间存在不同的互作效应，异核、质结合可产生一定的杂种优势，通过回交置换法可获得核质杂种。

（五）诱变育种

诱变育种是利用理化因素诱导植物的遗传特性发生变异，再从变异群体中选择符合人们某种要求的单株，进而培育成新品种或种质的育种方法，是继选择育种和杂交育种之后发展起来的一项现代育种技术，其作用原理是基因突变。在实际应用中，主要通过人为地利用物理诱变因素（如 X 射线、γ 射线、β 射线、中子、激光、电子束、紫外线等）和化学诱变剂（如烷化剂、叠氮化物、碱基类似物等）诱发植物遗传变异，在较短时间内获得有利用价值的突变体，根据育种目标要求，选育成新品种直接利用，或育成新种质作亲本在育种上利用（间接利用）的育种途径。诱变育种具有提高突变率、扩大突变谱、有效改良单一性状、打破不利连锁、实现染色体片段交换，性状稳定快和育种年限短等特点，但诱发突变的方向和性质尚难掌握。

（六）远缘杂交育种

通常将植物分类学上不同种、属或亲缘关系更远的植物类型间所进行的杂交，称为远缘杂交。远缘杂交可分为种间杂交、属间杂交、科间杂交以及更高分类阶元之间的杂交。随着农业生产的发展，品种间杂交难以完全满足育种目标，远缘杂交已受到广泛的重视，并成为各项育种技术相互渗透、综合的结合点。利用远缘杂交可以培育新品种和种质系、创造植物新类型、创造异染色体体系、诱导单倍体、利用杂种优势和研究生物的进化。

（七）倍性育种

倍性育种是指通过改变染色体的数量，产生不同的变异个体，进而选择优良变异个体培育新品种的育种方法。主要包括单倍体育种和多倍体育种。单倍体是指体细胞具有配子染色体组的个体，其基因型呈单存在，加倍后获得的个体基因型高度纯和，因此比常规育种可缩短育种的年限。通过花药培养育成的各类作物品种已在生产上大面积应用。多倍体是指体细胞中含有 3 个或 3 个以上染色体组的植物个体，育种上应用的主要是同源多倍体和异源多倍体。同源多倍体较二倍体具有某些器官增大或代谢产物含量提高的特点，对于以收获营养器官为目的的作物及无性繁殖作物具有较好的育种利用价值。人工创造的多倍体也可以将野生种与栽培种的遗传物质重组，育成新型作物。

（八）抗性育种

在制定作物育种目标时，不仅要考虑育成品种的产量、品质和适应性等目标性状符合生产发展的需要，更要注意所育品种在生产上推广使用时受到来自病、虫等生物胁迫和不良气候及土壤等非生物胁迫（环境胁迫）的影响。不管哪种类型的胁迫，都会对作物的产量和品质带来影响。当前作物抗逆品种的选育依然是应对逆境策略中最经济、最有效的方法。通过抗逆性育种，可以使作物品种在相应的胁迫条件下，通过调控体内基因表达、生理生化的变化来适应胁迫，从而增强对胁迫的耐性或抗性，进而保持相对稳定的产量和品质。目前，抗性育种研究主要集中在抗病虫育种、抗旱与耐盐育种、抗寒与耐热育种三个方面。

六、生物技术在育种中的应用

（一）细胞工程与作物育种

植物体的细胞中含有该植物所有的遗传信息。在合适的条件下，一个细胞可以独立发育成完整的植物体，这就是细胞的全能性。植物细胞工程是以细胞为基本单位，在体外条件下进行培养、繁殖或人为地使细胞某些生物学特性按人们的意愿生产某种物质的过程。植物细胞全能性是植物细胞工程的理论基础。自 1904 年 Hanning 成功培养离体胚以来，伴随着相关理论与技术的飞速发展，植物细胞工程也取得了巨大的成就。现在已经可以利用细胞融合及 DNA 重组等现代生物技术从细胞和分子水平改良现有品种甚至组建新品种。生产中，已利用细胞工程技术培育出一些大面积推广的作物品种。

（二）转基因技术与作物育种

转基因技术的理论基础来源于分子生物学。作物转基因育种就是根据育种目标，从供体生物中分离目的基因，经 DNA 重组，将目的基因经基因重组与遗传转化或直接运载进入受体作物，经过筛选获得稳定表达的遗传工程体，并经过田间试验与大田选择育成转基因新品种或种质资源。目的基因片段的来源可以是提取特定生物体基因组中所需要的目的基因，也可以是人工合成指定序列的 DNA 片段。与常规育种相比，转基因育种打破了生物物种的界限，拓宽了作物遗传改良可利用的基因来源，实现对植物育种目标性状单基因甚至多基因的定向改造，提高选择效率，加快育种进程，为培育高产、优质、高抗，适应各种不良环境条件的优良品种提供了崭新途径。目前转基因技术仍处于发展阶段，在技术上存在一些障碍，同时转基因作物的安全性受到人们密切的关注。

（三）分子标记辅助选择

分子标记是以个体间遗传物质内核苷酸序列变异为基础的遗传标记，是 DNA 水平遗传多态性的直接反映。在作物育种中，与其他几种遗传标记（形态学标记、生物化学标记、细胞学标记）相比，分子标记具有不受环境及作物生长发育影响、种类和数量多、多态性高、检测手段简单、迅速等优点。分子标记适合作为辅助选择指示性状，即利用与育种目标性状紧密连锁或共分离的分子标记对目标性状进行追踪选择，其分为前景选择和背景选择两种策略。前景选择是对目标基因的选择，背景选择是对目标基因以外的其他部分的选择。随着分子生物学的技术的发展，DNA 分子标记技术已有数十种，广泛应用于遗传育种、基因组作图、基因定位、物种亲缘关系鉴别、基因库构建及基因克隆等方面。

七、育种试验技术

育种试验是通过试验对各种育种目标性状进行鉴定、选择的过程。

（一）作物育种的田间试验技术

1. 田间试验设计的要求　田间试验力求试验处理效应的唯一差异，即要保持供试材料间非处理因素的一致性，以使供试材料间具有可比性。

2. 试验设计的基本原则　重复的设置、小区的随机排列和局部控制。试验设计主要作用是减少试验误差，调高试验精确度，使育种材料在选择和鉴定过程中表现出真实准确的基因型差异。

3. 不同育种阶段的试验技术

（1）选种圃。用于种植选择育种中当选的单株后代、杂交育种中的 F_1、F_2 以及 F_2 以后的分离世代。

（2）鉴定圃。种植由选种圃入选的株系。根据选种圃入选株系数目的多少，设置鉴定试验。

（3）品系比较试验。又称品种比较试验，是在育种单位的育种程序中进行的最后一项田间试验。

（二）品种区域试验技术

品种的区域试验是鉴定作物新品种使用价值和适应区域范围的一种多点试验，它是由品种审定机构在省级或省级以上的范围内按不同生态区域统一布置的多点试验，其中包括多点的品种比较试验和生产试验，是品种选育和推广之间的必要试验程序。区域试验的主要内容是将各育种单位育成的新品种，用统一的对照品种通过在不同生态地区的种植试验，对新品种的产量性能、生育性能、抗性表现等进行评价，确定新品种的使用价值和适宜地区。

八、品种审定和种子生产

（一）品种审定和种子管理

品种的市场准入许可是通过品种审定或品种登记来实现的。主要农作物新品系或引进品种在完成品种试验（包括区域试验和生产试验）程序后，省级或国家农作物品种审定委员会根据试验结果，审定其利用价值、适应范围和相应的栽培技术，并予以定名，这一过程称为品种审定。

1. 品种保护权　品种保护权又称育种者权利，是知识产权的一种形式。《中华人民共和国种子法》规定，我国实行植物新品种保护制度，授予植物新品种权，保护植物新品种权所有人利用其品种所专有的权利。

2. 种子管理　对品种的市场准入许可和对种子质量的管理。

（二）种子生产

种子生产就是将优良品种在保持其群体遗传组成不变的条件下，迅速扩大繁殖的过程。按照我国目前种子检验规程和分级标准（GB/T 3543.5—1995），种子的级别分别是育种家种子、原种和良种。

1. 育种家种子　育种家育成的遗传性状稳定的品种或亲本的最初一批种子。用于进一步繁殖原种种子。

2. 原种　用育种家种子繁殖的第一代至第三代，或按原种生产技术规程生产的达到原种质量标准的种子。用于进一步繁殖良种种子。

3. 良种　用常规种原种繁殖的第一代至第三代种子，以及达到良种质量标准的一代杂交种子。用于供大面积生产使用的种子，即生产用种。近年来颁布的国家标准（如 GB 4404.1—2008）已将种子生产范畴的"良种"表述为"大田用种"。

九、种子质量检测

（一）扦样和分样

样品的扦取和分样方法必须按相应的操作规程和标准进行，以便扦取具有代表性的种子批的样品。

经过分样取得的平均样品，配成若干份试样，分别用于田间检验、室内净度、纯度、发芽率、水分、千粒重及健康测定等。

（二）净度分析

测定供检种子样品中各成分重量百分率，并鉴定样品混合物的特性。分析内容：

1. 测定供检样品各成分的重量百分率。

2. 鉴别样品中其他植物种子及杂质所属的种类。

3. 鉴别净种子、其他植物种子和杂质，并分别称重，计算各成分的重量百分率。

种子净度（%）＝（净种子重/供检种子总重）×100

（三）品种真实性和纯度鉴定

1. 品种真实性是指被检验种子是否名副其实。

2. 品种纯度是指被检品种符合品种特性的植株（种子）占调查株数（供

试种子）的百分率。

3. 检验方法为室内检验和田间成株期检验。

（四）发芽试验

发芽试验是为测定种子的最大发芽潜力和发芽能力的强弱，是判断种子的好坏和是否可以做种子及确定每亩[①]播种量多少的依据。

（五）种子健康测定

种子健康测定主要是检验被列为检疫对象的和生产上的主要病、虫害。一般是在检验种子净度时仔细观察，必要时，应按照检疫操作规程进行检验。如发现种子带有检疫对象的病、虫害，就不准向外调运，并上报有关领导机关，严格处理。

参考文献

张天真，2011. 作物育种学总论（第 3 版）[M]. 北京：中国农业出版社.

穆平，2017. 作物育种学 [M]. 北京：中国农业大学出版社.

谷茂，杜红，2010. 作物种子生产与管理（第 2 版）[M]. 北京：中国农业出版社.

①亩为非法定计量单位，1 亩≈667m^2。——编者注

11

第十一章 集约化育苗

集约化育苗是指以先进的育苗设施和设备装备种苗生产车间，将现代生物技术、环境调控技术、灌溉施肥技术、信息管理技术贯穿种苗生产过程，以现代化，企业化的模式组织种苗生产和经营，从而实现种苗的规模化生产。

一、育苗方式

（一）基质育苗

基质育苗是指不用土壤育苗，而是用基质代替土壤的育苗方式。使用的基质有炉渣、草炭、沙子、锯末、稻壳、蛭石、珍珠岩等，可单用也可以 2~3 种混用。场地可根据不同季节选用温室、大棚或临时架设的遮阳棚。基质育苗便于科学管理，出苗也便于远距离运输。

（二）漂浮育苗

漂浮育苗是指将装有轻质育苗基质的泡沫穴盘漂浮于水面上，种子播于基质中，秧苗在育苗基质中扎根生长，并能从基质和水床中吸收水分和养分的育苗方法，又叫漂浮种植。

（三）组培育苗

组培育苗是指在无菌的条件下，将离体的蔬菜器官组织细胞或原生质体，放在培养基上培养，促进其分裂或诱导成苗的技术，又称组织培养技术。利用组织培养技术进行育苗的方法就是组织培养育苗。它具有快速繁殖和大规模生产的优势。

（四）嫁接育苗

嫁接育苗是指将植物体的芽或枝（接穗）接到另一植物体（砧木）的适当部位，使两者结合成一个新植物体的技术。采用嫁接技术培育苗的方法称为嫁接育苗。嫁接后的植物生长发育和开花结果，能保持原品种性状不变。嫁接苗比扦插苗、实生苗生长发育快。植株适应能力强、抗病虫能力强。

1. 嫁接方式

（1）插接法。先将砧木苗心叶去除后，从顶部斜插一孔，再将接穗下胚轴削成楔形后插入孔中的一种嫁接方法。

（2）劈接法。先将砧木子叶上方1.5cm处切断，在切口中部垂直向下切削，再将接穗子叶上约1cm处用刀片在幼茎两侧将其削成双面楔形，把接穗双楔面对准砧木接口轻轻插入，使二切口贴合紧密，嫁接夹固定。

（3）靠接法。将接穗、砧木的下胚轴或枝干按相同的角度削成楔形后，再将切口斜面紧密对齐，然后加以固定的一种嫁接方法。

（4）断根嫁接。断根嫁接又称断茎插接、断根插接或双断根嫁接，它是去掉砧木原有根系和部分下胚轴并嫁接，砧木与接穗嫁接愈合的同时诱导砧木产生新根系的嫁接方法。

2. 嫁接愈合

（1）接合期。砧木、接穗切面组织机械结合，形成接触层。接触层是砧木和接穗切面上一些被切坏细胞的细胞壁和细胞内容物的沉积。此期结合部位组织结构未发生任何变化，适宜条件下，此期只需24h。

（2）愈合期。在砧木与接穗切削面内侧，薄壁细胞分裂，产生愈伤组织，并彼此靠近，砧穗间细胞开始水分和养分的渗透交流，直到接触层开始消失之前，此期需2～3d。

（3）融合期。砧木、接穗间愈伤组织旺盛分裂增殖，接触层逐渐消失，砧、穗间愈伤组织紧密连接，难以区分，至砧、穗新生维管束开始分化之前，需3～4d。

（4）成活期。砧木、接穗愈伤组织中发生新生维管束，彼此连接贯通，实现真正的共生生活。嫁接后一般经8～10d可达到成活期。

（5）嫁接亲和力。嫁接亲和力又称嫁接亲和性。是指砧木和接穗在嫁接后能正常愈合、生长和开花结果的能力。

3. 嫁接材料

（1）砧木。嫁接育苗时承受接穗的实生苗。

（2）接穗。嫁接育苗时在砧木上用做生长结实的幼苗。

（3）嫁接夹。嫁接专用的固定夹，有圆形、方形等多种形状。

（4）嫁接套管。嫁接专用的管状固定物，目前常见的开口式套管和硅胶套合头，广泛应用于番茄、茄子等茄果类蔬菜苗木上。

（5）嫁接针。顶插法嫁接使用的针状嫁接器，目前常用的有不锈钢的嫁接针、自制的专用竹签。

（五）雾培育苗

雾培育苗是指利用喷雾装置将营养液雾化后直接喷射到秧苗根系上，从而为秧苗提供水分和养分的一种育苗方式。又称为气雾培、喷雾培育苗。

二、育苗装备

（一）育苗设施

1. 加温温室 加温温室由采光和保温维护结构组成，以塑料薄膜为透明覆盖材料，东西向延长。寒冷季节通过获取、蓄积太阳辐射和利用加热设备，炎热季节能够遮阳降温进行生产（图11-1）。

2. 连栋温室 连栋温室以塑料、玻璃、PVC板等为透明覆盖材料，以钢材为骨架，两连栋以上的大型保护设施。必须具备加温设备（图11-2）。

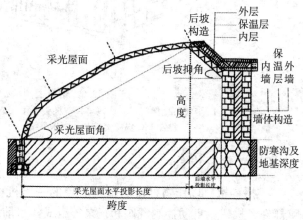

图11-1 加温温室

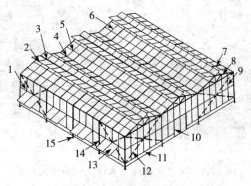

图11-2 连栋玻璃温室

1. 侧墙 2. 天窗 3. 脊檩 4. 天沟 5. 檩 6. 椽 7. 次梁 8. 屋架 9. 端墙
10. 门 11. 幕墙 12. 剪刀撑 13. 侧窗 14. 立柱 15. 基础

3. 塑料大棚 塑料大棚以塑料棚膜为覆盖材料，以钢制或竹制骨架为支撑材料，具有透光性、保温性和气密性的农业设施。主要用于春秋生产（图 11-3）。

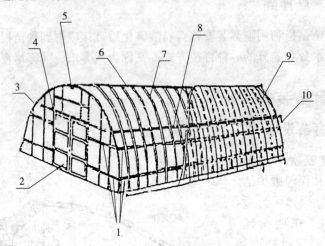

图 11-3　塑料大棚

1. 卡槽　2. 棚门　3. 主拱管　4. 棚头立柱　5. 保护套　6. 拉杆
7. 拱管　8. 纵向槽板卡　9. 压膜线　10. 万向摇膜机

（二）育苗设备

1. 播种机　以作物种子为播种对象的一类机械。一般指由播种部件、压坑部件、机架、自动控制气阀和气泵等组成，目前主要有滚筒式播种流水线和气吸式播种机（图 11-4）。

a　　　　　　　　　　　　　　　　b

图 11-4　滚筒式播种流水线及气吸式播种机
a. 滚筒式播种流流水线　b. 气吸式播种机

2. 喷灌机　通过机械牵引移动，将有压水喷洒到苗床的专用灌溉设备，可以控制水分的均匀性。目前主要有自走式喷灌机（图 11-5）、推车式喷灌机（图 11-6）、床架式喷灌机（图 11-7）等。

图 11-5　自走式喷灌机　　　　　　图 11-6　推车式喷灌机

图 11-7　床架式喷灌机

三、育苗物资

1. 育苗盘　育苗盘是用于基质和秧苗的容器，一般是聚乙烯（PE）、聚苯乙烯（PP）或发泡聚苯乙烯等材料按照一定规格制成的连体多孔，孔穴形状为圆锥体或方锥体、底部有排水孔的容器（图 11-8）。

2. 育苗杯　育苗杯又称营养钵，其质地多为塑料制作，纸杯大小的多用于育种、育苗，花盆大小的多用于温室种植（图 11-9）。

图 11-8　育苗盘　　　　　　　　图 11-9　育苗杯

3. 基质 基质是指能够代替土壤，为栽培作物提供适宜养分和 pH，具备良好的保水、保肥、通气性能和根系固着力的混合轻质材料，组分包括草炭、蛭石、珍珠岩、木屑、作物秸秆、畜禽粪便、树皮、菇渣等（图 11-10）。

图 11-10 基 质

（1）蛭石。硅酸盐材料，系经高温处理（800～1 000℃）后形成的一种无菌材料。它疏松透气，保水透水能力强，常用于播种、扦插以及土壤改良等（图 11-11）。

图 11-11 蛭 石

（2）珍珠岩。粉碎的岩浆岩经高温处理（1 000℃以上）、膨胀后形成的具有封闭结构的物质。它是无菌的白色小粒状材料，有特强的保水与排水性能，不含任何肥分，多用于扦插繁殖以及改善土壤的物理性状（图 11-12）。

（3）草炭。草炭又称黑土、泥炭土，系低温湿地的植物遗体经几千年堆积

而成。通常，根据泥炭形成的地埋条件、植物种类和分解程度，泥炭土又分为高位泥炭、中位泥炭和低位泥炭（图 11-13）。

图 11-12 珍珠石 　　　　　　　　　图 11-13 草 炭

高位泥炭：由温带高纬度植物埋在地层下经长期堆积炭化而形成。以羊胡子草属、水藓属植物为主，分解程度较低，氮和灰分元素含量少，酸性较强，pH 4～5。容重较小，吸水透气性好，一般可吸持水分为其干重的 10 倍以上，适合作无土栽培基质，但 pH 必须调至 5.5～6，也可用于配制培养土。

低位泥炭：分布于低洼积水的沼泽地带，以生长需要无机盐分较多的苔草属、芦苇属植物为主，以及冲积下来的各种植物残枝落叶，经漫长时间的积累形成，分解程度较高，氮和灰分元素含量较多，酸性不强，肥分有效性较高，风干粉碎后可直接作肥料使用。因其容重大，吸水和通气性较差，不宜单独作栽培基质。

中位泥炭：介于高位泥炭和低位泥炭之间的过渡性泥炭，性状也介于二者之间，既可用于无土栽培，也可用于配制培养土。

四、育苗过程

（一）种子处理

1. 种子休眠　种子休眠指有生活力的种子由于内在原因，在适宜的环境条件下仍不能萌发的现象。

2. 种子引发　种子引发也称种子渗透调节，是在控制条件下使种子缓慢吸水为萌发提前进行生理准备的一种播前种子处理技术。目的是促进种子萌发，并且提高萌发时间的稳定率和萌发整齐率，减小萌发时间的标准差，提高苗的抗性和素质、改善营养状况。引发主要通过渗透调节、温度调节、气体调节和激素调节等来达到目的。

3. 种子消毒　通过温汤浸种、药剂浸种等方式杀死种子本身携带的及种子钻出土壤时碰到的病菌或地下害虫的措施称为种子消毒。

（1）温汤浸种。也称热水浸种，指种子在播前，利用一定温度的热水进行浸种，杀灭种子表面或种子内部的病原微生物的种子消毒处理方式。建议茄子、辣椒、番茄、胡萝卜、菠菜、生菜、芹菜、芜菁甘蓝、萝卜及其他十字花科蔬菜采用此方法，对于瓜类蔬菜，如南瓜、瓠瓜、西瓜等，热水处理可能伤害种子，不建议使用（表 11-1）。

表 11-1　蔬菜种子热水处理温度和时间

蔬菜种类	温度（℃）	时间（min）
抱子甘蓝、茄子、菠菜、结球甘蓝、番茄	50	25
花椰菜、羽衣甘蓝、芜菁甘蓝	50	20
芥菜、水芹、萝卜	50	15
辣椒	51	30
芹菜、根芹菜、生菜	47	30

（2）药剂浸种。用各种药剂溶液浸泡种子的方法。目的是促进种子较早发芽，还有可以杀死一些虫卵和病毒。包括福尔马林、磷酸钠、多菌灵、氢氧化钠、氯化钠、代森铵、高锰酸钾等溶液。

（3）药剂拌种。用各种药剂或药粉通过搅拌，均匀黏附到种子表面达到消毒作用的方法。经药剂处理的种子，播种前不宜浸种和催芽。

4. 催芽　凡是能引起芽生长、休眠芽发育和种子发芽，或促使这些前发生的措施，均称为催芽。催芽是保证种子在吸足水分后，促使种子中的养分迅速分解运转，供给幼胚生长的重要措施。

（1）催芽室催芽。通过硬件与软件设施的科学配置，实现对催芽室室内环境湿度、温度、光照、气流等的控制，创造理想催芽条件，对种子进行快速催芽。

（2）苗床催芽。将盘整齐排放在苗床上，盖一层地膜保湿，控制环境温度在 25～30℃，进行遮阳催芽。当 5% 的幼苗长出时，揭去地膜，正常管理。

（二）播种

1. 人工播种　采用人工压穴、播种的方法把种子置于播种穴的中央。

2. 机械播种　人工装填基质，采用机械辅助压穴，并把种子置于播种穴的中央。

3. 自动化播种流水线播种　装填基质、压穴、播种、覆盖、浇水等一系

列播种过程全部由播种流水线一次完成。

（三）播种后管理

1. 定苗 当种子完全出苗后，采用人工、机械或化学等人为的方法去除多余的农作物幼苗，使农田中农作物幼苗数量达到理想苗数的过程，称为定苗。

2. 间苗 间苗又称疏苗。对保护地播种和露地播种而言，为保证足够的出苗率，播种量都大大超过留苗量，造成幼苗拥挤，为保证幼苗有足够的生长空间和营养面积，应及时疏苗，使苗间空气流通、日照充足。

3. 分苗 将小苗从播种床内起出，按一定距离移栽到苗床中或营养钵（土方）或穴盘等容器中。

4. 移苗 在两片子叶展开时，及时移苗，分开大小苗，剔除残弱苗。必要时在出圃前 3 d 再移 1 次苗。

五、育苗质量评价

（一）壮苗

壮苗是指各项指标优良的秧苗，包括日历苗龄、生理苗龄、株高、茎粗、叶片数、叶色、叶绿素含量、叶面积、根系活力等。秧苗各项指标的优劣，不仅从外观、长势、生理指标来判断，还要根据定植后的发根力，生长潜势来判断，果菜类还要求花芽分化和发育良好等。

1. 日历苗龄 从播种开始到秧苗定植到大田为止所需要的天数，这种用来表示苗龄的方法称为日历苗龄。日历苗龄因环境条件、栽培管理水平等不同而有较大的差异。因此在一定的地区范围内，育苗的条件大致相同的情况，才采用日历苗龄来表示秧苗的大小。

2. 生理苗龄 通常用现蕾，蕾的大小，子叶平展以及真叶数量的多少，形状的大小等指标来表示秧苗的大小，这种表示秧苗大小的方法称为生理苗龄。生理苗龄不会因环境条件、管理水平等影响而造成差异，因而用生理苗龄表示秧苗的大小比较科学。

（二）非壮苗

1. 徒长苗 在育苗过程中由于管理方法等不当，出现秧苗茎细长，叶薄色淡，须根少而细弱，抗逆性较差的秧苗称为徒长苗。徒长苗定植后缓苗慢，不易获得早熟高产。

2. 僵苗 僵苗又称"老化苗""小老苗"。茎细弱、发硬，叶小发黑，根少色暗。僵苗定植后发棵缓慢，开花结果迟，结果期短，易早衰。

3. 带帽苗 带帽苗又称幼苗顶壳，瓜类蔬菜中尤为多见，子叶带帽，不仅会使子叶变为畸形（扭曲，叶缘形成缺刻等），而且影响光合作用及以后叶子的生长。

六、育苗指标

（一）基质指标

1. 基质容重 基质容重指单位体积基质的干重。

测定方法：用一个已知体积的容器（如量筒或带刻度的烧杯等）装上基质，再将基质倒出称其重量。套用公式算出：

$$基质容重（\%）=基质重量÷容器体积×100$$

2. 基质总孔隙度 基质总孔隙度是指栽培基质中通气孔隙与持水孔隙的总和，以孔隙体积占基质总体积的百分数来表示。

测定方法：取一已知体积（V）的容器，称其重量（W_1），在此容器中加满待测基质，再称重（W_2），然后将装有基质的容器放在水中浸泡（加水浸泡时要让水位高于容器顶部，如果基质较轻，可在容器顶部用一块纱布包扎好，称重时把包扎的纱布取掉）1昼夜后称重（W_3），然后通过公式算出总孔隙度（重量以 g 为单位，体积以 cm^3 为单位）。

$$总孔隙度（\%）=［（W_3-W_1）-（W_2-W_1）］/V×100$$

3. 基质粒径 基质粒径是指栽培基质颗粒的直径大小，单位为 mm。

（二）种子质量指标

1. 发芽率 在最适宜条件下，在规定天数内发芽的种子数占供试种子数的百分比称为发芽率。现实生活中种子发芽率是衡量种子质量好坏的重要指标。它是决定种子品质的主要依据。

测量方法：随机挑取一些种子，进行发芽试验，数发芽的种子个数，用这个数据再除以样本种子总个数就是所得比率即为发芽率

$$发芽率（\%）=发芽的种子数÷供检测的种子数×100$$

2. 出苗率 出苗数与播种种子数的百分比称为出苗率。

测量方法：调查播种数与出苗数，套用公式算出：

$$出苗率（\%）=出苗数量÷播种数量×100$$

3. 出苗合格率 出苗合格率指可用于嫁接的接穗或砧木苗数与其出苗数

的百分比。

测量方法：调查可用于嫁接的接穗或砧木苗数与出苗数，套用公式算出：

出苗合格率（％）＝可用于嫁接的接穗或砧木苗数÷出苗数量×100

（三）幼苗质量指标

1. 株高 茎基部到生长点之间的距离称为株高。

测量方法：用直尺测定，以穴孔表面到生长点的高度为准。

2. 茎粗 茎粗指第一叶痕基部的粗度。

测量方法：用游标卡尺测定，以第一节位下偏上部为准。

3. 鲜重 鲜重是鲜活的植物采集来后立刻测出的重量。

测量方法：用 1/1 000 天平称量。

4. 干重 为 70 ℃下烘干一定时间后的恒重称为干重，即失水后的质量。

测量方法：先在通风干燥箱 105℃下杀青 30min，然后在 70℃下烘至恒重，再在 1/1 000 天平称量。

5. 嫁接成活率 嫁接成活率指嫁接成活苗数与嫁接苗数的百分比。

测量方法：调查嫁接苗数量与嫁接成活苗数量，套用公式算出：

嫁接成活率（％）＝嫁接成活苗数量/嫁接苗数量×100

（四）成苗质量指标

1. 壮苗指数

测量方法：利用其他测定值，套用公式算出：

壮苗指数＝（茎粗/株高）×全株干重

2. G 值 G 值指日均干重增长量。

测量方法：利用其他测定值，套用公式算出：

G 值（干物质平均积累量）＝全株干重/播种天数

3. 根冠比 根冠比是指植物地下部分与地上部分的鲜重或干重的比值。

测量方法：利用其他测定值，套用公式算出：

根冠比＝根干重/地上部干重

4. 叶绿素含量 叶绿体是作物进行光合作用的主要场所，叶绿素含量的多少，直接影响着作物的光合效率。

测量方法：

（1）SPAD502 叶绿素含量测定仪。通过测量叶片在两种波长范围内的透光系数来确定叶片当前叶绿素的相对数量。

（2）丙酮乙醇混合浸提法测定。称取剪碎的叶片 0.100 0g，放入加有

10mL 丙酮：乙醇＝1∶1 提取液的试管，在黑暗处浸提 24～36h，期间摇匀 2～3 次。比色前倒出该浸提液，再加 5mL 丙酮：乙醇＝1∶1 提取液对未提取干净的样品做二次浸提，混合前后两次浸提液，比色。叶绿素含量的计算公式：

$$Ca=12.21D663-2.81D646$$
$$Cb=20.13D646-5.03D663$$

式中：Ca、Cb 分别为叶绿素 a 和 b 的浓度；D663 和 D646 分别为叶绿体色素提取液在波长 663nm 和 646nm 下的光密度。

5. 根系活力 是指根吸水和吸收无机盐的能力。

测量方法：用 TTC 法测定，取一定量根系样品，放入小烧杯中，加 0.4%TTC 溶液和 1/15 磷酸缓冲液各 5mL，37℃黑暗保温 1.5h，然后加 1mol/L 的硫酸 2mL 终止反应。取出材料，用滤纸吸干后，加入乙酸乙酯研磨，取红色浸提液，用乙酸乙酯定容至 10mL，测 OD_{450} 值。

6. 成品苗率 成品苗率指成品苗数与嫁接成活苗数的百分比。

测量方法：调查成品苗数量与嫁接成活苗数量，套用公式算出：

成品苗率（%）＝成品苗数量/嫁接成活苗数量×100

7. 商品化苗率 反映秧苗生产中自给性生产与商品性生产的比例。商品化苗率越高表明育苗产业发展越灵活，育苗技术推广的成果越好。

测量方法：调查商品秧苗数量与秧苗总量，套用公式算出：

商品化苗率（%）＝商品秧苗数量/秧苗总量×100

七、相关标准

GB/T 16715.3　瓜菜作物种子：茄果类

GB/T 23393　设施园艺工程术语

GB/T 23416.2　蔬菜病虫害安全防治技术规范第 2 部分：茄果类

GB/T 13735　聚乙烯吹塑农用地面覆盖薄膜

GB/T 16715.1　瓜菜作物种子瓜类

GB/T 23416.3　蔬菜病虫害安全防治技术规范第 3 部分：瓜类

GB/T 23416.2　蔬菜病虫害安全防治技术规范第 2 部分：茄果类

GB 4285　农药安全使用标准

GB/T 8321　农药合理使用准则

NY/T 2118—2012　蔬菜育苗基质

NY/T 2119—2012　蔬菜穴盘育苗通则

NY/T 496　肥料合理使用检测通则

NY 1107—2010　大量元素水溶肥料

NY 5010—2002　无公害食品蔬菜产地环境条件

NY 5010　蔬菜产地环境条件

DB21/T1511—2007 蔬菜工厂化穴盘育苗生产技术规程

《中华人民共和国农业部公告》第 199 号国家明令禁止使用的农药

参考文献

陈兴业，2010. 土壤水分植物生理与肥料学 ［M］. 北京：海洋出版社.

葛晓光，2010. 现代日光温室蔬菜产业技术 ［M］. 北京：中国农业出版社.

郭凤领，2009. 蔬菜育苗实用技术指南 ［M］. 武汉：湖北科学技术出版社.

梁桂梅，2014. 蔬菜集约化育苗操作规程汇编 ［M］. 北京：中国农业科学技术出版社.

陆欣，2012. 土壤肥料学 ［M］. 北京：中国农业大学出版社.

尚庆茂，2010. 蔬菜集约化高效育苗技术 ［M］. 北京：中国财富出版社.

王双喜，2010. 设施农业装备 ［M］. 北京：中国农业大学出版社.

张志国，2015. 穴盘苗生产技术 ［M］. 北京：化学工业出版社.

张志良，2010. 植物生理学实验指导 ［M］. 北京：高等教育出版社.

第十二章　粮食生产

一、种植制度

种植制度是一个地区或生产单位作物种植的结构、配置、熟制与种植方式的总体。作物的结构和配置泛称作物布局，是种植制度的基础。

（一）作物布局

作物布局是指一个地区或一个生产单位（或农户）作物组成（结构）和配置的总称，是建立合理种植制度的主要内容和基础。农业生产中的复种、轮作及间套种都必须以作物布局为基础。作物组成（结构）是指作物种类、品种、面积及占有比例等，配置是指作物在区域或田块上的分布。

（二）种植方式

1. 复种与休闲

（1）复种。在一块田地上于同一年内播种一茬以上生育季节不同的作物。复种可以充分利用土地，一般用复种指数来表示土地利用的高低，它是指全年作物收获总面积占耕地面积的百分数。即复种指数（％）＝全年作物收获总面积/耕地面积×100；大于100％表示有一定程度的复种。北方地区最常见的复种方式为"冬小麦-夏玉米"一年二熟。

（2）休闲。在可种作物的季节或全年对耕地只耕不种或不耕不种的方式。

2. 单作、混作

（1）单作。在同一块田地上只种植一种作物的种植方式。特点是便于统一种植、管理和机械化作业。

（2）混作。在同一块田地上，同期混合种植两种或两种以上作物的种植方式。特点是能充分利用空间，但不便于管理和收获。

3. 间作、套种

（1）间作。在一个生长季节内，在同一块田地上分行或分带间隔种植两种或两种以上作物的作物方式。特点是成行或成带种植，可以分别管理，但群体

结构复杂，种、管、收要求高。

（2）套种。指在同一块田地上，在前季作物生长后期在其行间播种或移栽后季作物的种植方式。

4. 轮作、连作

（1）轮作。在一块农田上，年度间有顺序轮换种植不同作物的方式。轮作中前作物称为前茬，后作物称为后茬。轮作可减轻作物的病虫草害。

（2）连作。在同一块农田上年年连续种植同一种作物，又称重茬。甘薯、谷子等作物连作后，会加重病虫危害，减产严重，需要与其他作物合理轮作。

二、作物分类

粮食作物是以收获成熟果实为目的，经去壳、碾磨等加工程序而成为人类基本食粮的一类作物。主要分为 3 大类：谷类作物、薯芋类作物和豆类作物。本章重点介绍小麦、玉米、甘薯及谷子四个作物。

（一）小麦分类

小麦可以按春化阶段和品质类型等方式进行分类。

1. 按春化分类

（1）冬性品种。通过春化温度在 0～5℃，需要时间为 30～50d 的品种。其中只有在 0～3℃ 条件下经过 30d 以上才能通过春化的品种为强冬性品种，这类品种苗期匍匐地面，耐寒性强，春播不能抽穗结实。

（2）半冬性品种。通过春化阶段的适宜温度为 0～7℃，需要时间为 15～35d 的品种。这类品种苗期半匍匐，耐寒性较强，春播一般不能抽穗或延迟抽穗，抽穗极不整齐。

（3）春性品种。通过春化阶段的适宜温度为 0～12℃，需要时间为 5～15d 的品种。这类品种苗期直立，耐寒性差，对温度反应不敏感，种子未经春化处理，春播可以正常抽穗结实。

2. 按品质分类

（1）强筋小麦。蛋白质含量较高，面粉筋力强，面团稳定时间较长，适合制作面包，也可用于配制中强筋力专用粉的小麦。

（2）中筋小麦。蛋白质含量中等，面粉筋力适中，面团稳定时间中等，适用于制作面条、馒头等食品的小麦。

（3）弱筋小麦。蛋白质含量较低，面粉筋力较弱，面团稳定时间较短，适用于制作饼干、糕点等食品的小麦。

211

（二）玉米分类

玉米可以按播期、用途和品质等多种方式进行分类。

1. 按播期分类

（1）春玉米。春季播种，秋季收获的玉米，多为 1 年 1 茬。

（2）夏玉米。夏季播种，秋季收获的玉米，与夏收作物搭配 1 年 2 茬。

2. 按用途分类

（1）籽粒玉米。以收获玉米籽粒为目标，用于人类食用、配合饲料和工业原料的玉米。

（2）鲜食玉米。像水果、蔬菜一样收获食用玉米的鲜嫩果穗，主要指甜玉米和糯玉米等。

（3）青贮玉米。将新鲜玉米地上部整株收获，切碎后存放到青贮窖中，经发酵制成饲料或工业原料。

（4）爆裂玉米。用于爆制玉米花的一种玉米。籽粒几乎全为角质淀粉，质地坚硬，籽粒含水量适当时加热，能爆裂成大于原体积几十倍的爆米花。

（5）笋玉米。以采收幼嫩果穗为目的的玉米。由于这种玉米吐丝授粉前的幼嫩果穗下粗上尖，形似竹笋，故名玉米笋。

3. 按品质分类

（1）甜玉米。籽粒乳熟期总糖含量在 8%～35%，是受 1 个或多个隐性基因控制的胚乳突变体。甜玉米分为普通甜玉米（籽粒乳熟期总糖含量在 8%～16%）、加强甜玉米（籽粒乳熟期总糖含量在 30% 左右）和超甜玉米（籽粒乳熟期总糖含量在 25%～35%）等。

（2）糯玉米。糯玉米俗称黏玉米，其籽粒不透明，无光泽，外观晦暗呈蜡质状，籽粒中淀粉均为支链淀粉。

（3）高油玉米。人工培育出来的一种籽粒含油量显著高于普通玉米。普通玉米的含油量通常为 4%～5%，高油玉米的含油量高达 7%～10%。

（4）高淀粉玉米。籽粒粗淀粉含量在 74% 以上的专用型玉米品种。普通玉米粗淀粉含量仅为 60%～69%。

（5）优质蛋白玉米。优质蛋白玉米又称高赖氨酸玉米，是普通玉米通过遗传改良，使籽粒中赖氨酸含量提高 70% 以上，籽粒赖氨酸含量 ≥0.40% 以上的硬质或半硬质胚乳玉米类型。

（三）甘薯分类

甘薯主要按用途分类，可分为淀粉型、食用型、加工型和菜用型等几种。

1. 淀粉型　高淀粉含量的品种，淀粉含量一般在 22%～26%，主要用于加工淀粉。如徐薯 25、徐 22、梅营 1 号等。

2. 食用型　优质食用及食用加工品种，薯肉黄色至橘红，可溶性糖、胡萝卜素、维生素 C 含量高，熟食味甜、纤维少、口感佳，商品薯率及鲜食产量高的品种。主要有遗字 138，北京 553，烟薯 25 等。

3. 加工型　应用于冷冻薯块、加工薯脯、食用色素的品种。其中，色素加工型品种，鲜薯胡萝卜素大于 10mg/100g，或花青苷含量大于 30mg/100g。主要有徐薯 23、济薯 21、烟薯 20、烟紫薯 1 号等。

4. 菜用型　茎尖翠绿、食味清甜、无苦涩味茎尖产量高的品种。如福薯 6，台薯 71 等。

（四）谷子分类

谷子主要按用途分类，可分为食用型、饲用型和观赏型等 3 种。

1. 食用型　谷子去内外稃与种皮后为小米，其粒小，直径 2mm 左右。

2. 饲用型　饲用型谷子又称草谷子，将谷子迟播、密植、收草以供牲畜饲喂之用。

3. 观赏型　选择特殊品种作为观赏草栽培，一年生草本植物，株高可达 2m 以上，叶片宽条形，基部几呈心形，叶色雅致，叶暗绿色并带紫色。

三、个体性状

（一）小麦个体性状

1. 根系　小麦的根系为纤维状须根系，由初生根和次生根组成。

（1）初生根。在小麦萌发后长出的根系，第一片绿叶出现后初生根的数目就不再增加。初生根的数目与种子大小有很大关系。在拔节前初生根的生长速度很快，可达 1.5～2m，拔节后不再生长。

（2）次生根。着生于分蘖节上，它的发生与分蘖基本同步，一般每长 1 个分蘖相应长出 1～3 条次生根，冬前次生根仅长到 20cm 左右，拔节前后是次生根条数和长度增长最快的时期，开花前后可达 1m 左右，但主要根系分布在 50cm 的土层内。

2. 茎节　茎节分为地上和地下两部分。

（1）地下茎节（分蘖节）。地下 3～8 个不伸长的茎节构成分蘖节。

（2）地上茎节。拔节后，地上 4～6 个节间伸长为茎节。茎节通常是第 1 节短而细，2、3 节间加粗，第 4、5 节间逐渐变细加长，最上的穗节最细最长。

（3）节间长度。小麦秆上相邻两个节之间的距离即为节间长度，节间长度之和就构成了小麦的株高，基部节间短而粗有利于抗倒。

（4）株高。从地表（分蘖节）到直立植株的最高点（抽穗前为心叶叶尖，抽穗后为麦穗顶部，但不包括麦芒）的高度。

3. 分蘖 分蘖是指从分蘖节的叶腋处长出的分枝。分蘖的发生以自下而上的顺序进行，由主茎分蘖节上直接发生的分蘖称为一级分蘖，由一级分蘖上长出的分蘖称为二级分蘖，以此类推。分蘖的多少、生长的壮弱是决定群体好坏和个体发育健壮程度的重要标志。

（1）分蘖节。小麦植株地下未伸长节间、节、腋芽等紧缩在一起形成的节群为分蘖节。

（2）单株茎数（分蘖数）。单株茎数是衡量小麦个体壮弱程度的重要指标。单株茎数包括主茎和所有分蘖。分蘖的计算标准是分蘖的第一片叶从主茎或上一级分蘖叶片的叶腋中伸出 2cm，就可以计为一个分蘖。

（3）近根叶。着生于分蘖节上的叶片，对冬小麦而言包括冬前生长的叶片和春后最先长出的两片叶，其光合产物主要用于分蘖、根系、中部叶片的形成和幼穗分化以及基部节间的生长。

（4）茎生叶。着生于地上部茎秆上的 3～5 片叶，分为中部叶片（着生于第 1、2 伸长茎节的叶片，一般为 3、4 叶）和上部叶片（指旗叶和倒二叶），中间叶片的光合产物主要供应茎秆生长以及上部叶片的形成和穗的分化发育，上部叶片的光合产物主要用于后期小麦籽粒的灌浆。

（5）叶龄。反映小麦生育进程的一个重要指标。是指主茎已生出的叶片数一般表示方法为 m.n，其中 m 代表已展开的叶片，n 代表上一片未展开的叶片的比例。如叶龄 3.5 代表第三叶展开，第四叶长出一半左右。

（6）叶面积。叶面积是代表小麦个体生长情况和水肥管理好坏的重要指标。一般小麦叶面积为叶片长×宽×0.73。叶片长度为小麦叶枕到叶尖的长度，叶片宽度为该叶片最宽处的宽度。

4. 花（穗） 小麦的花为两性花，由 1 枚外稃、1 枚内稃、3 枚雄蕊、1枚雌蕊和 2 枚浆片组成。小麦抽穗后如果气温正常，3～5d 就能开花，开花的顺序为先主茎后分蘖，先中部小穗而后逐渐延伸至穗的两端。同一小穗则由基部小花向上位顺次开放，全穗开花时间一般持续 3～5d。小麦的穗为复穗状花序，由穗轴和小穗组成。因品种不同，穗形有纺锤形、圆锥形、棍棒形、长方形和分枝形等。

5. 籽粒 小麦籽粒属于颖果，外层为果皮，果皮以内是真正的种子，包

括种皮、糊粉层、胚和胚乳。胚乳占小麦籽粒总重的 82%～85%，其主要成分是淀粉和蛋白质，二者分别占籽粒重的 60%～80%和 7%～18%。

（二）玉米个体性状

1. 根 玉米根系属须根系，根据发生部位分为胚根和节根两种。

（1）胚根。胚根又称初生根、种子根，在玉米种子萌发时，直接由胚根伸长发育而成。

（2）节根。节根从茎节上长出，从地下节根长出的称为地下节根，一般 4～7 层；从地上茎节长出的节根又称支持根、气生根，一般 2～3 层。

2. 茎 茎秆是玉米植株的中轴，贯通连接各器官，使叶片较均匀地分布在空间，其生长状况对其他器官的建成和功能都有重要影响。茎由节和节间组成。

（1）节间长度。植株相邻两个节之间的距离即为节间长度。

（2）茎粗。玉米茎粗是衡量个体壮弱程度的重要指标，指节间扁圆和长圆两面的直径平均值。

（3）自然株高。指地表到田间自然植株的最高点。

（4）实际株高。地表到直立植株的最高点。抽雄前为所有叶片捋直后叶尖最高点，抽雄后为雄穗顶部高度。

（5）穗位高。指从地面至最上部果穗着生节位的高度。

3. 叶片 玉米的完全叶一般由叶片、叶鞘和叶舌 3 部分组成。

（1）叶鞘。围抱于茎的四周，具有保护和支持幼茎的作用。

（2）叶舌。叶环包围茎秆的部分有膜状薄片，称叶舌。叶舌的有无、大小，是识别禾谷类作物幼苗的重要特征。

（3）叶龄。叶龄是反映粮食作物生育进程的一个重要指标。玉米一般用展开叶数和可见叶数表达，展开叶数为上一叶的叶环从前一展开叶的叶鞘中露出，两叶的叶环平齐时为上一叶的展开期。新展开叶与其以下已展开叶数相加，即为展开叶数。可见叶数为拔节前心叶露出 2cm，拔节后露出 5cm 时为该叶的可见期。新的可见叶与其以下叶数相加，即为可见叶数。

（4）单株叶面积。代表作物个体生长情况和水肥管理好坏的重要指标。玉米单株叶面积为展开叶、未展叶面积之和（单位 cm²）。展开叶叶面积计算公式：叶片长度×最大宽度×0.75（单位 cm²）；未展叶叶面积计算公式：叶片中脉长度×宽度×0.5（单位 cm²）。

（5）相对叶绿素含量。使用 SPAD 计测定，在活体叶面取上、中、下三个部位，分别进行测定，取平均值即为该叶面相对叶绿素含量。

4. 花和穗　玉米的雄穗、雌穗同株，两种总性花序异位着生，是典型的异花授粉作物，天然杂交率 95% 左右。

(1) 雄花序。又称雄穗，属圆锥花序。由穗轴和其枝梗以及着生在枝梗上的若干小穗组成。

(2) 雌花序。又称雌穗，属肉积花序，结实后称为果穗。

(3) 空秆。成熟期籽粒在 30 粒以下以及尚处于乳熟期的植株为空秆。

(4) 双穗。正常成熟并结实超过 30 粒的果穗为有效穗，单株达到两个有效穗为双穗。

(5) 穗长。果穗基部至穗顶的长度（包括秃顶）的平均值。

(6) 穗粗。果穗中部直径的平均值。

(7) 秃顶长度。果穗顶端未结粒处的长度。

(8) 穗行数。果穗中部的籽粒行数的平均值。

(9) 行粒数。果穗中等长度行粒数的平均值。

(10) 籽粒出产率。籽粒风干重占果穗风干重的百分比。计算公式：籽粒出产率（%）＝籽粒风干重/果穗风干重×100。

5. 单株干重　指单株地上部分干物重，单位：g。

（三）甘薯个体性状

1. 根　甘薯根分为须根、柴根和块根 3 种形态。

(1) 须根。须根呈纤维状，有根毛，根系向纵深伸展，一般分布在 30cm 土层内，深可超过 100cm，具有吸收水分和养分的功能。

(2) 柴根。柴根粗约 1cm，长可达 30～50cm，是须根在生长过程中遇到土壤干旱、高温、通气不良等原因，以致发育不完全而形成的畸形肉质根，没有利用价值。

(3) 块根。块根是贮藏养分的器官，也是供食用的部分。分布在 5～25cm 深的土层中，分为纺锤形、圆筒形、球形和块形等，皮色有白、黄、红、淡红、紫红等色；肉色可分为白、黄、淡黄、橘红或带有紫晕等。具有根出芽特性，是育苗繁殖的重要器官。

2. 茎　茎分长蔓形、中蔓形、短蔓形品种，长 1～3m，茎色可分为绿、紫、褐或绿中带紫色等。

3. 叶　单叶互生，叶形可分为心脏、三角与掌状等，一般长和宽不超过 10cm。叶缘分全缘、带齿、浅单缺刻、浅复缺刻和深复缺刻，顶端急尖，基

部心形。叶色有绿、浅绿和紫色等。

4. 花 雄花序为穗状花序，单生，长约 15cm。雌花序穗状花序，单生于上部叶腋，长达 40cm，下垂，花序轴稍有棱。

5. 果 蒴果较少成熟，三棱形，顶端微凹，基部截形，每棱翅状，长约 3cm，宽约 1.2cm。

6. 种 种子圆形，具翅。着生 1～4 粒褐色的种子。

（四）谷子个体性状

1. 根 谷子的根属须根系，由初生根、次生根和支持根组成。初生根也称种子根，由胚根发育而成。次生根发生在茎基部各茎节上，从茎基部开始依次向上可生出 6～8 层节根。支持根又称气生根，着生在靠近地表面 1～2 节茎节上。

2. 茎 谷子的茎直立，圆柱形。茎高 60～150cm，茎节数 15～25 节，少数早熟品种只有 10 节。基部 4～8 节密集，组成分蘖节。

3. 叶 谷子叶为长披针型。叶由叶片、叶舌、叶枕及叶鞘组成，无叶耳。一般主茎叶片为 15～25 片，个别早熟品种只有 10 片。

4. 穗与花 谷子的花序为圆锥花序，由主轴、分支、小穗和小花组成。主轴上着生排列整齐的一级分支（枝梗），一级分枝上又生出二级分枝和三级分枝。谷穗的中轴及各级分支的长短不同，以及穗轴顶端分叉的有无，构成不同穗形。常见的穗型有纺锤形、圆筒形、棍棒形、分枝形等。不同穗型是谷子品种的重要特征标志。

5. 子实 谷子籽粒是一个假颖果，由子房和受精胚珠、内稃和外稃发育而成。子实结构包括皮层、胚和胚乳三部分。谷粒有黄色、白色、红色、灰色等几种颜色，米色也一样有多种颜色。籽粒千粒重一般为 2.5～3.5g。

四、群体性状

（一）小麦群体性状

1. 生育期 小麦的生育期可划分为 15 个时期，全田 50％的苗（茎）达到指标即可。

（1）出苗期。小麦播种后，种子吸收水分达到本身重量 50％左右时萌动发芽，当第一片绿叶伸出胚芽鞘、露出地面 2cm 时称为出苗。

（2）三叶期。主茎第三片绿叶伸出 2cm 左右。

（3）分蘖期。主茎上第一个分蘖伸出 2cm 左右。

（4）越冬期。连续 5d 日平均温度稳定在 0℃以下，植株停止生长，把第一天计为越冬期。

（5）返青期。春季气温回升后，植株恢复生长的心叶新长出部分露出叶鞘 2cm 左右。

（6）起身期。主茎、分蘖叶鞘显著伸长，幼苗由匍匐转直立，第三片春生叶露尖 2cm 左右，第一节间在地下开始伸长，穗分化从二棱末期到护颖分化期。

（7）拔节期。主茎、分蘖的茎节伸出地面 2cm，倒二叶露尖 2cm 左右，穗分化到小花分化盛期。

（8）挑旗期。主茎、分蘖的旗叶展开，叶耳可见，穗分化进入四分子期。

（9）抽穗期。穗子的 1/2 露出旗叶叶鞘。

（10）开花期。穗子中上部花开放，露出黄色花药。

（11）籽粒形成期。开花后 12d 左右籽粒外形长成含水量 70%左右。

（12）乳熟末期。籽粒表面呈绿黄色，体积最大，胚乳呈炼乳状，含水量 45%左右。

（13）糊熟期。籽粒背部变黄发白，只有腹沟和胚周围显绿，胚乳黏稠呈面筋状，含水量 40%左右。

（14）蜡熟期。籽粒变黄，胚乳呈蜡状，麦粒可被指甲掐断，含水量在 25%～35%，只有茎节上微带绿色。

（15）完熟期。籽粒变硬，含水量下降到 25%以下，体积缩小，收获时易掉粒，造成损失。

2. 生育阶段

（1）幼苗阶段。幼苗阶段是指从种子萌发到起身期，即从播种开始到翌年 4 月 5 日（清明节）前后，此阶段一般经历 190d 左右，占京郊小麦全生育期的 73%，为 3 个生育阶段中最长的一个时期，以营养生长为中心。幼苗阶段先后经历出苗、三叶期、分蘖、越冬、返青、起身（生理拔节）6 个生育时期。

（2）器官建成阶段。器官建成阶段从起身期至开花期，即 4 月 5 日（清明）前后至 5 月 15 日前后，此阶段一般经历 40d 左右，占京郊小麦全生育期的 15%，此阶段营养生长与生殖生长同时进行。器官建成阶段先后经历拔节（农艺拔节）、挑旗（孕穗）、抽穗、开花等 4 个生育时期。

（3）籽粒形成阶段。以生殖生长为中心，籽粒形成阶段包括从开花到成熟这一段时期，即从 5 月 15 日前后至 6 月 15 日前后，此阶段一般经历 30d 左右，占京郊小麦全生育期的 12%。主要包括籽粒形成期、乳熟末期、糊熟期、

蜡熟期和完熟期 5 个时期。

3. 生育性状

（1）基本苗。小麦出苗后，3 叶期前，在麦田中按 3 点取样法或梅花取样法（5 点），选择播种均匀的点取 1m 双行或按每亩地的万分之一面积取样点，调查样点内的小麦苗数量，然后换算成每亩地的基本苗数，单位：万株/亩。

（2）总茎数。在麦田中按 3 点取样法或梅花取样法（5 点），选择播种均匀的点取 1m 双行或按每亩地的万分之一面积取样点，调查样点内的小麦所有茎的数量，然后换算成每亩地的总茎数，单位：万株/亩。

（3）有效茎。在冬前分蘖期到次年起身期，有效茎为主茎和心叶长出 2cm 以上、且叶色正常、饱满的不同级别分蘖的总和。

（4）无效分蘖。小麦在起身期总茎数达到高峰后，部分出生晚的小蘖就开始退化成为无效分蘖，主要特点是心叶停止生长、萎蔫、失绿、或下一片叶已展开但心叶未正常伸出，出现喇叭口状。

（5）拔节期大茎。拔节期分蘖已出现明显的两极分化，与主茎叶龄相差在 1.0 以内的分蘖有望成穗，称为大茎。与主茎叶龄相差 1.0 以上的分蘖将逐渐退化，成为无效茎。

（6）亩穗数。抽穗期和开花期亩穗数基本定型，这时调查已孕穗或抽穗的总茎数即为这时的亩穗数，可预测成熟时的亩穗数。有效穗数在成熟前调查，取 1m^2 生长均匀的样段，数粒数 5 个以上的穗子，计算出每亩有效穗数。

（7）叶面积指数。叶面积指数又称叶面积系数，是单位面积地块上小麦叶片的总面积与占地块面积的比值。即：叶面积指数＝绿叶总面积/占地面积。叶面积指数是反映群体大小较好的动态指标。

（二）玉米群体性状

1. 生育期　玉米的生育期可划分为 10 个时期，全区 60% 植株达到标准即可。

（1）播种期。播种当天的日期。

（2）出苗期。幼苗第 1 真叶展开的日期。

（3）拔节期。植株基部开始伸长，节间长度达 1cm 的日期。此时，叶龄指数为 30% 左右，茎解剖观察，雄穗生长锥开始伸长。

（4）大喇叭口期。植株可见叶与展开叶之间的差数达到 5、并且上部叶片呈现大喇叭口形的日期。此时，叶龄指数为 60% 左右，解剖观察，雌穗进入小花分化期，雄穗为四分体期。

（5）抽雄期。植株雄穗尖露出顶叶 3～5cm 的日期。

（6）开花期。雄穗产轴小穗开始开花的日期。

（7）吐丝期。植株雌穗花丝露出苞叶的日期。

（8）乳熟期。从胚乳呈乳状开始到变为糊状结束，历时 15～20d。

（9）蜡熟期。从胚乳成糊状开始到蜡状结束，历时 10～15d。

（10）完熟期。植株果穗中部籽粒乳线消失，籽粒基部出现黑色层，并呈现出品种固有颜色和色泽的日期。籽粒从蜡熟末期起干物质积累基本停止，经过继续脱水，含水率下降到 30% 左右。

2. 生育阶段

（1）苗期。从播种期至拔节期为苗期，包括种子发芽、出苗及幼苗生长过程。以营养生长为中心，为长根、分化茎、叶为主的营养生长阶段，春玉米 35d，夏玉米、早、中熟品种 20～25d。

（2）穗期。从拔节期至抽雄期为穗期。包括大喇叭口期在内的一段生育过程。生育特点是营养生长与生殖生长并进，此阶段玉米完成了雄穗和雌穗的分化发育过程，是决定穗数、穗大小、籽粒多少的关键时期，30d 左右。

（3）花粒期。从抽雄期至成熟期为花粒期。包括开花、吐丝、受精结实和籽粒灌浆过程。以生殖生长为主，是籽粒产量形成的中心阶段，早、中、晚熟品种各约需 30d、40d、50d。

3. 生育性状

（1）留苗密度。田间定苗后测定的单位面积总苗数，单位：株/亩。

（2）叶面积指数。叶面积的大小是衡量玉米群体结构是否合理的重要标志。叶面积指数则是反映叶面积大小的常用指标，在进行玉米群体结构、群体光合、品种比较及高产栽培等研究时，常常要测定。叶面积指数（LAI）的计算公式：

$$LAI = LA（m^2）/GA（m^2）$$

式中：GA 为土地面积；LA 为该土地面积上的总叶面积。

（3）倒伏率。植株倒伏倾斜度大于 45° 作为倒伏指标。倒伏程度分轻（Ⅰ）、中（Ⅱ）、重（Ⅲ）三级。倒伏植株占 1/3 以下者为轻，1/3～2/3 者为中，超过 2/3 者为重。注明倒伏日期和类型（根倒伏、茎倒伏）。

（4）折断率。植株从果穗下部折断的株数占调查株数的百分比。

（5）病虫株数。分别统计病虫害名称及受不同病、虫危害的株数占调查株数的百分比。

（6）百粒籽粒灌浆速率。（后一次百粒干重一前一次百粒干重）/两次取样间隔天数。单位：g/d。

（7）实收株数。指收获时单位面积实际株数。

（三）甘薯群体性状

1. 生育期 甘薯生育期可划分为 6 个时期。

（1）返苗期。全田 50％的植株第 1 片新叶展开或腋部长出腋芽。

（2）分枝期。全田 50％的植株腋芽伸长。此时期地上部茎叶生长缓慢，地下根系生长较快，到分枝期结束，根系基本建成，块根形成。

（3）甩蔓期。此时期地上部茎叶生长加速，营养除供应地上部分，也开始向地下块根中运输储藏，促使块根逐渐膨大。

（4）封垄期。此时期茎叶迅速生长和块根开始膨大的交错时期。

（5）回秧期。此时期茎叶生长由盛转衰，但甘薯块根开始迅速膨大。

（6）收获期。以气候条件确定适宜收获期一般在霜降来临前，日平均气温 15℃左右开始收获为宜，降至 12℃时收获基本结束。如果收获期过晚，甘薯在田间容易受冻，为安全贮藏带来困难；收获过早，库温较高，容易腐烂。

2. 生育阶段

（1）发根分枝结薯期（生长前期）。从栽秧到茎叶封垄。这个阶段是甘薯扎根、缓苗、分枝发棵、结薯的时期。在分枝发生前，植株以根系建成和块根形成为主；分枝后，植株转入以茎叶生长、块根开始膨大为主阶段；在结薯期后期，成薯数基本稳定，不再增多。

（2）薯蔓同长期（生长中期）。从茎叶封垄到叶面积生长最高峰。这个阶段是甘薯生长最旺盛的时期，茎叶生长和块根膨大几乎同时进行，但仍以茎叶为主。茎叶生长量约占整个生长期重量的 60％～70％。地下薯块随茎叶的增长，光合产物不断地输送到块根，块根明显膨大增重，形成块根总重量的 30％～50％。

（3）薯块盛长期（生长后期）。从茎叶开始衰退到收获。这个阶段以薯块膨大为主。茎叶开始停长，叶色由浓转淡，下部叶片枯黄脱落。地上部同化物质加快向薯块输送，薯块膨大增重速度加快，增重量相当于总薯重的 40％～50％，高的可达 70％，薯块干物质的积累明显增多，品质显著提高。

3. 生育性状

（1）基本苗。甘薯移栽后单位面积内成活的植株数量。

（2）主茎蔓长。甘薯植株由主根生长出的藤茎的长度。

（3）.分枝数。由甘薯茎基部生长出的分枝数量。

（4）主茎茎粗。甘薯主茎的茎蔓直径。

（5）单株结薯数。单株地下部结薯的数量。

（6）单株鲜薯重。收获期甘薯单株结薯总数的重量。

（7）大中小薯分类。收获期调查，以 250g 以上为大薯，100～250g 为中薯，100g 以下为小薯。商薯率即以大、中薯占总薯重的百分数表示。

（8）薯干品质。取中等薯块纵切 0.5cm 厚的薯片，晒干后根据薯干洁白程度和平整度分为一、二、三级。

（9）食味。蒸熟品尝，对肉质黏度、甜味、香味、面度、纤维含量等项目进行综合评定，用优、中、差表示。

（10）T/R 值。地上部鲜重与地下部鲜重的比值。

（四）谷子群体性状

1. 生育期

（1）萌发。种子经过吸水膨胀和养分转化，胚根鞘、胚芽鞘胀裂种皮露出。

（2）拔节。谷子除茎基部 4～5 个节间不伸长外，其他节间从下向上逐渐伸长，茎下部的节间开始伸长时，也就是拔节的开始。

（3）抽穗。谷子幼穗发育完成后，穗子从旗叶的叶鞘中伸出，即为抽穗。

（4）开花。谷子抽穗后 3～4d 开始开花，即为开花。

（5）成熟。籽粒胚乳变硬，水分含量下降到 20% 左右，干物质停止积累，体积缩小，颖片失水干枯。

2. 生育阶段

（1）营养生长阶段。从种子萌发开始到拔节期为止，是谷子根、茎、叶等营养器官分化形成阶段。

（2）营养生长和生殖生长并进阶段。从拔节期到抽穗期为止，是谷子根、茎、叶大量生长和穗生长锥的伸长、分化与生长阶段。

（3）生殖生长阶段。抽穗期到籽粒成熟期，是谷子穗粒重的决定期。

3. 生育性状

（1）株高。样株分蘖节至穗顶部的平均长度。

（2）茎粗。样株基部节间的平均直径。

（3）主茎节数。样株地面以上伸长节数的平均值。

（4）主穗长。样株从穗第一分枝到穗顶的长度的平均值，单位：cm。

（5）穗粒重。样株穗粒重平均值，单位：g，含水量≤14%。

（6）株粒重。样株全部穗脱粒后平均重量，单位：g，含水量≤14%。

（7）株草重。样株去穗后的全部茎叶的平均重量，单位：kg。

（8）千粒重。1 000 粒种子的平均重量，单位：g，含水量≤14%。

（9）粮草比。样株平均单株粒重与平均单株草重的比值。

五、产量要素

粮食作物产量分为生物产量和经济产量。生物产量是作物在整个生育期间生产和积累有机物的总量，即整个植株（一般不包括根系）的干物质全量。经济产量是指单位面积上所获得的有经济价值的主产品数量。经济产量与生物产量之比成为经济系数，反映生物产量转化为经济产量的效率。

作物产量计算公式：

作物产量＝单位面积株数×单株产品器官数×产品器官重量

每种作物的产量构成因素不尽相同。

1. 谷类作物　主要是小麦、玉米和谷子，产量构成的 3 个因素：亩穗数、穗粒数、千粒重。

（1）亩穗数。单位面积的有效成穗数，单位：穗/亩。

（2）穗粒数。平均每穗的粒数，单位：粒。

（3）千粒重。每千粒谷物的重量，单位：g。

（4）理论产量。按照产量构成三因素计算出的产量。公式：

$$理论产量（kg/亩）＝\frac{亩穗数×穗粒数×千粒重×0.85}{1\,000\,000}$$

2. 薯类作物　主要是甘薯、马铃薯，产量构成三因素：亩株数、单株结薯数、单薯重。

（1）亩株数。收获期调查能结薯的植株数，单位：株/亩。

（2）单株结薯数。以每株薯秧上薯块的块数表示，单位：块/株。

（3）单薯重。收获期甘薯单株结薯的每个薯块平均产量，单位：g/块。

（4）理论产量。按照产量构成三因素计算出的产量。公式：

$$理论产量（kg/亩）＝\frac{亩株数×单株结薯数×单薯重×0.85}{1\,000}$$

六、栽培技术

（一）小麦栽培技术

1. 节水群体构建技术　足够的群体结构是小麦节水管理的前提，该技术包括科学选用节水高产品种和高质量种子，青贮地采用重耙＋旋耕或翻耕＋轻耙（旋耕）、籽粒玉米地采用重耙＋旋耕或翻耕＋轻耙（旋耕）的整地方式精细整地，于 9 月 25 日至 10 月 5 日适期播种，亩基本苗 25 万～36 万株，最佳播深 4～5cm。

2. 抗旱节水栽培技术　11 月下旬每亩浇越冬水 50 方保苗越冬。12 月上中旬进行冬初镇压，破碎坷垃，弥缝保墒；2 月中下旬进行冬末镇压，沉实土壤，提墒保墒、抑制干土层发展。春季因苗因墒实施节水灌溉，全生育期灌水控制在 150 方以内。

3. 高效施肥技术　以产定量，单产 450～500kg，每亩施纯氮、五氧化二磷和氧化钾分别为 18kg、8kg 和 4kg。合理施氮，全生育期氮肥施用底肥：返青：拔节比例为 3：3：4 或 4：3：3。

4. 轻简化栽培技术　包括拌种综防、机播化肥、喷灌施肥、一喷多用等技术。拌种综防技术，采用新型复合药剂拌种防虫、防病、促进植株健壮生长。机播化肥技术，早春顶凌机播化肥，提高氮肥利用率。喷灌施肥技术，在喷灌前端安装溶肥桶、注肥泵，随喷灌浇水喷施氮肥，解决拔节期无法机施肥问题。一喷多用技术，结合化学除草、吸浆虫和蚜虫防治综合喷施药剂和叶面肥，起到多重效果。

（二）玉米栽培技术

1. 雨养旱作技术　包括利用抗旱品种、秸秆还田培肥技术、土壤深松蓄水技术、抢墒、等雨播种技术、等雨追肥、长效缓释肥播前一次底深施技术、化学制剂保水技术等。

2. 保护性耕作技术　包括秸秆覆盖还田技术、免耕施肥播种技术、杂草与病虫害综合防治技术、土壤深松技术 4 项核心技术。

3. 地膜覆盖技术　通过覆盖地膜起到明显的增温保墒、节水增产的效果。包括覆膜高产栽培技术、全膜双垄沟播栽培技术和玉米膜侧集雨节水栽培技术等主要技术体系。

4. 单粒播种技术　应用玉米精量播种机和高质量种子（发芽率达到 93％以上），按照玉米田间要求的留苗密度及行距、株距，准确播种，每穴 1 粒，确保"一粒种子一棵苗"的玉米播种技术。

5. 铁茬播种技术　在小麦收获之后，不经过耕地、整地，直接在麦茬地上播种夏玉米，可减少农耗时间，减轻劳动强度，利于机械化作业。

6. 化学调控技术　通过外施化学调控试剂实现对作物株型、生育进程、产量等性状的调控，起到增加耐密性、提高抗倒伏能力、加快生育进程、提高产量品质等效果。

7. 分期播种技术　为了达到鲜食玉米分批陆续采收上市的目的，一般每隔 15d 左右播种一定规模称为分期播种。在京郊甜、糯鲜食玉米生产基地广泛

采用分期播种技术。

8. 籽粒直收技术 在玉米完熟期（含水量 25% 以下）时，使用玉米专用联合收获机械一次完成秸秆粉碎、摘棒、剥皮、脱粒、清选、秸秆抛撒等作业，同时实现籽粒直收与秸秆抛撒还田的现代化轻简技术。

（三）甘薯栽培技术

1. 脱毒技术 脱毒技术是指从甘薯苗茎上剥离茎尖，经组织培养和病毒检测，获取不带病毒组培苗并进行扩繁得到无病毒薯块的技术。经过脱毒一般可增产 20%～30%，并对产品的外观、商品性有所改善。

2. 脱毒种薯四级繁育技术 甘薯品种经脱毒试管苗、原原种、原种生产获得良种的生产技术。脱毒试管苗是指从常规甘薯品种上获取茎尖，经组织培养和病毒检测后，确定其不带病毒的试管组培苗。原原种是由脱毒试管苗在 40 目的防蚜网室或温室内无病原土壤上生产的种薯生产的薯块。原种是由原原种苗（原原种种薯于 40 目防虫网室内育出的种苗）在一定的空间隔离（500m）条件下生产的薯块。生产种是由原种苗［原种薯块在一定的空间隔离（500m）条件下育出的种苗］在常规大田条件下生产的种薯，可直接供给薯农栽种。

3. 机械起垄覆膜技术 应用起垄覆膜机，一次性完成起垄、覆盖地膜两项农事操作，省工省力，同时具有增温、蓄水、保墒的作用，改善土壤理化性状，促进甘薯生产发育的作用。北京地区推荐垄距 80～90cm，垄高 25cm。

4. 合理密植技术 在甘薯移栽时，适宜的种植密度，可以获得较高产量和商品率。推荐春薯种植密度 3 600～4 000 株/亩。

5. 控氮补钾技术 甘薯生长期间对钾肥需求敏感，施用氮肥不宜过多。施肥时候采取基肥为主、追肥为辅，控氮补钾的施肥原则。

（四）谷子栽培技术

1. 轮作倒茬技术 谷子不宜重茬，实行以杂粮和玉米为主体的 3 年轮作制，即每隔 3 年轮换种植 1 年谷子。合理轮作可有效减少草荒，减轻病害，特别是土传病害，如谷子白发病等，轮作可避免土壤内同一营养要素失调。

2. 精量播种技术 采用精量谷子播种机具，播种量控制在 0.2～0.4kg/亩，全期不进行间苗。播种深度 3～5cm 为宜，播后镇压。

3. 机械收获技术 谷子机械化收割、脱粒、秸秆还田"一条龙"作业。机收籽粒干净、省时、省力，同时秸秆还田，可有效提高秸秆综合利用率，减轻秸秆禁烧压力。

七、相关标准

1. 综合类

《全国粮食高产创建测产验收办法（试行）》，农业部，2008 年

2. 小麦

冬小麦生产技术规程，地方标准　DB 11/T 083—2009

强筋、中筋、弱筋小麦，地方标准　DB 11/T 169—2002

优质强筋小麦品质指标，国家标准　GB/T 17892—1999

优质弱筋小麦品质指标，国家标准　GB/T 17892—1999

3. 玉米

饲料用籽粒玉米生产技术规程，地方标准　DB11/T 257—2005

夏播青贮玉米生产技术规程，地方标准　DB11/T 258—2005

夏玉米生产技术规程，地方标准　DB11/T 084—2009

甜玉米，国家标准　NY/T 523—2002

糯玉米，国家标准　NY/T 524—2002

国家青贮玉米品种区域试验调查项目和标准（试行）

4. 甘薯

甘薯脱毒种薯行业标准　NY/T 1200—2006

甘薯（地瓜、红薯、白薯、红苕、番薯），专业标准　ZB 23007—85

5. 谷子

小米，国家标准　GB/T 11766—2008

参 考 文 献

王璞，2009. 农作物概论 [M]. 北京：中国农业大学出版社 .

杨守仁，郑丕尧，2000. 作物栽培学概论 [M]. 北京：中国农业出版社 .

于振文，2015. 作物栽培学各论北方本 [M]. 北京：中国农业出版社 .

于立河，李佐同，郑桂萍，2011. 作物栽培学 [M]. 北京：中国农业出版社 .

第十三章　油料生产

一、作物分类

油料作物是以榨取油脂为主要用途的一类作物。世界四大主要油料作物为大豆、油菜、花生、向日葵。

（一）大豆

1. 按播种时间分类

（1）春大豆。一般在4～5月播种，9月成熟，主要分布于东北三省，河北、山西中北部，陕西北部及西北各省（区）。春大豆短日照性较弱。

（2）黄淮海夏大豆。于麦收后播种，9月至10月初成熟，耕作制度为麦豆轮作的一年二熟制或两年三熟制，主要分布于黄淮平原和长江流域各省。短日照性中等。

（3）南方夏大豆。在5月至6月初麦收或其他冬播作物收获播种，9月底至10月成熟，短日照性强。

（4）秋大豆。一般在7月底至8月初播种，11月上、中旬成熟，短日照性极强。通常是早稻收割后再播种，当大豆收获后再播冬季作物，形成一年三熟制。主要分布于浙江、江西的中南部、湖南的南部、福建等地区。

2. 按结荚习性分类

（1）有限结荚习性。一般始花期较晚，当主茎生长高度接近成株高度时，才在茎的中上部开始开花，然后向上、向下逐步开花，当主茎顶端出现一簇花后，茎的生长停止。这类型的大豆，营养生长和生殖生长并进的时间较短。

（2）无限结荚习性。一般始花期较早，开花期长，开花结荚顺序由下而上，花序短，结荚分散，主茎顶端一般1～2个荚。始花后，茎继续生长，叶继续产生。这类型的大豆，营养生长和生殖生长并进的时间较长。

（3）亚有限结荚习性。介乎以上两种习性之间，主茎较发达，开花结荚由下而上，花序中等，主茎顶端一般有3～4个荚。

3. 按用途分类

（1）籽粒大豆。以收获大豆籽粒为目标，用于人类食用和工业加工原料的大豆。

（2）鲜食大豆。在大豆灌浆后期，即收获豆荚食用，以籽粒绿色为主。鲜食大豆又称毛豆或菜用大豆。

4. 按品质分类

（1）普通大豆。常用来做各种豆制品、压豆油、炼酱油和提炼蛋白质。豆渣或磨成粗粉的大豆也常用于禽畜饲料。

（2）高蛋白大豆。粗蛋白质含量不低于45%（干基），含油率18%左右，主要用于大豆蛋白提取和加工豆制品的大豆称为高蛋白大豆。

（3）高油大豆。高油大豆是指含油率达到21%以上、蛋白质含量不低于38%（干基），主要用于榨油的大豆。

5. 按种皮颜色分类

大豆按其种皮的着色可分为5大类：黄大豆、青大豆、黑大豆、其他色大豆和饲料豆。其中，黄大豆占大豆总量的90%以上。

（二）花生

1. 按生育期长短分类

（1）早熟型花生。生长期120～130d。生长期145d左右。

（2）晚熟型花生。生长期165d左右。

（3）中熟型花生。

2. 按荚果大小分类

（1）大花生。壳厚、果型大、每百粒花生重在80g以上，分布面积最广。

（2）小花生。粒小、壳薄，每百粒花生重在50g左右，适栽于沙地，主要分布于四川、广东、湖南、河南西南部等。

3. 按特征特性和植物学性状分类

（1）普通型花生。果仁多为椭圆形或长椭圆形。硕大饱满，皮色粉红或红色，百粒重在80g左右，含油量52%～54%该型花生成晚熟，生育期150～180d，只可一年一作。

（2）珍珠型花生。果仁多为圆形或桃形，硕大饱满，皮色粉红，百粒重在50～60g，珍珠型花生早熟，生育期120d左右，可适应南方春秋两熟区花生种植。

（3）多粒型花生。荚果3～4个，果仁多为圆柱形或三角形，皮色深红，光滑，有光泽，有光泽，百粒重在30～75g，含油量52%。多粒型花生耐旱性较弱，早熟性突出。

（4）龙生型花生。荚果果仁多为 3 个，果仁多呈三角形或圆锥形，皮红色或暗红色，表面凹凸不平，无光泽，有褐色斑点，百粒重 150g 左右，含水量油量 48%，龙生型花生曾是我国最早种植的花生。

（三）芝麻

1. 按分枝习性分类

（1）单杆型。通常不分枝，节间较短，每节着生 2~3 个蒴果，茎杆坚硬，一般成熟较晚，宜于密植。

（2）分枝型。具有分枝性，节间较长，每节多数着生 1 个蒴果，一般成熟较早，种植不宜过密。

2. 按颜色分类

（1）白色芝麻。主要用于糕点等食品。

（2）黄白芝麻。主要用于榨油、芝麻酱。

（3）黑色芝麻。主要做糕点及药用。

（4）杂色芝麻。主要用于榨油用。

3. 按芝麻生育期分类

（1）早熟种。生育期 80~90d。

（2）中熟种。生育期 90~100d。

（3）晚熟种。生育期 100~120d。

4. 按蒴果的棱数分类　一般分为四棱、六棱、八棱和多棱芝麻。

（四）胡麻

按栽培种分类可以分为 3 种类型：

（1）纤维用。利用茎秆皮纤维生产天然植物纤维，出麻率 10% 左右。生育期 70~80d。长日照，一般 70~80d 成熟。

（2）油用型。利用亚麻种子榨取植物油，含油在 32%~48%，高出大豆 1 倍，可用于生产油漆、油墨、涂料、造食用油等。籽饼含蛋白质 23%~33%，可做良好的饲料。生育期 90~120d。短日照，生育期 80~100d。

（3）油纤两用。该类型专用性差，即可出麻，又可出油，不适合种植，生育期 85~110d。

（五）油菜

1. 按农艺性状分类

（1）白菜型油菜。白菜型油菜特点是植株较矮小，叶色深绿至淡绿，开花时花瓣两侧互相重叠，角果较肥大，果喙显著，这种油菜生育期短、抗病性较差、产量较低。此类油菜分为两种，一种是中国北方春播的小油菜，春性特别强，生长期短，耐低温，适宜于高海拔、无霜期短的高寒地区作春油菜栽培；另一种是中国南方的油白菜，株型较大，分枝性强，茎秆粗壮，茎叶发达，叶片较宽大。

（2）芥菜型油菜。芥菜型油菜主要特点是主根入土较深，主根和茎秆木质化程度高，耐旱耐瘠耐寒性强，适应性强，不易倒伏，生育期比白菜型长，含油量较低，一般为30%～40%，种子有辛辣味。芥菜型油菜适宜我国西北和西南地区人少地多、干旱少雨的山区种植。栽培的芥菜型油菜有两个变种，即少叶芥油菜和大叶芥油菜。少叶芥油菜株型较高大，分枝部位较高。大叶芥油菜茎叶有明显短叶柄，分枝部位中等，分枝数多，株型较大。

（3）甘蓝型油菜。甘蓝型油菜特点是叶色较深，叶质似甘蓝，叶面一般被有蜡粉，幼苗匍匐或半直立，分枝性强，花瓣大，花黄色，角果较长，结荚多，粒本饱满枝叶繁茂，耐寒、耐湿、耐肥，抗霜霉病能力强，抗菌核病、病毒病能力优于白菜型和芥菜型油菜。

2. 按种植季节分类

（1）春油菜。春季播种、秋季收获的1年生油菜。冬性较弱。

（2）冬油菜。冬季播种、翌年秋季收获的油菜。冬性较弱。

（六）向日葵

按用途分类可以分为3种类型：

（1）油葵。籽粒用于榨油向日葵。

（2）食葵。籽粒食用为主，是人们休闲是时的零食。

（3）观赏葵。以观赏为目的向日葵，广泛用于切花、盆花、染色花、庭院美化及花境营造等领域。

二、耕作方式

（一）种植方式

1. 单作　在一块土地上只种一种作物的种植方式，称为单作，其优点是便于种植和管理，便于田间作业的机械化。

2. 间作　在同一块田地上，于同一生长季内，分行或分带相间种植两种或多种作物的栽培方式。

3. 混作　在同一农田里，同季混合种植两种或多种作物的栽培方式。

4. 套种 于前茬作物生长后期，在行间播种或移栽后茬作物的种植方法。

5. 轮作 在同一块田地上有顺序地轮换种植不同作物的种植方式。

6. 连作 也称重茬，与轮作相反，是在同一块田地上连年种植同一种作物或采用同一复种方式的种植方式。

（二）栽培技术

1. 平作窄行密植 是在平翻或耙茬的耕作基础上，进行窄行条播，平播平管，一平到底的栽培方法。

2. 覆膜 是利用塑料薄膜覆盖在农田地面上的抗旱保墒技术，根据根据栽培方式，可分为垄作覆盖、平作覆盖等。

3. 单行垄种 一般垄距 40～50cm，垄高 10～12cm（图 13-1）。

4. 双行垄种 地膜覆盖栽培全部采用双行垄种，露地栽培也可双行垄种（图 13-2）。

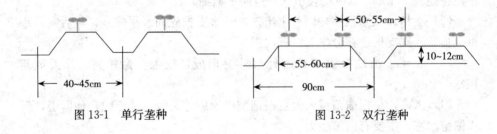

图 13-1 单行垄种 　　　　图 13-2 双行垄种

（三）播种方式

1. 穴播 按一定行距和穴距，将种子成穴播种的种植方式，每穴可播 1 粒或数粒种子，分别称单粒精播或多粒穴播。

2. 点播 利用点播机进行单粒点播种植，具有播量均匀、株行距均匀、省种、苗齐、苗壮、少间苗、增产等特点。

3. 条播 种子均匀地播成长条，行与行之间保持一定距离，且在行和行之间留有隆起的播种方法。

（四）整地

1. 整地 整地是指作物播种或移栽前进行的一系列土壤耕作措施的总称。

2. 平地 平地是用平土器平整土地表面的作业。平整地面，利于播种和田间管理。对灌溉地区更为重要。

3. 灭茬 灭茬是指在作物收获后、翻耕前进行破碎根茬、疏松表土、清除杂草等农机作业。能提高翻耕与播种质量。

4. 翻耕 翻耕是指用有壁犁翻转耕层和疏松土壤，并翻埋肥料和残茬、杂草等的作业。

5. 旋耕 利用旋耕机将土切碎的一种整地方式，达到碎土作用，旋耕的深度一般不是太深，也就是 12~13cm，不超过 15cm。

6. 起垄 起垄是在田间筑成高于地面的狭窄土垄，能加厚耕层、提高地温、改善通气和光照状况，利于作物扎根，防涝。

三、个体性状

（一）大豆

1. 根和根瘤 大豆是直根系，有主根、支根、根毛组成。

（1）主根。直接由胚根伸长发育为主根。生长延续到地上部分不再增长为止，在地表下 10cm 以内比较粗壮，愈向下愈细。

（2）支根。从主根中柱鞘分生出来，一次支根先向水平伸展，然后向下垂直生长。一次支根还在分生二、三次根。

（3）根毛。由幼根表皮细胞外壁外突形成，根毛生命短暂，几天更新1次。

（4）根瘤。是根瘤菌侵入大豆根细胞内形成感染线，感染线延伸内层，形成细胞原基。主要有固氮能力。

2. 茎秆节间 大豆茎包括主茎和分支。茎粗壮，直立，或上部近缠绕状，上部多少具棱，密被褐色长硬毛。

（1）主茎。茎发源于种子中的胚轴，主茎下部腋芽可形成分枝，上部的腋芽多形成花芽。生长环境条件良好时，有利主茎基部腋芽早发育成分枝。

（2）分枝。在营养生长期间，茎尖形成的叶原始体和腋芽，一些腋芽长成主茎上的第一分支。

（3）伸长节。节间可以伸长，成为地上部分。

（4）地下节。密集在一起不伸长的，位于地表以下的节间。

（5）节间伸长。每一节间的基部具有节间分生组织，在一定时间内进行节间生长，促进节间伸长。

3. 叶 大豆也有子叶、单叶、复叶之分。

（1）子叶。植物发育时的第一片叶或者第一对或第一轮叶中的一个。它的功能是使内胚乳中储藏的养料用于幼植物的发育，但有时也充当储藏或光合作用器官。

（2）单叶。子叶展开后 3d，随着上胚轴延伸，第二节先出现 2 片单叶。

（3）复叶。第三节上出省的一片三出复叶，由托叶、叶柄和小叶组成，通常具 3 小叶，托叶一对小而狭，位于叶柄和茎相连处两侧，保护腋芽。

4. 花　大豆的花为总状花序，短的少花，长的多花；植株下部的花有时单生或成对生于叶腋间；苞片披针形，花萼被长硬毛或糙伏毛，常深裂成二唇形，均密被白色长柔毛，花紫色、淡紫色或白色，旗瓣倒卵状近圆形，先端微凹并通常外反，基部具瓣柄，翼瓣蓖状，基部狭，具瓣柄和耳，龙骨瓣斜倒卵形，具短瓣柄；雄蕊二体；子房基部有不发达的腺体，被毛。

5. 荚和种子

（1）荚。大豆荚由子房发育而成，分直行、弯镰型和弯曲程度不同的中间型。长 4～7.5cm，宽 8～15mm，黄绿色，密被褐黄色长毛。

（2）种子。大豆荚粒数各品种有一定的稳定性，栽培品种多含 2～3 粒，籽粒椭圆形、近球形，卵圆形至长圆形，种皮光滑，淡绿、黄、褐和黑色等多样，因品种而异，种脐明显。

（二）花生

1. 根　花生为直根系。

（1）主根。由胚根长成，入土可达 2m，但主要分布在地面下 30cm 左右的耕作层中。

（2）侧根。由主根分生出的侧根称一次侧根，一次侧生根分生出的侧根成二次侧根，以此类推。

（3）根瘤。花生根上生长的瘤状结构，称为根瘤。根瘤有固氮的作用。

2. 茎和分枝

（1）主茎。直立，绿色，中上部呈棱角状，中空。主茎高度因品种和栽培条件而异，有 15～25 个节间，高的可达 1m 以上。

（2）分枝。主茎上出生的分枝称第一分枝或称一级分枝，在第一次分枝上出生的分枝称第二分枝，以此类推。

（3）株型。主茎上生第 1 次分枝的长度与主茎高度的比值称株型指数，其与主茎的角度因品种类型而异一般在 30°～90°。根据花生侧枝生长的姿态以及株型指数的不同，可把花生分为蔓生型、半蔓生型和直立型。通常直立型花生主茎高于分枝，匍匐型或半蔓型则分枝比主茎长。

3. 叶　花生叶可以分为不完全叶和完全叶（真叶）两种。

（1）不完全叶。每一条分枝第一节或第一、二甚至第三节着生的叶是鳞叶，属于不完全叶。

（2）完全叶（真叶）。花生真叶为四小叶羽状复叶，由托叶、叶枕、叶柄、叶轴和小叶片组成。小叶片椭圆、长椭圆、倒卵和宽倒卵形，也有细长披针形小叶，叶面较光滑，叶背略显灰色，主脉明显，有茸毛，叶柄和小叶基部都有叶枕。

（3）叶片感性运动。叶柄和小叶基部都有叶枕，可以感受光线的刺激而使叶枕薄壁细胞的膨压发生变化，导致小叶昼开夜闭，闭合时叶柄下垂。

4. 花 花生花序为总状花序。1次分枝上着生2次分枝和花序。每个花序一般可着生4～7朵花，多的可达10朵以上而形成长花枝，蝶形花，橙黄色，旗瓣上带有深浅程度不同的紫红色条纹。雄蕊10个，2个退化，8个具有花药。柱头羽毛状，子房基部有子房柄。

5. 果针 花生的花受精后，一群能分生的细胞迅速分裂，约经3～6d伸长形成绿色带紫的棍状物，称果针。一般长10～15cm。这时子房位于果针的梢端，外有若干层细胞的帽状物保护。

6. 荚果 荚果果壳坚硬，成熟后不开裂，室间无横隔而有缢缩（果腰）。

（1）形成。花生开花后会开始生长红紫色头尖尖像气根一样的子房柄，其伸入土中尖端会形成乳白色小小的豆荚（花生豆荚），果针花生的种子伸长后向地生长，将子房送入土中，达到一定深度后，子房开始向水平方向生长发育而形成荚果。这时需要黑暗条件。

（2）功能。荚果本身也有一定的吸收功能，其发育所需的钙质，都由荚果直接从土壤中吸收。

（3）类型。每个荚果有2～6粒种子，以2粒居多，多呈普通型、斧头型、葫芦型或茧形。每荚3粒以上种子的荚果多呈曲棍形或串珠型。果壳表面有网络状脉纹。

（4）产量。匍匐型花生的果针由于距离土面近，角度适宜，入土结荚率最高。直立或丛生型花生如茎枝节间短，近主茎基部多分枝且能连续开花的，才有较高的入土结荚率。

7. 种子 种子三角形、桃形、圆柱形或椭圆形，一般底端钝圆或略平，梢端胚根突出。种皮有白、粉红、红、红褐、紫、红白或紫白相间等不同颜色。子叶占种子总重量的90%以上。胚芽隐藏在两片肥厚的子叶中间，由主芽和两个子叶节侧芽组成。

（三）芝麻

1. 根 芝麻是直根系主根入土深达1m以上，但整个根群在土壤中分布较浅，约90%的根分布在0～17cm，属于浅根作物。

2. 茎 茎直立，基部和顶部略呈圆形，表面有长短不等的白色茸毛，茎有 20～40 节，茎的分枝习性不同可分为单杆型和分枝型两大类。

3. 叶 子叶很小，扁卵圆形，真叶下部对生，上部互生，无托叶，有柄。长 3～10cm，宽 2.5～4cm，下部叶常掌状 3 裂，中部叶有齿缺，上部叶近全缘；叶柄长 1～5cm。

4. 花 芝麻叶腋内可不断分化出新的花芽，为无限花序。单生或 2～3 朵同生于叶腋内。花萼裂片披针形，长 5～8mm，宽 1.6～3.5mm，被柔毛。花冠长 2.5～3cm，筒状，直径约 1～1.5cm，长 2～3.5cm，白色而常有紫红色或黄色的彩晕。雄蕊 4，内藏，子房上位，4 室（云南西双版纳栽培植物可至 8 室），被柔毛。花期夏末秋初。

5. 荚果 蒴果，矩圆形，长 2～3cm，直径 6～12mm，有纵棱，直立，被毛，分裂至中部或至基部。蒴果上有 4、6、8 棱，棱数与假室数、种子列数相等。

6. 种子 每个蒴果有种子 40～130 粒不等，扁平，卵形，千粒重 1.1～4g，有黑白之分，黑者称黑芝麻，白者称为白芝麻。

（四）胡麻

1. 根 胡麻为直根系，主根细长，入土深达 1m，侧根多而细长，分布在 0～30cm 土层中。

2. 茎 茎直立，圆柱形，表面光滑，并有蜡粉。上部多分枝。

3. 叶 叶片互生，先端锐尖，全缘，无叶柄和托叶，叶面有蜡粉。

4. 花 花序为伞形总状花序，着生于主茎及分枝顶端。花有柄、有萼片、花瓣、雄蕊 5，退化雄蕊 5；子房 5 室，花柱分离，柱头棒状。花瓣蓝色或白色。

5. 果实 球形蒴果，直径约 7mm，顶端 5 瓣裂。一般有种子 8 粒。易裂果落粒。

（五）油菜

1. 根 油菜根为直根系，主根上部膨大而下部细长，呈长圆锥形，垂直向下生长。

2. 主茎和分枝

（1）主茎。主茎由胚轴发育而成，子叶脱落以后，其下的幼茎仍可继续伸长增粗，形成脚茎（根茎），脚茎的长短粗细及直立与否是判断油菜长势和营养状况的重要标志之一。

（2）分枝。由茎秆叶腋间的叶芽发育而长。分枝可再生分枝，及 2 次分枝、3 次分枝。根据分枝部位，分为下生分枝型、匀生分枝型、上生分枝型。

3. 叶 分为子叶和真叶。

（1）子叶一对，近肾形。

（2）真叶为不完全叶，一般分为长柄叶、也叫缩茎叶，着生于主茎基部，叶柄基部无叶翅。短柄叶，着生于主茎中部，叶柄不明显，叶柄基部有叶翅，全缘、齿形带状、羽裂状和缺裂状。无柄叶，也叫薹茎叶，着生于主茎上不或分支上，叶面积小。

4. 花 为总状无限花序。由主茎或分枝顶端的分生细胞分化而成。花有花萼 4 个，花瓣 4 个盛开时呈十字形，色黄或白。

5. 角果 油菜果实为长角果，由果柄、果身和果喙组成。角果的着生状态分为直生型、斜生型、平生型、垂生型。

6. 种子 种子近球形，大小与品种有关，种皮多为棕红色、褐色或黑色，千粒重 2～4g。

（六）向日葵

向日葵的植株是由根、茎、叶、花、果实五部分组成。

1. 根 向日葵的根属于圆锥直根系，由主根、侧根和须根组成。向日葵根系发达，在土壤中分布广而深，其中 60% 左右的根系分布在 0～40cm 土层中。

（1）主根。入土较深，一般为 100～200cm。

（2）侧根。从主根上生出，水平方向生长。

（3）须根。侧根上长有许多的须根。

（4）根毛。侧根和须根上着生根毛。

（5）水根。在适宜条件下可长出大量的水根（似玉米的气生根）。

2. 茎 茎秆圆形直立，表面粗糙并被有刚毛。茎由皮层、木质部和海绵状的髓组成。生育后期，茎秆木质化，而茎内的髓部则形成空心。向日葵的胚茎有绿色、淡紫、深紫等，是苗期识别品种的重要标志。茎的高度，不同类型的品种差异较大，同一品种，株高受播期及栽培条件的影响，差异也很大。茎的生长速度以现蕾到开花最快，此时生长的高度约占总高度的 55%，以后生长速度减慢，仅占 5% 左右。向日葵的分枝性，一种是由遗传性决定的后一种是环境条件引起的。

3. 叶 向日葵为双子叶植物，叶分为子叶和真叶。

（1）子叶。子叶一对。

（2）真叶在茎下部 1～3 节常为对生，以上则为互生。真叶比较大，叶面和叶柄上着生短而硬的刚毛，并覆有一层蜡质层。叶片数目因品种不同而异，早熟种一般为 25～32 片，晚熟种为 33～40 片。茎下部叶片在开花前制造养分，主要供给根部生长，到开花时其功能基本结束。中上部叶片制造的养分主要供给花盘促使种子形成。

4. 花 向日葵为头状花序，生长在茎的顶端，也叫花盘。其形状有凸起、平展和凹下三种类型。花盘上有两种花，即舌状花和管状花。舌状花 1～3 层，着生在花盘的四周边缘，为无性花。它的颜色和大小因品种而异，有橙黄、淡黄和紫红色，具有引诱昆虫前来采蜜授粉的作用。管状花，位于舌状花内侧，为两性花。花冠的颜色有黄、褐、暗紫色等。

5. 果实 果实为瘦果，习惯称为种子，俗称葵花籽，可食用。果实包括果皮、种皮、胚三部分。食用型种子较长，果皮黑白条纹占多数，果皮厚，约占种子重量的 40％以上，千粒重 100～200g。油用型种子较短小，果皮多为黑色，皮薄，为种子重量的 20％～30％，千粒重 40～110g。

四、群体性状

（一）大豆

1. 生育时期 大豆的一生分为 6 个生育时期，全田 50％的苗（茎）达到指标即可。

（1）种子萌发和出苗。自播种萌发到幼苗出土，将子叶拱出地面达 50％时定为出苗期。种子发芽时，白色胚根伸入土中，子叶拱出地面。子叶出土即为出苗。

（2）幼苗生长。子叶出土展开后，幼茎继续伸长一对原始真叶展开，这时幼苗已具有两个节，并形成第一个节间。

（3）花芽分化。从花牙开始分化到花开放。在物候期记录上可分为初花期、盛花期和终花期。

（4）开花结荚。大豆幼荚出现到拉板完成为结荚期。由于开花和结荚是交错的，所以也将这两个时期统称为开花结荚期。

（5）鼓粒成熟。把豆荚子粒显著突起的植株达到一半以上称为鼓粒期。大豆结荚后，豆荚先增加长度和宽度，种子逐渐长大。

2. 生育阶段

（1）营养时期

出苗期：子叶在地面以上。

子叶期：单叶半展开，叶片的叶缘已分离。

一节期：单叶充分生长，第一复叶小叶片的叶缘分离。

二节期：单叶以上第一片复叶充分生长。

三节期：从单叶着生的叶算起，主茎上有 3 个节的叶片充分生长。

n 节期：从单叶着生的叶算起，主茎上有 n 个节的叶片充分生长。

（2）生殖时期

始花期：主茎的任何节位上有一朵花开放。

盛花期：主茎最上部具有充分生长叶片的 2 个节之中任何一个节位上开花。

始荚期：主茎最上部 4 个具有充分生长叶片着生的节中，任何一个节位有 5mm 长的幼荚。

盛荚期：主茎最上部 4 个具有充分生长叶片着生的节中，任何一个节位上有 2cm 长的荚。

始粒期：主茎最上部 4 个具有充分生长叶片着生的节中，任何一个节位上豆荚内种子长度达 3mm。

鼓粒期：主茎最上部 4 个具有充分生长叶片着生的节中，任何一个节位上豆荚内绿色种子充满荚皮的种穴。

成熟初期：主茎上有一个荚达到成熟时的正常色泽。

完熟期：25％豆荚达到正常的成熟色泽。种子含水量低于 15％。完熟期后尚需 5～10d 进行种子脱水。

（二）花生

1. 生育时期　花生的一生分为 5 个生育时期，全田 50％的苗（茎）达到指标即可。

（1）种子萌发出苗。花生从播种下去，到一半以上的幼苗出土并且开始展开第一片真叶的这段期间，称为花生种子发芽出苗期。

（2）苗期。从一半以上的花生种子出苗到一半以上的花生植株的第一朵花开放的时期，称为幼苗期。

（3）开花下针期。从一半以上的植株开花到一半的植株出现鸡头状幼果的期间，称之为开花下针期。此时营养生长和生殖生长并进，花生殖株大量开花下针，营养体迅速生长，春播品种 25～35d，夏播品种 15～20d。同时开花下针期需要大量的营养，对氮、磷、钾的吸收占总量的 23％～33％，根瘤大量形成，能为花生提供越来越多的氮素。

（4）结荚期。从 50％的植株出现鸡头状幼果到 50％植株出现饱果为结荚期。这一时期大批果针入土发育成荚果，营养生长也同时达到最盛期，所形成

的果数一般可占最后总果数的 60％～70％，果重亦开始显著增长，增长量可达最后重的 30％～40％。

（5）饱果成熟期。当一半以上的植株出现饱果到荚果成熟收获，称饱果成熟期。这一时期营养生长逐渐衰退停止，荚果快速增重，是花生生殖生长为主的一个时期，是荚果产量形成的主要时期。

2. 生育阶段

（1）营养生长阶段。以营养生长为中心，幼苗阶段是指从种子萌发到起身期，即从播种开始到开花前，此阶段一般经历 40～60d 左右。

（2）营养生长和生殖生长阶段。营养生长与生殖生长同时进行，此阶段包括开花期至鼓粒期，此阶段一般经历 30～40d 左右。

（3）生殖生长阶段。以生殖生长为中心，本阶段包括从接荚到成熟这一段时期，此阶段一般经历 35～45d 左右。

（三）芝麻

芝麻的一生分为 4 个生育时期，全田 50％的苗（茎）达到指标即可。

（1）种子的发芽和出苗。芝麻播种后，逢适宜的温度、水分和氧气条件，3～4d 即可出苗。

（2）幼苗期。芝麻出苗后，在正常环境条件下，大约需 30d，植株长出 6～8 对真叶，开始现蕾。

（3）开花。现蕾后，花蕾进一步发育，而后进入开花期。芝麻一朵花开放过程，需要 7d 左右。开花以上午 6～8 时最多，约占当天开花总数的 90％左右。单株开花的规律是先主茎后分枝，先内后外，由下向上，逐步开放。全株开花需要两个月左右。

（4）结荚成熟期。芝麻是自花授粉作物，在开花前自行授粉，异交率一般在 5％左右。授粉到受精约半天时间，受精后 24～30h，胚开始形成并进一步发育成种子。同时，子房壁也开始膨大而形成蒴果。芝麻进入终花期后，15d 左右逐渐成熟。

（四）胡麻

（1）种子的发芽和出苗。胡麻播种后，逢适宜的温度、水分和氧气条件，7d 即可出苗。

（2）苗期。种子萌发到真叶展开。缓慢生长期：需 20～30d，这一时期主要长根快，地下部分生长旺盛，茎生长极慢，需温度 10℃左右；快速生长期：地上部分开始快速生长，需 20d 左右，这一时期决定工艺长度和麻茎粗细是决定产量和质量的重要时期，对水分和养分及光照要求都比较高。

（3）现蕾期。田间50％植株主茎上顶芽出现花蕾。

（4）花期。现蕾后，花蕾进一步发育，而后进入开花期。约占当天开花总数的90％左右。开花期初灌水1次，以促进多分枝，多开花。后期也可喷施叶面肥可有效增产。

（5）成熟期。80％植株第一分枝蒴果正常成熟。

（五）春油菜

（1）出苗期。75％的幼苗出土，子叶张开平展时的日期。

（2）现蕾期。以50％以上植株轻轻揭开2～3片心叶，即可见明显的绿色花蕾为标准。

（3）抽薹期。以50％以上植株主茎开始延伸，主茎顶端离子叶节达10cm为标准。油菜一般先现蕾后抽薹，但有些品种或在一定栽培条件下先抽薹后现蕾，或现蕾、抽薹同时进行，称为蕾薹期。油菜在蕾薹期营养生长和生殖生长同时进行。

（4）开花期。油菜花期长约30～40d。开花期迟早和长短因品种和各地气候条件而有差异，白菜型品种开花早，花期较长，甘蓝型和芥菜型品种开花迟，花期较短；早熟品种开花早，花期长，反之则短；气温低，花期长。油菜开花期是营养生长和生殖生长最旺盛的时期。其中，初花期以全区有25％植株开始开花为标准，盛花期以全区有75％以上花序已经开花为标准，终花期以全区有75％以上花序完全谢花（花瓣变色，开始枯萎）为标准。

（5）成熟期。以全区的75％以上角果转黄色，且种子呈成熟色泽为标准。成熟期是生殖生长期，除角果伸长膨大、籽粒充实外，营养生长已基本停止。

（六）向日葵

向日葵的种植类型包括油葵、食葵以及部分观赏葵，其中油葵播种面积较大，约占全部播种面积的95％左右，食葵播种面积占左右4％，其余为观赏葵。

（1）幼苗期。以子叶出土展开达总穴数75％的日期为出苗期。从出苗到现蕾，称为幼苗期。一般需要35～50d，夏播28～35d。此时期是叶片、花原基形成和小花分化阶段。该阶段地上部生长迟缓，地下部根系生长较快，很快形成强大根系，是向日葵抗旱能力最强的阶段。

（2）现蕾期。植株主茎花蕾直径达1cm的植株，占总株数75％的日期为现蕾期。从现蕾到开花，一般需20d左右，是营养生长和生殖生长并进时期，

也是一生中最旺盛的阶段。这个时期向日葵需肥、水最多，占总需肥水量的40%~50%。

（3）开花期。植株主茎舌状花展开与花盘垂直的植株，占总株数75%的日期。一个花盘从舌状花开放至管状花开放完毕，一般需要6~9d。从第2天至第5天是该花序的盛花期。

（4）成熟期。花盘背面和茎秆上中部变成黄白色，叶片出现黄绿色；子实充实，外壳坚硬，呈现固有色泽的植株时达总株数90%的日期。从开花到成熟，春播25~55d，夏播25~40d。

五、产量性状

（一）大豆

1. 产量要素　亩株数、株荚数、荚粒数、百粒重。

大豆测产产量（kg/亩）＝株数/亩×株荚数×株粒数×百粒重（g）/100 000

（1）亩株数。单位面积大豆株数，单位是株/亩。按三点取样法或梅花取样法取3个点，每个点取10m双行，或按一亩地的万分之一亩面积取样，数其株数，折算成亩株数。

（2）株荚数。连续去样点20株大豆，计算平均单株株荚数，数其每株荚数后平均，即为该点的单株荚数，3~5个点平均即为该地块株荚数。

（3）荚粒数。荚果的粒数，单位为粒。在定点或测产的样点中，随机取连续20株，数其每荚粒数后平均，即为该点的荚粒数，3个点平均即为该地块荚粒数。

（4）百粒重。每百粒大豆重量，单位为克。取定点或测产样点的籽粒，风干后，含水量不超过12%，数100粒，称重。

2. 性状因素

（1）株高。子叶节到植株顶端的高度（不包括顶花序），以cm表示。

（2）株型。成熟期观察。分三种：收敛、开张、半开张。

收敛：下部分枝与主茎角度小，在15°以内，上下均紧凑。

开张：分枝角度45°以上，上下均较散。

半开张：介于上述两者之间。主茎节数：指主茎，从子叶节以上起数到顶端节，不包括子叶节及顶端花序。

（3）结荚高度。从子叶节到最下部豆荚的高度，以cm表示。

（4）有效分枝数。指主茎上结荚的分枝数，有效枝至少有2个节，不计2次分枝。

（5）有效荚数。指含有 1 粒以上饱满种子的荚数。

（6）株粒重。将豆粒筛去杂质，但包括未熟、虫食及病粒，称重，计算均重（g/株）。

（7）荚形。分为直葫芦形，弯镰形、扁平形 3 种。

（8）粒形。指籽粒的形状，分为：圆形、椭圆形、扁椭圆形、长椭圆形、肾形。

（9）虫食粒率、紫斑粒率、褐斑粒率。随机取豆粒 300 粒，各挑出以上三种病虫粒，计算出百分率。

3. 群体性状

（1）大豆株型。大豆植株在空间上的分布态势。良好的株型有利于利用阳光、气体交换和调节，同时适应高肥、足水、密植栽培和提高产量。

（2）叶倾角。叶片与水平面的夹角，关系到杂交大豆的株型是否合理，倾斜角度正好，促进了冠层下部的通风与采光。受种植密度、植物生长期、种植土壤条件等多种影响。

（3）叶面指数。单位土地面积上植物叶片总面积占土地面积的倍数。即：叶面积指数＝叶片总面积/土地面积

（4）种植密度。在单位面积上按合理的种植方式种植的植株数量，一般以每亩株数来表示。

（5）合理密植。在当地、当时的具体条件下，使单位面积上的光能和地力得到充分利用，正确处理好个体和群体的关系，使群体得到最大限度的发展，个体也得到充分发育，能获得最好的经济效益。

（二）花生

1. 产量要素　亩穴数、穴果数、百果重。

花生测产产量（kg/亩）＝穴数/亩×穴果数×百粒重（g）/100 000

（1）亩株数。单位面积花生穴数，单位是穴/亩。按三点取样法或梅花取样法取 3 个点，每个点取 10m 双行（一垄），或按一亩地的万分之一亩面积取样，数其穴数，折算成亩穴数。

（2）穴果数。连续去样点 10 穴花生，计算平均单穴荚果数，数其每穴荚数后平均，即为该点的单株荚数，3 个点平均即为该地块穴果数。

（3）百果重。每百果花生重量，单位为克。取定点或测产样点的荚果，风干后，含水量不超过 10%，数 100 个、称重。

2. 性状因素

（1）株型。根据第一对侧枝与主茎所形成的角度，分为 3 个类型：

直立型：第1对侧枝与主茎之间的夹角小于45°。

半蔓型：第1对侧枝近基部与主茎约呈60°，侧枝中上部向上直立生长，直立部分大于匍匐部分。

蔓生型：第1对侧枝与主茎间近似呈90°，侧枝几乎贴地生长，仅前端翘起向上生长。

（2）分枝型。根据第1次分枝上的第2次分枝多少分为两类。

疏枝型：第2次分枝少，甚至没有。

密枝型：第2次分枝多，且能见到第3、第4次分枝。

（3）开花习性。根据花序在第1次分枝上的着生位置，分为两个类型。

交替开花型：第1次分枝上花节与枝节交替着生，一般主茎不开花。

连续开花型：第1次分枝的每个节上，一般都能开花，主茎也能开花。

（4）生长势。于结荚期目测调查，分强、中、弱。

（5）叶色。分深绿、绿、浅绿。

（6）抗倒性。在多风雨的情况下，根据植株倒伏的迟早、程度确定其抗倒性，分强、中、弱。

（7）耐旱性。在干旱期间，根据植株萎蔫程度及其在每日早晨、傍晚恢复快慢，以及荚果成熟情况，分强（萎蔫轻、恢复快）、中、弱（萎蔫重、恢复慢）。

（8）耐涝性。在土壤过湿的情况下，根据叶片变黄及烂果的多少，分为强、中、弱三级。

（9）饱果数。单株上荚壳网纹清晰，粒仁饱满的荚果数。

（10）秕果数。单株上荚壳网壳不清晰，粒仁不饱满的荚果数（包括两室中有一室饱满，另一室不饱满）。

（11）百仁重。取有代表性的充分饱满的干籽仁100个称重，以g为单位，重复2次，取平均数。

（12）出仁率。随机称取干荚果500g，剥壳后再称籽粒重量，计算出仁率（%）＝（籽粒重量/果重）100，重复2次，取平均数。

（13）含油率。由多点试验主管单位指定测试单位和测试样品取样点。

3. 群体性状

（1）叶面积系数。单位土地面积上的绿叶面积与土地面积相比的比值。叶面积系数是衡量花生群体结构的一个重要指标。系数过高影响作物通风透光；过低不能充分利用日光。

（2）株型指数。根据花生植株的株型指数和主茎与侧枝所成的角度，分为3种株型：蔓生型、半蔓型、直立型。

（3）合理密植。根据自然条件、品种特性以及耕作施肥和其他栽培技术水平而定花生种植密度，充分利用光能，提高光合效率，来调节植物单位面积内个体与群体使个体发育健壮，群体生长协调，达到高产的目的。

（4）生物产量。作物在全生育期内通过光合作用和吸收作用，即通过物质和能量的转化所生产和累积的各种有机物的总量。花生总生物产量高，经济产量也高，但不成倍数关系。

（三）芝麻

1. 产量要素　亩株数、株荚数、荚粒数、千粒重。

$$理论产量（kg/亩）= \frac{每亩株数 \times 蒴果数 \times 蒴粒数 \times 粒重（g）}{1\ 000\ 000}$$

2. 性状因素

（1）株高。自子叶节至主茎顶端的高度，以 cm 表示。

（2）始蒴部位。自子叶节至主茎下部第一个有效果节的高度，以 cm 表示。

（3）分枝部位。自子叶节至主茎下部第一个有效分枝基部的高度，以 cm 表示。

（4）空梢尖长。指终花后，主茎梢尖蒴果不能正常发育部分的长度，以 cm 表示。

（5）主茎果轴长。株高减始蒴部位减空梢尖长，以 cm 表示。

（6）分枝数。指分枝型品种植株上第 1 次有效分枝数。第 2 次分枝数指第一次分枝上着生的有效分枝数。

（7）成熟一致性。成熟期记载，按"一致""中""不一致"。

（8）裂蒴性。在主茎叶片大部脱落 2d 后，植株已属正常成熟时观察。分为下段蒴果全不裂、只极少数蒴果微裂、部分蒴果炸裂、顶端尚未终花而主茎便已有少数蒴果炸裂。分别以"不裂""轻裂""中裂"和"裂"四级表示。

（9）耐渍性。如有渍害发生，记录受渍时间，在久雨初晴或暴雨转晴后，于下午 1~3 时调查植株萎蔫率（%），晴稳 3d 后，调查死株率（%）。

（10）抗旱性。如有旱害发生，记录干旱时间，调查萎蔫植株率（%）。

茎点枯病抗性：成熟前 2d 调查 1 次，依五级标准，每小区每株均调查，计算发病率（%）和病情指数。

（四）胡麻

1. 产量要素　亩株数、株荚数、荚粒数、千粒重。

$$\text{理论产量（kg/亩）} = \frac{\text{每亩株数} \times \text{蒴果数} \times \text{蒴粒数} \times \text{千粒重（g）}}{1\,000\,000}$$

2. 性状因素

（1）株高。自子叶节至主茎顶端的高度，以 cm 表示。

（2）分枝数。指分枝型品种植株上第 1 次有效分枝数。第 2 次分枝数指第 1 次分枝上着生的有效分枝数。

（3）耐渍性。如有渍害发生，记录受渍时间，在久雨初晴或暴雨转晴后，于下午 1～3 时调查植株萎蔫率（％），晴稳 3d 后，调查死株率（％）。

（4）抗旱性。如有旱害发生，记录干旱时间，调查萎蔫植株率（％）。

茎点枯病抗性：成熟前 2d 调查 1 次，依五级标准，每小区每株均调查，计算发病率（％）和病情指数。

（5）成熟一致性。于成熟时观察。有 80％以上植株成熟一致者为"一致"；60％～80％植株成熟一致者为"中"；成熟一致的植株不足 60％者为"不一致"。

（五）油菜

1. 产量要素　亩株数、株粒数、千粒重。

$$\text{理论产量（kg/亩）} = \frac{\text{每亩株数} \times \text{株粒数} \times \text{千粒重（g）}}{1\,000\,000}$$

2. 性状因素

（1）株高。自子叶节至全株最高部分长度，以 cm 表示。

（2）第 1 次有效分枝数。指主茎上具有一个以上有效角果的第 1 次分枝数。

（3）第 1 次有效分枝部位。指第 1 次有效分枝离子叶节的长度，以 cm 表示。

（4）植株生长整齐度。于抽薹期观察植株的高低、大小和株型。有 80％以上植株一致者为"一致"；60％～80％植株一致者为"中"；生长一致的植株不足 60％者为"不一致"。

（5）成熟一致性。于成熟时观察。有 80％以上植株成熟一致者为"一致"；60％～80％植株成熟一致者为"中"；成熟一致的植株不足 60％者为"不一致"。

（6）全株有效角果数。系全株含有一粒以上饱满功欠饱满种子的角果数。

（六）向日葵

1. 产量要素　亩株数、盘粒重、千粒重（g）。

$$理论产量（kg/亩）=\frac{每亩株数×盘粒数×千粒重（g）}{1\ 000\ 000}$$

2. 性状因素

（1）株高。开花终期，随机取 10 株，测量从子叶节到茎秆顶端的高度，以 cm 表示，取平均值。保留整数位。

（2）叶片数（片）。随机取 10 株，随着向日葵生长，标记叶片，开花后调查叶片数，取平均值。保留 1 位小数。

（3）茎粗。在成熟期随机取 10 株，测量茎秆中部的直径，以 cm 表示，取平均值。保留 1 位小数。

（4）不育株率。管状花雄性完全不育植株，占全区总株数的百分数。保留 1 位小数。

（5）植株整齐度。在开花期间目测全区植株生育整齐一致的程度，包括开花一致性、株高整齐程度、分枝株和不育株比率。任何一个性状达到不整齐，表明该品种一致性、整齐度差。以整齐、中等、不整齐表示。

六、栽培技术

（一）大豆

1. 雨养旱作技术　包括利用抗旱品种；秸秆还田培肥技术；土壤深松蓄水技术；抢墒、等雨播种技术；等雨追肥及长效缓释肥播前一次底深施技术；化学制剂保水技术等。

2. 根外施肥技术　在大豆需肥集中的生育期，把速效性肥料直接喷施在叶面上以供植物吸收，通过气孔，也可通过湿润的外侧角质层裂缝进入细胞内。根外施肥在作物生长后期根系活力降低，吸肥能力减弱时效果比较好，但是在植物生长的其他时期也可进行根外施肥。

3. 大豆根瘤菌接种技术　将菌剂稀释在种子重 20％的清水中，然后洒在种子表面，并充分搅拌，让根瘤菌剂粘在所有的种子表面。拌完后 24h 内将种子播入湿土中。播完后立即盖土，切忌阳光暴晒。已拌菌的种子在当天播完，超过 48h 应重新拌种，已开封使用的菌剂也应在当天用完。种子拌菌后不能再拌杀虫剂等化学农药，如果种子需要消毒，应在菌剂接种前 2～3d 进行，防止农药将活菌杀死。

4. 大豆大垄窄行密植栽培技术　将两条垄距为 65～70cm 的垄合并为一条垄距为 130～140cm 的大垄，在垄上播种 5 行或 6 行大豆。其增产原理是在选择矮秆、半矮秆抗倒伏品种的基础上，通过缩小行距、增大株距、增加

单位面积上的株数，来实现个体与群体的合理配置，增加绿色面积，改善植株的受光条件，充分利用阳光和地力，提高光能利用率，从而达到高产的目的。

5. 宽窄行种植技术　通过调控播种机械，调整播种行距，将 50cm 行距，改为 25cm 的窄苗带和 60cm 的宽行空白带，保障后期通风透光条件明显优于等行距，倒伏程度在不同年份均较等行距轻；通过宽窄行种植技术可以适当增加种株的种植密度，通过密度的增加来使产量得到提高。

（二）花生

1. 起垄覆膜一次成型技术　利用起垄覆膜机，垄距 65～70cm，垄高 15cm，覆盖地膜，提高土壤保肥、保水能力、土壤中有机质的含量和无机养分供给水平，节省人工提高产量。

2. 一喷三防　在花生生长期使用杀虫剂、杀菌剂、植物生长调节剂、叶面肥、微肥等混配剂喷雾，达到防病虫害、防干热风、防倒伏，增粒增重，确保小麦增产的一项关键技术措施。

3. 林果地间作花生　根据果树冠大小、树干高矮确定和预留果树行空间宽度 1～2m，直接起垄，垄宽 75cm 左右，垄高 12～15cm，垄面宽 45～50cm，每垄播两行花生。具有经济收益高、比较优势强、用地养地相结合的诸多优势，是果园的高效间作模式。该技术在林果正常生长的同时，实现了花生的高产高效，同时，促进了土壤结构的改良和肥力的提高。

（三）芝麻

1. 花期追肥技术、芝麻开花至终花期管理，这段时间是夺取芝麻高产的关键时期，要想获得足够的蒴数、粒数及粒重，这段时期必须做好施追肥工作，一般于开花后 1 周左右，结合灌水亩追施尿素 10kg，再隔 15d 亩追施尿素 7.5kg 加磷酸二氢钾 3kg。

2. 双茎栽培　芝麻幼苗期摘除主茎顶尖，利用茎基部腋芽，促其长出 2 个类似原主茎的茎秆，使一株一茎变为一株双茎，可大幅度提高结荚数，从而增加产量。双茎栽培可比常规种植增产 35%～70%。

3. 丸衣技术　在芝麻种子外面包上一层含有杀菌剂、复合肥料和成膜剂的药剂"外衣"，这层外衣称为种衣剂，经过这种丸粒化处理之后体积会增大很多，有利于工业生产的机械化播种，并且种子在萌发过程中可以免受土壤里害虫的咬食或起到抗旱的作用等。

（四）向日葵

1. 覆膜种植　采用大小垄种植，食葵大行距 100cm，小行距 40cm，采用幅宽 80～90cm 地膜，一膜盖二行，一般采用先覆膜后播种方式，播种时将二行的播种穴错开位置播种，穴距 65～80cm，亩保苗 1 100～1 400 株，油葵大垄 65cm，小垄 35cm，一膜二行，亩株数 2 600～2 800 株，向日葵地膜覆盖栽培，可提高产量和改善品质。

2. 向日葵与大豆间作　一般行数比为 2∶4。即 2 行向日葵，4 行大豆豆，也可种植成 4∶4 行比。向日葵与大豆间作，只要间作合理，管理得当，均比平作向日葵增产，一般增产幅度在 9.8%～28.0%。

（五）油菜

观光油菜栽培技术　油菜因其花色鲜艳，花期可吸引大量游客，因而成为重要的旅游资源。选择花期偏长、花色鲜艳、不同熟期的高产稳产品种，根据种植区的地势地形，将不同熟期、不同花色品种分区域规模化种植，这样既可延长花期，增加旅游收入，也可收获商品菜籽，一举两得，大幅度提高观光油菜种植的经济效益。

七、相关标准

大豆　NY/T 285—1995
大豆原种生产技术操作规程　GB/T 17318—2011
大豆有机生产　GB 1352—2009
无公害花生生产　DB34/T 252.2—2008
花生生产技术规程　DB11/T 260—2005

第十四章 蔬菜生产

一、蔬菜作物分类

蔬菜作物主要是指以一、二年生草本植物的多汁产品器官作为副食品的一类农作物，是可供佐餐的草本植物的总称。

(一) 按生物特性分类

1. 根菜类 以膨大的肉质直根为食用部分的蔬菜。包括萝卜、胡萝卜、大头菜、芜菁、根用甜菜等。喜温和冷凉的气候。生产时以疏松、深厚、肥沃的土壤为宜，在生长的第一年形成肉质根，贮藏大量的养分，到翌年抽薹开花结实。一般需经过低温春化，在长日照条件下开花结实。

2. 白菜类 以柔嫩的叶丛、叶球、嫩茎、花球为食用部分的蔬菜。包括白菜类、甘蓝类、芥菜类等。喜湿润和凉爽气候及充足的水肥条件。温度过高、气候干燥则生长不良。除采收菜薹及花球外，一般第一年形成叶丛或叶球，翌年抽薹开花结实。遇低温时易出现抽薹现象，在生产中应避免先期抽薹。

3. 绿叶蔬菜 以幼嫩的叶或嫩茎为食用部分的蔬菜。如莴苣、芹菜、菠菜、茼蒿、芫荽、苋菜、蕹菜、落葵等。其中多数为二年生，如莴苣、芹菜、菠菜。也有一年生的，如苋菜、蕹菜。一般根据对温度的要求不同，可将它们分为两类：一类为喜冷凉不耐炎热，能耐短期霜冻，生长适温 15～20℃的蔬菜如菠菜、芹菜、茼蒿、芫荽等，其中以菠菜耐寒力最强。另一类为喜温暖不耐寒的蔬菜，生长适温为 25℃左右，如苋菜、蕹菜、落葵等。

4. 葱蒜类 以鳞茎（叶鞘基部膨大）、假茎（叶鞘）、管状叶或带状叶为食用部分的蔬菜。如洋葱、大蒜、大葱、香葱、韭菜等。根系不发达，吸水吸肥能力差，要求肥沃湿润的土壤，一般耐寒。长日照条件下形成鳞茎，低温完成春化。可用种子繁殖（洋葱、大葱、韭菜），也可无性繁殖（大蒜、分葱、韭菜）。以秋季及春季为主要栽培季节。

5. 茄果类 以果实为食用部分的茄科蔬菜。包括番茄、辣椒、茄子等，喜肥沃的土壤、喜温暖不耐寒。对日照长短要求不严格，但开花期要求有充足的光照。一般利用设施育苗，待外界气温回升后定植，在设施内可进行周年生产。

6. 瓜类　以果实为食用部分的葫芦科蔬菜。包括南瓜、黄瓜、甜瓜、瓠瓜、冬瓜、丝瓜、苦瓜等。茎蔓性，雌雄同株异花，依开花结果习性分为主蔓结瓜、侧蔓结瓜、主侧蔓同时结瓜等3种类型，其中主蔓结瓜的如西葫芦、黄瓜；侧蔓结瓜的如甜瓜、瓠瓜。主侧蔓几乎能同时结果的冬瓜、丝瓜、苦瓜、西瓜。瓜类蔬菜喜温、喜充足光照。西瓜、甜瓜、南瓜根系发达，耐旱性强。其他瓜类根系较弱，要求湿润的土壤。生产上，利用摘心、整蔓等措施来调节营养生长与生殖生长的关系。种子繁殖，直播或育苗移栽。设施内可进行周年生产。

7. 豆类　以嫩荚果或嫩豆粒作蔬菜食用部分的蔬菜，这类蔬菜的蛋白质和可溶性膳食纤维含量较高。豆类蔬菜种类较多，栽培面积较大的有菜豆（刀豆）、豇豆、蚕豆、毛豆。此外，还有扁豆、豌豆等。

8. 薯芋类　以充分长大的块茎、根茎、球茎、块根等为食用部分的蔬菜。薯芋类蔬菜包括马铃薯（土豆）、菊芋（洋姜）、草石蚕（螺丝菜）、芋（芋艿）、魔芋、姜、山药、甘薯（山芋）、豆薯（凉薯）、菜用土栾儿（香芋）等。

9. 水生蔬菜　指生长在水中可供食用的一类蔬菜，包括两大类：一类是淡水栽植的蔬菜有莲藕、茭白、慈姑、荸荠、菱、芡，豆瓣菜（西洋菜）、水芹、莼菜、蒲菜等，另一类是适于浅海栽培的蔬菜，如海带，紫菜等。

10. 多年生蔬菜　指一次种植可连续生长和收获3年以上的蔬菜，包括多年生草本和多年生木本两类。多年生草本蔬菜有黄花菜、百合、芦笋、朝鲜蓟、辣根、菊花脑等，多年生木本蔬菜有竹笋、香椿等。

（二）按食用器官分类

1. 根菜类　以肥大的根部为食用部分的蔬菜，可分为：直根类，以由种子发生的肥大主根为产品，如萝卜、芜菁、胡萝卜、根甜菜、根用芥菜等；块根类以肥大的侧根或营养芽发生的根为产品，如甘薯、豆薯等。

2. 茎菜类　以肥大的茎部为食用部分的蔬菜，可分为：肥茎类，以肥大的地上茎为产品，如莴笋、茭白、茎用芥菜、球茎甘蓝等；嫩茎类，以萌发的嫩芽为产品，如石刁柏、竹笋、香椿等；块茎类，以肥大的地下茎为产品，如马铃薯、菊芋、草石蚕等；根茎类，以地下的肥大根茎为产品，如姜、莲藕等；球茎类，以地下的球茎为产品，有慈姑、芋等；鳞茎类，以肥大鳞茎为产

品，如葱头、大蒜、薤等。

3. 叶菜类 以叶片及叶柄为食用部分的蔬菜，可分为：普通叶菜类，如小白菜、乌塌菜、叶用芥菜、菠菜、茼蒿等；结球叶菜类，形成头球的蔬菜，如结球甘蓝、大白菜、结球莴苣、袍子甘蓝等；香辛叶菜类，叶片有香辛味的蔬菜。如大葱、分葱、韭菜、芹菜、香菜、茴香等。

4. 花菜类 以花器或肥嫩的花枝为食用部分的蔬菜，可分为花器类，如金针菜等；花枝类，如花椰菜（菜花）、菜薹等。

5. 果菜类 以果实为食用部分的蔬菜，可分为瓜类和茄果类。瓜类，如黄瓜、丝瓜、苦瓜、冬瓜、南瓜、瓠瓜、玉瓜等；茄果类，如番茄、茄子、辣椒等。

6. 种子类 以种子为食用部分的蔬菜，可分为豆类和杂果类。豆类，如菜豆、豇豆、毛豆、蚕豆、豌豆、扁豆、刀豆等；杂果类，如菱角等。

7. 芽苗菜 芽苗菜是各种谷类、豆类、树木的种子培育出可以食用的芽菜，也称活体蔬菜。目前市场上常见的芽苗菜有：香椿芽苗菜、松柳、芽球菊苣、荞麦芽苗菜、苜蓿芽苗菜、花椒芽苗菜、绿色黑豆芽苗菜、相思豆芽苗菜、葵花籽芽苗菜、萝卜芽苗菜、龙须豆芽苗菜、花生芽苗菜、蚕豆芽苗菜等30多个品种。

（三）按需水类型分类

1. 水生蔬菜 详见农业生物学分类。

2. 湿润型蔬菜 生长在湿润的土壤环境，需要充足的水分，大部分蔬菜属于这一类。

3. 旱生型蔬菜 生长环境要求干爽透气，抗旱性强，不耐水淹。如甜菜、南瓜等。

（四）按功能特性分类

1. 普通蔬菜 目前大多市场上购买的常规蔬菜均为普通蔬菜，其在生产过程中可以使用不违禁的农药、化肥等生产物资辅助生产。

2. 特种蔬菜 特种蔬菜是对非本土、非本季节种植的以及某些在特定时间和地域条件下，比较名贵、优质、稀有、特殊的一类珍稀蔬菜的统称。

二、主要蔬菜品种

本章重点介绍番茄、黄瓜、茄子、辣（甜）椒、白菜、甘蓝、芹菜、生菜

8 种主要蔬菜作物。

（一）番茄

1. 按生长型分类

（1）有限生长类型。植株长到一定节位后，不在发生延续枝，以花序封顶，故称"自封顶"。

（2）无限生长类型。主茎顶端分化花序后，不断由侧芽代替主茎继续生长、不断开花结果，无限延续下去，不封顶。

2. 按果实大小分类

（1）特大果。单果重≥200g，绝粉 702、威霸 2 号、粉妮娜等。

（2）大果。单果重 150～199g，欧盾、仙客 8 号等。

（3）中果。单果重 100～149g，佳丽 14 等。

（4）小果。单果重 50～99g，曼西娜、佳西娜等。

（5）特小果。单果重＜50g，春桃、千禧、京丹绿宝石、京丹 5 号等。

3. 按果实形状分类   可分为圆球形、扁圆形、牛心形、苹果形、桃形、长圆形、樱桃形、梨形、李形。

4. 按果实颜色分类

（1）红果品种。丰收 560、中杂 102 等。

（2）粉红品种。仙客 5、号仙客 8 号、硬粉 8 号、中研 988 等。

（3）黄果品种。黄珍珠、丘比特等。

（4）绿果品种。京丹绿宝石等。

（5）紫色品种。紫玫瑰、黑珍珠等。

5. 按用途分类

（1）加工品种。适于制酱、制汁品种，如红杂、东农等；适于制整形番茄罐头品种，如罗城、穗圆等。

（2）鲜食品种。露地栽培鲜食品种，如中蔬系列等；保护地栽培鲜食品种，日光温室栽培品种如浙粉 702、迪安娜、仙客 8 号、欧冠等；塑料大棚内栽培品种欧亚奇、仙客 5 号、中研 988、硬粉 8 号、绝粉 702、威霸 2 号、粉妮娜等。

6. 按熟性分类   可分为最早熟、次早熟、早熟、中熟、晚熟类型。

（二）黄瓜

1. 按栽培地域分类

（1）华北型黄瓜。北农佳秀、中农大 22、春棚 5 号、中农 26、津优 35、

津优 36 等。

（2）华南型黄瓜。碧玲珑、碧绿、京研秋瓜等。

（3）水果型黄瓜。戴安娜、白贵妃、金童、玉女、戴多星、比萨等。

2. 按品种熟性分类 分为早熟、中熟、晚熟。

3. 按果皮颜色分类 分为黄色、绿白、绿、深绿等。

（三）茄子

1. 圆茄 植株高大，茎直立粗壮，叶宽而厚，生长旺盛。单果重量大，多数在 500g 以上，肉质较紧密，多为中晚熟品种。京郊地区推荐品种：硕源黑宝，京茄黑宝，京茄黑骏。

2. 长茄 植株高度及生长势中等，叶较小而狭长，分枝较多。果实细长棒状，有的品种长达 30cm 以上，一般长 20cm 以上。京郊地区推荐品种：布利塔，娜塔丽，东方长茄，京茄 21，海丰长茄 3 号。

3. 矮（卵）茄 植株低矮，茎叶细小，分枝开张，分枝多，生长势中等或较弱。

（四）辣（甜）椒

1. 按食用风味分类

（1）甜椒类型。农大 26、红塔 3 号、海丰 166、红太极、黄太极等。

（2）半甜椒（半辛辣）类型。洛椒 316 等。

（3）辛辣类型。农大 24、龙鼎 1 号、迅驰等。

2. 按果型分类 方灯笼、长灯笼、牛角、羊角型、圆锥形。

3. 按早熟性分类 分为早熟、中早熟、晚熟品种，京郊地区推荐早熟品种海丰 C14-18，中早熟品种如农大 26、红塔 3 号等。

（五）大白菜

1. 按照变种分类

（1）散叶大白菜。莱芜劈白菜、武威大根白菜等。

（2）半结球大白菜。兴城大锉菜、山西大毛边、黑叶东川白等。

（3）花心大白菜。北京翻心黄、济南小白心、许昌菊花心等。

（4）结球大白菜。

①卵圆形。福山包头、胶县白菜、旅大小根、二牛心等。

②平头形。洛阳包头、太原二包头、冠县包头等。

③直筒形。天津青麻叶、玉田包头、河头白菜等。

2. 按照栽培季节分类

(1) 春型。小杂 55、春夏王等。

(2) 夏秋型。夏阳、青夏 1 号等。

(3) 秋冬型。福山包头、莱芜包头等。

3. 按照叶球结构分类 叶数型、叶重型、中间型。

4. 按照叶色分类 青帮型、白帮型、青白帮型。

(六) 结球甘蓝

1. 尖头类型 植株较小，叶球小而呈牛心形，叶片长卵形，中肋粗，内茎长，从定植到叶球收获，为 50～70d，多为早熟或早中熟品种。冬性较强，不易先期抽薹，如大牛心、小牛心、鸡心甘蓝等。

2. 圆头类型 叶球顶部圆形，整个叶球呈圆球形或高柱圆球形。外叶少而生长紧密，叶球紧实。多为早熟或中早熟品种。如金早生、中甘 11 等。

3. 平头类型 叶球顶部扁平，整个叶球呈扁圆形。从定植到收获 70～120d，为中晚熟和晚熟品种。如黑叶小平头、黄苗等。

(七) 芹菜

1. 中国芹菜 叶片发达、叶柄细长，一般宽 3cm 以下，长 50～100cm。如铁杆芹菜、春风芹菜等。

2. 西芹

(1) 绿色品种群。中晚熟，叶色浓绿，叶柄多圆形，单株叶数 30 枚左右。如荷兰西芹、嫩脆等。

(2) 黄色品种群。属早熟型，株高开展，单株叶片 16～18 枚，属叶重型。如金自白等。

(3) 白色品种群。叶淡绿色，叶柄白绿色，植株内部叶柄白色，如白羽和白珍等。

(4) 杂型品种群。为黄色和绿色种的杂交类型，有叶柄圆形，抽薹晚的特点。如意大利冬芹等。

(八) 生菜

生菜为菊科，属一、二年生植物。按植物学分类有三个变种：

1. 皱叶生菜 叶片深裂，叶面皱缩，不结球。按叶色可分为绿叶皱叶生菜和紫叶皱叶生菜。

(1) 绿叶皱叶生菜。主要品种为花叶生菜、东山生菜等。

（2）紫叶皱叶生菜。主要品种"红帆"紫叶生菜、红花叶生菜。

2. 结球生菜 顶生叶形成叶球，叶球呈圆球形或扁圆形叠包。主要品种如：拳王、射手、凯撒、皇后。

3. 直立生菜 直立生菜又称散叶莴苣，叶狭长直立。一般不结球或卷心呈圆筒形。这个品种的变种较少，分布地区不广，在国内很少种植。如：罗马直立生菜。

三、蔬菜生产管理

生产管理是蔬菜栽培中的重要环节，它调节蔬菜作物本身与环境条件的关系，使二者相互配合，起到穿针引线的作用，最终达到蔬菜优质高产的目的。

（一）生产类型

1. 按生产设施分类

（1）露地生产。在温室外或无其他遮盖物的土地上种植蔬菜等作物的生产方式，统称为露地生产。

（2）保护地生产。是指在不适宜园艺作物生产发育的寒冷或炎热季节，利用保温、防寒或降温、防雨设施、设备，人为地创造适宜园艺作物生长发育的小气候环境，不受或少受自然季节的影响而进行的作物生产，称为保护地生产。

（3）工厂化生产。是设施农业的高级层次，是指在相对可控的环境条件下，按照工业生产的方法来安排蔬菜或其他作物的生产方式。

一般来说，工厂化生产应该满足几个条件，即规模化、标准化、专业化、现代化，以先进的温室为基础，规模化的生产为前提条件，采用专业化的分工，辅以现代生物技术、环境调控技术、施肥灌溉技术、信息管理技术等条件下进行的生产。目前，按照生产设施类型的不同，国内可分为连栋温室工厂化生产和日光温室工厂化生产两种生产方式。

2. 按栽培介质分类

（1）土壤栽培。在传统天然土壤条件下栽培作物的生产方式，称为土壤栽培。

（2）无土栽培。不使用土壤，用其他材料培养植物的方法，包括水培、雾（气）培、基质栽培等。

①基质栽培：将作物的根系固定在有机或无机的基质中，采用营养液浇灌供给植株所需的水分和养分的栽培方式。按照基质的理化性质不同，可分为有

机基质栽培和无机基质栽培两类。常见的有机基质包括椰康、泥炭、锯末等，常见的无机基质包括岩棉、珍珠岩、蛭石等。

②营养液栽培：营养液栽培又叫水培，具体是指植物根系直接与营养液接触，不使用基质的栽培方法。

（二）生产设施

1. 日光温室　日光温室又称不加温温室，冬季生产时前屋面夜间用保温被覆盖，东、西、北三面为围护墙体。这种温室以塑料薄膜为覆盖材料，以日光作为主要热源，在北方冬季不加温可生产喜温果菜，是中国特有的设施类型。一般来说，日光温室结构参数主要包括温室跨度、高度、前后屋面角度、墙体和后屋面厚度、后屋面水平投影长度、防寒沟尺寸、温室长度等（图14-1）。

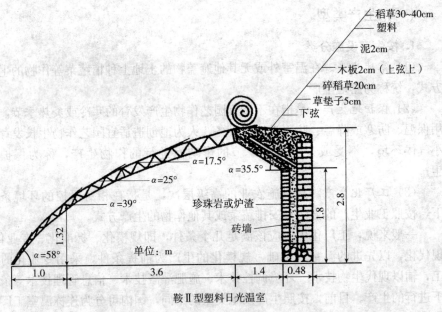

图 14-1　日光温室结构

（引自张福墁·设施园艺学·2001）

2. 塑料大棚　塑料大棚又称冷棚，利用竹木、钢材等材料搭建骨架，并覆盖塑料薄膜，搭成拱形棚，具备一定的保温性能，种植蔬菜等园艺作物能够提早或延迟供应（图14-2）。

3. 连栋温室　连栋温室是指大型的、环境基本不受自然条件影响、可自动化调控、能全天候进行园艺作物生产的连接屋面温室，是园艺设施的最高级类型。按照屋面特点主要分为屋脊型连接屋面温室和拱圆型连接屋面温

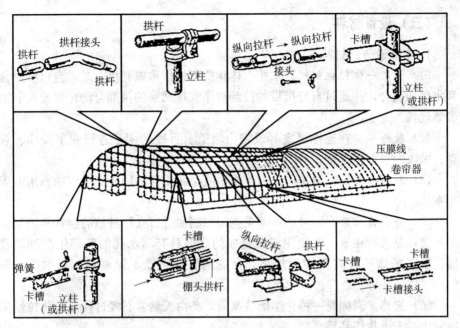

图 14-2　薄壁镀锌钢管装配式大棚及连接件

室。屋脊型连接屋面温室代表为荷兰文洛型温室（图 14-3），拱圆型连接屋
面温室主要以塑料薄膜为透明覆盖材料，这种温室在法国、以色列等国家广
泛应用。

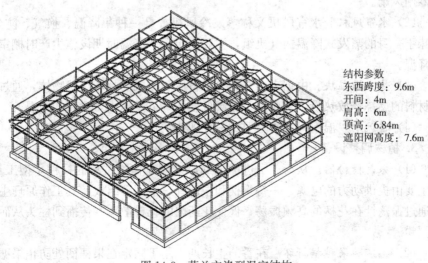

结构参数
东西跨度：9.6m
开间：4m
肩高：6m
顶高：6.84m
遮阳网高度：7.6m

图 14-3　荷兰文洛型温室结构

（三）设备材料

1. 生产设备、材料

（1）水肥一体化施肥机。水肥一体化施肥机俗称施肥机，是一台可将肥料和水自动混合，并通过自身携带的控制程序实现肥水的精准自动化智能控制的灌溉设备。

（2）轨道车。在连栋温室等设施内轨道上行驶的用于进行农事操作、管理、采收的省力化车辆。

（3）栽培床架。在温室内，采用木质或金属支撑的用于支撑作物栽培的床架系统。

（4）芽菜栽培架。因种植芽菜受空间限制而进行立体种植的层状栽培架。

（5）芽菜种植盘。一般用塑料制成的底部具有漏水孔的芽菜生产种植容器，根据场地条件有不同的规格，常见的有芽苗盘、保鲜箱、漏水筐、环保盒。

（6）岩棉。岩棉是一种化学惰性基质，是由天然岩石经过高温溶化拉丝压制而成的无土栽培基质。

（7）椰糠。椰糠是一种常用无土栽培基质，是由椰子外壳纤维加工制成的有机质介质。

2. 环境调控相关设备

（1）温室循环风机。为改善温室大棚内环境，让温室内空气保持流动的一种专用风扇。

（2）水帘风机。水帘风机又称蒸发冷风机，是一种集降温、换气、防尘、除味于一身的蒸发式降温换气机组，主要用于夏季高温时期设施生产时棚室内的降温。

（3）热宝增温块。由锯末、石蜡等材料压制而成的易燃块状物体，通过自身材料的燃烧释放热量，主要用于极端低温天气下设施内短时间的增温。

（4）暖风炉。温室内用于增温的一种加热炉具。

3. 植株调整设备

（1）振荡授粉器。从荷兰引进的辅助雌雄同花作物授粉的一种小型工具，其主要由提供动力的电源、手持手柄和振荡针三个部分组成，其工作原理主要是通过振荡针在花柄的高频振荡，促使花药内的花粉散落并传播到柱头从而辅助授粉。

（2）番茄防果穗柄折环。在番茄生长期，用于固定在果穗柄处防止果穗弯折的一种专用塑料夹。

（3）落蔓夹。设施果菜长季节生产中在落蔓时可同时固定在落蔓绳和植株上避免落蔓过程中的植株滑落和机械损伤的一种塑料专用夹。

（四）栽培制度

可分为轮作、连作、间作、混作、套作以及复种，具体定义见粮食作物生产相应章节。

（五）栽培茬口

1. 塑料大棚主要栽培茬口

（1）春茬。一般在早春土壤解冻后（3月初至4月初）即可定植，7月中下旬生产结束。

（2）秋茬。一般在7月上中旬定植，10月中下旬生产结束。

（3）越夏茬。早春土壤解冻后（3月初至4月初）即可定植，10月中下旬生产结束。

2. 日光温室主要栽培茬口

（1）越冬茬。一般于秋冬季节（9月中旬至11月上旬）定植，越冬生产至翌年春季或初夏上市，一般5月中旬至6月中旬生产结束，是供应早春淡季的主要茬口。

（2）秋冬茬。一般在立秋前后（8月中旬至9月中旬）定植，翌年早春生产结束。

（3）冬春茬。一般12月播种育苗、翌年2月定植，4月下旬开始收获，6月中旬结束生产。比塑料大棚春茬可提前1个半月至2个月定植，是日光温室生产的重要茬口。

3. 连栋温室主要栽培茬口

京郊地区连栋温室主要栽培茬口为越冬茬口，播种期为7月中下旬，9月上旬定植，翌年5月下旬至6月下旬生产结束。

4. 露地蔬菜主要栽培茬口

（1）越冬茬。秋季（9～11月）露地直播或定植，越冬前幼苗长到一定大小或半成株状态，露地越冬或简易覆盖（秸秆、地膜）越冬，翌春或早夏（3月中旬至5月中旬）收获上市。是缓解早春蔬菜供应"淡季"的重要茬口。在生产上，适宜种植的蔬菜主要是些耐寒性较强的蔬菜，如菠菜、韭菜小葱、羊角葱等。

（2）早春茬（或叫春茬）。早春土壤解冻后（2月下旬至4月上旬），露地直播或移栽，生长期40～60d，晚春到早夏（4月上旬至5月上旬）上市，是夏季果菜上市前解决"春淡"的一茬蔬菜。这茬蔬菜品种较多,生长期较短,往往作为"轮茬"或"小茬"蔬菜安排。适宜种植的蔬菜有春菠菜、油菜、水萝卜、茼蒿、生菜、莴笋、早熟甘蓝、苤蓝、花椰菜、青花菜等耐寒性蔬菜。

(3)春夏茬(夏茬)。春末夏初(4月中旬至5月中旬)晚霜结束后露地直播或定植,6~7月连续收获大量上市,形成蔬菜供应旺季。这茬在露地蔬菜生产中无论从产量还是产值上讲都是最重要的一茬。其种类也非常丰富,包括矮生菜豆、架豆、豇豆等豆类,黄瓜、西葫芦、南瓜、冬瓜等瓜类,以及黄秋葵、毛豆等杂果类品种。

(4)夏秋茬(伏茬)。在炎夏(5月下旬至6月上旬)播种或定植,"秋淡"(7~9月)时收获供应。这茬在夏季炎热的地区种植,主要选择较耐炎热的蕹菜、苋菜、小白菜、豇豆等,补充"秋淡"供应。但在夏季暑期短,不太炎热的地区,可种植生长期长、产量高且比较耐热的果菜类,如中晚熟茄子、辣椒、冬瓜、豇豆等,也可栽植较耐热的大葱、夏秋甘蓝、花椰菜、青花菜等叶菜。

(5)秋冬茬(秋茬)。夏末秋初(7月中下旬至8月上中旬)播种,秋末冬初(10~11月)收获,可种植种类有喜欢凉爽的萝卜、胡萝卜、根芥菜等根菜和大白菜、秋甘蓝、油菜、秋菠菜等叶菜。

四、植物学性状

(一)番茄

1. 根 番茄根系比较发达,盛果期主根深入土中可达1.5m以上,根系开展幅度可达2.5m左右。

(1)主根。番茄种子萌发时,胚根先突出种皮,向下生长,由胚根直接生长形成的根为主根。

(2)侧根。主根上产生的各级大小分枝都称为侧根。

2. 茎 番茄茎分枝形式为合轴分枝。

(1)株高。植株地上茎基部至生长点的自然高度。

(2)茎粗。第1花序下1cm处茎直径宽度。

3. 叶 番茄叶为单叶,羽状深裂或全裂,每片有小裂片5~9对。

(1)叶长。叶片长度即叶柄基部到叶尖的距离。

(2)叶宽。叶片与主脉垂直的最大宽度。

(3)叶面积。叶面积测定方法主要有光电测定法、剪纸法、打孔测定法、排水量测定法、系数测定法、数格测定法等。

（4）叶片数。叶片长度大于 5cm 的叶片数量。

（5）相对叶绿素含量。采用 SPAD-502Plus 手持叶绿素仪，测定标记植株中部同一高度处功能叶基部、中部、末端的叶绿素值，取平均值作为每张叶片的叶绿素值，所测叶片方向基本一致，受光均匀。

4. 花　番茄为完全花，总状花序或聚伞花序。花序着生在节间，花色黄。每个花序上着生的花数品种间差异较大，一般 5～10 余朵不等，各别品种（樱桃番茄）可达 20～30 朵。

5. 果实　番茄的果实为多汁浆果，果肉由果皮及胎座组织构成。

（1）果穗数。番茄果实聚集在一起形成的穗的数量。

（2）果色。红色、粉红色、黄色、绿色、紫黑色。

（3）果型。超大果、大果、中果、小果、特小果，具体指标见番茄品种部分。

（4）果径。果实最大横径。

（5）果长。果实肩到果实顶部纵径长度。

6. 种子　番茄种子为双子叶植物种子，表皮被毛。千粒重2.7～3.3g。

（二）黄瓜

1. 根　黄瓜的根系分布较浅，主要分布于表土下 25cm 土层中，20cm 表土中根系分布比例达 80% 以上。

2. 茎　黄瓜的茎呈四棱或五棱，中空，上有刚毛，茎上每节除生有叶片外，还生有卷须、侧枝及雄花、雌花。黄瓜的茎蔓生，苗期（四叶前）直立，节间短。

（1）株高。植株地上茎基部至生长点的自然高度。

（2）茎粗。第 1 片真叶下 1cm 处茎直径宽度。

（3）节间长。各花序下第 1 节位和第 2 节位叶片叶柄基部间的长度。

（4）根瓜节位。根部向上数第一个果实所在的节位。

3. 叶　黄瓜的叶片分为子叶和真叶两种。子叶对生，长椭圆形真叶掌状浅裂，互生，叶柄较长，叶面两面覆有茸毛，一般叶片长宽在 10～30cm 之间。关于叶宽、叶长、叶面积等指标测量方法同番茄。

4. 花　黄瓜植株上可着生雌花、雄花和两性花，可分为七种类型：完全花株、雄性株、雌性株、雌雄同株、雄全同株、雌全同株、雌雄全同株。

5. 果实　黄瓜的果实是由子房、花托共同发育而形成的假果。

（1）根瓜。指根部向上数第一个果实。

（2）回头瓜。指打去主蔓顶心后由侧蔓结的瓜。

(3) 果径。果实最大直径。

(4) 果长。果实顶花到果柄基部长度。

6. 种子 长椭圆形，扁平，黄白色，一般每瓜含有 100～300 粒种子，着生于侧膜胎座上，千粒重 22～42g。

（三）茄子

1. 根 茄子根系发达，由主根和侧根构成。主根粗而强，垂直生长旺盛，深度可达 1.3～1.7m，侧根横向伸长直径超过 1m，主要根群分布在 33cm 内的土层中。

2. 茎 茎直立、粗壮，分枝习性为假二杈分枝。

(1) 皮色。皮色随品种而不同，常见的有紫色、绿色、绿紫色、黑紫色、暗灰色等。

(2) 株高。植株地上茎基部至生长点的自然高度。

(3) 茎粗。真叶下 1cm 处茎直径宽度。

3. 叶 单叶、互生，有长柄。叶的正背面均有粗茸毛，大果品种叶背中肋有锐刺。关于叶宽、叶长、叶面积等指标测量方法同番茄。

4. 花 完全花，由萼片、花瓣、雄蕊、雌蕊组成。萼片宿存。花瓣 5～6 片，基部合成筒状，白色或紫色。茄子花多为单生，个别品种簇生。一般为自花授粉。

5. 果实 茄子果实为浆果，以嫩果作为食用器官。果实肉厚，胎座特别发达，为海绵薄壁组织，是茄子的主要食用部分。

(1) 门茄。茄子第 1 次分枝时出现的茄子称为门茄。

(2) 对茄。第 2 次分枝每 1 个分枝又出现一个果实为对茄。

(3) 四门斗。第 3 次分枝出现的 4 个茄子，为四门斗。

(4) 满天星。第 4 次分枝出现的 8 个茄子是八面风；再往上分枝形成的果实称为满天星。

果实直径和长度等指标同番茄和黄瓜。

6. 种子 茄子的种子较小，千粒重 3.16～5.30g，每个果实内含 500～1 000粒，种子占果实重量的 1% 左右。

（四）辣（甜）椒

1. 根 辣椒的根系没有番茄和茄子发达，根量少，入土浅，根群一般分布于 30cm 的土层中。

2. 茎 茎直立，木质化程度较高，黄绿色，具有深绿色或紫色纵条纹。

因品种、气候、土壤及栽培条件的不同而异。根据辣椒的分枝习性可分为无限分枝型和有限分枝型。

（1）甜椒。甜椒类株型呈直立性，节间长，分枝角度小，通常一级分枝以后，不能每节形成两个分枝。

（2）辣椒。长椒类如牛角椒、羊角椒，株型半直立，节间较短，分枝角度较大，通常第一、二级分枝能形成两个分枝（叉状），或隔节形成两个分枝。

3. 叶 叶片为单叶、互生，卵圆形、长卵圆形或披针形。通常甜辣椒较辣椒叶片稍宽。叶先端渐尖、全缘，叶面光滑，稍有光泽，也有少数品种叶面密生茸毛。

4. 花 完全花，单生、丛生（1～3朵）或簇生。辣椒花小，甜椒则较大。花冠白色、绿白色或紫白色。属常异交作物，甜椒的自然杂交率约为10%，辣椒较高为25%～30%。不同品种留种时，应注意适当隔离。

5. 果实 果实为浆果，下垂或朝天生长，按着生部位分为门椒、对椒、四门斗、满天星，内容同茄子果实部分。

（1）果型。常有扁圆、圆球、灯笼、近四方、圆三棱、线形、长圆锥、短圆锥、长羊角、短羊角、指形、樱桃等多种形状。

（2）果实风味。甜椒、半甜半辣、辣椒。

（3）果实直径。果实最大横径。

（4）果实长度。果实顶部到果柄基部最大长度。

（5）果皮厚度。切开果实后，测量的果皮的厚度。

6. 种子 表面微皱，淡黄色，稍有光泽，千粒重4.5～8g，发芽力一般可以保持2～3年。

（五）大白菜

1. 根 大白菜成株有发达的根系，胚根形成肥大的肉质直根，直径3～6cm。

（1）主根粗。主根基部最大直径。

（2）主根长。主根基部至根尖处距离。

2. 茎 营养生长时期茎部短缩肥大，直径4～7cn，生殖营养时期，短缩茎的顶端抽生花茎，高60～100cm，花茎上分枝1～3次。

3. 叶 子叶两枚，对生，有叶柄，叶面光滑；基生叶两枚对生于茎基部子叶以上，与子叶垂直排列成十字形；中生叶着生于短缩茎中部，叶片边缘波状，叶翅边缘锯齿状；顶生叶着生于短缩茎的顶端，叶球抱合方式分摺抱、叠抱、拧抱三种；茎生叶着生于花茎和花枝上，互生，叶腋间发生分枝。

（1）植株高度。植株基部与地面接触处至植株叶片最高处的自然高度。

（2）植株开展度。植株外叶开展最宽处，包括纵横二个垂直方向。

（3）最大叶长、宽。收获时取代表性大叶，量全叶片长与宽，长度量至叶翼基部。

（4）叶柄宽。叶柄基部最宽处宽度。

（5）叶柄厚。叶柄基部最厚处宽度。

4. 花　总状花序，完全花。花萼、花瓣均为 4 瓣，雄蕊 6 枚，雌蕊 1 枚，子房上位，两心室，花柱短，柱头为头状。

5. 果实　长角果，圆筒形，有柄，授粉、受精后 30～40d 种子成熟。

6. 种子　种子球形而微扁，有纵凹纹，红褐色至深褐色。千粒重 2.5～4.0g。

（六）结球甘蓝

1. 根　结球甘蓝为圆锥根系，主根基部肥大，能生出许多侧根，其主要根群分布在 60cm 土层内，以 30cm 耕层中最密集，根群横向伸展半径 80cm。根系测量方法同白菜。

2. 茎　茎可分为营养生长期的短缩茎和生殖生长期的花茎。

3. 叶　甘蓝的叶片在不同的时期形态不同，基生叶和幼苗叶具有明显叶柄，莲座期开始，叶柄逐渐变短，甚至无叶柄，开始结球。初生叶较小，倒卵圆形，中晚熟品种的叶柄明显，叶缘有缺刻，随着生长，逐渐长出较大的中生叶。

4. 花　甘蓝花淡黄色，复总状花序。

5. 果实　果实为长角果，圆柱形，表面光滑，略呈球状。

6. 种子　种子着生在隔膜两侧，授粉后 60d 种子成熟，成熟的种子为红褐色或黑褐色，圆球形，无光泽，千粒重 3.3～4.5g。

（七）芹菜

1. 根　芹菜为直根系浅根性蔬菜，根系主要分布在 7～10cm 表层土壤中，横向扩展最大范围 30cm 左右。主根肥大，能贮存养分，受伤后可产生大量侧根。

2. 茎　营养生长期茎短缩，叶片似根出叶，生殖生长期茎伸长为花茎，并可产生 1、2 级侧枝。

（1）植株高度。植株基部与地面接触处至植株叶片最高处的自然高度。

（2）植株开展度。植株外叶开展最宽处，包括纵横两个垂直方向。

（3）叶柄宽。叶柄基部最宽处宽度。

3. 叶　芹菜叶为二回奇数羽状复叶，叶柄发达，是主要食用部位。每叶具 2～3 对小叶和一片尖端小叶。

4. 花　芹菜为复伞形花序，虫媒花，花白色，萼片、花瓣、雄蕊各 5 枚，雌蕊由二心皮构成，子房 2 室。

5. 果实　果实双悬果，果皮革质，透水性差。

6. 种子　种子褐色，种子细小，千粒重 0.4g 左右，有 4～6 个月休眠期，高温条件下不易发芽。

（八）生菜

1. 根　直根系，根系浅，须根发达，主要根群分布在地表 30cm 土层内。

2. 茎　茎短缩，随植株生长，短缩茎逐渐伸长和加粗，茎端分化花芽后茎也随之伸长。

3. 叶　互生，有披针形、椭圆形、侧卵圆形等。外叶开展，心叶松散或抱合成叶球。

4. 花　圆锥形头状花絮，花浅黄色，每 1 个花序有 20 朵花左右，自花授粉。

5. 果实　瘦果，银白色或黑褐色。

6. 种子　千粒重 1.1～1.5g。

五、生长发育

蔬菜作物的生长发育周期是指从种子发芽到重新获得种子的整个生长过程，这个过程可分为种子期、营养生长期和生殖生长期。

（一）番茄、茄子、辣甜椒

番茄、茄子、辣甜椒均为茄科作物，生长发育周期相近，此处归纳在一起介绍。

1. 发芽期　从种子萌发到第一片真叶出现（破心、露心、吐心）。

2. 幼苗期　由第一片真叶出现至开始现大蕾为幼苗期。

（1）日历苗龄。指从播种开始到秧苗定植所需的天数。

（2）生理苗龄。除日历苗龄外，还通常用现蕾，蕾的大小，子叶平展以及真叶数量的多少，形状的大小等指标来表示秧苗的大小。

（3）成活率。成活苗数与总栽种苗数的比值称为成活率，成活率（%）＝

成活苗数/总栽种苗数×100。

（4）定植密度。指在单位面积土地上栽种的秧苗株数。蔬菜生产中常用单位有，株/亩、株/m^2。

3. 开花坐果期 从第1个花出现大蕾至坐果这段时间为开花坐果期。

4. 结果期 从第1穗花坐果到拉秧为结果期，是形成果实和种子的重要时期。

（二）黄瓜

1. 发芽期 从种子萌动至子叶展平，在20～30℃条件下，需5～6d，主要靠消耗种子本身营养生活。

2. 幼苗期 从第1片真叶显露至卷须出现为止，此期长短受环境条件影响较大，在适宜条件下约需30d。

3. 甩条发棵期 从出现卷须至第一雌花坐住瓜为止又称初花期。一般条件下历时15d左右，早熟品种此期短，中晚熟品种较长。

4. 结果期 由第1雌花坐瓜到拉秧结束，历时30～60d或更长。

（三）大白菜

1. 营养生长阶段

（1）发芽期。这一时期是种子中的胚生长成幼芽的过程，种子吸水膨胀后16h，胚根由株孔伸出，24h种皮裂开，子叶和胚轴外露，36h后两个子叶开始露出土面，48h后胚轴伸出土面。

（2）幼苗期。播种后7～8d，基生叶生长达与子叶相同的大小，并和子叶互相垂直排列成十字形。早熟品种需16～18d，晚熟品种需20～22d。

（3）莲座期。这时期长成中生叶第二至第三叶环的叶子，早熟品种为18～20d，晚熟品种为25～28d。

（4）结球期。这一时期内顶生叶生长而形成叶球。该期可分为前期、中期和后期。

（5）休眠期。大白菜遇到低温时处于被迫休眠状态，依靠叶球贮存的养分和水分生活。

2. 生殖生长阶段

（1）抽薹期。经过休眠的种株次年春初开始生长，花薹开始伸长而进入抽薹期。抽薹前期，花薹伸长缓慢，花薹和花蕾变为绿色，俗称"返青"。返青后花薹伸长迅速，同时花薹上生长茎生叶，由叶腋中发生花枝、花茎和花枝顶端的花蕾同时长大。

（2）开花期。大白菜始花后进入开花期，全株的花先后开放。

（3）结荚期。谢花后进入结荚期，这一时期花薹、花枝停止生长，果荚和种子旺盛生长，到果荚枯黄，种子成熟为止。

（四）结球甘蓝

1. 营养生长阶段

（1）发芽期。从播种到第一对基生叶展开形成十字形为发芽期。发芽期的长短因季节而异，夏、秋季 15～20d，冬、春季 20～30d。

（2）幼苗期。从基生叶展开到第一叶环形成并达到团棵，早熟品种 5 片、中晚熟品种 8 片，叶展平，夏、秋季育苗需 25～30d，冬、春季育苗 40～60d。

（3）莲座期。形成第二叶和第三叶环，到开始结球。因不同品种，经历 25～40d。

（4）结球期。从心叶开始抱合到叶球形成，需 25～40d。

2. 生殖生长阶段　主要包括抽薹期：25～40d；开花期：30～35d；结荚期：30～40d。

（五）芹菜

1. 发芽期　从播种到两片子叶出土展平，真叶顶心，需 10～15d。

2. 幼苗期　从子叶展平真叶顶心至形成第一叶序环（5 片真叶），需 45～60d。幼苗期生长缓慢，根系浅，苗细弱，叶分化速度慢，在初期的 15d 内仅分化 2～3 片叶，以后分化速度稍有增加。

3. 外叶生长期　从定植至心叶开始直立生长（立心），需 20～40d。这一段主要是根系恢复生长。

4. 心叶肥大期　从心叶开始直立生长至产品器官形成收获，需 30～60d。立心以后，生长速度加快，约 2d 可分化一片叶，每天可生长 2～3cm。

5. 花芽分化期　从花芽开始分化至开始抽薹，约 2 个月。芹菜为绿体春化型蔬菜，当苗龄达 30d 以上，幼苗分化约 15 片叶，苗粗达 0.5cm 以后就可以感应低温。

6. 抽薹开花期　从开始抽薹至全株开花结束，约 2 个月。花芽分化完成后，遇到适宜的长日条件即抽花生薹，长出花枝。

7. 种子形成期　从开始开花至种子全部成熟收获，约 2 个多月，大部分时间与开花期重叠。就一朵花而言，开花后雄蕊先熟，花药开裂 2～3d 后雄蕊成熟，柱头分裂为二。靠蜜蜂等昆虫传粉进行异花授粉，授粉后 30d 左右果实成熟，50d 枯熟脱落。

(六) 生菜

1. 发芽期 从播种至第一片真叶初现为发芽期。其临界形态特征为"破心"，需 8～10d；适温 15～20℃。

2. 幼苗期 从"破心"至第一个叶环的叶片全部展开为幼苗期，其临界形态标志为"团棵"，第一叶环有 5～8 枚叶片。该期需 20～25d；适温 16～20℃。

3. 莲座期 从"团棵"至第二叶环的叶片全部展开。结球生菜心叶开始卷抱，需 15～30d；适温 18～22℃。

4. 生殖生长期 产品器官形成期，此期内，结球生菜从卷心到叶球成熟。适温白天 20～22℃，夜间 12～15℃，25℃以上叶球生长不良，易引起腐烂。

六、产量性状

蔬菜产量可以单果重或单株重来计算，生产上常以单位面积来计算，即单位面积的产量。

(一) 果类蔬菜（番茄、茄子、黄瓜、辣甜椒等）

1. 坐果率 坐果率又称自然着果率，是自然状态下植株实际结果数占总开花数的百分率。坐果率（%）＝结果数/开花数×100。

2. 单果重 单个果实的重量。测量时一般取 10～20 个果实测量总重量，再计算出平均单果重。

3. 单株果穗数 某些蔬菜作物（如番茄等）的果实聚集在一起形成的穗的数量。

4. 单株坐果数 单个植株坐住果实的总数量。

5. 单株果重 单株植物所结果实总重量。单株果重＝单株坐果数×单果重。

6. 商品果率 蔬菜作物果实采收后，符合一定标准的果个数占总果数的百分数。标准因不同采购商的要求不同而不同。

7. 单位面积产量 单位面积株数×平均单株果数×平均单果重。

亩产量＝每亩株数×平均单株果数×平均单果重，主要用于描述普通设施或露地蔬菜生产中的产量情况。

每平方米产量＝每平方米株数×平均单株果数×平均单果重。主要用于描

述连栋温室等蔬菜工厂化生产中的产量情况。

8. 单株果数　开花数×坐果率×商品果率。

（二）叶类蔬菜（白菜、甘蓝、芹菜、叶用莴苣等）

1. 单株（叶球）重量　10株叶菜平均重，除去根及外叶。

2. 净菜率　净菜率（%）＝［单株(叶球)净重/带外叶去根株重］×100。

3. 单位面积经济产量　单位面积产量＝单位面积株数×平均单株重。

七、品质性状

品质性状包括外观品质、营养品质和卫生品质，本节内容主要介绍蔬菜外观品质，其他详细内容见农产品贮藏加工章节。

（一）果类蔬菜

1. 商品果率　蔬菜作物果实采收后，符合一定标准的果个数占总果数的百分数。标准因不同采购商的要求不同而不同。

2. 果型指数　果形指数是指果实纵径与横径的比值。以番茄为例，通常果形指数是0.8～0.9为圆形或近圆形，0.8～0.6为扁圆形，0.9～1.0为椭圆形或圆锥形，1.0以上为长圆形。

3. 果实硬度　果实硬度是果实品质的一个指标，用以判定蔬菜或水果的成熟程度。具体是指单位面积（S）能够承受测力弹簧的压力（N）。P＝N/S

（二）叶类蔬菜

1. 色泽　结球类蔬菜最外、最内球叶片色泽。

2. 叶球内短缩茎形状　结球类蔬菜从叶球纵剖面所观察到的形状。

八、相关标准

无公害食品：番茄保护地生产技术规程（NY/T 5007—2001）

无公害食品：黄瓜生产技术规程标准（NY T 5075—2002）

无公害食品：绿化型芽苗菜生产技术规程（NY/T 5212—2004）

辣椒生产技术规范（GB/Z 26583—2011）

茄子生产技术规程（DB51/T 1043—2010）

参考文献

程智慧，2010. 蔬菜栽培学总论 [M]. 北京：科学出版社.

蒋先明，1999. 蔬菜栽培学各论 [M]. 北京：中国农业出版社.

徐鹤林，李景富，2006. 中国番茄 [M]. 北京：中国农业出版社.

喻景权，王秀峰，2014. 蔬菜栽培学总论 [M]. 北京：中国农业出版社.

张福墁，2001. 设施园艺学 [M]. 北京：中国农业大学出版社.

15

第十五章　西甜瓜生产

一、西甜瓜分类

（一）西瓜分类

西瓜为葫芦科西瓜属，一年生蔓生藤本植物。目前对西瓜品种的分类，尚无统一标准。

1. 按染色体组分类　分为二倍体西瓜、三倍体西瓜和四倍体西瓜，三倍体西瓜通常称为"无籽西瓜"。

2. 按果实外形分类　有圆球形（果形指数 1.0）、高圆形（果形指数1.0～1.1）、短椭圆形（果形指数 1.1～1.2）、椭圆形（果形指数 1.2～1.4 右）和长椭圆形品种（果形指数 1.4 以上）。

3. 按果肉颜色分类　分为红肉、黄肉、白肉型品种。

4. 按果实大小分类　有大果型、中果型和小果型品种。

5. 按果实成熟期分类　有早熟品种（计算留果节位雌花开放到果实成熟天数，在 30d 以内）、中熟品种（31～35d）和晚熟品种（36d 以上）。

6. 按生态适应性分类　可分为华北、新疆、东亚和美国 4 种生态型品种。

（二）甜瓜分类

甜瓜是葫芦科甜瓜属一年生蔓藤本植物。分为薄皮甜瓜和厚皮甜瓜两种类型。近年来为改善薄皮甜瓜的品质、耐贮性和厚皮甜瓜的适应性，广泛开展厚、薄皮甜瓜间杂交育种和杂交一代利用，出现了众多的中间新类型，有的倾向于厚皮甜瓜，而有的倾向于薄皮甜瓜，对于这些类型尚缺少研究，暂无适当的称谓。

1. 薄皮甜瓜　原产中国的果形较小、果皮较薄、生长势较弱、可适应于温暖湿润气候下栽培的一类，统一称为薄皮甜瓜。包括地方品种及不同品种间杂交育成的品种或一代杂种。香瓜为部分地区对薄皮甜瓜的统称。

2. 厚皮甜瓜　果型较大、果皮较厚、生长势较强、适宜于大陆性气候条件下栽培的一类，统一称为厚皮甜瓜。包括地方品种及厚皮甜瓜品种间杂交育成的品种或一代杂种。根据果皮有无网纹可分为网纹甜瓜和光皮甜瓜。

二、主要性状

(一) 个体性状

1. 下胚轴　子叶节以下部分，统一称下胚轴。

2. 子叶、真叶　在种子中发育形成的两片叶叫子叶，后发展的叫真叶。

3. 主蔓、侧蔓　西甜瓜具有很强的分枝能力，由幼苗顶端伸出的蔓为主蔓，从主蔓每个叶腋均可伸出分枝，称侧蔓或子蔓；从子蔓叶腋伸出的分枝叫二级侧蔓或孙蔓。

4. 节、节间　在茎蔓上着生叶片的地方叫节，两片叶间的茎叫节间。

5. 两性花、半日花　西瓜多为单性花，少数雌花也带有雄蕊，称雌性两性花。甜瓜花有雄花、雌花和两性花三种。西甜瓜均为半日花，即上午开花，下午闭花。

(二) 生长发育

1. 西瓜生育期

（1）发芽期。从播种至子叶充分展开，第一片真叶露心即 2 叶 1 心时为发芽期。此期约需 8～10d。

（2）幼苗期。从 2 叶 1 心开始到团棵期为幼苗期。此时，植株展开 5～6 片真叶，并顺次排列成盘状。幼苗期一般需 25～30d。

（3）伸蔓期。从团棵到留果节位的雌花开放为伸蔓期。又分为伸蔓前期和伸蔓后期。伸蔓前期是指西瓜从团棵到雄花始花期。伸蔓后期是指西瓜从雄花始花期到主蔓第 2 雌花开花为伸蔓后期。

（4）结果期。从坐果部位的雌花开放到果实充分成熟时为结果期。此期约需 30～40d，根据果实形态变化及生长特点的不同，结果期又分前期、中期和后期 3 个时期。

①结果前期：从留果节位的雌花开放到果实褪毛为止，又称坐果期，约需 4～6d，是决定坐果的关键时期。

②结果中期：从果实褪毛开始到果实定个时止，又称果实生长盛期，约需 18～25d 左右，是决定瓜个大小、产量高低的关键时期。

③结果后期：从定个到果实充分成熟时止，又称为变瓤期，约需 7～10d，是决定品质好坏的关键时期。

2. 甜瓜生育期

（1）发芽期。从播种至第 1 真叶露心，约 10～15d。

（2）幼苗期。从第 1 片真叶露心到第 5 片真叶出现为幼苗期，约 25d 左右。

（3）伸蔓孕蕾期。从第五片真叶出现到第一朵雌花开放，约 20～25d。

（4）结果期。从第一朵雌花开放到果实成熟，又分前期、中期和后期三个时期。

①结果前期即坐果期：从留果节位的雌花开放到果实褪毛为止，又称坐果期，约需 7～9d，是决定坐果的关键时期。

②结果中期即膨瓜期：从果实褪毛开始到果实定个时止，又称膨瓜期，是决定瓜个大小、产量高低的关键时期。

③结果后期即成熟期：从定个到果实充分成熟时止，又称为成熟期，是决定品质好坏的关键时期。

（三）产量品质

1. 密度 在单位面积土地上栽种的秧苗株数。密度＝亩/株距（m）×行距（m）。

2. 坐果率 植株实际结果数占总植株数的百分率，坐果率（％）＝坐果总数/株数×100。

3. 单瓜重 单个果实的重量。

4. 可溶性固形物含量 单位质量食品中所有溶解于水的化合物的总量，主要为糖、酸、维生素等，常称作含糖量。

三、栽培茬口

北京地区主要有日光温室早春栽培、春大棚栽培、秋大棚栽培、露地栽培及大棚长季节栽培等茬口（见表 15-1）。

表 15-1 西（甜）瓜栽培茬口

设施类型	温 室		大 棚			拱棚	露地
茬口种类	早春（月/日）	秋延后（月/日）	早春（月/日）	长季节（月/日）	秋延后（月/日）	早春（月/日）	早春（月/日）
播种期	12/25～1/5	9/10～9/15	2/1～2/10	3/5～3/15	6/25～7/5	3/1～3/10	4/1～4/10
定植期	2/5～2/20	10/10～10/15	3/20～4/1	4/15～5/1	7/25～8/5	4/1～4/10	5/1～5/10
收获期	4/30～5/15	1/1～1/10	5/20～6/1	6/20～9/20	9/20～10/10	6/15～6/30	6/30～7/15

在品种上日光温室早春栽培和秋大棚栽培以小型西瓜为主，露地栽培以中、大果型西瓜为主。播种定植及采收时间见表 15-1。在栽培方式上，早春栽培以吊蔓栽培为主，秋大棚、露地及长季节栽培以地爬栽培为主。

四、栽培技术

1. 催芽　种子消毒后置于 28～30℃潮湿环境中，促进萌发的过程。

2. 育苗　在苗圃、温床或温室里培育幼苗，以备至植的过程。

3. 定植　将育成的幼苗移栽到田间的过程。

4. 绕蔓　使用吊线或竹竿等缠绕固定茎干。

5. 整枝　剪除部分瓜蔓，以调节植株生长势、改善通风透光状况的过程，按留蔓数量可分为单蔓整枝、双蔓整枝、三蔓整枝等。

6. 打杈　去掉叶腋中长出的多余而无用的侧枝，即所谓打杈。

7. 摘心、打顶　生产上苗期去掉主蔓生长点，其作用是促进侧枝的发生，用摘心表述；中后期去掉生长点则为控制植株的生长，打顶表述。

8. 授粉　雄花花粉落到雌花柱头的过程称为授粉，雌花经授粉后开始发育称为坐果。依照方式不同，生产上有人工授粉、蜜蜂授粉等。

9. 化瓜　指由于生理因素和环境因素影响造成瓜纽不膨大而黄化的现象。

10. 疏花疏果　在开花坐果期，摘除多余的花及果实的操作。

11. 保花保果　反季节温棚栽培中，由于外界温度较低、光照强度弱、光照时间短、栽培技术不当等造成不易坐果或果实生长发育不良现象时通过调控环境、使用激素等方法进行促进坐果的过程。

12. 打叶　去除植株下部多余的叶片。

13. 采收　对达到商品成熟度的西甜瓜进行收获的过程。

14. 二茬瓜　指第一批瓜采收前后授粉并长成的瓜，一般用于小型西瓜、甜瓜或长季节栽培西瓜。

五、主要性状测定

1. 全生育期　记直播至采收的天数。育苗移栽的记定植至采收的天数，再加上苗期天数。瓜苗状态以三叶一心为准。

2. 蔓

（1）蔓长。采收时量子叶节至（或主蔓摘心后的侧蔓）顶端长度。

（2）节间长。采收时量第 15～20 节之间长度的平均值。

（3）蔓粗。主蔓基部 3～5 节处直径，用游标卡测量。

3. 叶面积　西瓜和厚皮甜瓜于采收前取主蔓 15～20 节的成龄叶片，薄皮甜瓜取子蔓 10～15 节的叶片，测量其最长处（cm）、最宽处（cm），计算叶面积。

4. 花

（1）第一雌花节位。第 1 雌花节位从子叶节开始往上数。

（2）雌花间隔数。从第 1 朵雌花数至第 3 朵雌花节位，后计算平均值。

5. 果实

（1）果皮硬度。用硬度仪测定。

（2）果型指数。果实纵径/果实横径。纵径是从蒂部到脐部切开后，测量果实蒂部到脐部的长度（cm）；横径是垂直纵径测量横向最宽的长度。

（3）果皮厚。量果皮边缘至果肉或瓜瓤边缘，薄皮甜瓜不量。

（4）果肉厚。厚皮甜瓜量中部果皮边缘至种腔边缘。薄皮甜瓜纵剖后量果实边缘至种腔边缘。

（5）种腔大小。厚皮甜瓜和薄皮甜瓜纵剖后量种腔横径。

可食率：每个样瓜分别纵切，称总重和果皮重（种子重量忽略不计），可食率（％）＝（总重－果皮重）/总重×100。无籽西瓜必须调查此项。

6. 种子

（1）单瓜种子数。果实种子总数。新品种和四倍体品种必须记载，无籽西瓜应增记着色秕子数、白色秕子多少、白色秕子大小。

（2）单瓜种子重。称干种子重。

（3）种子大小。测量种子长和宽（cm）。

（4）千粒重。取含水量低于 8％的种子 1 000 粒称重。

7. 折光糖的测定方法　在果实表皮的阴面和阳面之间，纵切取样，用测糖仪测定中心糖和边糖。

（1）中心糖。西瓜取样在瓜瓤中心附近、甜瓜在脐部往上 1/3 纵径处靠瓜瓤内侧，取 5cm 长果肉挤汁测定。

（2）边糖。离果皮 1mm 处取 5cm 长果肉挤汁测定。

8. 品质的感官评定　果实品质除折光糖高低以外，还包括果肉质地松紧、软硬，纤维的多少、粗细，果汁多少，香味、后味及异味等。对供试品种逐个口尝，根据个人的味觉、口感等方面，综合打分。汇总按分数高低排序，最后作出评价。

六、相关标准

保护地无公害西瓜生产技术规程：DB11/T 132—2004。

第十六章　食用菌生产

食用菌是指能够形成大型肉质或胶质的子实体或菌核类组织并能供人们食用或药用的一类大型真菌。

一、食用菌形态结构

（一）菌丝

丝状真菌的结构单位，由管状细胞组成，有隔或无隔，是菌丝体的构成单元。

1. 菌丝体　菌丝分枝并交织形成的菌丝群称为菌丝体。按照发育顺序可分为初生菌丝体和次生菌丝体。一般而言，初生菌丝体无正常结实能力，只有经过双核化变成双核菌丝后才具有形成子实体的能力（图 16-1）。

（1）初生菌丝体。刚从孢子萌发形成的菌丝体为初生菌丝体，又叫单核菌丝体（双孢菇除外）。

（2）次生菌丝体。两条初生菌丝经过原生质融合，发育成次生菌丝体，又叫双核菌丝体。

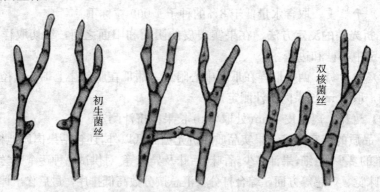

图 16-1　食用菌菌丝体

2. 变态菌丝体　在环境不良或繁殖时，一些食用菌的菌丝体相互紧密地缠结在一起，形成如菌核、菌索、子座等变态状菌丝组织体。

（1）菌核。由菌丝体聚集和黏附而成的，有一定形状如块状或瘤状的休

眠体。

（2）菌素。由菌丝体缠绕形成的绳索状组织体，外貌酷似高等植物的根，表面色暗，常角质化，长数厘米到数米不等。

（3）子座。由菌丝体或菌丝与寄主组织形成的有一定形状的密丝组织体。一般呈褥状、柱状、棍棒状或头状。

（二）子实体

子实体是高等真菌的产孢构造，由已组织化了的菌丝体组成。在担子菌中又叫担子果，在子囊菌中又叫子囊果（图16-2）。

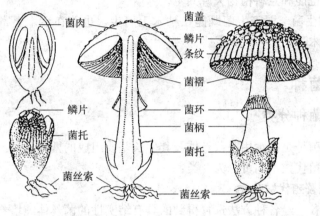

图16-2　伞菌子实体结构

二、食用菌分类

（一）按有性孢子着生位置分类

1. 担子菌　有性孢子外生在担子上的真菌。如银耳、香菇等。

2. 子囊菌　有性孢子内生于子囊的真菌，如羊肚菌、块菌、虫草等。

（二）按子实体形态分类

1. 伞菌　泛指子实体伞状的大型真菌。如香菇、金针菇等。

2. 胶质菌　泛指子实体胶质的大型真菌。如木耳、银耳等。

（三）按营养类型分类

1. 腐生菌　大部分食用菌属于这种类型。它们靠分解枯死的木本、草本植物中的木质素、纤维素等来获取营养物质。根据其分解的有机物是木本还是草本可分为木腐菌和草腐菌两种。

（1）木腐菌。自然生长在木本植物残体上的大型真菌。人工栽培的食用菌多数是木腐菌。按利用木材营养素的不同，木腐菌又可分为白腐菌和褐腐菌。

（2）草腐菌。自然生长在草本植物残体上的大型真菌。人工栽培的草腐菌有草菇、双孢菇等。

2. 共生菌　不能独自从枯死的木本、草本植物中吸收营养，必须靠活的树木供给养分，且树木和菌类双方互惠互利的大型真菌，如松口蘑、牛肝菌、块菌等。

3. 兼性寄生菌　兼有上述腐生菌和共生菌的特征。如蜜环菌，既能在枯木上腐生，也能和兰科植物天麻共生。

4. 弱寄生菌　弱寄生菌既能在枯木上腐生，也能在活木上寄生，但以腐生为主，如木耳。

三、菌种

（一）菌种分类

食用菌菌种是指食用菌菌丝体及其生长基质组成的繁殖材料。

根据繁殖代数不同可分为 3 类：

1. 根据繁殖代数分类

（1）母种。经各种方法选育得到的具有结实性的菌丝体纯培养物及其继代培养物，以玻璃试管为培养容器和使用单位，也称一级种、试管种。

（2）原种。由母种繁殖，扩大培养而成的菌丝体纯培养物，常以玻璃菌种瓶或塑料种瓶或 15cm×28cm 聚丙烯塑料袋为容器。也称二级种。

（3）栽培种。由原种繁殖，扩大培养而成的菌丝体纯培养物。常以玻璃瓶、塑料瓶或塑料袋为容器。也称三级种。栽培种只能用于栽培，不可再次扩大繁殖菌种。

各级菌种生产技术参见 NY/T 5280—2010。

2. 根据生长基质分类

根据生长基质的不同分为 3 类：

（1）固体菌种。用固体基质培养的菌种。如棉籽壳种、木屑种、粪草种、谷粒种、木块（条）种和颗粒种等。

（2）液体菌种。用液体基质培养的菌种，经过深层发酵，菌丝体在培养基中呈絮状或球状。多用于工厂化生产。生长在液体培养基中的菌丝体，在产业应用上又称为深层发酵或深层培养。

（3）还原型液体菌种。指采用高新增殖技术，经特殊处理获得的纯菌丝块。几乎不含基质营养成分，具有高度的稳定性。

（二）菌种分离与移植

1. 纯菌种分离　从基质、子实体、菌丝培养物中取得纯菌种的过程。

2. 组织分离　指在双核菌丝的组织体上切取一块组织，使其在培养基上萌发而获得纯菌丝体的方法，属于无性繁殖（图16-3）。

3. 孢子分离　在无菌条件下，使食用菌产生的孢子在适宜的培养基上萌发，长成菌丝体而获得纯菌种的方法。

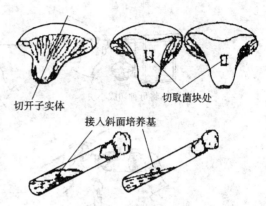

切开子实体　　切取菌块处

接入斜面培养基

图 16-3　食用菌组织分离

4. 基质分离　基质分离又称菇木分离法。是指从生长子实体的培养基中分离菌丝获得纯培养的方法。属于组织分离法中的一种。

5. 移植　将菌种从一种基物移接到另外的培养基物中扩大培养的过程（图16-4、图16-5、图16-6）。俗称转接。

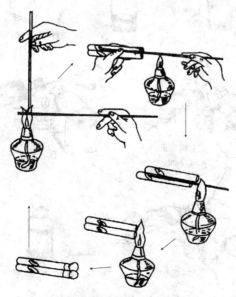

图 16-4　母种扩大培养

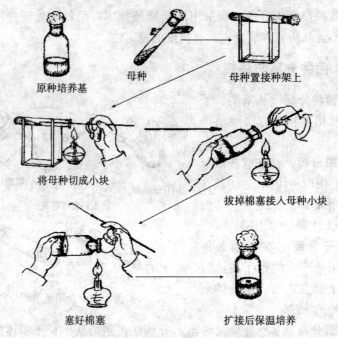

原种培养基　　母种　　母种置接种架上

将母种切成小块　　拔掉棉塞接入母种小块

塞好棉塞　　扩接后保温培养

图 16-5　母种转接原种

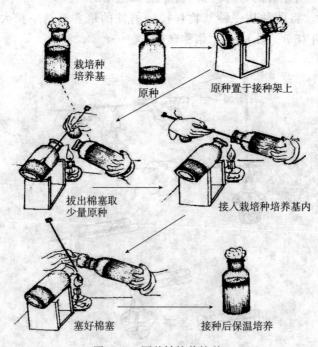

栽培种培养基　　原种　　原种置于接种架上

拔出棉塞取少量原种　　接入栽培种培养基内

塞好棉塞　　接种后保温培养

图 16-6　原种转接栽培种

（三）菌种培养与复壮

1. 继代培养　通过分离移植继续传代的菌种培养方法。

2. 促成培养　在琼脂培养基上促进子实体原基形成的培养方法。

3. 高温圈　食用菌菌种在培养过程中受高温和通气不良影响，培养物出现的圈状发黄、发暗或菌丝变稀弱的现象。

4. 角变　因菌丝体局部变异或感染病毒而导致菌丝变细、生长缓慢、菌丝体表面特征成角状异常的现象。

5. 拮抗现象　具有不同遗传基因的菌落间产生不生长区带或形成不同形式的线形边缘的现象。

6. 菌龄　接种后菌丝在培养基中生长发育的时间。

7. 菌种老化　菌种随着培养时间的增加，生理机能衰退的现象。

8. 菌种退化　菌种在生长和栽培过程中，由于遗传变异导致优良性状下降的现象。

9. 菌种提纯复壮　良种繁育中防止菌种退化的技术措施，主要包括个体选择，分系比较和精心培育。

（四）菌种质量检验

菌种质量检验参见 NY/T 1845—2010。

四、制棒（做料）

（一）代料栽培

代料栽培是根据食用菌生长发育的营养特点，利用各种工农业、林业的产品或副产品如木屑、作物秸秆、甘蔗渣、棉籽壳等作为培养料的主要成分，加入一定比例的辅料调配成培养料，用以代替传统段木栽培的方式。

（二）原料与养分

1. 主料　组成培养基质的主要原料，是培养基中占数量比重大的碳素营养物质，如木屑、棉籽壳、作物秸秆等。

2. 辅料　栽培基质组成中配量较少、含氮量较高、用来调节培养基质的 C/N 比的物质，如糠、麸、饼肥、畜禽粪、大豆粉、玉米粉等。

3. 菌棒　特指代料栽培食用菌接种后长有菌丝的棒状菌体。也称菌筒、菌包、人造菇木等。

4. 堆肥 经过堆制发酵的培养料，通常指栽培双孢菇或草菇等草腐菌的培养料。

5. 碳源 构成食用菌细胞和代谢产物中碳素来源的物质。食用菌利用的碳源都是有机物，如纤维素、半纤维素、木质素、淀粉、有机酸和醇类。用作母种培养基的碳源主要是葡萄糖和蔗糖；用作栽培种及培养料的碳源主要是木屑、棉籽壳、玉米芯、秸秆等。

6. 氮源 能够被食用菌用来构建细胞或代谢产物中氮素来源的营养物质。生产上常用的有机氮有蛋白胨、酵母膏、尿素、豆饼、麦麸、米糠、黄豆饼和畜禽粪便等。

7. 碳氮比 是指培养料中碳源与氮源含量的比值。常用英文缩写"C/N"表示。菌丝生长阶段所需碳氮比以 20：1 左右为宜，出菇阶段以（30～40）：1 为宜。

碳氮比的计算方法如下：

方法一：用 A、B 两种原料配制一定碳氮比培养料，各需多少原料的计算方法：

设需要 A 原料 X 千克，则 B 原料为（100－X）千克，计算公式为：

$$\frac{[A \text{碳含量} X + B \text{碳含量} \times (100-X)]}{[A \text{氮含量} X + B \text{氮含量} \times (100-X)]} = 目标碳氮比$$

方法二：某一培养料需要补充多少氮素达到一定碳氮比的计算公式：

需补充氮量＝（主材料总碳量/碳氮比－主材料总氮量）/补充物质含氮量

8. 菌棒含水量 菌棒培养料中所含水分的多少。通常菌丝生长的培养料含水量在 55%～65%。

菌棒含水量的测定方法：称重法或水分仪法。

菌棒含水量的计算：一般培养料都含有不同程度的结合水，含量一般是 10%～13%。

计算公式：

含水量(%)＝(加水量＋培养料结合水)/(培养料干重＋加水量)×100

9. 菌棒 pH 菌棒培养料的酸碱度。大多数食用菌喜欢中偏酸性环境，生长的 pH 在 3～6.5 之间，最适 pH 为 5～5.5。但草菇喜中性偏碱的环境。

pH 的测定方法可用试纸法或酸度计法进行。

（三）培养料处理

对培养料进行搅拌、加热、发酵等操作的过程。常用的培养料处理方式有以下几种。

1. 生料　是将培养料与各种辅料及添加剂搅拌均匀后,直接进行播(接)种栽培。此方式投资少、操作简单,省工省时;营养充分,产量较高,但对原料要求高,发菌技术要求高,易污染和烧菌,只适用于低温季节栽培平菇,姬菇等。

2. 熟料　就是将原料搅拌均匀后,装在袋子里或者其他容器里。经过灭菌后,再进行接种栽培。安全可靠,应用广泛,一年四季均可栽培,但费工、费然料,成本高,接种需要无菌操作。

3. 一次发酵　就是将原料搅拌均匀后,堆积起来,进行发酵处理。等到发酵结束后再进行栽培播种的方式。投资较少,成品率高;培养料软化,利于菌丝吸收营养,但有部分干物质损耗,需要发酵场地,病虫问题较难控制。包括原料预湿、翻堆等步骤。

（1）预湿。堆料前将培养料浇湿或浸湿的方法。

（2）翻堆。培养料在前发酵期间,为了调节水分、温度和通气,达到均匀发酵的目的而进行有规律的翻动交换位置的过程。

4. 二次发酵　经过一次发酵的培养料,在室内控温条件下进行巴氏消毒的发酵过程。双孢菇、草菇等草腐菌栽培通常要进行二次发酵。

5. 发酵料加短时高温处理　是在发酵料基础上进行的改进,培养料发酵结束后装袋,进行高温处理。垛内温度达 80～90℃时保持 3～4h 即可。类似于二次发酵过程。该方式安全可靠,病虫害少,成品率高。

（四）消毒灭菌与接种

1. 消毒　通过物理或化学方法杀死或除去部分微生物,如病原微生物、微生物营养体等,但是对芽孢或某些孢子不起作用,它是部分的、表面的杀死有害微生物。

2. 灭菌　将物体上的所有微生物包括细菌芽孢全部杀死或除去的措施。

3. 接种　将菌种移植到培养料中的操作。

4. 接种方式　根据培养料处理方式的不同,分为无菌环境接种和开放式接种两大类。在无菌环境接种主要为各级菌种的制作及扩繁,以及熟料栽培出菇袋的接种,一般采用打穴接种、一头接种或两头接种;开放式接种是发酵料或生料栽培的接种方式,也叫播种,包括穴播、撒播、层播、混播、条播等。

（五）发菌

1. 萌发　一般指孢子长出菌丝的现象。在食用菌生产中,接种物在培养基质中恢复生长也常称为萌发。

2. 发菌　发菌又称走菌,菌丝体在培养基物内生长、扩散的过程。

3. 定植　接种后，接种物菌丝开始向培养料中生长，俗称"吃料"。

4. 封面　接（播）种后菌丝体长满培养料表面。

5. 刺孔（通氧）　在菌袋表面刺以细孔，以利气体交换、排湿和散热的操作。

6. 菌皮　在菌种生产和代料栽培中，完成培养后或由于培养时间过长菌体表面变成的皮状物。

7. 吐黄水　菌棒培养期间分泌的液体，常积聚在培养料表面，呈黄色水珠状。是正常的生理过程，通常是菌丝生理成熟的标志。

8. 退菌　在条件不适的情况下，菌丝体在培养基物中萎缩、消亡的过程。

9. 瘤状突起　香菇菌丝生长达到生理成熟后，在菌皮下或菌皮表层密集，结成的瘤状物。

10. 转色　在香菇栽培中，菌丝生理成熟，菌筒外表颜色逐渐从白色转成红色，乃至出现一层红褐色、有韧性的菌膜，对菌筒起着保湿和防污染的作用。

五、出菇管理

（一）出菇方式

出菇方式指食用菌菌棒栽培场所、辅助设施、码放方式等不同模式。

1. 斜置畦栽　香菇传统栽培模式，畦床直接搭于地面上，菌棒转色脱袋后，斜置于畦床上。

2. 覆土栽培　菌棒脱袋后完全覆土或部分覆土的栽培方式。主要用于夏季栽培香菇、灰树花、鸡腿菇等。

3. 墙式栽培　菌棒逐层码放，垒成墙式，为平菇的传统栽培模式，一般冬季码放 7～8 层，夏季码放 3～4 层。

4. 层架栽培　在菇棚内搭 3～5 层的床架，在层架上码放菌棒的栽培方式。主要用于培育花菇或增加单位面积栽培量。

5. 床式栽培　一般为草腐菌栽培的主要模式，菇房内设施与床架式栽培相似，不同的是培养料不进行制棒，而是铺于菇床上，菌种直接播种在配料内，发满菌后覆土进行出菇管理。如双孢菇、草菇的栽培。

6. 露天栽培　黑木耳的栽培模式，其菌丝发满刺孔后露天排场出耳。

（二）环境条件

食用菌正常生长必需的环境要求，包括温度、湿度、通风、光照、生物因

子等。

1. 温度　温度是影响食用菌生长繁殖的重要因素。包括最低、最高和最适温度。生产中，为了便于管理，根据食用菌子实体分化（出菇）时所需的最适温度，将食用菌分为以下几种温型：

（1）高温型。子实体分化的最高温度在30℃以上，最适温度在24℃以上的食用菌。如草菇、灵芝、长根菇等。适宜夏季栽培。

（2）低温型。子实体分化的最高温度在24℃以下，最适温度在20℃以下的食用菌。如金针菇、双孢菇、杏鲍菇等。适宜冬季栽培。

（3）中温型。子实体分化的最高温度在28℃以下，最适温度在20～24℃的食用菌。如茶树菇、银耳、黑木耳等。适宜春秋季栽培。

2. 湿度　食用菌在子实体发育阶段要求的空气相对湿度。不同类型的食用菌生长发育所需要的湿度略有不同。适宜的空气相对湿度是80%～95%。

3. 通风　在室内或棚内栽培食用菌，保证食用菌所需氧气，排出二氧化碳的过程。在子实体生长阶段，通风量大，氧气多，刺激菌盖生长；通风量小，二氧化碳浓度较大，抑制菌盖生长，刺激菌柄生长。可通过控制通风调整菌盖和菌柄的比例。

4. 光照　食用菌细胞不含叶绿素，不能进行光合作用，不需要直射光，但大多数食用菌在子实体分化和发育阶段都需要一定的散射光。根据子实体形成时期对光线的要求，将食用菌分为：

（1）喜光型。子实体只有在较强的散射光刺激下，才能较好生长发育的食用菌。如灵芝、木耳等。

（2）厌光型。在整个生活周期中都不需要光线刺激，有了光线子实体不能形成或发育不良的食用菌。如双孢菇、茯苓、块菌等。

（3）中间型。子实体正常生长发育只需要较弱的散射光，但在完全黑暗条件下不形成子实体的食用菌。如香菇、草菇、滑子菇等。

5. 生物因子　生物因子指与食用菌存在共处、伴生、共生、竞争、拮抗、寄生、啃食等关系的其他不同种类的生物或微生物。

（三）出菇

菌丝发育成熟，由营养生长向生殖生长转变的过程，一般过程为菌丝体扭结形成原基，原基再分化成子实体。

1. 变温出菇　有些食用菌在子实体分化形成菇蕾时，需要8～10℃变温条件的刺激，称为变温出菇如香菇、平菇。

2. 恒温出菇　子实体分化形成菇蕾时需要相对稳定的温度。称为恒温出菇，如双孢菇。

3. 催蕾 采取控温、控湿、通风、振动及适当光照等方法促进菇蕾形成的技术措施。

4. 搔菌 搔动培养料表面的菌丝，形成机械损伤，刺激子实体形成的技术措施。

5. 纽结 在一定的条件下，菌丝相互缠绕形成肉眼可见的菌丝聚集体结构，并组织化，产生子实体的过程。

6. 原基 尚未分化的原始子实体的组织团。

7. 开伞 菌盖与菌柄间裂开的现象。

8. 菇潮 在一定时间内子实体较大量集中发生的现象，菇潮在一个生长周期内可间歇发生若干次。

9. 蹲菇 将幼菇在适宜子实体生长发育温度的下限环境中持续一定时间，使其缓慢生长，以形成菌盖肥厚、菌肉致密、菌柄短粗的优质菇的过程。

10. 养菌 采菇后调控环境条件，使其利于菌丝调整生理代谢、吸收和积累养分、继续生长，以利于下潮菇的发生。一般养菌 7～10d。

11. 惊菌 当培养基长满菌丝后，用弹性较强的木条挤压、拍打，提高菌丝生长和子实体分化速度的方法。

12. 转化率 单位质量培养料的风干物质所培养产生出的子实体或菌丝体风干干重，常用百分数表示。如风干料 100kg 产生了风干子实体 10kg，即为转化率 10%。

13. 生物学效率 单位质量培养料的风干物质所培养产生出的子实体或菌丝体质量（鲜重），常用百分数表示。如风干料 100kg 产生了新鲜子实体 110kg，即为生物学效率 110%。

六、工厂化生产

食用菌工厂化生产是指利用微生物技术和现代环境工程技术，在完全人工控制条件下食用菌的室内周年栽培。当前国内外实现工厂化生产的食用菌主要有双孢蘑菇、金针菇、真姬菇、杏鲍菇、白灵菇、草菇等。

（一）工厂化生产功能区

1. 栽培瓶（袋）制作

（1）原料仓库功能区。包括室外堆场和室内仓库。

（2）填料功能区。分为搅拌区和填料区。

（3）灭菌功能区。填料后的栽培瓶（袋）通过上架机推入灭菌车，人工推入或叉车托起送入高压灭菌锅灭菌。灭菌车从一端进，另一端出，隔墙将填料车间分隔开。

（4）冷却功能区。灭菌后将高温栽培瓶（袋）冷却至常温。分为一次冷却（过滤新风冷却）和二次冷却（强制冷却），都是在净化空气下进行的。

（5）净化功能区。是工厂化栽培的核心场所，用于接种。包括一更室、二更室、风淋间、净化间、菌种预处理间、菌种培养库等。在连续生产期间净化间必须保证始终维持正压，环境洁净度维持在千级以下，这是最低要求。

2. 培养库　接种后的塑料瓶置于周转筐内，机械手自动堆叠或人工堆叠在托盘上（瓶栽）或盛放架上。将培养库内分隔成定植库、发热库和后熟库。栽培周期短的品种只有定植库和发热库，栽培周期长的品种增加后熟库。

3. 出菇库　根据栽培品种确定出菇库的面积，出菇库非字形排列。中央走道宽3.5～4m，使用叉车或传送带将生理成熟后的栽培瓶（袋）上架进行出菇管理。出菇库应包含加湿系统、新风补充系统、内循环系统、光照系统等。

4. 包装间、冷藏间　采收后的鲜菇先进入预冷间进行快速预冷，预冷后进入包装间处理成商品。再进入冷藏间冷藏。包装间尽量靠近出菇库，便于菌类采收后直接进入包装间，减少因运输过程中出现温差而导致结露现象。

（二）工厂化生产工艺

1. 袋式栽培填料工艺

原料→一级搅拌→二级搅拌→上方输送机→冲压装袋机装袋→装筐机搬运→灭菌车→高压灭菌

2. 瓶式栽培填料工艺

栽培瓶
↓

原料→装袋→上方输送机→装瓶机械→填料→自动上盖→人工或机械手上灭菌车→高压灭菌

3. 冷却、接种工艺

灭菌车前门进锅→灭菌车后门出锅→过缓冲道→一冷→二冷→净化间流水线接种→培养

↓
灭菌车回车道

4. 出菇管理工艺

开袋（瓶）→搔菌→上架→催蕾→疏蕾（杏鲍菇）→子实体发育→采收

（三）食用菌物联网系统

食用菌物联网系统是指通过各种传感器采集每间菇房的温度，湿度，氧气浓度，二氧化碳浓度，光照强度以及外围设备的工作状态等参数，并通过网络传输到用户手机或者监控中心的电脑上，并可根据食用菌的生长规律结合专家系统，自动控制风机，加湿器，照明等环境调节设备，保证最佳生产环境。通常包括以下内容：

①菇房温度、湿度、二氧化碳浓度的实时监测。

②菇房制冷设备、内循环、通风、加湿和灯光的自动控制。

③菇房温度、湿度、二氧化碳浓度设定值及当前数值的储存，菇房中制冷设备、内循环、通风、加湿和灯光启停时间点的记录，精准控制。

④可以实现根据设定值的上下限、循环定时及时间表 3 种模式控制制冷设备、内循环、通风、加湿和灯光启停。

⑤实时显示菇房中食用菌的生长情况，并可根据要求选择性记录视频。

⑥根据需求查询任意两个时间点之间的数据，并绘制曲线。

⑦远程查看菇房实时数据、历史数据、历史曲线和子实体生长情况。

⑧菇房参数运行异常报警。

七、食用菌病虫害

（一）侵染性病害

侵染性病害是指食用菌由于受到其他有害微生物寄生而引起的病害，又叫病原病害。具有传染性。引起食用菌病害的生物称为病原物。病原物主要有真菌、放线菌、细菌、病毒等。

1. 真菌性病害

（1）蘑菇褐腐病。为蘑菇（双孢菇）世界性病害，只感染子实体，又称白腐病、湿腐病、湿泡病和有害疣孢霉病。不同发育阶段其症状表现不同。还侵害草菇、平菇、灵芝等。

（2）褐斑病。褐斑病又称干泡病、黑斑病、轮枝霉病，主要危害双孢菇。感病后的幼菇形成一团小的、干瘪的灰白色干硬球状物。

（3）指孢霉软腐病。指孢霉软腐病又称蘑菇软腐病和树状轮指孢霉病。发病时，料面或覆土层表面长出一层白色棉毛状菌丝。主要危害覆土类食用菌。

（4）金针菇基腐病（根腐病）。菌柄基部出现水渍状小斑，后逐渐扩大，病部颜色加深，最后变成黑褐色腐烂，子实体倒伏。

2. 细菌性病害

（1）菇体腐烂病。食用菌子实体长期受假单胞杆菌侵染后出现的腐烂现象。

（2）金针菇褐斑病。金针菇褐斑病又称细菌性斑点病、黑斑病，是引发金针菇菌盖表面产生褐色斑点的病害。

（3）平菇黄斑病。平菇黄斑病又称黄菇病。由假单胞杆菌引起。子实体出现黄色病斑。

（4）蘑菇干腐病。蘑菇干腐病又称干僵病。由假单胞杆菌引起。发病时子实体正常分化，但长出2天后停止生长，菌盖皱缩、菌柄伸长，严重时菇体干枯逐渐萎缩死亡。

3. 病毒性病害

（1）双孢蘑菇病毒病。双孢蘑菇病毒病又称褐色病、菇脚渗水病、顶菇病等。感病后菌丝生长缓慢，子实体在覆土层内形成针状菇，已长出的子实体矮化、易开伞或发育不良。

（2）香菇病毒病。出现退菌现象，形成无菌丝的空白斑块。子实体生长阶段形成畸形菇，开伞早，菌盖薄。

（3）平菇病毒病。感染后，菌丝生长速度减慢，菌丝稀疏、发黄或吐黄水；出菇阶段表现为菌盖畸形、僵硬、菌盖较小，表面出现明显的水浸状条斑，转潮时间推迟。

4. 黏菌病害 引起夏季高温型食用菌畸形或腐烂的一种病害，主要危害香菇、毛木耳、双孢菇、平菇、茶树菇、滑子菇等食用菌。覆土栽培的种类发生更为严重。

（二）非侵染性病害

非侵染性病害又称生理性病害是指在食用菌生长发育过程中，由于不良的环境条件，如培养料的营养比例、含水量、pH、空气湿度、光线、二氧化碳等出现极端性不合理的情况，致使食用菌产生生理障碍，出现多种变态、菌丝生长不好、子实体畸形或萎缩等。

1. 子实体畸形 指子实体形状不规则，如柄长盖小，子实体歪斜或原基分化不好，形成菜花状、珊瑚状或鹿角状。

2. 地雷菇 由于子实体着生部位低（在料内、料表或覆土下部），往往破土而出，菇根长，菇型不圆整，这类子实体成为"地雷菇"或"顶泥菇"。

3. 空根白心 菌柄组织不充实，内部出现白色疏松的髓部，菇体干燥后或煮熟后髓部收缩或脱落成中空状。多发生于双孢菇、姬松茸、大球盖菇等。

4. 温度不适症   有些品种在出菇期间遇到较大的温差刺激，造成生理失调，致使菇体畸形或死亡的现象。

5. 药害症   由于使用某些农药，抑制菌丝生长，导致原基死亡，子实体畸形的症状。

6. 肥害症   栽培配方中的碳氮比失调，尤其是氮素偏高时造成的菌皮过厚、出菇困难等症状。

7. 死菇   指在无病虫害情况下，子实体变黄、萎缩、停止生长，最后死亡的现象。

8. 着色病   幼菇菌盖局部或全部变为黄色、焦黄色或淡蓝色，使子实体生长受到抑制，随机表现出畸形的症状。

（三）虫害

1. 昆虫类害虫   主要是双翅目、鳞翅目、鞘翅目、等翅目、弹尾目和缨翅目中的一些害虫。其中以双翅目害虫种类最多，危害最为严重。主要包括多菌蚊、中华新蕈蚊、嗜菇瘿蚊、蚤蝇、黑腹果蝇等。

2. 食用菌害螨   螨是食用菌害虫的主要类群，统称菌螨，又叫菌虱、菌蜘蛛。可以直接取食菌丝、也可造成菇蕾死亡，子实体萎缩或成为畸形菇，还可危害干制菇耳。其中以蒲螨和粉螨的危害最为严重。

3. 食用菌线虫   危害食用菌的线虫属于无脊椎的线形动物门侧尾线口纲，垫刃目小杆目线虫。

4. 软体动物   危害食用菌的软体动物主要是蛞蝓，又叫水蜒蚰，俗称鼻涕虫。可直接取食幼菇、耳芽及成熟的子实体。

八、保鲜与加工

1. 食用菌储藏保鲜   就是以食用菌的生理生化变化规律为基础，采用物理、化学和生物学等技术手段，保障食用菌商品性状品质得以维持。

2. 食用菌加工   以食用菌子实体或菌丝为原料，经过一定的工艺处理，生产出食用菌产品的过程。分为初级加工和深加工两种。

（1）食用菌初级加工。以不完全破坏食用菌细胞的完整性，以食用菌的全部组成成分进入加工产品的加工形式。如高渗浸渍、干制、罐藏、冻干食品加工、即食小食品加工、食用菌饮料加工、食用菌调味品加工等。

（2）食用菌深加工。以破坏细胞完整性，提取部分或某一类（种）组成成分，进而加工成产品的加工形式，加工工艺较为复杂，产品的增值幅度相对较

大。如食用菌蛋白质提取、食用菌多糖分离提取、食用菌小分子物质的分离提取等。

3. 食用菌鲜品 野生或人工栽培，经过挑选或预冷、冷冻和包装的新鲜食用菌产品。

4. 食用菌干品 以食用菌鲜品或菌丝体为原料，经热风干燥、冷冻干燥等工艺加工而成的食用菌脱水产品，以及再经压缩成型、切片等工艺加工的食用菌产品。如银耳块、香菇丁、黑木耳块、美味牛肝菌干片等。

5. 食用菌粉 以食用菌干品（包括菌丝体）为原料，经研磨、粉碎等工艺加工而成的粉状食用菌产品。（注：食用菌粉包括香菇粉、虫草菌丝粉、灵芝粉等。）

6. 食用菌产品质量要求 参见 NY/T 749—2012 中的规定。

九、相关标准

1. 国家标准

GB 19169—2003　黑木耳菌种

GB 19170—2003　香菇菌种

GB 19171—2003　双孢蘑菇菌种

GB 19172—2003　平菇菌种

GB/T 12728—2006　食用菌术语

GB/T 21125—2007　食用菌品种选育技术规范

2. 农业行业标准

NY 862—2004　杏鲍菇和白灵菇菌种

NY/T 1098—2006　食用菌品种描述技术规范

NY/T 1097—2006　食用菌菌种真实性鉴定　酯酶同工酶电泳法

NY 5358—2007　无公害食品食用菌产地环境条件

NY/T 1284—2007　食用菌菌种中杂菌及害虫的检验

NY/T 1730—2009　食用菌菌种真实性鉴定 ISSR 法

NY/T 1743—2009　食用菌菌种真实性鉴定 RAPD 法

NY/T 1731—2009　食用菌菌种良好作业规范

NY/T 1742—2009　食用菌菌种通用技术要求

NY/T 1844—2010　农作物品种审定规范　食用菌

NY/T 5280—2010　食用菌菌种生产技术规程

NY/T 1935—2010　食用菌栽培基质质量安全要求

NY/T 1845—2010　食用菌菌种区别性鉴定　拮抗反应

NY/T 1845—2010　食用菌菌种检验规程

NY/T 2064—2011　秸秆栽培食用菌霉菌污染综合防控技术规范

NY/T 749—2012　绿色食品　食用菌

NY/T 2375—2013　食用菌生产技术规范

3. 北京市地方标准

DB11/T 251—2004　无公害食用菌　白灵菇和杏鲍菇生产技术规程

DB11/T 252—2004　无公害食用菌平菇生产技术规程

DB11/T 253—2004　无公害食用菌香菇生产技术规程

DB11/T 843—2011　山区林地食用菌仿野生栽培技术规范

DB11/T 922—2012　秀珍菇生产技术规程

DB11/T 1086—2014　无公害农产品　灰树花（栗蘑）生产技术规程

第十七章　草莓生产

草莓属于蔷薇科草莓属，为多年生草本植物。现代栽培种大果凤梨草莓是高度杂合的八倍体，起源于美洲种弗州草莓和智利草莓的自然杂交后代。

一、草莓分类

（一）按结果习性分

1. 单季性　在春天开花，只结一次果，花芽在秋天分化。

2. 四季性　长日照、短日照条件下均能形成花芽，前者形成的花芽更优良，每年至少结两次果。

3. 中间性　当日照缩短时不会休眠，从早春到晚秋连续开花结果和发生匍匐茎，直至低温来临才停止生长。

（二）按食用方式分

1. 鲜食型　以直接食用新鲜果实为主要食用方式的草莓品种。

2. 加工型　主要作为草莓酒、草莓醋、草莓饮品和草莓果脯等产品的加工原料的草莓品种。

3. 兼用型　即可鲜食又可用于加工的草莓品种。

二、主要器官性状

草莓植株的形态特征见图 17-1。

（一）根

草莓的根系为须根系，由初生根、侧根和根毛组成。初生根主要用来贮藏养分，而侧根和根毛的作用主要是吸收养分和水分，主要分布于 0～20cm 的土层中。

（二）茎

分为根状茎、新茎和匍匐茎。

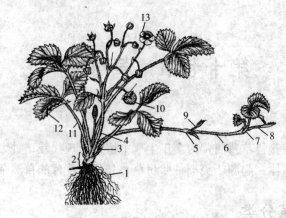

图 17-1　草莓植株的形态结构

1. 根　2. 新茎　3. 托叶鞘　4. 花序　5. 匍匐茎第一节　6. 匍匐茎　7. 匍匐茎第二节
8. 匍匐茎延伸　9. 匍匐茎分枝叶　10. 果实　11. 叶柄　12. 叶　13. 花
（引自《中国果树志（草莓卷）》）

1. 根状茎　二年生新茎在当年生新茎产生不定根后即叶片枯死脱落，变成外形似根的多年生根状茎，具有节和年轮，是贮存营养物质的地下茎。

2. 新茎　草莓当年生的茎称新茎。新茎是草莓萌发新叶、发生新根、形成花序的器官。

3. 匍匐茎　匍匐茎是草莓的一种特殊地上茎，由新茎的腋芽萌发而成，是草莓的地上营养繁殖器官。

（三）叶

草莓的叶属三出复叶，着生在新茎上，以螺旋状排列于短缩密集的新茎上。叶柄基部与新茎连接部分有 2 片托叶，托叶相互抱合于新茎上，称托叶鞘。

（四）芽

草莓的芽分为顶芽和腋芽。顶芽生于新茎的尖端，长出叶片并向上延伸新茎。秋季温度下降，日照缩短，形成混合花芽，成为顶花芽。腋芽又称侧芽，可形成新茎分枝，也可抽生匍匐茎，有的不萌发而形成隐芽（又称潜伏芽）。

（五）花

草莓绝大多数品种的花属于完全花。花序多数为二歧聚伞花序和多歧聚伞花序，少数为单花序。花为虫媒花，自花或异花授粉。

（六）果实

由花托膨大发育而成的浆果，植物学上称瘦果。果实因其肉质的花托上着生大量由离生雌蕊发育而成的小瘦果，又称聚合果。

果实的形状大致有圆锥形、长圆锥形、短圆锥形、有颈圆锥形、长楔形、短楔形、扇形、圆形和扁圆形等。果面的颜色有红色、橙红色、暗红色和白色等。果肉的颜色为红色、橙红色和近白色。

三、草莓的物候期

1. 开始生长期　开始生长期是指由早春萌芽开始至花蕾出现。此期以根系生长为主，地上部茎的顶芽开始萌芽，抽生新茎，发出新叶。开始生长期大约 1 个月。

（1）萌芽期。25％植株的生长点呈绿色的日期为萌芽期。

（2）展叶期。25％植株的第一张复叶由皱缩状态完全展开的日期为展叶期。

2. 开花结果期　开花结果期是由显蕾开始至果实成熟采收。开花结果期是产量器官的形成期，以生殖生长为中心。边开花，边结果，因此开花期和结果期难以截然分开。草莓始花期一般在 4 月上中旬，采收期 5 月上旬至 6 月上中旬。

（1）显蕾期。25％植株花蕾显露的日期为显蕾期。

（2）始花期。5％植株有花开放的日期为始花期。

（3）盛花期。75％植株有花开放的日期为盛花期。

（4）果实始熟期。5％植株一级序果成熟的日期为果实始熟期。

（5）果实采收持续时间。从果实始熟期到采收结束期所历的天数为果实采收持续时间。

3. 旺盛生长期　旺盛生长期是指由果实采收结束至花芽分化前。此期以旺盛的营养生长为中心，匍匐茎和新茎大量发生，形成新的幼苗。旺盛生长期一般从 6 月上旬至 9 月上中旬。

（1）匍匐茎始发期。5％植株至少抽生一条长 10cm 以上匍匐茎的日期为匍匐茎始发期。

（2）匍匐茎盛发期。75％植株至少抽生一条 10cm 以上匍匐茎的日期为匍匐茎盛发期。

（3）匍匐茎停发期。75％植株停止抽生匍匐茎的日期为匍匐茎停发期。

4. 花芽分化期　花芽分化期是指由花芽开始分化至植株进入休眠之前。此期由营养生长转向生殖生长，形成大量花芽。一般品种在自然条件下花芽分化期在 8 月下旬至 10 月下旬，最晚到 11 月结束。

花芽分化始期：芽茎尖生长点明显变圆、肥厚、隆起，包被的幼叶被冲破，生长锥边缘突起的日期为花芽分化始期。

5. 休眠期　休眠期是指由植株开始休眠至早春萌芽前。当气温降至 5℃ 以下及短日照条件时，植株进入休眠期。叶柄逐渐变短，叶面积变小，植株矮化。休眠期一般为 10 月下旬至翌年 3 月上旬。

(1) 低温需冷量。通过休眠所需要的一定量的低温积累成为低温需冷量。

(2) 休眠时间。草莓植株在低于 5℃ 条件下达到需冷量的时间称为休眠时间。

四、草莓栽培形式

（一）按生产设施分

1. 露地栽培　不采用任何保护性设施，在田间直接从事草莓生产的栽培形式。是草莓生产中最基本的栽培形式，是其他栽培形式的基础，易受自然条件（光照、温度等）及外界不良环境（风、雨、病虫等）影响，产量不稳定；同时收获期短，上市集中。

2. 设施栽培　利用塑料大棚、日光温室和连栋温室等保护设施进行草莓生产的栽培形式。与露地栽培相比，采收早、采收期长、产量高。

（二）按解除休眠方式分

1. 露地栽培　使草莓在露地自然条件下解除休眠、进行生长发育的栽培方式。

2. 半促成栽培　使草莓在人工条件下打破休眠、促进其提早生长发育的栽培形式。

3. 促成栽培　使草莓在人工条件下阻止其进入休眠、促进其继续生长发育的栽培方式。

4. 抑制栽培　使草莓植株在人工条件下长期处于冷藏被抑制状态、延长其被迫休眠期、并在适期促进其生长发育的栽培方式。

（三）按栽培介质分

1. 土壤栽培　在传统天然土壤条件下栽培作物的生产方式，称为土壤栽培。

2. 基质栽培　不用天然土壤，而用有机基质或无机基质固定草莓根系，采用营养液浇灌供给植株所需的水分和养分的栽培方式，是无土栽培的一种具体栽培方式。

3. 营养液栽培　营养液栽培是指不用任何基质、草莓根系直接与营养液接触的栽培方法。包括水培和雾培，是无土栽培的另一种具体形式。

五、草莓种苗

（一）按种苗来源分类

1. 茎尖培养苗　经过热处理脱毒及病毒检测后的草莓植株取茎尖分生组织，进行茎尖培养后获得的、经检测后确认不携带草莓斑驳病毒（SMoV）、草莓轻型黄边病毒（SMYEV）、草莓镶脉病毒（SVBV）以及草莓皱缩病毒（SCV）中任一种病毒的试管苗。

2. 匍匐茎苗　由匍匐茎偶数节的生长点，向上长出叶片，向下发生不定根，扎入土壤，而形成的完整植株。

3. 实生苗　直接由种子繁殖形成的植株。

（二）按种苗间相互关系分类

1. 母株　用来繁殖匍匐茎苗的草莓植株，又称为母苗。

2. 子株苗　发生于草莓母株匍匐茎上的小苗，又称为子苗。

（三）三级种苗繁育体系

草莓三级种苗繁育体系包括原原种苗、原种苗和生产用种苗。

1. 原原种苗　茎尖培养苗在网室中经过一年繁殖培养后获得并不携带草莓斑驳病毒（SMoV）、草莓轻型黄边病毒（SMYEV）、草莓镶脉病毒（SVBV）以及草莓皱缩病毒（SCV）中任一种病毒的植株。

2. 原种苗　原原种苗经过一年繁殖培养后获得并经检测后达到规定质量要求的植株。

3. 生产用种苗　原种苗经过一年繁殖培养后获得并经检测后达到规定质量要求的植株。

（四）其他相关术语

1. 成活种苗　种苗定植一定时间后生长出新根、芽、叶的植株。

2. 无毒种苗　不携带草莓斑驳病毒（SMoV）、草莓轻型黄边病毒

（SMYEV）、草莓镶脉病毒（SVBV）以及草莓皱缩病毒（SCV）中任一种病毒的植株。

六、草莓繁殖技术

（一）草莓繁殖方法

1. 匍匐茎繁殖　匍匐茎繁殖是草莓生产上最常用的育苗方法，从匍匐茎形成的秧苗与母株切离后成为匍匐茎苗。这种繁殖方法能保持品种特性，繁殖容易，根系发达，生长迅速。

2. 母株分株繁殖　母株分株繁殖就是指将老株分成若干株带根的新茎苗，又称分墩法、分蘖法。对不发生匍匐茎或萌发能力低的品种，可进行分株繁殖。

3. 种子繁殖　经过播种种子育成草莓苗的方法。用种子繁殖法会产生变异，生产上一般不采用。

4. 组织培养繁殖　在实验室无菌条件下，将草莓某一器官或组织接种到试管里的人工培养基上，使之分化，再分化，最后长成完整植株的方法。草莓通常采用匍匐茎顶端分生组织（茎尖）和花药进行组织培养。

（二）种苗繁育技术

1. 引茎　在匍匐茎长到20cm以上时，将匍匐茎按照一定规律摆放到母株周围的过程。

2. 压苗　在匍匐茎苗长到1叶1心时，用育苗卡固定在土壤或基质上便于扎根生长的过程。

3. 切离　子苗生根后，剪断匍匐茎，将子苗与母株分离的过程。

4. 假植　把苗木按一定的株行距临时种植在事先准备好的苗床上培育。

5. 起苗　生产定植前，将子苗从土壤或育苗槽中取出的过程。

七、草莓生产技术

1. 土壤消毒技术　为防止连作障碍，利用太阳能或熏蒸药剂对草莓园地进行消毒。日光温室生产中，6月至8月是常见的土壤消毒期。苗地可在9月进行。常见消毒方式有太阳能土壤消毒技术、石灰氮土壤消毒技术和氯化苦、棉隆等熏蒸剂土壤消毒技术。

2. 种苗消毒技术　利用药剂喷施、浸泡或沾根等方式杀灭或减少种苗所携带病虫的技术措施。种苗消毒在种苗繁育和果品生产的种苗定植前均可使用。

3. 高垄栽培技术 为提高土壤温度、提高水肥利用率、促进果实成熟和减少病虫害发生而起高垄，在垄面种植草莓的技术措施。一般垄高 35～40cm、垄面宽 40～60cm、行距 80～100cm。

4. 滴灌施肥技术 利用压力灌溉系统，将肥料溶于水中，借助施肥装置，使水肥混合液通过输水管路以点滴的形式施入草莓根区土壤的灌溉施肥技术。

5. 地膜覆盖技术 在高垄上覆盖地膜，以达到提温降湿、节水防病和提升果实品质等目的的技术措施。

6. 环境调控技术 通过适宜种植密度、扣棚保温、地膜覆盖和风口开放等措施的使用，保证棚室内适宜的温湿度环境条件，以满足草莓正常生长、减少病虫害发生的技术措施。

7. 植株整理技术 通过去叶、掰芽、摘除匍匐茎和无效花序等措施，保持植株合理株型的技术。

8. 辅助授粉技术 利用蜜蜂或熊蜂等昆虫为草莓授粉的技术。通过此项技术可提高草莓果实的商品率、减少无效果比例、降低畸形果数量。

9. 疏花疏果技术 在草莓的开花坐果期，根据草莓的生长势，摘除多余的花及果实，以保证商品率和持续生产的技术。多余的花和果实通常指高级次花、果和畸形果。

10. 二氧化碳施肥技术 通过为温室内补充二氧化碳促进草莓光合作用的技术。常用的是吊袋式二氧化碳肥。

11. 病虫害防治技术 对草莓主要病虫害进行预防和治疗的技术。为保证草莓果品优质安全，优先使用农业防治、物理防治和生物防治方法，必要时科学使用化学防治方法。

12. 适时采收技术 对达到商品成熟度的草莓果实进行收获的过程。

八、相关标准

草莓 NY/T 444—2001

无公害食品 草莓 NY 5103—2002

无公害食品 草莓产地环境条件 NY 5104—2002

草莓日光温室生产技术规程 DB11/T 821—2011

草莓种苗 DB11T 905—2012

地理标志产品昌平草莓 DB11/T 922—2013

无公害食品昌平草莓日光温室生产技术规程 DB110114/T 006—2010

无公害食品昌平草莓育苗技术规程 DB110114/T 007—2010

参 考 文 献

陈中杰，2011. 果树栽培学各论南方本 [M]. 北京：中国农业出版社.

邓明琴，雷家军，2005. 中国果树志（草莓卷）[M]. 北京：中国林业出版社.

赵密珍，2006. 草莓种质资源描述规范和数据标准 [M]. 北京：中国农业出版社.

18

第十八章 中药材生产

中药材是指药用植物、动物的药用部分采收后经产地初加工形成的原料药材。广义的概念涵盖传统中药、民间药或草药、民族药及由境外引进的植物药等，这些药物依其自然属性均属天然，统称为天然药物。

一、药材分类

（一）根据天然属性分类

根据天然属性，药材可分为植物药（占90％）、动物药和矿物药。

1. 植物药 将植物的部分器官或者全部用于治疗的药品，在中国又被称为中草药。

2. 动物药 将动物的部分器官或整体用于治疗的药品，因其来源的特殊性，在使用时常需炮制后入药。

3. 矿物药 包括原矿物药、矿物制品药及矿物药制剂。

（二）根据药用部位分类

实际应用中，多以药用部位进行分类，分为根茎类、全草类、叶类、花类、皮类、藤木类和菌藻类。

1. 根茎类药材 以地下根或根茎部位入药的药用植物，一些变态根（如乌头、山药的块根）、变态茎（如天麻的块茎、贝母的鳞茎）等也归入此类。主要包括人参、党参、三七、丹参、太子参、元参、苦参、北沙参、白芷、白术、白芍、白药子、当归、甘草、黄连、黄芪、黄芩、地黄、大黄、牛膝、常山、紫菀、紫草、附子、川乌、川贝、土贝、姜黄、桔梗、葛根、泽泻、重楼、玉竹、天南星、天冬、前胡、白毛根、山药、虎杖、百合、板蓝根等。

2. 全草类药材 以全草或茎叶类入药的药用植物，目前市场上流通的这类药材有50多种。常见的全草类药材有：泽兰、荆芥、老鹳草、半边莲、淫羊藿、藿香、龙葵、穿心莲、舌草、卷柏、翻白草、茵陈、竹叶、石苇、仙鹤草、薄荷、石斛、鱼腥草、旱金莲、麻黄、青蒿、绞股蓝、马齿苋、苦地丁、蒲公英、香菇、益母草、半枝莲等。

3. 叶类药材 叶类药材药用部位多为完整而长成的干燥叶，少为嫩叶或尚带有部分嫩枝的叶。例如枇杷叶、番泻叶、毛花洋地黄等。

4. 花类药材 以植物的花的部分作为药用材料的中草药。在众多药用植物中，花类药材所占比重较小，目前市场流通的这类药材有 30 余种。常用的花类药材有：金银花、菊花、合欢花、鸡冠花、红花、辛夷花、西红花、野菊花、玫瑰花、代代花、旋复花、蒲黄等。

5. 皮类药材 以植物皮类入药的中药材，大多为木本植物茎秆的皮，少数为根皮或枝皮。这类药用植物种类较少。其共性的方面主要有，采收多在春季，当树液开始流动时易于剥皮。常见的皮类药材有：丹皮、白鲜皮、厚朴、桂皮、五加皮、杜仲、姜朴、桑白皮、合欢皮、地骨皮、陈皮、黄柏、肉桂等。

6. 藤木类药材 以植物的藤木部分可作为药用材料的中草药。如鸡血藤、丁公藤、爬山虎、首乌藤、忍冬藤、鸡屎藤、雷公藤、石楠藤、关木通、大血藤、桂枝、沉香等。

7. 菌藻类药材 药用真菌和藻类等，如茯苓、猪苓、灵芝、猴头、冬虫夏草等。

（三）根据药材功效分类

根据性能功效，分为解表药类、泻下药类、清热药类、化痰止咳药类、利水渗湿药类、祛风除湿药类、安神药类、活血祛瘀药类、止血药类和抗癌药类。

药用植物还可按照产地、生命周期的长短以及对温度、光照、水分的要求分类，在此不赘述。

二、药材种质资源

广义的药材种质资源是指一切可用于药物开发的生物遗传资源，是所有药物的总和。狭义的种质资源通常是就某一具体的物种而言，是包括野生种、栽培品种、近缘种和特殊可遗传材料在内的所有可利用遗传物质的载体。

（一）药材种质资源种类

据全国中药资源普查表明，现有药用植物 11 146 种（包括 9 933 个种和 1 213 个种下单位），占整个中药材数量的 87%。其中，苔藓类、蕨类、种子植物类高等植物有 10 687 种，分属 292 科、2 121 属；藻类、菌类、地衣类等植物有 459 种，分属 91 科、188 属。

（二）药材种质资源来源

药材种质资源来源分为栽培的、野生的和人工创造的三大类种质资源。

1. 栽培药材种质资源　分为本地种质资源和外地种质资源，均是育种工作中最重要最基本的原始材料。

2. 野生药材种质资源　在育种工作中所应用的各种植物的近缘野生种和有价值的野生植物。我国野生药材作物的资源非常丰富，许多栽培百年以上的药用植物至今尚有野生分布，如人参、黄连、枸杞、党参、黄芪等。

3. 人工创造的药材种质资源　人工选育出来尚未定型的类型，或者是育种过程中的中间材料。

（三）野生种质资源的保护和利用

在野生种质资源的保护和利用过程中，需要做好以下几方面的工作：

①加强中药种质资源研究，选择和利用优良种质。

②实行中药野生资源的采收控制，开展野生抚育研究。

③重视野生药用植物的家栽驯化，拓展中药材产业新路。

④建立种质资源库和种质资源圃，保存中药材种质资源。

⑤建立药用植物原生地保护区，保护药用植物多样性。

⑥开展珍稀濒危中药材资源替代品研究，减轻对野生濒危药材的依赖程度。

⑦利用高新技术提高中药资源利用的效率，实现资源的综合利用。

⑧利用新技术直接生产有效成分，缓解濒危中药材利用压力。

（四）药材种质资源的鉴定

药用植物种质资源评价与鉴定的方法较多，目前采用较多的有植物形态学物种鉴定、生物学特性鉴定、经济性状评价、抗逆性鉴定以及基于 DNA 变异的分子标记技术等方法。

三、药材的繁殖

药材的繁殖包括有性繁殖和营养繁殖两大类。

（一）有性繁殖

有性繁殖又叫种子繁殖，它是由胚珠或胚珠和子房形成的播种材料。在自然条件下，种子繁殖方法简便而经济，繁殖系数大，利于引种驯化和培育新品种。栽培药用植物也多用种子作播种材料，例如：黄芩、射干、蒲公英、紫苏、藿香、荆芥、地肤子等。

（二）营养繁殖

营养繁殖是指有营养器官直接产生新个体（或子代）的一种生殖方式。其子代的变异较小，能保持亲本的优良性状和特性，并能提早开花结实。主要包括以下几种方式：分割繁殖、压条繁殖、扦插繁殖、嫁接繁殖和离体组织培养繁殖。

四、药材的规范化栽培

（一）药材的栽培模式

1. 野生抚育　根据药用植物生长特性及对生态环境条件的要求，在其原生或相类似的环境中，人为或自然增加种群数量，使其资源量达到能为人们采集利用，并能继续保持群落平衡的一种药用植物生产方式。药用植物野生抚育有时也称为半野生栽培或仿野生栽培。

2. 引种驯化　野生药用植物通过人工培育，使野生变为家种，以及将药用植物引种到自然分布区以外新的环境条件下生长。当植物原分布区与引种地自然环境差异较小，或其本身的适应性强，不需要特殊处理及选育过程，只要通过一定的栽培措施就能正常的生长发育、开花结实、繁殖后代，即不改变植物原来的遗传性，就能适应新环境的引种就是"简单引种"。而植物原分布区与引种地之间自然环境差异较大，或其本身的适应性弱，需要通过各种技术处理、定向选择和培育，使之适应新环境，叫"驯化引种"。引种是初级阶段，驯化是在引种基础上的深化和改造，两者联系在一起，叫"引种驯化"。

3. 林药间作　在同一土地经营单位上，按照生态经济学的原理，将林木和药材有机组合在一起而形成的具有多种群、多层次、多功能、多效益、高产出特点的复合生态系统。

4. 粮药间作　在玉米、高粱等粮食作物地里，于其株、行、垄上间作药用植物的一种集约利用空间的种植方式。

（二）药材规范生产的产地环境

药用植物的生长发育以及其产量质量的形成，除由自身遗传背景决定外，还受到外界环境因素的影响。适宜的生态环境有利于药用植物最大限度地发挥其生产潜力，并获得优质的中药材商品。故在中药材规范化生产基地选址时，一定要充分认识和考虑药用植物的生态特性。

1. 药材规范生产的生态环境质量　药用植物生长在一定的环境中，一方面环境对药用植物具有生态作用，能影响和改变药用植物的形态结构和生理生化变化，药用植物以自身的变异来适应外界环境的变化。药用植物生活所处环境的各种因子都与其发生直接或间接的关系，药用植物中有效成分的形成和积累与其生态环境息息相关。环境中的各种因子就是药用植物的生态因子。在研究环境与植物之间的相互关系中，根据因子的性质，通常可以划分为气候因子、土壤因子、地理因子、生物因子和人为因子。

各个生态因子对药用植物生长发育的影响程度并不是等同的。而且各个生态因子并不是孤立地或者恒定地发挥作用，而是彼此联系、相互促进、相互制约的，环境中任何一个单因子的变化，必将会引起其他因子发生不同程度的变化，即对药用植物起作用的是生态环境中各因子的综合作用。

2. 药材规范生产的土壤环境质量　土壤是中药材（植物药材）生产的基础，土壤质量影响中药材的质量。土壤质量是指土壤满足植物生长、保证产品品质的程度。包括土壤生产质量和土壤环境质量两个方面。

（1）土壤的生产质量。土壤的生产质量主要是指土壤的肥力水平。其中，土壤的物理性质是影响药用植物生长发育的一个重要因素，是反映土壤肥力的重要指标。而土壤的化学性质主要指土壤物质的化学成分、性质及其土壤化学反应过程等，其中以土壤酸碱度、土壤养分对药用植物生长的影响最大，是创造优质高产中药材必需的物质条件之一。

（2）土壤的环境质量。土壤的环境质量主要是指土壤中有害物质，如重金属、砷化物的含量及农药残留量等。它是中药材规范化生产基地建设的先决条件。土壤受到污染，就会影响中药材的产量和质量，通过食物链，还会影响人类的身体健康。

土壤质量在中药材生产中具有特殊作用，是中药材规范化生产基地持续发展的重要保证与前提条件。实现中药材规范化生产基地土地的可持续利用，主要从维持与提高生产力、防治土地污染等两个方面进行土壤质量控制。

3. 药材规范生产的大气质量　中药材生产环境是一个巨大的对外开放的生态系统，可以因为大气环境、土壤类型、气候特征、地貌形态以及海拔高度的不同而产生较大的差异。中药材规范化生产基地应建设在远离城镇及污染去的地方，同时还要在主干公路线50m以外。在中药材规范化生产基地生产过程中，因基地附近地区经济发展而造成空气质量下降，甚至产生空气污染，应采取植树造林等相应措施对基地空气污染进行治理。

4. 药材规范生产的灌溉水质量 《中药材生产质量管理规范（试行）》对中药材生产环境中环境条件要求为：灌溉水符合国家《农田灌溉水质标准》，产地初加工用水和药用动物饮用水符合国家《生活饮用水卫生标准》。

（三）药材规范栽培技术体系

中药材（植物药材）规范化栽培调控体系包括种植布局、种植模式、土壤管理、土壤水肥调控、植株管理、化学调控等技术。它关系到中药材质量的稳定和产量的提高，是中药材生产质量管理规范的核心环节之一。

1. 我国中药材种植区划 我国药用植物种类众多，涉及 385 科，2 312 属，共计 11 146 种。目前市场上流通的植物类中药材有 800～900 种。由于自然条件、社会经济条件，区域资源、生产条件、栽培历史及用药习惯的不同，决定了我国各地生产和经营的中药材种类及数量不同，特色各异，在药用植物规范化种植时，必须考虑因地制宜，扬长避短，合理分类区划。因此，药用植物区划是建立中药材规范化生产基地，实现区域化生产的前提。

根据已有的研究成果，可大致将我国药用植物种植区分为 7 个栽培区域，即：东北半湿润区、华北半湿润区、华中湿润区、华南湿热区、西南高原湿润区、西北干燥区及青藏高原湿冷区（见表 18-1）。

表 18-1　中国药用植物种植区划

名　称	主要范围	>10℃积温（℃）	降水量（mm）	干燥度	代表种类
东北湿润区	长城以北，大兴安岭以东	<3 500	>400	1.0～2.0	人参、辽细辛、关黄柏、防风、关龙胆、五味子、刺五加、赤芍、桔梗、牛蒡
东北半湿润区	长城以南，秦岭淮河以北	3 500～4 500	>400	1.0～2.0	党参、黄芪、黄芩、地黄、柴胡、远志、知母、忍冬、怀山药、怀菊花、怀牛膝、亳白芍、亳菊花、沙参、杏仁、山楂
华中湿润区	长江中下游地区	4 500～6 900	>1 000	<1.0	浙贝母、麦冬、忍冬、玄参、白术、白芍、杭菊花、延胡索、石斛、木瓜、牡丹皮、茅苍术、泽泻、莲子、山茱萸、茯苓、薄荷、栀子、女贞子

（续）

名　　称	主要范围	>10℃积温（℃）	降水量（mm）	干燥度	代表种类
华南湿热区	南岭以南及台湾省	>6 500	>1 000	<1.0	阳春砂、巴戟天、广藿香、钩藤、槟榔、肉桂、降香、沉香、安息香、广豆根、益智、何首乌、高良姜、草果、山柰、豆蔻、郁金、姜黄
西南高原湿润区	云贵高原	3 000~6 500	1 000左右	<1.0	黄连、川芎、杜仲、附子、三七、牛膝、麦冬、郁金、白芷、贝母、独活、云木香、天麻、半夏、茯苓、厚朴
西北干燥区	河西走廊以西，祁连山以北	2 200~4 400	<400	>2.0	肉苁蓉、锁阳、甘草、麻黄、新疆紫草、阿魏、枸杞、伊贝母、红花、罗布麻、银柴胡
青藏高原湿冷区	青藏高原、川西北，陇西南	2 200~3 000	400~600	<1.0	当归、党参、黄芪、红芪、秦艽、大黄、冬虫夏草、川贝母、胡黄连、甘松、乌奴龙胆、翼首花、船盔乌头、金秋黄堇、轮叶棘豆

2. 土壤管理技术　土壤管理技术是药用植物生产过程中的重要步骤，也是药用植物生产的基础环节。其管理质量的好坏直接影响中药材生产基地土壤环境质量，进而影响中药材质量。土壤管理技术主要包括两个方面的内容：土壤耕作和土壤消毒。

3. 水分管理技术　植物的水分管理是获得优质高产的重要环节之一。水分不仅影响药用植物植株的生长发育，也影响到根的生长及对矿质营养元素的吸收和运输，同时还影响到药用植物的代谢等。因此在药用植物规范化栽培过程中，根据药用植物不同生育阶段的生长特点及其对水分的需求规律，通过合理的水分管理，促控生长发育，协调群体与个体、地上与地下、营养生长与生殖生长之间的关系，实现高产优质与水分利用效率的同步提高。

4. 植株管理技术　药用植物的植株管理可以避免徒长，减少损耗，利于通风透光，提高光能利用率，减少机械损伤，减轻病虫害，提高结实率，并能减少个体占有的空间，增加单位面积株数，获得优质高产高效益。按植株类型可分为草本药用植物和木本药用植物的植株管理。草本药用植物的植株管理，主要是整枝、支架和引蔓，具体内容包括：摘心、打杈、摘叶、疏花、疏果、引蔓、压蔓、支架、绑缚等。木本药用植物的植株管理主要是指整形修剪，包括短截、疏剪、缩剪、长放、开张枝梢角度、刻伤、抹芽、摘心、扭梢等。

5. 化学调控技术 药用植物化学调控就是应用各种植物生长调节物质，通过改变植物内源激素系统，调节生长发育，提高药用植物光合作用的效率，改变光合产物的分配方向等，在一定程度上克服农业生产环境中的某些不利因素，达到较大幅度的增产；同时还能改变药用植物的生长形态，便于采收，提高中药材品质的技术。

6. 病虫草害综合控制技术 中药材病虫草害具有种类多、危害严重、控制难度大、受病虫危害部位多的特点。为达到生产优质、健康、安全中药材的目标，需要从生态平衡的角度提高认识，坚持综合控制的原则。综合控制的基本策略是改进农业生态系统的结构，提倡健康栽培，充分利用自然因素的生态控制作用，因时因地因有害生物种类制宜，合理应用和协调各种控制技术及措施，达到有效控制病虫草危害的目标。

（四）生产技术指标

中药材生产技术指标主要包括生产指标、生态指标、景观指标等三大类。

1. 生产指标

（1）种子发芽力。种子在适宜的条件下发芽，并且生长出幼苗的能力。通常用发芽势和发芽率表示。

$$发芽率（\%）＝发芽总粒数/试验总粒数×100$$

$$发芽势（\%）＝从开始至发芽高峰为止的发芽数/试验种子总数×100$$

$$发芽势（\%）＝规定天数内发芽种子数/试验种子总数×100$$

（2）大田出苗率。药用植物播种后当50%幼苗高于地表2～3cm时的日期。测定出苗率时一般采用梅花形、对角线或棋盘式取样法，取1m²样点，调查出苗数。出苗率的具体计算公式如下：

$$田间出苗率（\%）＝每亩基本苗/每亩有效种子粒数×100$$

$$每亩有效种子粒数＝每亩播种量（kg）×每kg种子粒数×清洁度×发芽率$$

$$样点内有效种子粒数＝每亩有效种子粒数×样点面积（m²）/亩$$

（3）产量。

①生物产量。药用植物在全生育期内通过光合作用和吸收作用，即物质和能量的转化所生产和积累的各种有机物的总量。计算时通常不包括根系（根类和根茎类药材除外）。

②经济产量。药用植物中可供直接药用或供制药工业提取原料的药用部位的产量，称之为药用植物的经济产量。产量构成因素如表 18-2 所示。

表 18-2 不同药用植物类别的产量构成因素

药用植物类别	产量构成因素
根类	株数、单株根数、单根鲜重、干鲜比
全草类	株数、单株鲜重、干鲜比
果实类	株数、单株果实数、单果鲜重、干鲜比
种子类	株数、单株果实数、每果种子数、种子鲜重、干鲜比
叶类	株数、单株叶片数、单叶鲜重、干鲜比
花类	株数、单株花数、单花鲜重、干鲜比
皮类	株数、单株皮鲜重、干鲜比

（4）效益。

$$产值＝经济产量×收购价格$$

$$成本＝人工费＋地租费＋种苗费＋农用物资＋设施费＋$$
$$折旧费＋机械作业费＋其他费$$

$$效益（元/亩）＝（产值－成本）/栽培年限$$

（5）品质。

药材的品质，指药材品种质量的原则要求，包括外观形状和内在质量两部分，主要与药典规定值进行比较。

①外观形状。指药材的色泽（整体与断面）、质地、性状、大小等。一般通过眼看、鼻闻气味、口尝味道、耳听、手摸、水试、火试、实测等方法测定。

②内在性状。指药材有效成分或指标性成分含量的多少、有无重金属、农残或含量是否超标等，一般采用高效液相色谱法进行测定。有效成分是决定药材功效的成分，又称活性成分。目前，已知的药用有效成分种类有糖类、苷类、鞣质类、木脂素类、萜类、挥发油类、生物碱类、氨基酸、多肽与蛋白质和酶、有机酸类、树脂类、色素类、矿质类等。一般采用高效液相色谱法进行测定。

2. 生态指标

（1）株高。从地表到植株的最高点。一般在需要绘制动态生长曲线时和关键生育时期调查，在田间小区用对角线或随机取样法取单株样本 3～5 株进行定点测量。

（2）冠幅。冠幅是指植株水平冠径最远两点间的距离，是代表植株个体生长情况和水肥管理的重要指标。测定方法为平行地面测量植株最宽处两点距离。一般在需要绘制动态生长曲线时和关键生育时期调查时，在田间小区用对角线或随机取样法取单株样本 3～5 株进行定点测量。

（3）越冬成活率。对于多年生中药材，在植株返青后，对每亩的存活苗数总除以冬前存活苗数的百分比例即为越冬成活率，一般采用多点 10 米双行测算。

（4）盖度。进入盛花期后，植株体量不会有太大变化，此时的植株垂直投影面积占测量面积的百分比即为盖度。一般采用多点单位面积测算。

3. 景观指标

（1）整齐度。作物高度的一直程度。在植物生长的关键时期，选取 3 点各 10 株进行测定株高。

（2）持续花期。从初花期开始到衰败期的总天数。

（3）花径。花朵完全开放时的直径。在测产的样点中，随机择 3～5 朵大小适中花朵，用直尺直接测量后取平均值。

五、药材产后技术

（一）采收

药材的采收期直接影响药材的产量、品质和收获效率。适期收获的药材产量高、品质好、收获效率也高。要做到适时采收，需要客观掌握不同药用植物品种，不同生长区域气候、水分等因子对药材形成的影响、不同药用部位生长发育规律等要素。

（二）初加工/产地加工

指从药用部分采收到形成商品药材的过程，不包括饮片炮制。初加工的目的是清除异物，尽快灭活、干燥（鲜用药材除外），以便贮藏和运输。

（三）产地加工方法

药材种类较多，商品规格不一，各地传统习惯也不同，以下为几种常用加工方法。

（1）拣。药材采收后，清除杂质，以及对地下部分，按不同大小进行分级，以便于加工。

（2）清洗。将采收的新鲜药材，洗净泥沙，除去残留枝叶、粗皮、须根和

芦头。

（3）刮皮。药材采收后，对干燥后难以去皮的药材，应趁鲜刮去外皮，使药材外表光洁，内部水易于向外渗透，干燥快，有的需要蒸后才能去皮。

（4）修制。运用修剪、切割、整形等发法，去除非药用及不合格部分，使药材整齐，便于捆扎、包装。

（5）切片。对较粗大的根、根茎不易干燥，应在采收后即刻出去残茎须根，趁鲜切成片、块、段晒干。

（6）蒸、烫、煮。将鲜药材在蒸汽或沸水中进行时间长短不同的加热处理。

（7）熏硫。对于一些粉质程度较高而需久存保色的药材，为保护产品的色泽或使色泽增白，干燥前可用硫黄熏蒸提高药材品质。

（8）发汗。药材晾至半干后，堆积一处，用草席、麻袋等覆盖使之发汗闷热。

（四）包装

中药材采收加工后需及时包装和贮藏。不同种类的中药材，具有不同的特性，有的需防潮，有的需防压，有的需防冻，有的需避光。因此，对包装的要求也各不相同，正确的包装方法及包装质量，对保障药材安全、质量稳定有效起着重要作用。

规范化的包装操作应按标准操作规程进行，并做好分批包装记录和包装标志。一般药材多使用麻袋做包装，其中有的药材（如蒲黄、松花粉、海金沙）需内衬布袋。矿石类、贝壳类药材使用塑料编织袋包装。贵重药材（如人参、三七）、易变质药材（如枸杞子、山茱萸）、易碎药材（如鸡内金、月季花）及需用玻璃器皿作内包装的药材，宜选用瓦楞纸箱做包装，并做好内衬装置。

对于直接面向消费者的中药材，单剂量小包装是当前及今后中药市场发展的趋势。

（五）运输

中药材的运输具有特殊性，贮运条件和交通运输工具必须符合有关规定，以最大限度地保证中药材在运输过程中的质量稳定。

（六）贮藏

中药材的贮藏是中药材流通使用中的一个重要环节，是保证中药材质量必不可少的重要组成部分。重视药材的存储，与重视药材生产同等重要。随着中药材种植、生产的规范化管理，加强仓储管理。改善仓库条件对于保证药材的质量，显得尤为重要。

六、药材产品质量控制

中药材的生产涉及多个环节多种因素，包括种子选育、栽培、采收、加工、炮制、贮藏流通等，要保证中药材的安全有效、质量稳定可控，严密的质量控制标准和科学的检测方法是十分重要的。因此，中药材的质量控制，是保证中药安全、有效、可控、稳定的重要环节。

七、相关标准

《中华人民共和国药典》（2015年版一部）
《中药材生产质量管理规范》（2002试行）
《药用植物及制剂进出口绿色行业标准》
绿色食品农药使用准则 NY/T 393—2000
绿色食品肥料使用准则 NY/T 394—2000

参 考 文 献

曹家树，秦岭，2005. 园艺植物种质资源学 [M]. 北京：中国农业出版社.

陈秀华，魏胜利，王文全，2003. 种质资源与中药材质量 [J]. 中药研究与信息，5（4）：11-14.

么厉，程慧珍，杨知，2007. 中药材规范化种植技术指南 [M]. 北京：中国农业出版社.

孙越，刘洋，方敏，等，2012. 中药材规范化种植基地的现状与发展趋势分析 [J]. 国际中医中药杂志，1：33-36.

杨世海，2006. 中药资源学 [M]. 北京：中国农业出版社.

《现代农业技术推广基础知识读本》

第三部分　综合篇

第十九章　农业科学试验

19

农业科学试验的主要形式是田间试验，辅助于设施试验、实验室试验、人工气候室试验等。农业科学试验的基本要求是试验目的要明确、试验条件要有代表性、试验结果要可靠且能够重复。本章重点介绍田间试验。

一、试验分类

（一）按试验环境分类

1. 田间试验　田间试验是指在田间土壤、自然气候等环境条件下处理试验材料，从而开展作物科学研究的试验。

2. 设施试验　设施试验是指在温室、大棚等设施条件下处理试验材料，从而开展作物科学研究的试验。

3. 实验室试验　实验室试验是指在实验室内自然条件下处理试验材料，从而开展作物科学研究的试验。

4. 皿内试验　皿内试验是指在培养皿内处理试验材料，从而开展作物科学研究的试验。

5. 人工气候室试验　人工气候室试验是指在完全人工控制气候条件的室内处理试验材料，从而开展作物科学研究的试验。

6. 盆栽试验　盆栽试验是指在花盆内处理试验材料，从而开展作物科学研究的试验。

（二）按供试因素分类

1. 单因素试验　单因素试验是指在一个试验中只变更、比较一个试验因素的不同水平，其他作为试验条件的因素均严格控制一致的试验。

2. 多因素试验　多因素试验是指在同一试验中包含 2 个或 2 个以上的试验因素，各个试验因素都分为不同水平，其他试验条件均严格控制一致的试验。

（三）按试验目的分类

1. 适应性试验　适应性试验是验证所选定的技术是否适应于当地的自然、

生态、经济等条件，确定新技术推广的价值和可靠程度。

2. 改进性试验 改进性试验是对所选定的新技术进行探讨性改进的试验，以寻求该项新技术成果在本地推广的最佳实施方案，是理论联系实际对原有技术成果进行改进创新的重要过程。

二、试验设计

农业和生物学的试验中常将排除系统误差和控制偶然误差的试验设置称为试验设计。田间试验设计广义的理解是指整个试验研究课题的设计，包括确定试验处理的方案和小区技术，以及相应的观察记载、资料搜集、整理和统计分析的方法等。狭义的理解专指小区技术，特别是重复区和试验小区的排列方法。

（一）试验设计的基本要素

1. 试验指标 试验指标是指用于衡量试验效果的指示性状，比如产量、品质、抗性等。试验指标分为定量指标和定性指标两类，定量指标可以用测量结果表示，定性指标可以用等级评分表示，试验中尽量使用定量指标。

2. 试验因素 试验因素是指试验中被变动并设有待比较的一组处理的因子。

3. 试验水平 试验水平是指试验因素的量的不同级别或质的不同状态。

4. 试验处理 试验处理是指试验中的比较对象，它是单因素试验中的不同水平或多因素试验中因素和水平的组合。

5. 试验小区 试验小区是指田间试验中安排一个处理的小块地段。

6. 试验单元 试验单元是指实施试验处理并获取单个观察值的基本对象，试验单元最大可以是整个小区，也可以是小区内的某一或某些穴、单株、穗、组织器官等。

7. 试验效应 试验效应是指试验因素的水平所引起的试验指标的增加或减少。

（1）简单效应。单因素试验中任何两个水平间试验指标的相差，或多因素试验中在其他因素的同一水平下某因素内任何两个水平间试验指标的相差。

（2）主要效应。一个因素内两个水平各简单效应的平均数，也称平均效应。

（3）交互作用效应。两个因素简单效应间的平均差异，简称互作效应。

8. 试验方案 试验方案是指根据试验目的和要求所拟定进行比较的一组

试验处理的总称。广义的试验方案是指包括实施步骤在内的整个试验计划。

（二）试验设计的基本原则

1. 重复   试验中同一处理种植的小区数即为重复次数。重复的作用一是估计试验误差，二是降低试验误差，以提高试验的精确度。

2. 随机排列   随机排列是指区组类试验设计中一个区组中的各个处理或完全随机类设计中的每个处理都有同等的机会设置在任何一个试验小区上，避免任何主观成见所引起的偏差。

3. 局部控制   局部控制是将整个试验环境分成若干个较为一致的小环境，再在小环境内设置成套处理，即在田间分范围、分地段地控制土壤差异等非处理因素，使之对各试验处理小区的影响达到最大程度的一致。

4. 唯一差异原则   唯一差异原则又称单一差异原则，是指试验的各处理间只允许存在比较因素之间的差异，其他非处理因素应尽可能保持一致。

（三）小区技术

小区技术是指小区面积、小区形状、重复次数、对照区、保护行设置以及重复区和小区排列等。

1. 小区面积   研究性试验的小区面积一般为 $6 \sim 60 \mathrm{m}^2$，示范性试验的小区面积通常不小于 $330 \mathrm{m}^2$。

2. 小区形状   试验小区通常设置为狭长形，长宽比 $3 : 1 \sim 10 : 1$ 为宜。如果土壤有肥力梯度变化，通常小区长边与肥力梯度变化方向平行。

3. 重复次数   一个处理在试验中通常重复 $3 \sim 5$ 次，多为 3 次重复。

4. 对照区   一般田间试验建议设置 $1 \sim 2$ 个对照处理，排列与其他处理一样随机或顺序。

5. 保护行   要求在小区试验地的周围种植对照品种或种植比供试品种略早熟的品种 $2 \sim 4$ 行作为保护行。

（四）常见试验设计

1. 顺序排列的试验设计

（1）对比法设计。对比法设计是指每个处理的一侧都设置一个对照区的设计，用以估计和矫正试验田的土壤差异，常用于少量品种的比较试验及示范试验。其排列特点是每一供试品种均直接排列在对照区旁边，使每一小区可与其邻近的对照区直接比较。一般重复 $3 \sim 6$ 次，每个重复内的各小区都是顺序排列。重复排列成多排时，不同重复内的各小区可排列成阶梯式或逆向式，以避

免同一处理的各小区排在一直线上。表 19-1 为 8 个品种 3 次重复的对比法排列。

表 19-1　8 个品种 3 次重复对比排列（阶梯式）

Ⅰ	1	CK	2	3	CK	4	5	CK	6	7	CK	8
Ⅱ	6	CK	2	5	CK	1	7	CK	3	8	CK	4
Ⅲ	3	CK	5	8	CK	1	4	CK	2	6	CK	7

（2）间比法设计。间比法设计是指每两个对照之间都均匀、等数目的安排 3 个或 3 个以上处理，各重复区的第一个和最后一个小区一定是对照小区的设计。试验处理数较多、对试验的精确度要求不是太高时，如育种鉴定圃试验，可用间比法设计。一般重复 2～4 次。如果一条土地上不能安排整个重复的小区，则可在第二条土地上接下去，但开始时仍要种一个对照区，成为额外对照。

2. 随机排列的试验设计

（1）完全随机设计。将各处理随机分配到各个试验单元或小区中，每个处理的重复数可以相等也可以不相等，这种设计对试验单元的安排灵活机动，单因素试验或多因素试验皆可应用。这类设计可以用 SAS 软件进行，但要求试验的环境因素相当均匀。

（2）随机区组设计。随机区组称为完全随机区组设计。根据局部控制的原则，将试验地按肥力程度划分为等于重复数的区组，每个区组安排一个重复，区组内各处理都独立地随机排列。这是随机排列设计中最常用而最基本的设计，也可用 SAS 软件进行此类试验设计。

（3）拉丁方设计。将处理从纵横两个方向排列为区组（通常 1 个区组内安排 1 个重复），区组内随机安排各处理，使每个处理在每个直行（列）区组和每个横行（行）区组中出现的次数相等。表 19-2 为 5×5 拉丁方设计。

表 19-2　5×5 拉丁方

C	D	A	E	B
E	C	D	B	A
B	A	E	C	D
A	B	C	D	E
D	E	B	A	C

（4）裂区设计。设计时先按第一个因素设置各个处理（主处理）的小区，

然后在这主处理的小区内引进第二个因素的各个处理（副处理）的子小区。按主处理所划分的小区称为主区，也称整区，主区内按各副处理所划分的子小区称为副区，也称裂区。从第二个因素来讲，一个主区就是一个区组，但是从整个试验所有处理组合讲，一个主区仅是一个不完全区组。由于这种设计将主区分裂为副区，所以称裂区设计。可以采用 SAS 软件进行设计。

（五）抽样调查

1. 抽样单位　抽样单位是指由试验单元上获得的一个或多个个体组成的调查数据的集合。田间试验常用的抽样单位有：面积、长度、株穴、器官、时间、容量、重量等。

2. 样本容量　样本容量是指一个样本所包含的抽样单位数量，样本容量的大小与抽样调查结果的准确性、精确性以及人力、物力消耗有密切的关系。

3. 顺序抽样　顺序抽样也称机械抽样或系统抽样，是指按照某种既定的顺序抽取一定数量的抽样单位组成样本。如对角线式、棋盘式、分行式、平行线式、Z 字形式等。简单的顺序抽样统计分析时，通常只计算平均数作为总体的估计值。计算平均数的公式为 $\bar{y} = \sum y/n$。

4. 随机抽样　随机抽样又称概率抽样，分为简单随机抽样、分层随机抽样和多级随机抽样。

（1）简单随机抽样。在抽取抽样单位时，总体内各单位均有同等机会被抽取的抽样方法。一般先要对总体内各抽样单位编号，然后用抽签法或随机数字法抽取所需数量的抽样单位，组成样本。统计分析时可用 SAS 软件计算。

（2）分层随机抽样。将试验单元（如试验小区）按某种特征或变异原因划分为相对均匀一致的若干部分或区域，成为层；然后独立地在每一层中采用随机方法抽取一定数量的抽样单位构成样本的抽样方法。

（3）多级随机抽样。从试验单元（试验小区）随机抽取一定数量的抽样单位（初级抽样单位），再在前次抽样单位上随机抽取一级抽样单位，进行一次或多次随机抽样的抽样方法。

5. 典型抽样　典型抽样也称代表性抽样，是指按研究目的从总体内有意识地选取一定数量有代表性的抽样单位，至少要求所选取的单位能代表总体的大多数。

6. 成片抽样　成片抽样是指抽取的抽样单位在试验单位内不作随机分布或均匀分布而连成一片的抽样方法。当试验需要进行破坏性取样调查时，采用成片抽样可以减少破坏面积。

三、试验误差

（一）误差类型

1. 随机误差 随机误差也称偶然误差，是指完全偶然性的、找不出确切原因的误差。随机误差影响观测值间的符合程度。试验过程中涉及的随机波动因素越多、试验的环节越多、时间越长、随机误差发生的可能性和程度就越大。

2. 系统误差 系统误差也称偏差，是指有一定原因的误差。系统误差影响观测值与其理论真值间的符合程度。系统误差可以通过试验条件及试验过程的仔细操作来控制。

（二）误差来源

误差主要来源于以下 5 个方面：

①试验材料本身固有的差异（遗传差异、生理差异）。

②田间管理技术不完全一致造成的误差（施肥、浇水等农事操作的差异）。

③外界环境条件如土壤、光照、温度等小气候的差异和变化造成的误差，其中土壤差异是误差的最主要来源，无法消除只能降低。

④病虫害、鸟兽等一些不可预测的自然灾害造成的误差。

⑤数据采集过程中的误差（数据采集错误、采集人主观性、采集时间等）。

（三）误差控制

误差控制主要表现在以下 4 个方面：

①选择同质、一致的试验材料（基因型一致；生理、长势一致；种子分级或秧苗分级）。

②加强田间管理。

③消除小气候影响。

④控制土壤差异（选好试验地、采用适当的小区技术、应用恰当的试验设计和统计分析方法）。

四、描述性统计

（一）统计学基本要素

1. 个体 个体是指试验研究中的最基本的统计单位，可以从中获得一个观察值。

2. 总体　总体是指具有共同性质的个体所组成的集合。

3. 样本　样本是指从同一总体中抽取的若干个个体所组成的集合。取样应注意以下事项：①取样方法要合理，保证样本有代表性。②样本容量要适当，保证分析测定结果的准确性。③分析测定方法要标准，所有仪器要经过标定，药品要符合纯度要求，操作要规范化。

4. 随机样本　随机样本是指从总体中随机抽取的样本。样本代表性的好坏取决于获得样本的方式和样本大小。随机地从总体中抽取样本可以无偏地估计总体。

5. 观察值　观察值是指对个体性状的测定值或统计值。

6. 变量　变量是指同一性状或同类个体观察值的集合。

7. 统计数　统计数是指测定样本中的各个体而得的样本特征数。

8. 参数　参数是指由总体的全部观察值而算得的总体特征数。

（二）次数分布

次数分布是指把整个观察值资料分成若干个组，再把每个观察值分别归到相应的组内，统计各组次数得到的分布，即由不同区间内观察值出现的次数组成的分布。

1. 次数分布表　把次数分布的结果用表格的形式表示出来。根据试验资料的性质及获取数据的不同方式，可分为间断性变异资料的次数分布表、连续性变异资料的次数分布表和定性性状资料的次数分布表。

2. 数量性状资料　数量性状的度量有计算和测量两种方法，包含间断性变数和连续性变数。

（1）间断性变数。间断性变数也称为不连续性变数，是指用计数的方法获得的数据，如单位苗数、穗数等，其各个观察值必须以整数表示。当观察值数目较少（$n \leqslant 30$）、数据变异范围较小时，以自然单位进行分组，把每一个不同的观察值作为一组，统计各组次数得次数分布表。当观察值数目较多（$n > 30$）、数据变异范围较大时，把几个相邻的观察值作为一个组，确定好各组的范围，将观察值依次归到相应的组内，统计各组次数，建立次数分布表。

（2）连续性变数。连续性变数是指通过称量、度量或测量方法获得的数据，其各个观察值并不限于整数，如穗粒重、产量、株高等。其小数位数取决于称量的精度。这类数据需要建立遵守完全、互斥和一致的分组，将观察值依次归到相应的组内，统计各组次数，建立次数分布表如表19-3。

表 19-3   140 行水稻产量的次数分布表

组　限	中点值（y）	次数（f）
67.5～82.5	75	2
82.5～97.5	90	7
97.5～112.5	105	7
112.5～127.5	120	13
127.5～142.5	135	17
142.5～157.5	150	20
157.5～172.5	165	25
172.5～187.5	180	21
187.5～202.5	195	13
202.5～217.5	210	9
217.5～232.5	225	3
232.5～247.5	240	2
247.5～262.5	255	1
合计（n）		140

3. 质量性状资料　质量性状是指能观察而不能测量的性状，也称为属性性状。如花冠、种皮等器官的颜色，芒和绒毛的有无。要从这类性状获得数量资料，可采用按属性统计次数法和给每类属性以相对数量的方法如表 19-4。

表 19-4   水稻杂交二代米粒性状的分离情况

属性分组（y）	次数（f）
红米非糯	96
红米糯稻	37
白米非糯	31
白米糯稻	15
合计（n）	179

4. 次数分布图　表示次数分布的几何图形称为次数分布图。

（1）方柱形图。以各组组限为横坐标、次数为纵坐标，在各个组区间上做出一个宽度为一个组距，高度等于其次数的矩形，所得的图形即次数分布的方柱形图如图 19-1。

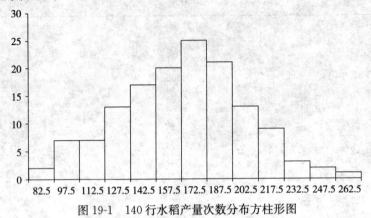

图 19-1　140 行水稻产量次数分布方柱形图

（2）折线图。以各组组中点值为横坐标，以次数为纵坐标，先在直角坐标系上作出一个点，再用线段连接各点，所得的图形及次数分布的折线图如图 19-2。

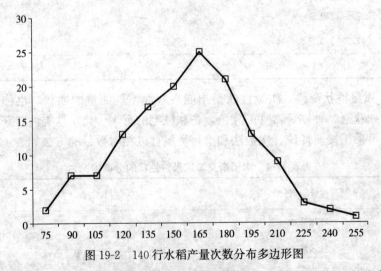

图 19-2　140 行水稻产量次数分布多边形图

（3）条形图。条形图适用于间断性变数资料和定性形状资料的次数分布，用以表示这些变数的次数分布状况。一般其横轴标出间断的中点值或分类性状，纵轴标出现次数如图 19-3。

（4）饼图。饼图适用于表示间断性变异资料和定性性状资料的构成比，用以表示这些变数中各种属性或各种间断性数据观察值个数在总观察个数中的百分比如图 19-4。

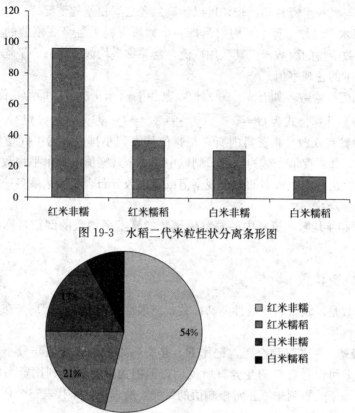

图 19-3　水稻二代米粒性状分离条形图

图 19-4　水稻二代米粒性状分离的饼图

5. 其他常用统计图

（1）线图。在直角坐标系中用折线或曲线的升降表示事物或现象随时间或随其他指标发展变化趋势的统计图称为线图，主要有简单线图、多重线图、下降线图等。

（2）箱形图。用于描述变量的数据分布以及对多组数据的直观分析比较，可反映数据分布的形状、中心位置、变异性等特征。

（3）雷达图。用于观察多个因素在不同水平的表现，可以对各试验因素做出评价和对各因素的水平做出比较。

（4）散点图。在直角坐标系中用点的位置表示变量间的数量关系和变化趋势的图形称为散点图。

（三）平均数

平均数是数据的代表值，表示资料中观察值的中心位置，并且可作为资料的代表而与另一组资料相比较，借以明确二者之间相差的情况。

1. 算术平均数　算术平均数是指一个数量资料中各个观察值的总和除以观察值个数所得的商数。因其应用广泛，常简称平均数或均数。平均数的大小决定于样本的各观察值。

2. 几何平均数　如有 n 个观察值，其相乘积开 n 次方，即为几何平均数，用 G 代表。计算公式为 $G = \sqrt[n]{y_1 y_2 y_3 \cdots y_n} = (y_1 y_2 y_3 \cdots y_n)^{1/n}$。

3. 中数和众数　将资料内所有观察值从大到小排序，居中间位置的观察值为中数。如观察值个数为偶数，则以中间二个观察值的算术平均数为中数。

资料中出现次数最多的那个观察值或者次数分布表中次数最多一组的组中间值，称为众数。

4. 调和平均数　资料中各观察值倒数的算术平均数的倒数，称为调和平均数。

（四）变异数

变异数是反映资料离散性的特征数，离散性是指观察值偏离分布的中心分散变异的性质。

1. 极差　极差又称全距，记作 R，是资料中最大观察值与最小观察值的差数。极差可以对资料的变异有所说明，但因为没有充分利用资料的全部信息，而且易于受资料中不正常极端值的影响，所以用它来代表整个样本的变异度是有缺陷的。

2. 方差　各个观察值的离均差平方和相加除以观察值数目，得到平均平方和，简称均方或方差。

3. 标准差　标准差为方差的正平方根值，用以表示资料的变异度，其单位与观察值的度量单位相同。从样本资料计算标准差的公式为：

$$s = \sqrt{\frac{\sum (y - \bar{y})^2}{n - 1}}$$

其中，s 表示样本标准差；$\bar{y}$ 为样本平均数；$(n-1)$ 为自由度。

同样，样本标准差是总体标准差的估计值。总体标准差用 σ 表示：

$$\sigma = \sqrt{\frac{\sum (y - \mu)^2}{N}}$$

其中 σ 为总体标准差；μ 为总体平均数；N 为有限总体所包含的个体数。

4. 变异系数　标准差和观察值的单位相同，表示一个样本的变异度。若比较两个样本的变异度，如果两个样本所用单位不同或尺度差异很大，不能用

标准差进行直接比较。这时可计算样本的标准差对均数的百分数，称为变异系数，用 c_v 表示。

$$c_v(\%) = \frac{s}{y} \times 100$$

五、概率分布

(一) 事件、概率和随机变量

1. 事件 在自然界中一种事物，常存在几种可能出现的情况，每一种可能出现的情况称为事件。事件表征随机试验的可能结果与某一特定数值或数值范围的关系。若某特定事件只是可能发生的几种事件中的一种，这种事件称为随机事件。

2. 概率 每一个事件出现的可能性称为该事件的概率。概率表征事件发生可能性的大小并采用数值量度，使对可能性有个定量的判断，也便于定量计算各类衍生事件的可能性大小。

3. 随机变量 随机变量是为建立事件的数值表达而引入的，它的取值是实数，而且每个数值与一个试验结果相对应。

(二) 二项分布

试验或调查中最常见的一类间断性随机变数是整个总体仅包括两项，即非此即彼。二项分布是指对此类试验或调查中出现随机事件的规律性进行描述的一种概率分布，这一分布律也称为贝努力分布。

(三) 正态分布

正态分布是连续性变数的理论分布。正态分布是具有两个参数 μ 和 σ^2 的连续型随机变量的分布，第一参数 μ 是遵从正态分布的随机变量的均值，第二个参数 σ^2 是此随机变量的方差，所以正态分布记作 N (μ, σ^2)。遵从正态分布的随机变量的概率规律为取 μ 邻近的值的概率大，而取离 μ 越远的值的概率越小；σ 越小，分布越集中在 μ 附近，σ 越大，分布越分散。即变量的频率或频数呈现出中间最多，两端对称逐渐减少，表现为钟形曲线的一种概率分布，又称为常态分布或高斯分布。

(四) 抽样分布

从总体中随机抽样得到样本，获得样本观察值后可以计算一些统计数，统计数的分布称为统计数抽样分布，简称抽样分布。

六、统计推断

统计推断是从所研究的总体中，随机抽出一个样本或一系列样本，并研究样本的特征，然后根据对样本特征的研究结果去推断总体的特征。

1. 统计假设检验 统计假设检验又称为显著性检验，是指运用抽样分布等概率原理，利用样本资料检验这些样本所在总体的参数有无差异，并对检验的可靠程度做出度量的过程。依据涉及的样本和统计数的不同可分为 u 检验、t 检验、F 检验和 χ^2 检验等。

2. 无效假设和备择假设 假设总体参数（平均数）与某一指定值相等或假设两个总体参数相等，即假设其没有效应差异，或者说实得差异是由误差造成的，称为无效假设。在提出无效假设的同时，一般还要提出备择假设，备择假设也叫对应假设。它是无效假设被否定后必定要接受的假设，无效假设与备择假设是一对对立事件。

3. 显著水平 在统计假设检验中，用来检验假设正确与否的概率标准，一般选用 5% 或 1%，记作 α。

4. 两尾测验 两尾测验是指对两个样本进行假设检验时，研究目的是分析两个样本对应总体的参数是否相同。假设检验中，若 $H_0 : \mu = \mu_0$，则备择假设为 $H_A : \mu \neq \mu_0$，在假设测验时所考虑的概率为正态曲线左边一尾概率和右边一尾概率的总和。这类测验称为两尾测验，它具有两个否定区域。

5. 一尾测验 根据假设测验目的的要求，备择假设可以仅仅有一种备择可能性，也就是仅存在一个否定区域，这类测验称为一尾测验。

七、方差分析

方差分析是指将总变异剖分为各个变异来源的相应部分，从而发现各变异原因在总变异中相对重要程度的一种统计分析方法。

（一）基本原理

方差分析是从方差的角度分析试验数据，将总变异的自由度和平方和分解为各个变异来源的相应部分，从而获得不同变异来源方差估计值，并以方差作为衡量各因素作用大小的尺度，通过方差的显著性检验——F 检验，揭示各个因素在总变异中的重要程度，进而对各样本总体平均数差异显著性做出统计

推断。

方差是平方和与自由度的商。要将一个试验资料的总变异分解为各个变异来源的相应变异，首先必须将总自由度和总平方和分解为各个变异来源的相应部分。因此，自由度和平方和的分解是方差分析的第一步。

（二）多重比较

一个试验中 k 个处理平均数间可能有 $k(k-1)/2$ 个比较，因而这种比较是复式比较亦称为多重比较。多重比较的主要类型：

1. 最小显著差数法（LSD 法或 PLSD 法） 在处理间的 F 测验为显著的前提下，计算出显著水平为 α 的最小显著差数 $LSD\alpha$；任何两个平均数的差数 $(\bar{x}_i-\bar{x}_j)$，如果其绝对值 $\geqslant LSD\alpha$，即在 α 水平上差异显著；反之，则为在 α 水平上差异不显著，这种方法又称为 F 检验保护下的最小显著差数法。

LSD 法适用于测验两个相互独立的样本间的平均数差异显著性。凡是与对照比较或与预定的比较对象的比较，一般可选用 LSD 法。

2. 最小显著极差法（LSR 法） 需要根据差数所包含的平均数个数（p）不同确定不同的比较标准。包括：复极差法（又称 q 法或 SNK 测验或 NK 测验）和新复极差法〔又称最短显著极差法（SSR）〕。新复极差法是将一组 k 个平均数由大到小排列后，根据所比较的两个处理平均数的差数是几个平均数间的极差，分别确定最小显著极差值。

（三）方差分析的步骤

方差分析的基本步骤包括：①将资料总变异的自由度与平方和分解为各变异原因的自由度与平方和，进而计算其均方。②计算均方比做 F 测验，以明确各变异因素的重要程度。③对各平均数进行多重比较。

（四）线性模型与期望均方

方差分析的数学模型就是指试验资料的数据结构，也称为统计模型。方差分析是建立在一定的线性可加模型基础上的。所谓线性可加模型是指总体每一个变量可以按其变异的原因分解成若干个线性组成部分，它是方差分析的理论依据。完全随机试验设计数据的线性模型可表示为：

$$y_{ij}=\mu+\tau_i+\varepsilon_{ij}$$

每一观测值都由总体平均数 μ、处理效应 τ_i 和随机误差 ε_{ij} 三个部分相加而成。

（五）常见试验设计的方差分析

农业技术推广工作中采用方差分析的常见试验设计包括：单因素完全随机、单因素随机区组、单因素系统分组、无重复的两因素完全随机、有重复的两因素完全随机、多因素随机区组、拉丁方（包括单因素和多因素）和裂区设计。方差分析有时又将部分设计归入单向分组资料和两向分组资料。

（六）单向分组资料的方差分析

单向分组资料是指观察值仅按一个方向分组的资料，单因素完全随机试验观察值属于单向分组资料，分为组内观察值数目相等和不等两种形式。

（七）两向分组资料的方差分析

两因素试验中若因素 A 的每个水平与因素 B 的每个水平均衡相遇（或称正交），则所得试验数据按两个因素交叉分组称为两向分组资料，两向分组又称为交叉分组。单因素随机区组、无重复两因素完全随机、有重复两因素完全随机设计的试验数据，都是两向分组资料，其方差分析按各组合内有无重复观察值分为两种不同情况。

（八）基本假定与数据转换

方差分析是建立在线性可加模型的基础上的。所有进行方差分析的数据都可以分解成几个分量之和，建立这一模型，有如下 3 个基本假定：①处理效应与环境效应等应该具有可加性。②试验误差 ε_{ij} 应该是随机的、彼此独立的，具有平均数为零而且作正态分布，即正态性。③所有试验处理必须具有共同的误差方差，即误差同质性。

数据转换是指在进行方差分析之前，采取剔除特殊值、变数转换等补救办法，将转换的数据进行方差分析。

（九）单因素试验的统计分析

1. 顺序排列试验的统计分析

（1）对比法试验的统计分析。对比法试验结果的统计分析一般采用百分比法，即设对照的产量或其他性状为 100%，将各处理产量和对照比较，求出百分数，依据供试品种产量对邻近 CK 产量百分数的高低，做出试验结论。

$$对邻近\ CK\ 的百分数 = \frac{某品种总产量}{临近\ CK\ 总产量} \times 100 = \frac{某品种平均产量}{邻近\ CK\ 平均产量} \times 100$$

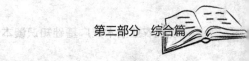

（2）间比法试验的统计分析。间比法试验结果的统计分析一般也采用百分比法。以品系鉴定试验为例，先计算各品系的理论对照标准CK，$\overline{CK}$为前后两个对照的平均数。计算各品系相对生产力，即各品系产量对相应的理论对照标准CK产量的百分数，公式为：

$$i\text{品系相对生产力（\%）}=\frac{i\text{品系平均产量}}{i\text{品系的理论对照标准}CK}\times100$$

按各品系相对生产力的大小，做出试验结论。

2. 单因素完全随机试验的统计分析

（1）组内观察值数目相等的完全随机试验的统计分析。在一完全随机试验中，仅研究一个试验因素，因素内设有 k 组处理，每组处理均含 n 个观察值，试验共有 kn 个观察值。这种试验称为组内观察值数目相等的完全随机试验。这种试验资料属于组内观察值相等的单向分组资料，可用 SAS 软件的 ANOVA 方法进行方差分析，处理平均数多重比较常用方法有最小显著差数法（FPLSD 法）、新复极差法（SSR 法）和 q 检验法。

（2）组内观察值数目不相等的完全随机试验的统计分析。在单因素完全随机试验中，若 k 组处理的观察值数目不相等，这种试验称为组内观察值数目不等的单因素完全随机试验。可用 SAS 软件的 ANOVA 方法进行分析。

（3）组内又可分为亚组的完全随机试验的统计分析。若单因素完全随机试验，设置 l 组处理，每组处理又设置 m 个重复组（亚组），而每个重复中又具有 n 个观察值，则该试验共有 lmn 个观察值，这种试验称为组内又可分为亚组的完全随机试验。可用 SAS 软件的 ANOVA 程序求解。

3. 单因素随机区组试验的统计分析 单因素随机区组试验设计是根据随机、重复和局部控制三大原则，将试验地按肥力梯度划分成等于重复次数的区组，区组内各处理完全随机排列。

4. 拉丁方试验的统计分析 拉丁方试验在纵横两个方向都应用了局部控制，使得纵横两向皆成区组。因此在试验结果的统计分析上要比随机区组多一项区组间变异。设有 k 个处理（或品种）做拉丁方试验，则必有横行区组和纵行区组各 k 个，其自由度和平方和的分解式为：

$$DF_T=k^2-1=(k-1)+(k-1)+(k-1)+(k-1)(k-2)$$

即总自由度＝横行自由度＋纵行自由度＋处理自由度＋误差自由度

总平方和＝横行平方和＋纵行平方和＋处理平方和＋误差平方和

拉丁方设计统计分析可采用 SAS 软件。

（十）多因素试验的统计分析

1. 二因素完全随机试验的统计分析　两因素试验中若因素 A 的每个水平与因素 B 的每个水平均衡相遇（或称正交），则所得试验数据按两个因素交叉分组称为两向分组资料。两向分组又叫交叉分组。按完全随机设计的两因素试验数据，都是两向分组资料，其方差分析按各组合内有无重复观察值分为两种不同情况，一是组合内只有单个观察值的两向分组资料。二是组合内有重复观察值的两向分组资料。

（1）组合内只有单个观察值的两向分组资料的方差分析。设有 A 和 B 两个因素，A 因素有 a 个水平，B 因素有 b 个水平，每一处理组合仅有 1 个观察值，全试验共有 $a \cdot b$ 个观察值。观察值的线性模型为：

$$y_{ij} = \mu + \tau_i + \beta_j + \varepsilon_{ij}$$

式中：μ 为总体平均；τ_i 和 β_j 分别为 A 和 B 的效应，可以是固定模型（$\sum \tau_i = 0$，$\sum \beta_j = 0$）或随机模型 $[\tau_i \sim N(0, \sigma_A^2)$，$\beta_j \sim N(0, \sigma_R^2)]$；相互独立的随机误差 ε_{ij} 服从正态总体 $N(0, \sigma^2)$。

（2）组合内有重复观察值的两向分组资料的方差分析。设有 A、B 两个试验因素，A 因素有 a 个水平，B 因素有 b 个水平，共有 ab 个处理组合，每一组合有 n 个观察值，则该资料有 $a \cdot b \cdot n$ 个观察值。

观察值的线性模型为：

$$y_{ijk} = \mu + \tau_i + \beta_j + (\tau\beta)_{ij} + \varepsilon_{ijk}$$

式中：μ 为总体平均；τ_i 和 β_j 分别为因素 A 和 B 的效应；$(\tau\beta)_{ij}$ 为 A×B 互作；ε_{ijk} 为随机误差，遵循分布 $N(0, \sigma^2)$ 即总变异（$y_{ijk} - \mu$）可分解为 A 因素效应 τ_i、B 因素效应 β_j、A×B 互作 $(\tau\beta)_{ij}$ 和试验误差 ε_{ijk} 四个部分。

可直接用 SAS 软件中的 ANOVA 或 GLM 方法求解。

2. 二因素随机区组试验的统计分析　设有 A 和 B 两个试验因素，各具 a 和 b 个水平，那么共有 $a \cdot b$ 个处理组合，作随机区组设计，有 r 次重复，则该试验共得 $r \cdot a \cdot b$ 个观察值。它与单因素随机区组试验比较，在变异来源上的区别仅在于前者的处理项可分解为 A 因素水平间（简记为 A）、B 因素水平间（简记为 B）、和 AB 互作间（简记为 AB）三个部分。

总自由度＝区组自由度＋处理自由度＋误差自由度

总平方和 SS_T＝区组平方和 SS_R＋处理平方和 SS_t＋误差平方和 SS_e

处理组合的自由度＝A 的自由度＋B 的自由度＋A·B 自由度

处理组合平方和 SS_t＝A 的平方和 SS_A＋B 的平方和 SS_B＋A·B 平方和 SS_{AB}

可直接用 SAS 软件中的 ANOVA 或 GLM 进行运算。

3. 裂区设计试验的统计分析 设有 A 和 B 两个试验因素，A 因素为主处理，具 a 个水平，B 因素为副处理，具 b 个水平，设有 r 个区组，则该试验共得 $r \cdot a \cdot b$ 个观察值。

二裂式裂区试验和二因素随机区组试验在分析上的不同，在于前者有主区部分和副区部分，因而有主区部分误差（误差 a，简记作 E_a）和副区部分误差（误差 b，简记作 E_b），分别用于测验主区处理以及副区处理和主、副互作的显著性。如对同一个二因素试验资料作自由度和平方和的分解，则可发现随机区组的误差项自由度和平方和分别为 DF_e、SS_e，而裂区设计有两个误差项，其自由度和平方和分别为 DF_{Ea}、DF_{Eb} 和 SS_{Ea}、SS_{Eb}。而区组、处理效应等各个变异项目的自由度和平方和皆相同。由此说明，裂区试验和多因素随机区组试验在变异来源上的区别为：前者有误差项的再分解。这是由裂区设计时每一主区都包括一套副处理的特点决定的。

列区试验可采用 SAS 软件中的 ANOVA 方法进行测验和分析。

4. 多年多点试验的统计分析 农业研究往往需要在多个地点、多个年份甚至多个批次进行试验，各地点、各年份均按相同的试验方案实施，以更好地研究作物对环境的反映，如育种试验的后期阶段，包括区域试验，一般对品种应经过多年多点的考察以确定品种的平均表现、对环境变化的稳定性及其适应区域。对于这种进行多个相同的方案的试验，应该联合起来分析。

品种区域试验常采用随机区组试验设计，在多个地点、多个年份进行，每一地点、每一年份均采取相同的田间管理措施，这属于随机区组试验方案的多个试验联合分析。同理，也可以有裂区试验方案的多个试验的联合分析，以及其他试验方案的多个试验联合分析。

多个试验的联合分析要根据试验的目的选择地点，例如品种区域试验一般是根据生态区的划分来确定试验地点的。多个试验的联合分析首先要对各个试验进行分析，然后检验各个试验的误差是否同质，如不同质则不可进行联合方差分析。

八、回归与相关

（一）函数关系与统计关系

两个或两个以上变数之间的关系可分为两类：一类是函数关系，另一类是统计关系。

1. 函数关系 函数关系是一种确定性的关系，即一个变数的任一变量必与另一变数的一个确定的数值相对应。

2. 统计关系　统计关系是一种非确定性的关系，即一个变数的取值受到另一变数的影响，两者之间既有关系，但又不存在完全确定的函数关系。例如，作物的产量与施肥量的关系，适宜的施肥量下产量较高，施肥量不足则产量较低，但这种关系并不是完全确定的。

自变数≥自变量

依变数≥因变量

（二）因果关系和相关关系

对具有统计关系的两个变数，可分别用变数符号 Y 和 X 表示。根据两个变数的作用特点，统计关系又可分为因果关系和相关关系两种。

1. 因果关系　两个变数间的关系若具有原因和反应（结果）的性质，则称这两个变数间存在因果关系，并定义原因变数为自变数，以 X 表示；定义结果变数为依变数，以 Y 表示。例如在施肥量和产量的关系中，施肥量是产量变化的原因，是自变数；产量是对施肥量的反应，是依变数。

2. 相关关系　如果两个变数并不是原因和结果的关系，而呈现一种共同变化的特点，则称这两个变数间存在相关关系。相关关系中并没有自变数和依变数之分。例如在玉米穗长与穗重的关系中，它们是同步增长、互有影响的，既不能说穗长是穗重的原因，也不能说穗重决定穗长。在这种情况下，X 和 Y 可分别用于表示任一变数。

（三）回归分析与相关分析

1. 回归分析　通常将计算回归方程为基础的统计分析方法称为回归分析。回归分析的任务是由试验数据 x、y 求算一个 y 依 x 的回归方程：$\hat{y}=f(x)$，式中 $\hat{y}$ 表示由该方程估算在给定 x 时的理论 y 值。方程 $\hat{y}=f(x)$ 的形式可以多种多样，最简单为直线方程，也可为曲线方程或多元线性方程。

2. 相关分析　将计算相关系数为基础的统计分析方法称为相关分析。对具有相关关系的两个变数，统计分析的目标是计算表示 y 和 x 相关密切程度的统计数，并测验其显著性。这一统计数在两个变数为直线相关时称为相关系数，记为 r；在多元相关时称为复相关系数，记作 $R_{y.12\cdots m}$；在两个变数曲线相关时称为相关指数，记作 R。

（四）直线回归与直线相关

1. 直线回归方程式　对于在散点图上呈直线趋势的两个变数，如果要概括其在数量上的互变规律，即从 x 的数量变化来预测或估计 y 的数量变化，则首先要采用直线回归方程来描述。此方程的通式为：$\hat{y} = a + bx$

上式读作"y 依 x 的直线回归方程"。其中 x 是自变数；$\hat{y}$ 是和 x 的量相对应的依变数的点估计值。

2. 回归截距　a 是 $x = 0$ 时的 $\hat{y}$ 值，即回归直线在 y 轴上的截距，称为回归截距。

3. 回归系数　b 是 x 每增加一个单位数时，y 平均地将要增加（$b > 0$ 时）或减少（$b < 0$ 时）的单位数，称为回归系数，又称为回归斜率。

回归分析可用 SAS 中的 REG 程序求算。

（五）多元回归和偏回归

1. 多元回归　依变数依两个或两个以上自变数的回归，称为多元回归或复回归。多元线性回归分析能确定多个自变量的单独效应和综合效应。

2. 偏回归　当所有其他自变量保持一定时，某个自变量每增加一个单位依变量 y 的效应。

（六）多元相关与偏相关

1. 多元相关分析　多元相关分析能明确 m 个变量（通常指自变量）综合和一个变量（通常指依变量）的相关密切程度。

2. 偏相关分析　用于考察指定的两个变量在其余变量都固定时，相关的密切程度和性质。

3. 通径分析　通径分析属于多元线性回归分析的范畴，用于评定各自变量对依变量的相对重要性。

（七）曲线回归

1. 曲线回归　两个变数间呈现曲线关系的回归称曲线回归或称非线性回归。曲线回归分析方法，主要内容有：①确定两个变数间数量变化的某种特定的规则或规律。②估计表示该种曲线关系特点的一些重要参数，如回归参数、极大值、极小值和渐近值等。③为生产预测或试验控制进行内插，或在论据充足时作出理论上的外推。

2. 曲线回归的类型　农学和生物学中两个变数间的曲线关系有多种多样，根据曲线的性质和特点可大致分为 6 类：指数函数曲线、对数函数曲线、幂函数曲线、双曲函数曲线、S 型曲线和多项式曲线。

九、试验总结

(一) 前置部分

1. 试验题目（包括副标题） 用词要简洁、质朴、准确，一般采用名词性短语；尽量不超过 20 个字；为恰当地限定，可灵活运用副标题；要做到文要切题，题要独创，尽量不用非公知的缩略语，避免使用上下角标、首字母缩写字、字符代号和公式、冷僻的专业术语；要能反映研究的内容，激发阅读全文的兴趣。

2. 作者信息 作者名字排在标题的正下方，在名字的下方标明其单位全称、邮政编码。若为多个作者，则在作者名字的右上方按顺序标注，再在下方按对应顺序罗列各作者的单位全称、邮政编码，同一个单位的作者标序号一样。

第一作者的作者简介在首页地脚处列出，包括：姓名（出生年月），性别，籍贯、职称、学位，主要从事的研究工作以及联系电话或 E-mail 等，以便于编辑和读者与作者联系进行学术交流。

作者简介：尽量避免用多余的信息影响读者的判断力。

3. 摘要 摘要是论文的重要组成部分，它是以提供文献内容梗概为目的，以第三人称写法，不加评论和补充解释，简明、确切地记述论文重要内容的短文。

摘要是二次文献，应具有独立性和自明性，并拥有与一次文献同等量的主要信息。不用图、表、化学结构式、非公知公用的符号和术语。其内容应包括研究目的、方法、结果和结论。

4. 关键词 关键词是论文的文献检索标识，是为了便于文献检索而选取的能反映论文主题的术语。关键词选用得当与否，从很大程度上影响到论文被检索引用的几率；关键词通常应具备关键性，对全文内容具有串联作用，大多在标题和摘要中选取；必须是名词或名词性词组，其排列顺序由泛到细、由主到次，一般标注 3~8 个关键词。

(二) 正文部分

1. 试验背景和目的 介绍与本研究相关领域前人研究的历史、现状、成果评价及其相互关系；陈述本研究的宗旨，包括研究目的、理论依据、想要解决的问题等；尽量突出论文的创新点。开门见山，直奔主题；或从一个一般性的话题逐渐引出主题。最后列出试验所要解决的具体问题。

2. 试验材料与方法 描述试验设计中用到的种子、种苗、肥料、试剂、农药等材料的来源和特性，以及试验设计、分析指标的测定和数据分析的方法等，以帮助说明试验的合理性和结果的可靠性。

3. 结果与分析 在资料取舍上不能掺入主观因素，凡是可用照片、图形和表格说明的，不用文字重复描述，只对图、表反映的信息作深层次的总结分析。计量单位名称、符号，必须遵循国家或国际标准。对试验结果的判断分析，逐项进行探讨，突出新发现和经过证实的新见解。通过分析数据，评估判断与他人已有结果的不同点，说明结论的正确性。

4. 结论或小结 归纳总结使用的方法、研究的结果。

5. 讨论 阐述研究中新的发现；从未来发展的角度，总结自己研究的不足之处；突出研究的独创性等。

（三）参考文献部分

列举文中需要的关键文献，用以说明支撑该试验的关键背景、必要的材料信息、方法和技术原理以及讨论中该试验结果与已报道结果的关键异同等。

参考文献

盖钧镒，2013. 试验统计方法 [M]. 北京：中国农业出版社.

洪伟试，2007. 试验设计与统计分析 [M]. 北京：中国农业出版社.

黄亚群，2008. 试验设计与统计分析学习指导 [M]. 北京：中国农业出版社.

明道绪，2005. 田间试验与统计分析 [M]. 北京：科学出版社.

第二十章　现代农业推广

农业推广是指推广人员通过沟通、指导、培训等方法，组织和教育推广对象，使其增进知识，提高技能，改变观念与态度，从而自觉自愿地改变行为，采用和传播创新，并获得自我组织和决策能力来解决其面临的问题，最终实现培育新型农民、发展农业和农村、增进社会福利的目标。

一、农业推广体系

农业推广体系是指农业推广的各级组织形式和运行方式以及它们之间的相互联系。

（一）农业推广组织

农业推广组织是构成农业推广体系的一种职能机构，是为实现特定农业推广目标的多个成员组成的相对稳定的社会系统。

1. 行政型农业推广组织　行政型农业推广组织是指以政府设置的农业推广机构为主的推广组织，其组织目标和服务对象广泛，涉及全民的政治、经济和社会利益。

2. 教育型农业推广组织　教育型农业推广组织是以农业高等院校和农业中等职业学校设置的推广机构为主的组织，包括从事教育的研究部门以及从事农业科研的研究所、研究中心和实验室等，主要工作是农业推广教育和农业科研。

3. 科研型农业推广组织　科研型农业推广组织是指以各级农业科学院和各级各类专业研究院为主的农业推广组织，推广对象以农民和涉农企业为主。

4. 企业型农业推广组织　企业型农业推广组织是以企业设置的农业推广机构为主，大多以公司形式出现，其工作目标是为了增加企业机构的经济利益，服务对象是其产品的消费者或原料提供者，侧重于特定专业化农场或农民。

5. 自助型农业推广组织　自助型农业推广组织是一类以会员合作行动为

基础而形成的组织机构，以农民所形成的农业合作组织最具代表性。

（二）农业技术推广机构

1. 农业技术推广实行国家农业技术推广机构与农业科研单位、有关学校、农民专业合作社、涉农企业、群众性科技组织、农民技术人员等相结合的推广体系。

2. 国家农业技术推广机构是推广体系的主体，是联系农业部门与农民群众的桥梁和纽带，应当履行下列公益性职责：

①各级人民政府确定的关键农业技术的引进、试验、示范。

②植物病虫害、动物疫病及农业灾害的监测、预报和预防。

③农产品生产过程中的检验、检测、监测咨询技术服务。

④农业资源、森林资源、农业生态安全和农业投入品使用的监测服务。

⑤水资源管理、防汛抗旱和农田水利建设技术服务。

⑥农业公共信息和农业技术宣传教育、培训服务。

⑦法律、法规规定的其他职责。

（三）农业推广人员

1. 农业推广人员类型

（1）农业推广行政管理人员。农业推广行政管理人员是指在农业推广机构中负责运作农业推广业务的行政主管，其职责在于计划、组织、领导和管理该组织的推广活动。

（2）农业推广督导人员。农业推广督导人员是指在农业推广机构内部监督和指导农业推广指导员对农业推广计划实施的农业推广人员。

（3）农业推广技术专家。农业推广技术专家是在农业推广组织内专门负责收集、消化和加工特定科技信息并提供特定技术指导的推广人员。

（4）农业推广指导员。农业推广指导员是基层的农业推广人员，是直接开展各项农业推广活动并指导农村居民参与农业推广工作的专业推广人员。

2. 农业推广人员素质

（1）心理品质。主要包括人格、智力、动机和情感。

（2）职业道德。主要包括要热爱本职，服务农民；要经常深入基层，联系群众；要勇于探索，勤奋求知；要尊重科学，实事求是；要谦虚真诚，合作共事。

（3）业务素质。主要包括知识素质和技能素质。

3. 农业推广人员管理

（1）人力资源规划。人力资源规划是推广组织管理者为确保在适当的时候，为适当的职位配备适当数量和类型的工作人员，并使他们能够有效地完成促进组织目标实现任务的过程。

（2）招聘与解聘。农业推广人员的招聘是在人员规划和编制的基础上，根据整个农业推广工作计划或农业推广机构的需要选用所需的人员。管理部门需要减少组织中的劳动力供应的人力变动称为解聘。

（3）人员甄选。在现有有关申请者信息的基础上，结合职位特征进行想象，根据想象的结果确定选用哪些或哪一位申请者的行为过程。

（4）定向。农业推广人员被录用后，将其介绍到工作岗位和组织中，使之适应环境的过程。

（5）员工培训。农业推广人员上岗后，为了适应农业推广工作的新要求、维持工作能力和提高工作效果所进行的各种培训。

（6）业绩考核。对推广人员的工作绩效进行评估，是人力资源部门决定报酬、培训、提升等诸多方面决策的依据。

（7）职业发展晋升与福利。晋升包括职称和职务的迁升。福利指工资及各种福利待遇。

（8）员工关系与工作条件。员工关系是指一个农业推广组织内的不同成员间建立的沟通渠道、员工协商和提供各项咨询服务等。工作条件主要是指具有相对稳定的推广人员和充足的办公条件。

二、农业推广对象

（一）农业推广对象分类

①农民个体及其家庭
②村民小组
③农民专业合作社
④涉农企业
⑤国有农垦企业职工

（二）农业推广对象行为理论

1. 人的行为　人的行为是指在一定的社会环境中，在人的意识支配下，按照一定的规范进行并取得一定结果的客观活动。

2. 需要理论　美国心理学家马斯诺于 1943 年提出了著名的"需要层次

论"，把人类的需求划分 5 个层次，从低到高分别是生理需求、安全需求、社交需求、尊重需求、自我实现需求。

3. 动机理论 动机是由内在需要及外来刺激引发的，是一个人为满足某种需要而进行活动的意念和想法。动机对行为的影响包括：始发作用、导向作用和强化作用。

4. 激励理论 行为激励就是激发人的动机，使人产生内在的行为冲动，朝向期望的目标前进的心理活动过程，也就是通常所说的调动人的积极性。

（三）农业推广对象行为特征

1. 社会行为

（1）交往行为。农民个人与个人、个人与群体或群体之间相互作用、相互影响的表现形式。

（2）社会参与行为。农民参与社会管理、经济决策及技术决策等活动的行为。

2. 农民的经济行为

（1）经济行为特征。趋同性、保守性、短期性和个体性。

（2）经济行为分类。经济决策行为、投入行为和生产经营行为。

3. 科技采用与购买行为

（1）科技采用行为。农民为满足生产和生活需要，采用新技术、新技能及新方法的行为。

（2）科技购买行为。农民有偿采用创新的一种生产性投资行为，也是农业创新传播、有偿推广服务的一种重要形式。

（四）农业推广对象行为改变

1. 农民行为改变的层次 农业推广工作的重要任务是推动农民行为的改变。改变知识比较容易，改变态度就困难得多且需要的时间也较长。最困难而且花时间最长的是群体行为的改变。因此，农民行为改变是有层次的，从易到难、用时从短到长，分别是：知识改变、态度改变、个人行为改变、群体行为改变。

2. 农民行为改变的过程 农民行为改变的过程包括具体学习的改变、行为的改变、发展性的改变 3 个方面。①具体学习的改变是指知识、技能和态度 3 个方面的改变，即增长知识、改变态度、增加技能。这是农民行为最基本的一种改变。②行为的改变是指实际行动的改变，是可以观察到的改变。③发展性的改变是指个人能力、性格的改变，如组织管理能力、合作共事能力、分析问题能力、学习能力和责任感的改变等。

3. 农民个人行为的改变　农民个人行为的改变是动力和阻力相互作用的结果。农民个人行为改变的动力因素包括：自身的经济需要、社会环境的改变。农民个人行为改变的阻力因素包括：传统文化障碍、农民自身障碍和农业环境障碍。

4. 农民群体行为的改变　群体行为的改变首先是群体意识的培养，并把群体意识上升为集体主义意识，最后才能使他们步调一致，达到群体行为的改变。

群体行为改变的方式有参与性改变和强迫性改变两种。

①参与性改变就是让群体中每个成员都能了解群体进行某项活动的意图，并使他们亲自参与制订活动目标、讨论活动计划，从中获得有关知识和信息，在参与中改变知识和态度。如农民田间学校的建设就采用参式的理念与方法。

②强迫性改变是一开始便把改变行为的要求强加于群体，权力主要来自上层，如上级的政策、法令、制度，这种改变适合于成熟水平较低的群体。如农业企业或园区对生产工人的管理。

5. 改变农民行为的方法　改变农民行为的方法主要有以下 6 种：行为强制、咨询建议、教育培训、行为操纵、提供条件、提供服务。

三、农业推广沟通

农业推广沟通是指在推广过程中农业推广人员向推广对象了解需要、提供信息、传授知识、交流感情、最终提高推广对象的素质与技能，改变其态度和行为，并不断调整自己的态度、方法和行为的一种信息交流活动。

（一）沟通的分类

1. 根据沟通者之间有无组织关系依托进行分类

（1）正式沟通。在一定的组织体系中，通过明文规定的渠道进行的农业信息传递和交流。按照传递方向又分四种不同沟通形式：上行沟通，下行沟通，平行沟通，斜行沟通。

（2）非正式沟通。在一定的社会系统内，通过正式组织以外途径进行的信息传递和交流。如农技员与农民私下交换意见，农民之间传播消息。这种沟通不受组织的约束和干涉，可以提供正式沟通难以获得的某些农业信息。

2. 根据沟通所采用的媒介不同进行分类

（1）语言沟通。利用口头语言和书面语言进行的沟通。农业推广中的技术讨论会、座谈会、现场技术咨询、电话咨询等借助口头语言进行的沟通称为口头沟通。农业推广传播中，利用报纸、通信、杂志、明白纸、小册子等文字语言进行的沟通称为书面沟通。

（2）非语言沟通。借助非正式语言符号，即语言和文字以外的符号系统来进行的沟通。如技术咨询和技术讲座中人的眼色、微笑、手势的变化，农业推广中的方法示范、田间示范等。

3. 根据信息传送者和接受者的地位是否交换进行分类

（1）单项沟通。只有发信息者有话语权，接收者没有话语权。如农业技术讲座、演讲等。

（2）双向沟通。在沟通过程中，发信息者与接收者之间的地位不断变换，发信息与反馈往复多次的沟通活动，如小组讨论、咨询等。

（二）沟通的过程

沟通过程就是发送者将信息通过选定的渠道传递给接受者的过程。沟通的过程是一个双向的互动过程。

1. 沟通的环节 沟通的环节包括：①发送者需要向接受者传递信息或者需要接受者提供信息（观点、想法、资料等内容）。②发送者将所要发送的信息译成接收者能够理解的一系列符号，这些符号必须适应形式的需要。③将发送的符号传递给接受者。④接受者将接受到的符号译成具有特定含义的信息。⑤接受者理解被解码的信息内容，发送者通过反馈来了解他想传递的信息是否被对方准确地接受。

2. 沟通的公式 S→M→C→R→F。其中 S 为传送者或信息来源，M 为信息，C 为途径或渠道，R 为接收者，F 为反馈。

（三）沟通的要素

沟通的要素包括：传送者、接收者、信息、渠道、反馈、关系、环境。

（四）沟通模型

1. 通用沟通模型 可以用一个闭环式的通用模型来简略说明沟通的全貌（图 20-1）。在这个模型中，5 个矩形框是沟通过程的 5 个环节，既前后相继又具有一定的相对独立性。每一环节都以上一个环节为起点，以下一个环节为终点，但不能独立于系统之外，而是包含在全过程中。由于噪声的存在，使信息在传递中产生偏差。如果从传送者到接收者的信息传递是开环式的话，就无法保证信息的准确性，所以需要增加反馈机制，使传送者与接收者之间产生互动，形成闭环式系统。

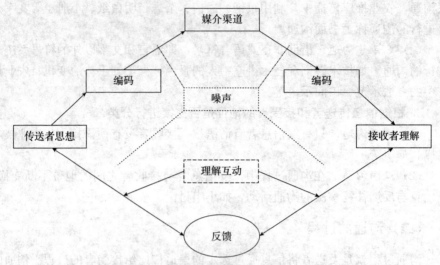

图 20-1　通用的传播与沟通模型

（高启杰，农业推广学，2013）

2. 主导控制型农业推广沟通模型　主导控制型农业推广沟通模型是一种自上而下的主导控制型沟通模型，即农业科研单位、大专院校所产生的信息，通过一定的沟通渠道到达农业推广部门，经过行政机关的过滤再进行编码制作，以政府组织的各种文件、会议、培训为主传达到农业技术推广员，结合大众传播、人际交流的作用，最终到达农民（图 20-2）。

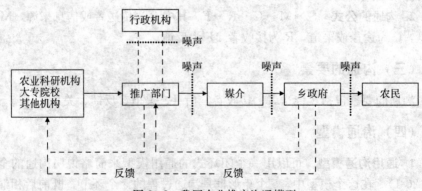

图 20-2　我国农业推广沟通模型

（高启杰，农业推广学，2013）

3. 参与式农业推广沟通模型 参与式农业推广沟通模型是一种吸收农民代表参与推广项目的选择、推广计划的制订与实施、推广效果评价的农业推广沟通方式。通过农民代表可以把农民需要的技术信息及所要解决的问题提供给农业推广单位，把农业推广组织获得的新成果、新技术和市场信息及时地传递给农民，从而起到在政府推广组织和农民之间牵线搭桥的作用，形成有效的联系与反馈机制。

（五）沟通网络

在农业推广系统中，将各个相关个体之间通过特定的信息流联结在一起就形成一个沟通网络。沟通网络的类型包括：

1. 链式沟通网络 链式沟通网络是一个平行网络，发出信息的人经过一长串的人依次把信息传递给最终的接收者；接收者的反馈信息则以相反的方向依次传递给最初的发信人（图20-3）。

$$A \longleftrightarrow B \longleftrightarrow C \longleftrightarrow D \longleftrightarrow E$$

图20-3 链式沟通
（高启杰，农业推广学，2013）

2. 轮式沟通网络 轮式沟通网络是由一个人把信息同时传递给若干人，反馈信息则由若干人直接传递给最初发出信息的人（图20-4）。农业推广中各种培训班、集体指导属于此种类型。教师处于网络的相对中心位置，沟通效率很高，农民能够用尽可能短的时间接收最多的信息，存在反馈回路；但农民之间的联系几乎没有，极易成为"满堂灌"，不利于调动农民的主动性。另外，通过大众媒介进行信息传递，或采用自学方式得到信息也与此网络基本同型。

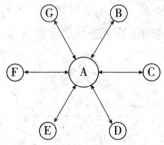

图20-4 轮式沟通（高启杰，农业推广学，2013）

3. Y式沟通网络 Y式沟通网络是一种纵向沟通网络，其中只有一个成员位于沟通的中心，成为沟通的媒介（图20-5）。这种网络集中化程度高，利于领导人员控制，沟通解决问题的速度较快。但成员的平均满意度较低。

4. 扩散型沟通网络 最初由一个人将信息传递给若干人，再由这些人把信息分别传递给更多的人，使信息接收者越来越多，反馈信息则以相反的方向回流，最终流向最初发出信息的人（图 20-6）。如推广工作中由推广人员首先指导科技示范户，示范户再带动周围一大批农民就属于这种形式。这种沟通方式信息流动较快，但接收者得到信息越多，信息失真的可能性越大。

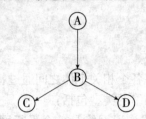

图 20-5　Y 式沟通
（高启杰，农业推广学，2013）

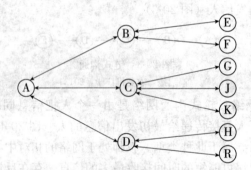

图 20-6　扩散型沟通
（高启杰，农业推广学，2013）

5. 全通道型沟通网络 参与沟通的人互相之间均能有信息交流的机会，是一种开放式的网络系统（图 20-7）。沟通渠道多，参与概率高，平均满意度高且差异小，合作气氛浓。这种网络利于进行启发性教学，易于培养形成群体合力，

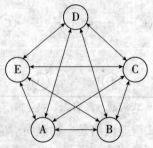

图 20-7　全通道型沟通
（高启杰，农业推广学，2013）

产生整体效应，对解决复杂问题、增强组织合作精神和提高士气有很大作用。但主管人员不明确，集中化程度低，容易造成混乱，有时比较费时，影响工作效率。

农业科技成果和信息从科研单位传播到农民，最终被应用。在这个复杂过程中，信息可以通过某一种网络形式被沟通，也可以同时应用多种沟通网络。

（六）农业推广沟通

农业推广的两大要素是推广内容（信息）和推广方法（沟通）。内容和方法的有效结合是推广工作成功的关键，也是影响推广效率的主要要素。

1. 农业推广沟通的作用

①了解现状与需求，确定推广目标。

②建立情感，产生合力效应。

③提供咨询，解决问题。

④帮助农民进行预测、决策。

⑤监测评价，修正错误。

2. 农业推广沟通的特点

①农业信息具有不确定性、社会性、指导操作性。

②沟通媒介相对单薄和脆弱。

③接收者的差异大，思维局限性较大。

④沟通需要在了解农村社会背景的基础上进行。

⑤沟通主体间的关系是多方面的。

3. 农业推广沟通的程序 农业推广沟通的程序包括：农业信息准备阶段、农业信息编码阶段、农业信息传递阶段、农业信息接收阶段、农业信息译码阶段、农业信息反馈阶段。

4. 农业推广沟通的障碍 农业推广活动中，常因沟通要素质量不高，沟通工具运用不佳，沟通方法选择不当，沟通渠道状况不良而影响沟通效果，形成农业推广沟通的障碍。

（1）语言障碍。由于语音、语义差异造成隔阂。

（2）习俗障碍。不同的礼节习俗带来误解，不同的时空习俗带来隔阂。

（3）观念障碍。有的观念是促进沟通的强大动力，有的观念则是阻塞沟通的绊脚石。

（4）角色障碍。年龄不同可能形成"代沟"、专业不同可能形成"行沟"、地位不同可能形成"位沟"。

（5）心理障碍。心理状态常对农业推广沟通造成障碍，如认知不当、情感失控、态度欠佳都会导致沟通障碍。

（6）组织障碍。传递层次过多造成信息失真；条块分割造成沟通"断路"；渠道单一造成信息不足。

5. 农业推广沟通的要领

①正确的行政引导。

②推广部门与科研单位加强合作。

③强化农业技术推广人员的素质与专业技能。

④农民的参与和互动。

⑤技术推广应具有针对性和及时性。

⑥积极营造良好的沟通环境。

⑦善于发挥其他组织的作用，建立良好的沟通网络。

6. 农业推广沟通的技巧

①在沟通中以农民为中心，做农民的知心朋友。

②熟悉当地风俗习惯，了解农民心理。

③采用适当的语言与措辞。

④信息处理应简单明了并层次清楚。

⑤适当重复和比较信息的关键内容与特点。

⑥利用肢体语言，讲究沟通艺术。

⑦善于启发农民提出问题。

⑧强化信息反馈。

四、创新的采用与扩散

（一）创新采用与扩散的概念

1. 创新采用　创新采用是指某一个体从最初知道某项创新开始，对它进行考虑，做出反应，到最后具体在生产实践中进行实际应用的过程。

2. 创新扩散　创新扩散是指某项创新在一定的时间内，通过一定的渠道，在某一社会系统的成员之间被传播的过程。

3. 扩散曲线　扩散曲线是一条以时间为横坐标，以一定时间内的扩散规模（通常是采用者的数量或百分比率）为纵坐标画出的曲线。

一项农业新技术刚开始推广时，多数人对它还不太熟悉，很少有人愿意承担风险，所以一开始扩散得比较慢；当通过试验示范后，看到试验的效果，感到比较满意后，采用的人数会逐渐增加，使扩散速度加快，扩散曲线的斜率逐渐增大；当采用者数量（或采用数量）达到一定程度以后，由于新的创新成果出现，旧成果被新成果逐渐取代，扩散曲线的斜率逐渐变小，曲线也就变得逐渐平缓，直到

维持一定的水平不再增加，这样便形成了 S 形曲线（图 20-8、图 20-9）。

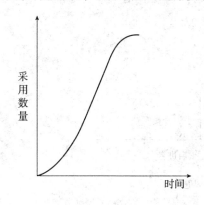

图 20-8 农业创新 S 形扩散曲线
（郝建平等《农业推广原理与实践》，1998）

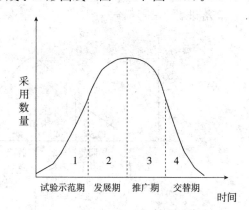

图 20-9 农业推广工作时期
（郝建平等《农业推广原理与实践》，1998）

4. 扩散速度和扩散范围 扩散速度是指一项创新逐步扩散给采用者的时间快慢，扩散范围是指一定时期采用者的数量比率。

（二）创新采用与扩散的过程

1. 采用过程的阶段

（1）认识阶段。农民最初听到或通过其他途径意识到了某项创新的存在，但还没有获得与此项创新有关的详细信息，农民这时不一定相信创新的价值。

（2）兴趣阶段。农民可能看出该项创新同其自身生产或生活的需要与问题很相关，对他有用而且可行，因而会对创新表示关心并产生兴趣，从而进一步寻找有关的信息。

（3）评价阶段。一旦获得该项创新的相关信息，农民就会联系自己的情况进行评价，对采用创新的利弊加以权衡。

（4）试验阶段。农民经过评价，确认了创新的有效性，于是决定进行小规模的试验。

（5）采用（或放弃）阶段。试验结束后，农民会根据试验结果决定采用还是放弃创新。

2. 采用者的基本类型 创新采用到扩散是一个复杂的过程，根据个体接受创新的特点，通常把采用者分成 5 种类型（图 20-10）。

①先驱者，大约占创新采用者总数的 2.5%。

②早期使用者，占 13.5%。

③早期多数，占 34%。

④后期多数，占 34%。

⑤落进者，占 16%。

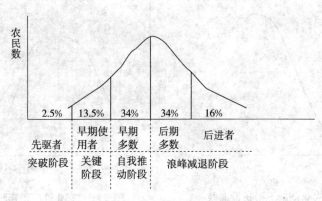

图 20-10　采用者的类型及扩散阶段

(郝建平等《农业推广原理与实践》，1998)

3. 扩散过程的阶段　通常把扩散过程划分为 4 个阶段，见图 20-10。

（1）突破阶段。直接表现为创新在目标社会系统里的采用者数量实现零的突破。

（2）关键阶段。最终决定着创新能否起飞，是创新能否得以迅速扩散的关键时期。

（3）自我推动阶段。是创新扩散过程获得了自我持续发展的动力，创新扩散能自我推动向前发展，形成创新采用浪潮的阶段。

（4）浪峰减退阶段。是创新的采用率逐渐缓慢下降的阶段。

4. 扩散的规律　农业技术扩散推广具有阶段性规律、时效性规律及交替性规律。这些规律对指导农业推广工作有较大的作用。

（1）阶段性规律的启示。农业技术推广的基础在试验示范；速度在发展期；效益在推广期；更新在交替期。

（2）时效性规律的启示。农业技术成果的使用寿命（期限）是有限的。最终必然进入衰退期。应在有限时间内充分发挥其作用。

（3）交替性规律的启示。农业技术成果是不断地推陈出新，必须不断地开发和储备新成果和项目，持续地推动技术发展。

（三）采用率及其决定因素

1. 采用率　采用率是指社会系统中采用某项创新的成员占该社会系统内所有潜在采用者的百分比。

2. 影响采用率的因素　影响采用率的因素包括：创新的特性、创新决策

的类型、沟通渠道的选择、社会系统的性质、行为变革者的努力程度。

五、农业推广方法

农业推广方法是指农业推广工作的一系列组织措施、服务手段和工作技巧。

(一) 大众传播法

大众传播法是推广者将农业技术和信息经过选择、加工和整理，通过大众传播媒体传播给广大农民群众的推广方法。

1. 大众传播法的特点

①信息传播的权威性高。

②信息传播具有很好的时效性（速度快、成本低、效益高、范围广）。

③信息传递方式为单向传递。

2. 大众传播法的分类

①文字印刷品媒介。主要包括报纸杂志、墙报、黑板报、书籍等。

②视听媒介。主要包括广播、电视、录像、电影、网络等。

3. 大众传播法的应用

①介绍农业新技术、新产品和新成果等，让广大农民认识新事物的存在及其基本特点，从而引起他们的注意和激发他们的兴趣。

②传播具有普遍指导意义的有关信息（包括家政和农业技术信息）。

③发布市场行情、天气预报、病虫害预报、自然灾害警报等时效性较强的信息，并提出应采取的具体防范措施。

④针对多数推广对象共同关心的生产与生活问题提供咨询服务。

⑤宣传有关的农村政策与法规。

⑥介绍推广成功的经验，以扩大影响。

(二) 集体指导法

集体指导法又称群体指导法或团体指导法，它是指推广人员在同一时间同一空间内对具有相同或类似需要与问题的多个目标群体成员进行指导和传播信息的方法。

1. 集体指导法的特点

①指导对象多，推广效率高。

②双向交流信息，信息反馈及时。

③共同问题易于解决，特殊要求难以满足。

2. 集体指导法的形式

（1）小组讨论。由小组成员就共同关心的问题进行讨论，以寻找解决问题方案的一种方法。对推广人员来说，通过组织小组讨论，一方面是使大家共同关心的问题达成共识；另一方面是通过交流，达到互相学习的目的。

（2）示范。包括成果示范和方法示范。成果示范是指农业推广人员指导农户把经当地试验示范取得成功的新品种、新技术等，按照技术规程要求加以应用，将其优越性和最终成果展示出来，以引起他人的兴趣并鼓励他们仿效的过程。方法示范是推广人员把某项新方法通过亲自操作进行展示。

（3）短期培训。针对农业生产和农村发展的实际需要而对农民进行的短时间脱产学习。一般包括实用技术的培训和农业基础知识的培训。

（4）实地参观。实地参观就是组织农民小组到某农业推广现场就其所示范的农业创新或先进经验进行观看和学习，是一种通过实例进行推广并集讨论、考察、示范于一体的重要推广方法。

（三）个别指导法

个别指导法是推广人员和农民单独接触，研究讨论共同关心或感兴趣的问题，向个别农民直接提供信息和建议的推广方法。

1. 个别指导法的特点

①针对性强。

②沟通的双向性。

③信息发送量的有限性。

2. 个别指导法的基本形式

（1）农户访问。农业推广人员深入到特定农民家中，与户主进行沟通，了解其生产经营管理现状和需求，传递农业创新信息的过程。

（2）办公室访问。又称办公室咨询或定点咨询，是指推广人员在办公室接受农民的访问（咨询），解答农民提出的问题，或向农民提供技术信息、技术资料的推广方法。

（3）信函咨询。以发送信函的形式传播信息，不受时间、地点等限制。

（4）电话、短信、微信、QQ等咨询。利用电话、短信、微信、QQ等进行技术咨询，是一种及时、快速、高效的沟通方式，应用越来越广泛。

（四）参与式农业推广

参与式农业推广是国际社会在扶持发展中国家中形成的参与式发展

（Participatory Development）思想和方法在农业推广中的应用。

1. 参与式农业推广的基本程序 参与式农业推广的基本程序包括准备阶段、问题确认阶段、方案优选阶段、行动阶段、信息反馈与成果扩散阶段。

（1）准备阶段。准备阶段是开展参与式推广的基础，包括制定工作计划、人员培训和社会动员。

（2）问题确认阶段。问题确认阶段是体现参与式特点的一个重要阶段，包括社区基本情况调查、社区问题识别、问题分析、目标转化和目标分析。

（3）方案优选阶段。方案优选阶段是根据上面的问题分析过程，采用集思广益的方式从各个层面征集解决问题的方案，并比较不同方案所具备的优势、劣势、外界具有的机遇和存在的风险，确定比较有前途的解决问题方案的过程。

（4）行动阶段。行动阶段是针对上一阶段得到的优选方案制定详细的项目行动计划，并组织计划的实施。

（5）信息反馈与成果扩散阶段。一是通过对活动过程和结果的监测和评价，将得到的信息反馈到项目计划阶段，用于指导下一周期的项目计划。二是参与的角色群体通过对项目活动过程和结果的评估，将评估的结果信息通过信息反馈体系反馈到问题确认阶段，以检验推广课题选择的正确性及其系列过程的合理性，为推广项目行动计划的制定提供直接信息。

2. 参与式农业推广的基本工具

（1）访谈类工具。包括半结构访谈、结构访谈、开放式访谈3种。

（2）分析类工具。常用的两个分析类工具是对比分析和因果分析。对比分析以优势（strength）、劣势（weakness）、机遇（opportunity）、风险分析（threat）为主，简称SWOT分析。因果分析主要包括问题分析和目标分析。

（3）排序类工具。排序主要应用于问题、方案、技术的优先选择评估等活动中。排序可分为简单排序（direct ranking）和矩阵排序（matrix ranking）。

（4）展示类工具。展示类工具是从视觉、听觉方面给社区内的成员及推广工作者提供信息的工具，主要用于参与式问题分析过程及成果的展示。展示类的工具很多，如展示板、壁画/墙报、录像带等。

（5）会议类工具。会议的方式可能多种多样，但主要是两种方式：召开村民大会和小组会议。不论采用哪种方式，集思广益法（brainstorming）是其中的主要方法。

（五）现代农业网络推广

1. 远程网络推广 通过网络，农民可以接受各种培训课程的推广方法。

2. 电子农务推广　利用手机短信、语音、互联网和手机上网等方式，向农民推广专业、权威、及时的农业科技、政策、市场行情等各类信息的农业推广咨询形式。

3. 农业物联网推广　包括农业资源利用、农业生态环境监控、农业生产精细管理、农产品安全追溯。

六、农业推广内容

（一）农业技术

农业技术是指应用于种植业、林业、畜牧业、渔业的科研成果和实用技术。科研成果是指通过科研活动，获取的新知识、新原理，建立的新方法、新技术，研究的新材料、新产品、新工艺等。实用技术是指应用于生产经营实际中的技术，偏重于实用性。

1. 农业技术范畴

①良种繁育、栽培、肥料施用和养殖技术。

②植物病虫害、动物疫病和其他有害生物防治技术。

③农产品收获、加工、包装、贮藏、运输技术。

④农业投入品安全使用、农产品质量安全技术。

⑤农田水利、农村供排水、土壤改良与水土保持技术。

⑥农业机械化、农用航空、农业气象和农业信息技术。

⑦农业防灾减灾、农业资源与农业生态安全和农村能源开发利用技术。

⑧其他农业技术。

2. 农业技术来源

①引进国外先进技术。

②科研、教学等单位的科研成果。

③农业技术推广部门的技术改进。

④农民群众先进的生产经验。

3. 农业技术要求　向农业劳动者和农业生产经营组织推广的农业技术，必须在推广地区经过试验证明具有先进性、适用性和安全性。

4. 农业技术推广　农业技术推广是指通过试验、示范、培训、指导以及咨询服务等，把农业技术应用于农业生产的产前、产中、产后全过程的活动。

（二）农业科技成果

农业科技成果是指农业科技人员通过脑力劳动和体力劳动创造出来并且得

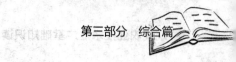

到有关部门或社会认可的有用的知识产品的总称。

1. 农业科技成果分类

①按专业领域可分成种植业、养殖业、加工业等成果。

②按成果的产生来源可分为科研成果和推广成果。

③按成果的性质可分为基础性研究成果、应用性研究成果和开发性研究成果。

④按成果的表现形态可分为物化类有形科技成果和技术方法类无形科技成果。

⑤按成果的研究进程可分为阶段性成果和终结性成果。

⑥按成果内涵的复杂程度可分为单项成果和综合性成果。

目前农业科技成果常见的分类方法是按成果的性质和表现形态分类。

2. 农业科技成果转化 农业科技成果转化是指农业科技成果从产生到发挥出效益的运作过程。

3. 农业科技成果推广 农业科技成果推广是指农业推广人员采取特定的方式与方法，将经过科研劳动所取得的成熟的具有直接应用价值的农业技术成果，扩散到生产实践中，引导生产者采用，使成果发挥更大作用的过程。

农业科技成果推广方式主要有：

（1）项目推广。项目计划型推广方式，主要是相关机构有计划、有组织地以项目的形式推广农业科技成果。这是我国目前农业推广的重要形式。

（2）综合服务。综合服务型推广方式，主要是农业技术推广部门围绕农业技术推广工作，开展技术、信息和物资相配套的综合服务。

（3）技术承包。技术承包型推广方式，主要是各级农技推广部门、科研、教学单位利用自身的技术专长在农业技术开发的新领域为了试验示范和获取部分经济效益的一种推广形式，推广单位或推广人员与生产单位或农民在双方自愿、互惠、互利的基础上签订承包合同，运用经济手段和合同形式推广技术。

（4）技术转让。将特定的现有技术在不同法律主体之间的转移。这种方式指导一部分农业科研成果转变成商品，以推销的形式达到推广的目的。

（5）技术入股。高校和科研单位将通过研究获得的具有独立知识产权的技术成果，作价按股份的形式投入到生产应用单位，把科研单位的技术优势和生产单位的资金、原材料、设备、供销渠道等优势结合在一起，双方共同对新成果进行推广。

（6）技术开发。指运用科学研究或实际经验获得的知识，针对实际情况，形成新产品、新装置、新工艺、新技术、新方法、新系统和服务，并将其应用于农业生产实践以及对现有产品、材料、技术、工艺等进行实质性改进而开展的系统性活动。

(7) 公司（企业）加农户。指涉农的公司企业直接与广大农户建立联系，为其提供公司所生产的有关新产品、新化肥、新农药、新农机具，并派技术人员指导使用。他们通常围绕当地的支柱产业或重点产品，以利益机制为纽带，通过合同契约与农民结成利益共同体，实行产、供、销一体化经营。

(8) 农民合作组织加农户。农民自己根据需要联合起来，成立各种合作社、专业协会（研究会）及其他各种专业性服务组织开展产前、产中、产后的自我服务。

(三) 农业推广信息服务

农业推广信息服务是指以信息技术服务形式向农业推广对象提供和传播信息的各种活动。

1. 农业推广信息的种类

(1) 农村政策信息。农业生产和农民生活直接或间接相关的各种国家和地方性政策、法律、法规、规章制度等。

(2) 农村市场信息。农产品储运、加工、销售、贸易与价格、生产资料及生活消费品供求和价格等方面的信息。

(3) 农业资源信息。各种自然资源（如土地、水资源、能源、气候等）和各种社会经济资源（如人口、劳动力等）以及农业区划等方面的信息。

(4) 农业生产信息。农业生产信息包括生产计划、产业结构、作物布局、生产条件、生产现状等方面的信息。

(5) 农业经济管理信息。经营动态、农业投资、财务核算、投入产出、市场研究、农民收入与消费支出状况等方面的信息。

(6) 农业科技信息。农业科技进展、新品种、新技术、新工艺、生产新经验、新方法等。

(7) 农业教育与培训信息。各种农业学历教育和短期技术培训的相关信息。

(8) 农业人才信息。农业科研、教育、推广专家的技术专长，农村科技示范户、专业大户、农民企业家的基本情况及工作状况等。

(9) 农业推广管理信息。农业推广组织体系、队伍状况、项目经费、经营服务、推广方法运用和工作经验及成果等。

(10) 农业自然灾害信息。水灾、旱灾、台风、雹灾、低温冷害、病虫草害、畜禽疫病等方面的信息以及农业灾害信息预警系统建设和减灾、防灾信息。

2. 农业推广信息的来源

（1）政府涉农机构。国家的农村政令、科技计划、法律法规、管理条例等方面的数据与资料。

（2）农业科研机构。农业领域的科研成果、科研单位的内部专业技术资料。该类来源是农业推广信息共享平台建设中稳定的渠道。

（3）与农业相关的高校和学术团体。这一信息来源除了拥有与农业科研机构类似的数据资料外，还包含具有更高学术价值、农业教育和文化等方面的信息。

（4）基层试验、示范与推广单位。各级农业技术推广站、试验站、农业科技研究所等基层生产单位拥有的新技术、新成果等资料最具实用价值，也是基层广大农民和农业技术人员迫切需要的。

（5）图书馆。图书馆藏书丰富而且系统性强，拥有适合不同层次及不同专业领域用户的书籍。

（6）涉农出版社。农业科技图书内容丰富，具有一定的情报价值，如农业科技专著、农业科普读物、农业教科书、农业工具书等。

（7）涉农杂志社和报社。农业科技刊物能及时报道最新的农业科技成果、农业新技术、新方法及新理论，是农业科技文献的主要类型。拥有一定的农业标准以及农产品、农村市场等方面的实时信息。

（8）农用生产资料说明书。在各种农业展览会、展销会、交易会以及技术市场上，常常可以看到这类信息。

（9）专利文献。种类繁多，图文并茂，具有权威、详尽、完整的特点。

（10）互联网信息。各级政府机构、农业推广部门、高等院校、科研院所、民间协会、企业或个人创办的各类农业推广信息网站，信息量大，种类繁多，更新速度快。互联网现已成为信息发布和检索的重要媒介和工具。

3. 农业推广信息系统 农业推广信息系统是指为了实现组织的整体目标，以农业知识、农业资源数据、科技成果、市场需求信息为内核，利用数据库、模拟模型、人工智能、多媒体等技术，对农业推广信息进行系统的综合处理，辅助各级管理决策的计算机硬件、软件、通讯设备及有关人员的统一体。

（1）农业数据库。农业数据库是一种有组织地动态地存储、管理、重复利用、分析预测一系列有密切联系的农业方面的数据集合（数据库）的计算机系统。主要包括农业资源信息数据库、农业生产资料信息数据库、农业技术信息数据库、农产品市场信息数据库、农业政策法规数据库、农业机构数据库等。

（2）农业管理信息系统。农业管理信息系统是收集和加工农业系统管理过程中的有关信息，为管理决策过程提供帮助的一种信息处理系统，可根据管理目的而建立，在大容量数据库支持下进行与农业相关的事务处理、信息服务和辅助管理决策。

（3）农业情报检索系统。农业情报检索系统是对与农业有关的情报资料进行收集、整理、编辑、存储、检查和传输的系统。

（4）农业专家系统。农业专家系统是一个拥有大量权威农业专家的经验、资料、数据与成果构成的知识库，并能利用其知识，模拟专家解决问题的思维方法进行判断、推理，以求得农业生产问题解决方案的智能程序系统。

（5）农业决策支持系统。农业决策支持系统是以计算机技术为基础，支持和辅助农业生产者解决各种决策问题的知识信息系统。

4. 农业推广信息服务模式

（1）传统农业推广信息服务模式。依靠培训、现场指导、报纸杂志图书、电视广播、光碟等手段进行的推广信息服务。

（2）现代农业信息服务模式。利用现代化手段如电视、电话、电脑"三电"合一，以及广电网、电信网、互联网的"三网"合一，农业科技"110"以及农村远程教育等进行的农业信息服务模式。

（3）综合农业信息服务模式。将传统模式和现代手段相结合，为农户提供更实用、更全面、更及时、更准确的农业信息服务。

（四）农业推广经营服务

农业推广经营服务是指农业推广机构及农业推广人员将服务与经营相结合，按照市场化方式运作，运用经济手段进行农业推广的一种服务方式，它是以经营为前提，以农用物资和农业专业技术为载体，使推广的技术和物资被农户接受，实现推广者和农民双赢的一种推广方式。

1. 农业推广经营服务原则

①盈利性原则。

②技物结合原则。

③农民自愿原则。

④符合地区产业发展政策原则。

⑤适应农民需求层次原则。

⑥依法经营讲求信誉原则。

2. 农业推广经营服务内容

（1）产前服务。在农业生产前期的生产规划、生产布局、农用物质和生产相关技术的准备阶段，推广人员为目标群体提供生产相关的农用物资和农产品的市场销售信息、价格信息、农用物资的种类信息以及政策法规等信息服务以及相关规划服务、经营服务等过程。

（2）产中服务。在农业生产进行中，推广人员为目标群体提供生产中所急需的农业物质（如应急补种或毁种，用种子、抗御自然灾害的应急农药、植物调节剂、根外施肥及救灾物资设备等）、生产技术指导以及劳务承包等服务。

（3）产后服务。在目标群体完成生产周期后，推广主体帮助其组织农产品的收获、加工、收购、贮运及销售等一系列服务的过程。

（五）农村家政推广

农村家政推广是集家政学、教育学、推广学为一体，以农村社区为平台，应用教育学原理，采用推广学方法，将家政学的研究成果扩散、普及、应用到农民、农户中去的过程。既有理论指导又有方法和实践内容。

1. 农村家政推广的内容

（1）家庭经济与管理。家庭人力、财力、物力等资源管理。

（2）婚姻与家庭教育。婚姻、家庭的认识、家人关系、老年生活安养、子女教育、家庭发展、家人沟通等。

（3）膳食教育。食物与营养、饮食设计、食物选购与制作、食品卫生与安全、食品加工及餐厅管理等。

（4）居住与健康教育。居住环境的认识与选择、住宅的改善、室内布置与环境美化、庭院设计与管理、垃圾处理、医疗卫生与保健常识。

（5）服装与仪容教育。衣料的鉴别、服装的选择与搭配、服装制作与购买、服装保管、美仪与美容等。

（6）技艺教育。农特产品的加工与储存、手工艺品制作、插花、陶艺、竹艺等。

（7）生活礼仪教育。日常礼仪、社交礼仪等。

（8）其他教育。公民与公德意识教育、领导才能教育、职业教育、法律教育、保险教育等内容。

2. 农村家政推广的意义

①提高个人素质。

②增进家庭幸福。

③促进社会发展。

（六）政策法规

1. 农业推广政策　农业推广政策是根据一定原则，在特定时期内为实现农业推广的发展目标而制定的具有激励和约束作用的行动准则。

2. 农业推广法规 农业推广法规可以理解为国家有关权力机关和行政部门制定或颁布的各种有关农业推广的规范性文件，包括法律、条例、规章等多种表现形式。

七、农业推广计划

(一) 农业推广计划概述

1. 农业推广计划内容 农业推广计划的内容至少包括 6 个方面：计划的工作内容、实施该项推广计划的目标、该项推广工作的起止时间、实施区域及地点、该项推广活动的负责部门及具体职责、实施的方式和手段。

2. 农业推广计划分类

①按管理权属可分为国家级、省部级、部门级推广计划等。

②按行业特性可分为种植业、养殖业推广计划等。

③按专业特性可分为种子、植保、土肥、农技、饲养推广计划等。

④按学科性质可分为试验、示范、推广、体系建设推广计划等。

⑤按时限特性可分为长期计划、中期计划和短期计划。长期计划和中期计划一般为 5 年及其以上年限；短期计划一般为 2～3 年，也有年度计划项目。

(二) 农业推广计划编制

1. 农业推广计划制定原则

①坚持技术效益、经济效益、生态效益和社会效益"四效统一"原则。

②坚持可行性原则。

③坚持同地区性长远规划结合的原则，避免发生不协调的现象。

④坚持有助于提高农民素质的原则。

⑤坚持广泛参与的原则。

2. 制订农业推广计划方式

(1) 自上而下的计划制订方式。通常是由政府和推广机构来制订计划，推广机构对推广内容比较有把握，农民参与性差。

(2) 自下而上的计划制订方式。通常是由农民自己来制订计划，它能反映农民的切身要求，农民有参与的积极性。

(3) 上下结合的计划制订方式。通常把农民的参与和专业人员的辅导结合起来制订计划，避免了双方缺乏相互交流思想的过程。

3. 制订农业推广计划的程序

(1) 确定农业推广目标。农业推广目标是指为达到某种推广境地的行动方

向。在推广学中，通常把农业推广目标分为 3 种类型，即教育目标、经济目标和社会目标。

（2）开展调查研究。一般采用定性与定量结合方式进行调查研究，同时对收集的数据所反映问题的真实性、普遍性和迫切性进行研究。对关系全局性的重大问题，作为重点推广计划实施，对与局部有关的问题，作为一般推广计划实施。

（3）设计方案。拟定多个农业推广计划方案，进行比较。

（4）论证并检验多种方案。论证重点应放在经济性和可行性原则上。论证方案应当客观地反映农业科技发展规律，促进农业科技的发展。

（5）进行多方案的试验比较。农业推广计划需要在实践中开展多方案试验去检验，以便减少盲目性、片面性和风险性，提高可靠程度。经过实践检验，观察研究各种方案的利弊，然后对原方案进行修订，优化原方案，确定初步方案。

（6）评审初步方案和决策。以论证和多方案试验中取得的资料为依据，对初定方案进行系统评审，重点评审必须达到的目标和希望达到的目标。对技术性、经济性、可行性及后果能否达到的预定目标，要经过综合分析、全面权衡，得出准确的评审结果。选出优化方案送主管部门批审后下达执行。

4. 制订农业推广计划的方法

（1）调查研究法。首先要提出有关推广项目的历史和现状调查的纲目，然后按照调查纲目进行有计划的调查，摸清推广项目内部结构和外部关系的现状。调查所得情况必须真实、具体、系统和全面，尽可能提供精确的数据。避免在制订计划时犯主观主义。

（2）比较分析法。历史比较法的作用是总结经验教训，掌握客观规律用以指导现在和未来。制定农业推广计划既要考虑现状又要借鉴历史。

（3）未来预测法。进行未来预测要运用科学的预测方法，从各个方面搜集对同一预测项目的预测结果，选取其中一致的结论，经过反复核实、验证和评价之后作为制定推广计划的依据。

（4）整体综合法。整体综合法是对资料进行系统分析和整合。整体综合法要求按照数据的逻辑关系，提出可行的目标、计划指标、措施，其计划方案要做到依据充分、论证条理清楚、技术路线合理、结构完整。

（5）优选决策法。优选决策是从比较到决断的过程，在这一过程中要有严肃的态度，严谨的逻辑和严格的程序，运用多学科方法的分析，对计划的内容得出全面、科学的论证和评价，全面权衡计划执行后可能带来的种种结果，最后做出审慎的决策，经过规定的审批手续，把农业推广计划确定下来付诸实施。

5. 农业推广计划的编制　农业推广计划的编制是采用文字说明与列表相结合的方法，按照推广计划的格式要求把制定的计划的内容有条理、清晰地撰写出来，形成完整的农业推广计划书面报告，并对各项内容及指标进行说明，便于理解与操作。农业推广计划的编制包括农业推广项目计划的编制和农业推广工作计划的编制。

6. 农业推广计划的执行

（1）建立实施机构。一是要建立科技成果推广示范基地和技术研究推广中心；二是要成立项目实施技术小组，确定相关技术人员；三是要成立项目行政领导小组。

（2）制订实施方案。实施方案主要包括：总目标和年度目标、总体技术方案（含实施的区域、规模、农户、主要技术措施、试验研究方案等）、总体组织和保障措施、技术人员和实施区域的分工以及经费的预算和分配方案等。

（3）指导与服务。在项目的实施过程中，各级技术管理人员和行政管理人员要做好指导和服务工作。要分级管理、监督检查、服务配套。

（4）检查监督。实行项目主持人负责制。项目计划下达单位和项目领导小组要定期对项目进展情况、经费使用情况等进行检查和监督。一般实行年度和中期评估制度。

（5）总结与评价。包括年度工作总结、结题工作总结报告、技术总结报告以及某些单项技术实施总结报告。

（三）农业推广计划的管理

农业推广计划项目的管理内容和管理方法众多，不同的推广计划项目其管理办法大同小异，但基本遵照合同管理。

1. 农业推广计划的认可管理　农业推广计划的认可管理一般在项目的前期准备阶段。管理内容包括：提出项目建议书；进行项目可行性研究；进行项目评估；正式立项与签订项目合同。

2. 农业推广计划的执行管理　项目执行是指利用各种资源将项目的计划应用和实施于具体的实际。重点是加强项目计划实施进程的管理、技术落实情况管理、阶段性目标完成情况管理、资金与物资管理、计划的监控与调整管理等。

3. 农业推广计划的项目验收　项目验收是指项目完成过程中或完成后，项目计划下达单位聘请同行专家，按照规定的形式和程序，对项目计划合同任务的完成情况进行审查并做出相应结论的过程，又分为阶段性验收和项目完成验收。

（1）项目验收的内容。是否达到预定的推广应用目标和技术合同要求的各项技术、经济指标；技术资料是否齐全，并符合规定；资金使用情况，是否按计划使用；经济、生态、社会效益分析，是否达到项目计划所预期的效果；主要经验；存在的主要问题及改进意见。

（2）项目验收的程序。项目下达单位通知验收时间与要求；项目承担单位或人员按照计划部署或上级规定的时间和要求，收集、整理项目文件和资料，撰写验收总结报告；提交项目验收报告，准备接受验收；项目下达机构组织验收并形成验收结论；项目资料归档。

（3）项目验收的组织。项目验收由组织验收单位或主持验收单位聘请有关同行专家、财务、计划管理部门和技术依托单位或项目实施单位的代表等成立项目验收委员会。验收委员会委员在验收工作中应当对被验收的项目进行全面认真的综合评价，并对所提出的验收评价意见负责。

（4）项目验收的形式。根据项目的性质和实施内容不同，可以分为现场验收和会议验收。

①现场验收是指对于应用性较强的推广项目，其项目的实施涉及技术的大面积、大规模应用的实际效果问题。此种项目可以采取现场验收的方式，主要是通过专家组考查项目实施现场，对产量、数量、规模、基地建设技术参数等指标进行实地测定，从而达到客观、准确、公正评定项目实施的效果和项目完成状况的目的。现场验收是阶段性验收常用的方式。

②会议验收是指专家组通过会议的方式，在认真听取项目组代表对项目实施情况所作的汇报基础上，通过查看与项目相关的文件、图片、工作和技术总结报告、论文等资料，进一步通过质疑与答辩程序，最后在专家组充分酝酿的基础上形成验收意见。

4. 农业推广计划的成果鉴定　成果鉴定是指项目完成后，有关科技行政管理机关聘请同行专家，按照规定的形式和程序，对项目完成的质量和水平进行审查、评价并做出相应结论的过程。成果鉴定是非强制性的。

（1）成果鉴定的内容。成果名称是否准确，是否完成合同或计划任务书要求的指标，技术资料是否齐全完整并符合规定，应用技术成果的创造性、先进性和成熟程度，技术成果的应用价值及推广的条件和前景，存在的问题及改进意见，确定成果的秘密等级。

（2）成果鉴定的程序。项目完成单位收集、整理项目文件和资料，并向上级或项目下达单位提出鉴定申请；项目下达单位或上级管理机构根据项目的行业和专业特点，聘请相关专家组织鉴定，并对成果的先进性给出明确的鉴定结论；项目完成单位向成果管理机构申请成果登记。

（3）成果鉴定的组织。组织鉴定单位或主持鉴定单位聘请有关同行专家成立项目鉴定委员会。鉴定委员会委员在鉴定工作中应当对被鉴定的项目进行全面认真的综合评价，并对所提出的鉴定结论负责。

（4）成果鉴定的形式。农业推广计划的成果鉴定可采取检测鉴定、会议鉴定和函审鉴定 3 种方式。

①检测鉴定是指由专业技术检测机构通过检验、测试性能指标等方式，对科技成果进行评价。

②会议鉴定是指由同行专家采用会议形式对科技成果做出评价。必须进行现场考察、测试和答辩才能做出评价的成果，可以采用会议形式鉴定。

③函审鉴定是指同行专家通过书面审查有关技术资料，对科技成果做出评价。用于不需要进行现场考察、测试和答辩即可做出评价的科技成果鉴定。

八、农业推广评价

农业推广评价是依据既定的推广工作目标和一定的评价标准，在充分调查、收集各种资料信息的基础上，运用科学的方法，对推广工作的各个方面进行观察、衡量、检查和考核，从而判断已完成的推广工作是否达到了预定的目标和标准，进而确定推广的效果和价值，及时总结经验和发现问题，不断地改进推广工作和提高推广管理工作的效率。

（一）农业推广评价的作用

1. 认可作用　评价可以评定项目工作完成的情况，对预期目标、组织功能、推广方法、工作成绩和社会效果等方面的成果给予认定和总结。

2. 决策作用　评价中收集的数据和信息是农业推广项目管理及项目参与各方确认问题、制定关键策略、改进措施、修正计划、重新分配资源的基础。

3. 学习作用　工作评价中所获得的知识对将来项目的实施有指导作用。

4. 强化责任作用　有利于增强项目工作参与者、执行者和决策者的责任感。

5. 增强能力作用　有利于提高和改进国家、地方及基层项目任务的执行、管理和决策能力，有利于评价能力的改善，有利于促进农民和基层推广组织增强自我发展的信心。

（二）农业推广评价的原则

1. 实效性原则　要充分体现绩效评价的目的，紧密联系农业技术推广工

作的总体战略，与管理和宏观调控的要求结合，体现技术推广的客观实际和基本规律，切实发挥评价的作用。

2. 科学性原则 根据评价的具体对象与目的，正确处理推广的质与量的关系，建立相应的科学合理的评价指标体系，综合运用多种评价方法，对农技推广绩效作出全面、客观、系统的评价和结论。

3. 适应性原则 要根据不同的推广体制、组织机构与人员的关系和行为特点，分别加以有目的的、针对性强的评价，不可以一概全，主观片面。

4. 全面性和可操作性相统一的原则 农业技术推广绩效包含着多个方面的内容，评价时要注意反映推广绩效的全貌。同时，又要注意避免绩效评价的复杂化，分清主与次、因与果的关系，不必面面俱到。还要注意资料易取得，方法易掌握，提高实用性和可操作性。

5. 动态性与静态性相统一的原则 农业技术推广是阶段性与长期性相结合的过程，其绩效评价指标体系应是动态与静态的统一，既要有静态指标，也要有动态指标，以便能客观、真实地反映推广工作的实际情况和效果。

6. 可比性原则 绩效评价的指标设置和方法选择要注重时间、地点和适用范围的可对比性，以便于纵横向比较与推广应用。

（三）农业推广评价内容

1. 绩效评价

（1）经济效益。作物增产、经济收入增加、劳动生产率提高等。

（2）社会效益。公益事业发展、农村生活改善、妇女地位提高等。

（3）生态效益。资源节约、环境友好、生态改善等。

（4）农民知识和技能。帮助农民增加知识和提高技能。

2. 过程评价

（1）技术项目评价。达到推广规模、预期结果等。

（2）推广方法评价。推广度高、推广率高等。

（3）农民教育评价。达到培训要求、加快传播速度、教学方法等。

（4）综合服务评价。信息服务、技术服务、销售服务等。

（四）农业推广评价指标

1. 成果推广评价指标

（1）推广规模。推广规模通常是指推广的范围、面积及数量的大小。

（2）推广度。推广度是反映单项技术推广程度的指标。它是指实际推广规模占应推广规模的百分比。

（3）推广率。推广率是评价多项农业技术推广程度的指标。它是指已经推广的科技成果项数占成果总项数的百分比。

（4）平均推广速度。平均推广速度是评价推广效率的指标之一，它是指平均推广度与成果使用年限的比值。

（5）推广难度指标。在实践中，可以根据推广的潜在收益及其风险的大小、技术成果被采用者采纳的难易程度以及技术推广所需配套物资条件解决的难易程度等，把农业科技成果的推广难度分为一级（推广难度大）、二级（推广难度一般）、三级（推广难度小）。

2. 经济效益评价指标

（1）单位规模增产量。

单位规模增产量＝新技术成果单位规模产量－对照单位规模产量

（2）新增总产值。评价经济效益常用新增总产值。

新增总产值＝单位规模增产值×有效推广规模

在种植业上，常用新增总产量指标。

新增总产量＝单位面积增产量×有效推广面积

其中，有效推广面积＝推广面积－受灾失收减产面积＝推广面积×保收系数

保收系数＝（常年播种面积－受灾失收面积×受灾概率）/常年播种面积

一般保收系数在 0.9 左右。

（3）单位规模增产率。以种植业为例。单位面积增产率（％）＝（推广后单位面积产量－推广前单位面积产量）/推广前单位面积产量×100

（4）新增纯收益。

新增纯收益＝新增总产值－科研费－推广费－新增生产费

（5）年经济效益。年经济效益是指成果在推广应用后的计算期内，平均每年可能为社会新增加的纯收益或节约资源的价值总额，可用于不同成果经济效益的横向比较。

年经济效益＝总经济效益/推广年限

（6）科技投资收益率。

科技投资收益率（％）＝新增纯收益/（科研费＋推广费＋新增生产费）×100

当新增生产费用是 0 或负数时，节约的生产费计入新增纯收益，则上式变为：

科技投资收益率（％）＝（新增纯收益＋节约生产费）/（科研费＋推广费）×100

（7）科研费用收益率。

科研费用收益率（％）＝新增纯收益×科研单位份额系数/科研费×100

（8）推广费用收益率。

推广费用收益率（%）＝新增纯收益×推广单位份额系数/推广费×100

（9）农民得益率。

农民得益率（%）＝新增纯收益×生产单位份额系数/新增生产费×100

（五）农业推广评价步骤

农业推广工作评价的步骤是根据具体农业推广工作的特性而制定的，反映了评价工作的连续性和有序性。它包括确定评价范围与内容、选择评价标准与指标、确定评价人员、收集资料、实施评价工作、编写评价报告6个步骤。

（六）农业推广评价方式

1. 自我评价　自我评价是推广机构及推广人员根据评价目标、原则及内容收集资料，对自身工作自我反思和自我诊断的一种主观评价方式。

2. 项目的反映评价　项目的反映评价通过研究农户对待推广工作的态度与各方面的反映，鼓励以工作小组的形式来对推广工作进行评价。这种方式很多方面优于自我评价方式。

3. 专家评价　专家评价是指聘请有关项目专家、管理专家、推广专家等组成评价小组进行评价。

（七）农业推广评价方法

评价方法是在评价时所用的专门技术。评价方法种类繁多，需要根据评价对象及评价目的加以选用。总的来说，评价方法可分为定量方法和定性方法两大类。在评价实际操作时常采用定量方法与定性方法相结合的评价方法。

1. 定量评价方法

（1）比较分析法。一般将不同空间、不同时间、不同技术项目、不同农户等的因素或不同类型的评价指标进行比较。这种方法是项目工作评价中使用得最广泛的方法。

（2）综合评价法。将不同性质的若干个评价指标转化为同度量的，并进一步综合为一个具有可比性的综合指标进行评价的方法。综合评价法主要有以下几种形式：

①关键指标法，即根据一项重要指标的比较对全局做出总评价。

②综合评分法，即选择若干重要评价指标，根据评价标准定的记分方法，然后按这些指标的实际完成情况进行打分，根据各项指标的总分做出全面评价。

③加权平均指数法，即选择若干重要指标，将实际完成情况和比较标准相对比，计算出个体指数，同时根据重要程度规定每个指标的权数，计算出加权平均数，以平均指数值的高低做出评价。

2. 定性评价方法 定性评价法是一个涵盖极广的概念，它把评价的内容分解成许多项目，再把每个项目划分为若干等级，按重要程度设立分值，作为定性评价的量化指标。对每一个评价项目，都可以让各个评价人员打分，然后计算平均分数。

参 考 文 献

郝建平，1998《农业推广原理与实践》[M]. 北京：中国农业科技出版社.

高启杰，2013. 农业推广学 [M]. 北京：中国农业大学出版社.

王德海，2013. 参与式农业推广工作方法 [M]. 北京：中国农业科技学技术出版社.

农业部科技教育司. 2008. 农技推广新模式 [M]. 北京：中国农业出版社.

李飞，张桃林，2012. 中华人民共和国农业技术推广法释义 [M]. 北京：法律出版社.

第二十一章 农民培训

一、农民培训理论

(一)农民和职业农民

1. 农民 农民是指主要或兼职从事农业生产的劳动者。

2. 职业农民 职业农民是指具有科学文化素质、掌握现代农业生产技能、具备一定经营管理能力,以农业生产、经营或服务作为主要职业,以农业收入作为主要生活来源,居住在农村或集镇的农业从业人员。

3. 职业农民分类

(1)生产型职业农民。掌握一定的农业生产技术,具有较丰富的农业生产经验,直接从事园艺、鲜活食品、经济作物、创汇农业等附加值较高的农业生产的群体。

(2)技术服务型职业农民。掌握一定农业服务技能,并服务于农业产前、产中和产后的群体。

(3)生产经营型职业农民。拥有资金或技术,掌握农业生产技术,具有较强的农业生产经营管理经验,主要从事农业生产的经营管理的群体。

(二)农民素质

1. 农民素质 分为个体素质和群体素质。农民个体素质是每一个农民在道德行为、文明习惯、文化修养、专业知识和专业技能等方面的总体水平。农民群体素质是指各种层次教育的劳动者的数量及其构成劳动者总体时的状况。

2. 农民素质特征 农民素质特征包括:文化素质、科技素质、经营素质、法律素质、道德素质、身体素质。

(三)农民培训

1. 农民培训 农民培训是指使农民通过学习获得相应知识和技能的活动,是培训主体对农民进行技能训练或短期再教育的活动,包括管理型人才培训、技能型人才培训和生产人员培训等。

2. 农民培训分类

（1）按培训主体分类。按培训主体可分为政府部门主导型、科研院校主导型、企业主导型、行业主导型、农民主导型。也可分为政府为主和市场为主，或公办和民办，或体制内和体制外等类型。

（2）按培训方式分类。按培训方式可分为课堂教学式培训、以会代训式培训、现场指导式培训、参与式培训（农民田间学校）、示范基地式培训、远程式培训、超市式培训、订单式培训、中介式培训、农民夜校式培训等十类。

（3）按培训途径分类。按培训途径可分为农民职业教育培训、农业工程项目培训和农村实用技术培训等。

（4）按培训内容分类。按培训内容可分为文化提高型、文明培育型、技能培养型。

（5）按培训体系分类。按培训体系可分为以高职院校为代表的学校体系、以企业为代表的社会组织体系、以农广（干）校为代表的服务体系、以农技推广中心（站）为代表的传播体系。

（四）农民培训理论

1. 农村教育理论　农村教育理论包括梁漱溟的乡村建设理论、晏阳初的平民教育理论、陶行知的生活教育和成人教育理论以及毛泽东的农民教育思想。四人的农村教育理论体现了不同时代的特点，对我国农民教育培训工作的研究和实践具有十分重要的现实意义，对今天的农民教育仍有启发性，如晏阳初平民教育理论旨在通过提高人的素质，实现乡村改造进而复兴民族的思想；毛泽东农民教育思想提出的"灵活多样的教育方式"和"农民教育必须紧密结合农民的生活和生产实际"。

2. 人力资本理论　人力资本理论源于西方，包括：人力资源是一切资源中最主要的资源，人力资本理论是经济学的核心问题；在经济增长中，人力资本的作用大于物质资本的作用；人力资本的核心是提高人口质量，教育投资是人力投资的主要部分；教育投资应以市场供求关系为依据，以人力价格的浮动为衡量符号。

3. 农村社会学理论　农村社会学起源于美国，内容主要有农村区位结构研究、农村社会结构研究、农村社区体系研究、从农村的角度研究城乡关系、农村社会生活方式和水平的研究、对农村社会问题的研究、对农村社会变迁的研究。

4. 供给与需求均衡理论　供给与需求均衡是西方经济学中的重要理论，由微观和宏观两部分组成。微观方面是需求和供给的一般均衡问题，宏观方面则是总供给和总需求的均衡问题。

（五）成人学习的主要原则

1. 温故知新原则 受训者以前了解或学习过的内容最容易被记忆和接受。每个专题结束时都要进行总结，强调要点和关键信息。令受训者清晰了解自己学习的方向和进程。

2. 适合原则 培训内容和方法等能迎合受训者的兴趣和需要。培训师必须竭尽全力让受训者知道新知识与旧知识的联系，帮助他们消除学习新鲜事物的恐惧感和不知所措。

3. 动力原则 受训者必须想学、准备学、有理由学。诱导学习需求很关键。注重从已知发展到未知的循序渐进教学方法。

4. 重点原则 把培训的重点环节和内容安排在学员第一印象和第一条信息中。首先要把培训的梗概和脉络作为提纲，在培训开始时就亮出来，然后在以后的培训学习中逐渐引出其他相关的要点和内容。

5. 双向沟通原则 双向沟通有利于提高培训效果，培训中要加入与学员互动交流的设计和安排。

6. 反应原则 无论是主持人还是参与者，都必须对对方的反馈信息有相对应的反应。学员也非常盼望你的反应和评价。多表扬少批评有利于学员的发挥。比如，在学员测试结束后，应以最快的速度对其表现做出明确反应。

7. 主动学习原则 让学员们主动融入教学过程，可以学到更多的知识。主动性学习对于成人教育和培训至关重要。让他们自己多动手去实践，可以使学员的头脑保持清醒和注意力高度集中。多提问，或者采用临时测验的方法来提高学员的学习热情和精力。

8. 多感官学习原则 听听而已，很快遗忘；仔细去看，就能记住；亲自动手，心领神会。因此，农民培训中要尽量展示实物，让他们多实践、多动手、多动脑、多动口，时刻确保感官刺激的有效性，学会自我科学地进行田间生产状况的观察、记录和分析。

9. 练习原则 最好的记忆方法就是重复。通过让学员们练习，不断重复新学的信息和内容，提高学员们在短时间内记住新信息的可能性和成功率。学习回顾、学习小结、频繁提问等方法都有利于加强记忆。

二、农民培训需求

（一）农民培训需求内涵

1. 培训需求 培训需求是指受训者为了获得某种知识和技能的一种自发

的学习需要，是目标行为表现（知识、技能、态度）与目前行为表现的差值。培训需求是个人需求和组织需求的综合。

（1）个人培训需求。一个人由于社会压力或工作压力意识到自己的知识或技能水平尚不能胜任本职工作，或达不到自己所期望的工作的要求，因此萌发了进一步提高自己的动机。

（2）组织培训需求。出于组织保持和组织发展的整体考虑所发现的培训需求。

2. 农民培训需求　为了实现增产增收的目标，农民目前的行为表现与实现既定目标所要求的目标行为表现在知识、技能、态度方面的差距。

（二）农民培训需求特征

1. 隐蔽性　培训需求分为有意识需求和无意识需求两种。能够意识到的需求，人们会在激励因素具备的条件下主动采取措施缩小间距。没有意识到的需求又分为两种，一种是完全没有意识到行为表现的问题，另一种是虽然意识到了行为表现的问题，但并不认为是缺乏培训的结果。农民培训隐性需求多于显性需求。

2. 层次性　人们具有某种知识、技能和态度的程度可以分成五级水平：没有、缺乏、满足基本要求、满足要求、理想标准。据此，可以将农民培训需求分为四个等级（图 21-1）。

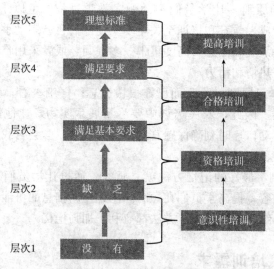

图 21-1　培训需求的层次关系

（1）意识培训。对那些不具备任何知识水平的人们所进行的基础培训，是一种全新的知识培训，以缩小或弥合对某种知识和技能毫不了解到了解一些的差距。

（2）资格培训。缩小或弥合从缺乏到满足基本要求之间差距的培训。

（3）合格培训。缩小或弥合从满足基本要求到满足要求之间差距的培训。

（4）提高培训。缩小或弥合从满足要求到理想化标准之间差距的培训。

（三）农民培训需求分析方法

1. 调查法 调查法主要是用于组织基本情况调查和人员基本情况调查。一般程序包括：

①制定调研计划。

②收集组织和人员的背景材料及相关信息。

③设置调查问卷。

④采访调查或问卷调查。

⑤数据和信息的整理分析。

⑥确定培训间距，排列培训优先序。

⑦制订培训计划。

2. 能力分析法 主要是分析一个人在特定背景下所具备的综合能力。一般程序包括：

①选定能力评定专家组。

②鉴别或确定优秀工作者的能力标准和基本特征。

③扩大范围对标准草案进行评议和修改。

④所有专家一起讨论，确定标准方案。

⑤专家组针对所确定的每一种能力进行优先序排列。

⑥培训者和领导一起列出现在所具备的知识和技能水平。

⑦找出培训间距，即优秀工作者与一般工作者能力之间的差距。

⑧制订培训计划。

3. 任务分析法 任务分析法是从一个人所要完成的工作任务入手来发现和分析培训需求的一种方法。一般程序包括：

（1）工作分析。对一个人所承担的工作的描述并进行分析的过程。目的是确定工作出色的人与工作一般的人的差距。

（2）任务分析。对工作任务的进一步了解的过程，通常是把工作任务分解为若干部分，然后确定每部分在任务整体中的重要性。

（3）间距分析。通过工作和任务分析，了解某项工作所要求的标准技能和农民已具备的技能，用标准技能减去实际技能所得就是培训间距。

4. 工作表现分析法 从对人们在工作岗位上所表现行为的分析入手来找出培训间距和培训需求的方法称为工作分析法。一般程序包括：

①找出不同层次工作岗位之间的联系。

②分析工作过程。

③找出工作过程中每一步之间的联系。

④找出"应该"和"实际"表现之间的差距。

⑤分析差距造成的原因。

⑥分析不同层次工作人员的职责任务。

⑦确定所需培训的知识和技能。

⑧外部因素的影响分析。

（四）农民培训需求分析技能

1. 组织机构的数据研究　组织机构的数据研究是对所要调查的机构或单位的基本情况进行了解，一般通过查阅档案、文献等二手资料进行。

2. 问卷调查　问卷调查是由调查者设计、将有关问题写在纸上，要求被调查者对问题逐一给予笔答的一种常用调查形式。

3. 观察　观察是调查者对调查对象及其相关行为、环境的一种感觉性和直观性检查，一般不需要找人谈话和讨论问题，只是对客观现象的体会和判断，从中收集相关信息的方法。

4. 采访　采访是调查者与调查对象间通过提问、回答和讨论的形式进行信息收集的方法，一般有面对面采访、电话采访等方式。

5. 集思广益　集思广益是一种普遍应用的讨论方法，指对某一个问题的讨论不拘形式，使参与者在不与其他人讨论的情况下充分发挥个人意见，使调查者了解所有人的不同意见，为找出关键问题和决策提供依据的收集信息方法。

6. 小组研讨　小组研讨就是每个小组组织 10 个左右背景相似的人员，共同讨论由调查者准备的问题或者被调查者比较关心的问题，由调查者进行可视化的记录并组织大家分析、形成共识的过程。小组讨论是一种快速、客观收集信息的方法。

7. 培训委员会　培训委员会有助于开展培训需求分析、提高培训效果。培训委员会由有关领导、经验丰富的专家学者、优秀的培训教师及其他有关方面的代表组成，对所开展的培训进行咨询、指导工作。

三、农民培训方法

（一）讲座

讲座主要解决信息类问题，也包括技能类和态度类的部分问题。讲座是

解决信息类问题最好的方式，也是目前用得最多的培训方法。讲座的要求：

①人群背景要相对一致，授课者与听课者语言一致。

②内容要新鲜、主题要明确，与生产结合程度高，逻辑性要强。

③多种表达方式灵活应用，忌单调乏味。

④知识信息点不能太多。

⑤要有辅助参考资料。

⑥每个知识节点结束后要有总结。

⑦要组织学习讨论，了解大家的理解程度。

（二）观摩

观摩是带着大家看，主要针对信息类问题，尤其是全新的信息。观摩的要求：

1. 观摩前 明确观摩主题和目的；选择适合的观摩者；确定观摩地点和时间；设计观摩时的讨论题；提出观摩中的注意事项。

2. 观摩中 介绍观摩的重点内容和背景；组织咨询和答疑；对观摩点的配合表示致谢。

3. 观摩后 组织开展小组讨论与汇报，形成一致意见；对技术内容开展对比与可行性分析；了解农民后续的行动计划；了解农民在计划采用观摩到的品种和技术方面还需要哪些支持。

（三）小组讨论

小组讨论是指在主持人的带领下，一小组人围绕某个主题进行讨论。小组讨论是组织别人思考，主要针对需要改进类的信息、改进类的技能问题。可以对已有经验归纳总结，纠偏并形成技术的规范。也适用于问题解决方案的制定。小组讨论的要求：

1. 主持人 要有较强的组织、协调、控制、总结等能力。

2. 参加人员 产业背景相同，有一定的生产经验，无权威人士在场，人数不能太多，每个小组最好控制在 10～12 人。

3. 主题 是大家都熟悉又关心的较好，不宜太大、太空。

4. 讨论前 要说明意图和规则。

5. 讨论中 讨论要充分并进行小组间的交流汇报。

6. 形成技术规范或问题解决方案 组织者对各组的意见进行归纳、总结、点评，形成技术规范或问题解决方案。

（四）示范

示范是做给别人看，主要针对技能类问题，需要动手操作的技能都应该用这种培训方法。示范是技能的传递过程，适合于有理论基础，但是缺乏动手能力或者原有的操作方法需要改进的人群；每组不超过 10 人。示范的要求：

①准备。现场要足够大、材料准备、操作说明。

②介绍培训目的。

③边干边讲，要讲清楚、做具体，包括内容、要点及注意事项等。进行示范的人最好是能够熟练操作的农民，其次是技术员。

④指导别人练，让学员进行操作练习、辅导员和有经验的农民要现场进行纠错和指导。

⑤讨论与交流，包括操作流程及要点、操作体会、关键点点评、技术应用分析、后续行动计划、需要的支持等。

（五）演示

演示是把复杂的、深奥的理论转化成可视的、简单的，可操作的过程，如复杂的植物生理学可以通过简单的导管试验、蒸腾试验等让农民有直观的认识和理解，主要解决信息类问题。演示的要求：

①材料简单可取。

②可视，可操作。

③安全。

④时间不能太长。

（六）经验共享

经验共享是配合小组讨论，把农民好的经验介绍给大家，主要解决信息和技能改进类问题，是授课方式的一种。经验共享的步骤和要点：

1. 前期准备

①找到好的经验，确定主题。

②选定资源人（农户），帮助其把生产管理情况整理成经验，拟定技术信息大纲，确定要点，语言和内容条理化。

③指导资源人讲解。

2. 实施

①介绍资源人。

②资源人分享经验，包括具体做法、过程和效果。

③自由提问与解答。

④小组讨论、汇报要点。

3. 点评和总结　帮助完善和升华资源人的经验。注意不能批评。

（七）案例分析

案例分析主要用于态度类问题，作为反面教材。资源人的表达和表演能力要强。通过小组讨论分析归纳，点评与总结，对别人起到教训和警示作用。

1. 案例分析的要求

①案例与受训者的生活经历相似，因为要应用经验，最好是生产生活的真实东西。

②案例要真实，有代表性。反应的问题可以举一反三。

③所有人群有相似背景。

2. 案例分析的步骤

①选择故事，确定展示方式，明确故事表达的问题。

②案例叙述人选择非常重要，口头表达能力要强，能做到绘声绘色更好。

③小组讨论，汇报交流。

④通过争辩达成共识。

⑤点评归纳，案例涉及的知识点，知识点之间的关系。

（八）头脑风暴

头脑风暴主要用来打破原来的思想束缚，寻求问题全新的解决方案。适合无现成解决方案的问题，或现有解决方案完全不适应现实的要求。要求大家有共同的背景，无权威专家和强势人群在场。该方法也适用于快速收集问题。头脑风暴的步骤：

①提出问题，要具体，不宜太大。

②发放卡片，每人一张或两张（视人数多少而定）。

③提出写卡片的要求，每个人要独立思考并写出卡片，卡片书写方面要注意：粗笔写大字、一卡一问题、使用关键词、表述否定态、格式要规范。

④主持人收卡片。

⑤与大家一起对卡片进行分类、汇总、排序。如果参训人员很多，可以先在小组内进行第一轮卡片收集和归类，再在全班进行小组间卡片的归类和分析。

⑥形成问题解决方案。

（九）角色扮演

角色扮演就是换位思维、亲身体验，适合参与者与扮演角色之间有利益关系，表演的是参与者生产生活中所经历的活动。角色扮演的步骤：

①编写脚本，要来源于现实，是实际的重演。

②安排角色。

③给观察者布置任务。仔细观察、认真思考。

④小组讨论。包括表演真实性、反应的问题、表演内容与现实情况的关系，体会及以后的做法。

⑤点评。当某些人有利益冲突的时候，要学会换位思考。切记不要将角色扮演作为惩罚行为，不能涉及个人隐私，不能作为现场纠正某个人行为的方法，只能事后体验用，不能作为批评的手段，只能作为暗示、启发。

（十）游戏

游戏也是一种培训方法。游戏的规则要清晰明了，要介绍清楚。游戏后一定要点评，体会道理。

1. 破冰类游戏　创造氛围，打破人与人之间隔阂。如人椅、人链等。

2. 创新类思维游戏　一种是有身体行为，另一种是完全思维的游戏（打破原来的思维框架、博弈类），如九点连线、解手铐、美女过河等。

3. 团队协作类　为培养协作精神，如魔术棒、牵手投篮等。

4. 比喻类　讲道理的游戏，如悄悄话，吃西瓜数瓜子、投标枪、猜数等。

四、农民培训模式

农民培训模式是指一定社会经济和农业发展时期，针对在业农民进行技能培训或短期再教育活动的标准样式和规范体系。

（一）农民培训模式的构成要素

1. 培训目的

2. 培训目标

3. 培训主体　培训主体是指开展农民培训的机构和培训者。

4. 培训客体　培训客体是指在培训活动中接受培训的农民。

5. 培训内容

6. 培训规则

（1）培训方式。培训过程中所使用的组织形式、培训周期、教育方法等，是培训模式结构中最活跃和最具生命力的要素。

（2）培训程序。实施农民培训工作的有序过程，详见图21-2。

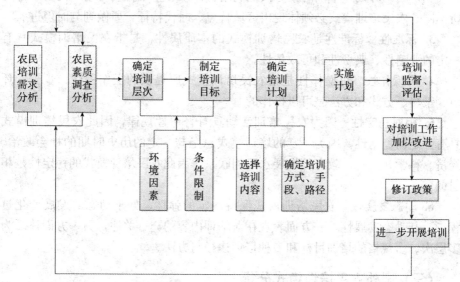

图 21-2 农民培训工作程序示意图

（3）培训管理。培训主体对培训过程的组织、协调、控制与管理，是培训工作顺利实施的根本前提。

7. 培训评价 培训评价是指通过系统地收集信息，对培训目标及实现目标的培训活动进行分析和价值判断的过程。它具有评价、监督和导向的功能，是农民培训活动过程中不可缺少的重要环节。

（二）农民培训模式的主要特点

1. 系统性

①农民培训模式是一个由相互联系、相互制约、相互作用的多要素构成的有机系统。

②农民培训模式是置于社会系统中的子系统，与社会系统实现能量转换和生态平衡。

③农民培训模式的构成要素在一定的环境和条件下，进行吐故纳新，新陈代谢，从而形成新的有机结构体系。

2. 适用性

（1）适用对象。不同的培训模式适用于不同的农民。

（2）适用地区。要根据不同地区的特点，合理选择、借鉴、构建适合本地区的农民培训模式。

（3）适用时期。不同时期，人们的培训需求和整个社会对培训的要求都有所不同。农民培训模式必须体现出区域特点、时代特征，要做到与时俱进。

3. 标准性 标准性是农民培训模式的本质属性，是指农民培训模式具有一定的普遍性、典型性和可效仿性。

4. 可操作性 可操作性是指农民培训模式所提供的操作程序、步骤、环节、策略、方式和方法是可以操作的。

5. 相对稳定性 因为农民培训活动具有普遍性规律，因此农民培训模式具有一定的稳定性。因为一定的培训模式总是与一定的历史时期的社会政治、经济、科学、文化、教育等发展水平相联系，因此农民培训模式的稳定性是相对的。

6. 动态发展性 农民培训模式保持一定的弹性，处于动态的发展变化过程中。其动态发展性，一方面表现在对培训内容的充分关注，另一方面体现为多层次、多规格的培训目标和多种培训途径与方法。

（三）国外农民培训模式分析

1. 国外农民培训模式类型

（1）东亚模式。适应于人均耕地面积低于世界平均水平，很难形成较大面积土地规模经营的农业生产特点，以政府为主导，以国家立法为保障，以不同层次和类型的培训主体对农民进行多层次、多方向、多目标的教育培训的农民培训模式。主要代表国家为日本和韩国。

（2）西欧模式。适应于以家庭农场为主要农业经营单位进行农业生产的特点，以政府、学校、科研单位、农业培训网四个方面有机结合，通过普通教育、职业教育、成人教育等多种形式对农民进行教育培训的农民培训模式。主要代表国家为英国、法国和德国。

（3）北美模式。适应以机械化耕作和规模经营为主要特点的农业生产，通过构建完善的、以农学院为主导的农业科教体系，实现农业教育、农业科研和农技推广三者的有机结合，从而提高农民整体素质的农民培训模式。主要代表国家为美国和加拿大。

（4）新兴经济体模式。新兴经济体模式的一个共同点就是这些国家虽然在不同地区，但都属于发展中国家，农业在国民经济中占有很大比重，农村人口

众多，人口素质相对较低，需要通过培训实现由农村向城市的转变。

2. 国外农民培训模式特点

①农民培训管理法制化。

②农民培训主体多元化。

③农业培训体制科学化。

④农民培训方式多样化。

⑤农民培训投入规范化。

（四）我国农民培训主要模式

1. 按培训管理分类　按培训管理分类，我国农民培训主要模式有政府主导型农民培训、政府引导型农民培训和民间组织型农民培训三种。

2. 按培训内容分类

（1）文化教育培训。

①中心型培训模式。

②基地型培训模式。

③社团型培训模式。

④示范型培训模式。

⑤传播型培训模式。

（2）农业技术培训。

①典型示范型培训模式。通过兴办农业科技示范园，树立农业科技发展的典型，构建农业科技成果转化的平台，形成农业科技培训基地，引导广大农民自觉自愿地进行科技学习的一种农民培训样式。

②现场传授型培训模式。在农村田间地头、工程建设基地等现场，对农民进行讲解、示范、操作和解答等活动的培训样式。

③媒体传播型培训模式。通过传统的电子媒体（广播、电视、音像）和印刷品，以及现代的网络媒体等技术手段对农民进行现代农业科学技术知识培训的一种样式。

（3）创业能力培训。农民创业能力主要指农民具有一定市场意识、信息接收与反馈能力，能够参与市场竞争的能力。

①能手培育型培训模式。立足当前，放眼长远，紧密结合农村经济社会发展实际需要，通过投之所需、教之所学、解之所困、帮之所急的系列化培训与服务，在农村中培养一批科技、经济和管理精英，再通过这些精英影响和带动一方百姓共同富裕的培训样式。

②项目推动型培训模式。以某一具有开发价值的农业科技项目为载体，以

服务于农民致富、提高农民素质和产业经营能力、实现科技成果转化为目的，采用现场指导、课堂教学、广播电视、参观考察等多样化的培训途径和方法进行项目培训，并提供产、供、销配套综合服务的培训样式。

3. 按培训方法分类

（1）参与式农民培训。建立在农民需求调查基础上，以农民为中心，采用启发式、互动式、讨论式的培训方法，同时结合试验、实验和场地调查研究，对农民开展灵活多样的创新培训，以提高农民的科技素质和科学决策能力的农技推广新模式。

（2）传授式农民培训。采用专家备课和授课，农民听课的培训方式。

（3）对话式农民培训。取消培训中单纯讲授理论的过程，直接与农民进行面对面交流，现场解答农民提出的不同种类农作物种植和管理过程中遇到的具体问题。在解答问题的过程中，遇到农民需要掌握的理论知识，再借助多媒体等先进的教学设备进行生动、形象的讲解，帮助农民理解和掌握。

4. 按培训时间分类

（1）短期培训。一般培训时间 1～3 天，多至 1 个星期到半个月的培训。主要取决于农民的培训需求而定，其培训过程可以是连续的也可以是间断的。一般由当地农技人员或聘请当地专家在考察、调研、分析、评估的基础上，有针对性地开展培训。

（2）中长期集中培训。依托区农业广播学校、党校、培训中心、各镇成人教育办公室开展农民培训，重点是村、社干部学历培训、农民职业技能培训和特定项目培训。可委托大专院校举办脱产培训；或者依托互联网络、广播电视、录像等开展农业远程网络培训；或者依托项目资源，根据项目需要开展较长时间的农民培训。

5. 按培训组织方式分类

（1）专业合作社培训模式。由合作社组织对其农民会员的各种培训。专业合作社农民培训是目前中国农民培训的有力推手，是组织化程度最高的农民培训模式。

（2）农民田间学校培训模式。农民田间学习是一种以农民为中心、以产业为主线、以田间为课堂，有组织、有计划、可持续的农民参与式技能培训模式和相互学习平台。

（3）输出型农民培训模式。主要针对农村劳务输出而开展的各类培训。

①区域结对合作培训。针对进城务工农民或农村劳务输出农民进行的培训。

②政企合作培训。政府部门与企业形象好、用工需求大的行业或龙头企业

开展合作，采取对口培训、对口就业的方式，确保培训与就业的有效连接。

③与社会机构合作培训。政府部门与各类培训机构开展合作，采取培训机构推荐用工企业并实施培训，政府负责组织农民，同时加强与培训机构和用工单位的有效衔接，强化农民的过程服务，确保培训合格的农民顺利实现就业。

五、农民培训机制

(一) 农民培训机制的内涵

农民培训机制是指农民培训系统在其运行过程中，与运行有关的各部分相互作用、互为因果的联结关系、工作方式和运行机理。其内涵主要包括：

①由多因素构成，即参与农民培训的各级各类政府及民间机构（要素）等。

②各要素在运行过程中彼此之间相互作用关系及作用方式。

③其运作原理，应视其具体的运作方式、流程而定。

④具有多层次机构，包括动力机制、运作机制和调节机制等。

(二) 农民培训机制的特征

农民培训机制的特征是客观性、动态性、联动性、层次性。

(三) 农民培训机制构建原则

农民培训机制构建依据系统性原则、动态性原则、实事求是原则、整体布局与突出重点相结合原则。

(四) 农民培训机制构建内容

1. 农民培训动力机制 农民培训动力机制包括农民培训活动内部矛盾运动的动力机制和反映农民培训与经济、科技相互关系与制约方式的动力机制。

(1) 市场导向机制。市场为农民培训提供人才和科技需求，并提供满足这两种需求的良好契机。

(2) 改革创新机制。农民培训中必然会遇到或产生许多内部或外部的阻力和矛盾，改革创新是分析和认识这些阻力和矛盾直至圆满解决的必不可少的重要环节。

2. 农民培训运行机制 农民培训运行机制是在农民培训过程中起方向指示、协调控制和质量保障等方面作用的机制，它所包含的具体机制内容对农民培训沿着健康有序的轨道发展起着重要作用。

（1）目标导引机制。建立适合的农民培训目标体系，在农民培训活动中始终发挥导引作用。提高农民素质，增强对农业科技的吸纳能力是中心目标。

（2）过程控制机制。以一定的法则对农民培训过程中遇到的问题作出必要的限制，使培训活动的效果、方向与期望相符合，同时还能充分发挥参与农民培训的各要素的积极作用，促使它们释放潜能，为实现预期的目标服务。

（3）优化协同机制。农民培训系统的成功运行和功能的出色发挥，靠各要素的优化和协同，包括培训要素的自身优化。

3. 农民培训调节机制　农民培训调节机制是在农民培训过程中，对既定方向和控制行为进行修正和调节的机制。

（1）信息反馈机制。为实现农民培训的中心目标，应对农民需求、培训效果等情况及时进行反馈。包括前期反馈、即时反馈和延后反馈。

（2）激励约束机制。对农民培训组织与实施中，表现优秀的单位和个人实施奖励的机制。

4. 农民培训保障机制　我国农民培训的资金来源大体上包括农科教结合资金，各相关部门对农民进行技术培训的投入资金，财政立项资金等。强有力的资金支持是农民培训顺利开展的必要保障条件。

六、农民培训实施

（一）确定培训目标

1. 明确培训目标的意义

①帮助培训者制订培训计划和开展培训活动。

②使受训者清楚培训结束时所被要求达到的水平。

③有助于培训者和受训者对培训和学习效果的评价。

2. 培训目标的描述　培训目标描述要简洁明了，具有客观性、可检验、具体化，一般包括行为、标准和条件三要素。行为是指在培训结束后，受训者的行为表现。标准是指受训者所要实现的行为的具体指标，主要包括数量、质量和时间。条件是指在什么情况下受训者所应表现出的行为。

（二）确定培训内容

1. 分解培训目标　培训目标是有层次结构的，根据内容可分为 3 种，即结果目标、阶段目标和专题目标。

2. 确定培训内容　通过培训需求分析，培训者了解了培训对象的知识和技能差距，从而可确定培训内容，包括明确培训范围或领域、确定培训班的

名称。

3. 组织培训内容 主要指确定培训内容的先后次序。需要遵循 3 条原则：从简单到复杂、从一般到特殊、从已知到未知。

（三）制订培训计划

1. 培训管理计划 培训管理计划指整体培训工作安排的实施方案设计，包括培训需求分析、确定培训内容、确定培训目标、组织培训内容、选择培训方法、制订培训计划、确定培训资源、制定培训评价程序、准备培训教材、经费预算、培训方案的修正、培训通知的发放、食宿交通安排、培训及实习场所安排、培训签到、培训师资安排、后勤服务、培训评估等全过程。

2. 长期或短期培训计划 长期培训计划应该与产业发展规划和工作远景规划相适应，比如 5 年或 1 年内所要举办的培训计划。

3. 培训班计划 培训班计划包括培训班描述和培训班日程表两部分。

（1）培训班描述。将一个具体培训班的定位和对其进行介绍，主要包括培训班名称、培训班的背景、培训班目标、培训对象、培训地点和时间、培训教师、联系人等。

（2）培训班日程表。一定期限的培训班中每天培训内容的具体安排，是关于整个培训班的教学活动计划。

4. 培训课程计划 培训课程计划是实施培训班教学活动计划的具体方案，是对培训日程表的细化，一般由授课教师或主持者制定。主要包括：培训班题目、培训对象、课程题目、培训者、课程目标、时间、内容要点、培训方法、所需培训材料、培训活动与教具的运用、学员作用、评价方法。课程计划表分为课程安排计划表和课程专题讲授计划表两种。

（四）培训组织与管理

培训的组织与管理是指培训管理者或培训协调员对培训计划、培训实施和培训评价整个过程中所需要的人员、地点、时间、材料设备和资金等构成的筹划与安排，对整个培训活动的监督和协调。

1. 培训工作启动 培训工作的启动包括培训部门的建立和通过培训需求分析制定适合的培训计划。

2. 培训教师选择 一名合格的培训老师应具有以下素质：

①具备本学科非常广泛的知识和经验，对培训内容能阐述清楚、解释准确、举例恰当。技能培训班的老师应熟练掌握相应的技能和操作方法。

②具备丰富的培训业务知识，能很好把握学习进程，及时发现培训过程中

的问题，及时调整培训内容、培训方式及技能，以达到预期的培训目标。

③了解和掌握培训需求情况，尽可能参与培训计划的制定。

④课程准备充分。

⑤其他综合素质，如善于创造培训班内外与学员间的和睦关系、调动学员学习热情；仪表端庄、行为得体、遵守时间等。

培训管理者要善于表述本单位的组织目标以及此次培训班为实现这个组织目标的具体设计思路，并能够与学科技术专家一起根据实际状况，选择和确定合适的培训方法。在培训过程中，培训管理者要参与整个培训过程，善于发现问题，以便随时与被聘教师沟通，寻求有效的解决方法，以保证培训的有效性。

3. 培训学员选择

①培训组织和实施者根据培训需求分析，确定学员选择标准和选择程序，并严格实施。

②学员必须是从事相关专业的人，水平相对一致。

③选择那些对培训感兴趣的人。

④选择那些培训后应用所学知识在本职工作岗位的人。

⑤人数限定，技能培训实践时每个小组 8～10 人，理论培训原则上不超过50 人，参与式培训一般在 30～40 人为宜。

4. 培训的行政后勤管理　培训的行政后勤管理主要包括：落实培训者和培训对象、确定培训时间和地点、准备培训所需材料和设备、下发培训班通知、组织培训人员报到、安排培训参与者的食宿和交通、做好培训期间日常服务及处理应急事件、预算和筹措培训资金、准备结业证书及其相关工作等。

七、农民培训评价

培训评价通常是指对培训的指导思想、培训设计、培训方案的执行、培训产生的效果和培训对受训人员及其组织机构产生的影响进行的分析评价。评价内容包括两项：一是此项培训是否取得了预期的效果，二是今后类似的培训是否有必要再进行。

（一）培训评价设计

1. 单一评价设计　培训后在一些点上对参训人员进行评价，以检查培训效果。这种评价可以是一次水平测试，或是检查学员运用所学技能的能力，或是一次面谈以获取学员取得进步的有关信息。这种评价方法最简单和最容易实

施，但最不靠谱。

2. 同组培训前后分别评价设计 对同一组内的受训人员分别评价其培训前后的情况。要求评价方法一致、内容难易程度相近。这种评价方法适合提升培训，对于全新类的信息培训不适合。

3. 对照组评价设计 评价中引入一个由未经培训的人员组成的小组，成为对照组。要求两组人员年龄结构、知识水平、学历背景、男女比例、工作岗位等情况相似。

4. 三组评价设计 三组评价设计中，第一组是目标组，在培训前后分别进行测试；第二组是对照组，不经培训分别对其进行两次测试；第三组同样是受训人员，对他们只进行训后测试。如果第一和第三组训后测试结果相同，我们则可以假设培训前的测试不影响学员培训期间的表现。

5. 培训后测试的评价设计 在很难进行培训前测试的情况下，设计目标组和对照组，只对他们进行训后测试。这种设计实施比较简单，但分析时比较困难，因为对培训是否真的引起了变化很难有确切的把握。

6. 制订培训检测程序 培训检测程序是指培训检测方法的确定，它是培训方案设计的一部分。制订培训检测计划主要包括：确定检测内容、决定检测重点、选择检测方法（书面测试和表现测试）。

培训检测的 5 大作用：培训者会认真掌握培训中要强调的重要内容；有助于吸引受训者的注意力；便于揭示受训者学习的薄弱环节；有助于培训班的评价；有助于改进培训方案的设计。

（二）培训评价技能

1. 抽样和样本数量的确定

（1）随机抽样法。不带倾向性，根据需要评价的人数进行任意选择。

（2）分层抽样法。先把学员进行分层，然后再根据需要评价的人数进行不同层级内的分配，最后在不同层级学员中随机抽取需要的人数即可。这种方法适合学员层次明显的培训班，便于抽出有代表性的样本。

（3）系统随机抽样。适合人数特别多的培训班进行评价抽样。按培训班总人数除以需要参与评价的学员数进行分组，然后从第一个小组起，随机选择需要参与评价的学员（参与评价学员总数除以组数）编号，在其他组按相同编号选择即可。

（4）地点随机抽样。如果某一类的培训班在很多不同的地点进行，首先要对评价地点进行随机抽样，然后再对这些地点内的参训学员进行随机抽样。

（5）目的随机抽样。当要了解一特定人群的情况，且不需从此组人群推算整体时，目的抽样最为合适。在目标人群中根据评价人数随机抽样即可。

（6）样本数量。样本数量没有统一的标准，要根据时间、资金、能力、样本可信度等综合考虑。一般培训班人数越少、抽样比例越高，甚至全部学员都参与评价；人数越多的培训班，抽样比例越低。

2. 数据收集与应用　培训评价设计需要对参训人员进行培训前和培训后的测试，从而进行数据收集。数据包括能量化的硬数据和不能量化的软数据两种。如学员的交流能力、对农产品质量安全的认识、对生产技能提升的态度等。

3. 问卷与测验　培训评价中两种最常用的工具是问卷和测验。

（1）问卷。问卷属个体评估，经常用于收集学员在课堂刚刚结束后的反应，但不能获得学员回到工作岗位后的情况和培训对整个组织机构产生影响的情况。问卷对调整课程内容、了解培训设施满足学员要求的程度、帮助培训老师调整讲课风格等方面非常有用。培训结束后，给每个学员发放一份评估表，独立填写，收齐后进行汇总和统计分析。

（2）测验。测验可以检验学员对培训内容的掌握程度和能力、水平的提高程度。测验结果是评判培训是否成功的重要依据。测验内容设计主要考虑：学员对培训内容的理解能力、对知识的运用能力、对大量信息资料的分析能力、对某种技能的掌握能力等。

（三）培训评价方法

培训评价有定性和定量两种方法，往往两种方法同时使用，这样评价更全面、客观。

1. 定性评价　通过面谈、小组讨论、观察、实际案例分析等能够反映出受训人员对某项培训认识的深度、广度和详细程度，也可以揭示问题的原因所在，这种评价信息的收集称为定性评价。定性评价可以直接收集受训人员对培训的认识、理解、感受、评论、建议，对培训效果的性质加以描述，对培训成功与失败的原因加以分析。

2. 定量评价　定量评价就是利用搜集整理的统计数据和量化指标对培训进行定量的分析评价，能使我们对培训效果有一个量化的概念，比如学员测试成绩的提高等。

（四）培训的成本效益分析

1. 培训成本分析　培训成本一般包括人员成本、培训材料、授课成本、评估成本等。

（1）人员成本。包括培训设计、需求分析、教材编写、录像制作和调查咨询等人员成本。

（2）培训材料。所有用在培训上使用的材料都在成本统计范围内，包括：电教设备、文具、培训材料的复印装订费等。

（3）授课成本。主要包括教师的工资、培训班的食宿费用、学员和老师的交通费用、教室和实习场所的租用费等。

2. 培训效益分析 培训效益大多是无形的，如工作态度的改进、思想水平的提高、知识面的扩大等都难以直观表现。尽管困难，有些无形的效益也还是可以计算的。比如时间，农民通过嫁接技术培训后，其嫁接能力的提高可以体现在嫁接的速度上，可以计算出每亩嫁接苗能节约多少人工来计算经济效益。比如设备，如果通过培训，让农民对设备更加熟悉、操作更加熟练，设备的利用率就会提高，所创造的价值就是培训带来的经济效益。

（五）培训评价报告

评估报告的内容、格式和要求包括：

1. 培训评估的背景 为什么要搞培训评价，评价了哪些人，谁是评价者，在什么时间、什么地点进行的这次评价。

2. 要解决的问题 这次评价要回答哪些问题。

3. 评价方法 评价采用了哪些方法，为什么，如何组织的。

4. 调研结果的统计与分析 包括定性和定量分析，要能突出重点。

5. 结论与建议 总结概括培训成效并说明这次培训是否值得。根据本次培训中发现的问题，对未来的培训工作提出合理建议。

参考文献

邓玉林，2011. 中国农民培训模式与策略［M］. 北京：中国环境科学出版社.

王德海，1997. 现代培训的理论与方法［M］. 北京：中国农业出版社.

吴建繁，2009. 农民田间学校建设指南［M］. 北京：中国农业大学出版社.

赵帮宏，2011. 我国新型农民培训模式研究［M］. 北京：光明日报出版社.

第二十二章　农业政策与法规

农业政策是指为了发展农业生产和农村经济，国家职能部门根据党的路线和方针，制定的激励或约束农村经济活动的行动准则，农业政策具有内容上的纲领性、范围上的广泛性、应用上的灵活性和效力上的有限性四个特点。农业法规是指由国家权力机关、行政机关以及地方机关制定和颁布的，适用于农业生产经营活动的法律、行政法规、地方法规以及政府规章等规范性文件的总称。

一、农业用地

农业用地是指直接或间接用于农业生产的土地。按照用途可以分为耕地、园地、林地、草地、池塘、沟渠、田间道路和其他生产性建筑用地。

（一）农业用地所有权

农业用地所有权是指农用土地所有者为实现农业生产的目的，对土地所享有的占有、使用、收益和处分的权利。我国农业用地有全民所有制土地和集体所有制土地两种形式。我国农村和城市郊区的土地，除法律规定属于国家所有之外，属于农民集体所有；宅基地和自留地、自留山，属于农民集体所有。

（二）农业用地使用权

土地使用权是单位或个人经国家依法确认的使用土地的权利，分为国有土地使用权、集体土地建设用地使用权和农业生产用地承包经营权。

（三）农村土地承包制度

1999 年通过的《中华人民共和国宪法修正案》中规定"农村集体经济组织实行家庭承包经营为基础、统分结合的双层经营体制"。这一基本经济制度以法律的形式规定下来，称为农村土地承包制度。

1. 农村土地承包的原则　农村土地承包应当坚持公开、公平、公正的原则，正确处理国家、集体、个人三者的利益关系。

2. 土地承包经营权流转　土地承包经营权流转是指土地使用权流转。土地使用权流转的含义，是指拥有土地承包经营权的农户在保留土地承包权的前提下，将土地经营权（使用权）转让给其他农户或经济组织的行为。

3. 土地承包经营权流转的原则　土地承包经营权流转应坚持平等协商、自愿、有偿原则，不得改变土地集体所有性质、不得改变土地用途、不得损害农民土地承包权益。

4. 土地承包经营权流转的方式　土地承包经营权流转的方式包括转包、出租、互换、转让和入股。

（1）转包。承包方把自己承包期内的土地，在一定期限内全部或部分转包给本集体经济组织内部的其他农户耕种。

（2）出租。承包方作为出租方将自己承包期内承包的土地，在一定期限内全部或部分租赁给本集体经济组织以外的单位或个人，并收取租金的行为。

（3）互换。土地承包经营权人将自己的土地承包经营权交换给他人行使，自己行使从他人处换来的土地承包经营权。

（4）转让。土地承包经营权人将其承包期内的土地承包经营权以一定的方式和条件转移给他人的行为。

（5）入股。土地承包方之间自愿联合起来，将土地承包经营权入股，从事农业合作生产的方式。

（四）农业用地保护制度

1. 土地利用总体规划　土地利用总体规划是对各级行政辖区全部土地的开发、利用和保护进行统筹安排，在部门之间科学配置土地资源，综合平衡土地供求和资源需求的长远规划。土地利用总体规划对土地使用在定性、定量、定位和定序四个方面提供了用途管制的标准。

2. 土地用途管制制度　土地用途管制制度是指国家为实行土地资源的合理利用，通过编制土地利用总体规划，划定土地用途区域，确定土地使用限制条件，要求土地所有者、使用者严格按照确定的用途利用土地的制度。

3. 基本农田保护制度　基本农田保护制度是基本农田的规划、划定、保护、监督管理和违反有关规定的处罚办法等法律规定的总和。

（1）基本农田。基本农田指按照一定时期人口和社会经济发展对农产品的需求，依据土地利用总体规划而确定的不得占有的耕地。

（2）基本农田保护区。基本农田保护区指为对基本农田实行特殊保护而依据土地利用总体规划和依照法定程序确定的特定保护区域。

4. 耕地占补平衡制度　耕地占补平衡制度是指《中华人民共和国土地管

理法》规定的国家实行占用耕地补偿制度，非农建设经批准占用耕地要按照"占多少，补多少"的原则，补充数量和质量相当的耕地，没有条件开垦或开垦耕地不符合要求的，应当按照省、自治区、直辖市的规定缴纳耕地开垦费，专款用于开垦新的耕地。

5. 土地整理和复垦制度

（1）土地整理。土地整理是指通过采取各种措施，对田、水、路、林、村综合整治，提高耕地质量，增加有效耕地面积，改善农业生态条件和生态环境的行为。

（2）土地复垦。土地复垦是指对生产建设活动和自然灾害损毁的土地，采取整治措施，使其达到可供利用状态的活动。

二、农业生产资料

农业生产资料是指农业综合开发、农田水利和防护林建设之外的其他农业生产资料，包括农作物种子、农药、肥料、饲料和饲料添加剂（含渔用）、种畜禽、牧草种子、食用菌菌种、兽药、农机及零配件、水产苗种、渔药、渔机渔具等农业投入品的总称。

（一）种子的生产与经营

1. 种子生产 根据《中华人民共和国种子法》规定，主要农作物和主要林木的商品种子生产实行许可制度。凡从事商品种子生产的单位和个人都必须向所在地县级以上种子管理机构申请办理"种子生产许可证"，按照指定的作物种类、产地、规模进行生产。

2. 种子经营 农作物种子经营实行许可制度。种子经营者必须先取得"农作物种子经营许可证"后，方可凭"种子经营许可证"向工商行政管理机关申请办理或者变更"营业执照"。

3. 种子使用 根据《中华人民共和国种子法》规定，种子使用者有知晓权、自由选择权、公平交易权、请求赔偿的权利。

4. 种子管理

（1）新品种审定。主要农作物品种和主要林木品种在推广应用前应当通过国家级或省级审定，申请者可以直接申请省级审定或者国家级审定。由省、自治区、直辖市人民政府农业、林业行政主管部门确定的主要农作物品种和主要林木品种实行省级审定。

（2）品种保护。《中华人民共和国种子法》规定，国家实行植物新品种保护制度，对经过人工培育的或者发现的野生植物加以开发的植物品种，具备新颖性、特异性、一致性和稳定性的，授予植物新品种权，保护植物新品种权所有人的合法权益。选育的品种得到推广应用的，育种者依法获得相应的经济利益。

5. 种子质量

（1）种子质量标准。2011 年我国新发布了《农作物种子质量标准》，并于 2012 年 1 月 1 日起实施。

（2）假劣种子规定。假种子是指以非种子冒充种子或者以此种品种种子冒充他种品种种子的；种子种类、品种、产地与标签标注的内容不符的。劣种子，是指质量低于国家规定的种用标准的、质量低于标签标注指标的、因变质不能作种子使用的、杂草种子的比率超过规定的、带有国家规定检疫对象的有害生物的种子。

（二）化肥的生产与经营

1. 化学肥料登记　《中华人民共和国农业部肥料登记管理办法》规定，未经登记的肥料产品不得进口、生产、销售和使用，不得进行广告宣传。

2. 化学肥料生产　《中华人民共和国农业部肥料登记管理办法》规定，肥料生产应当符合国家产业政策，并具备相应的技术人员、厂房、设备、工艺及仓储、产品质量检验场所、检验设备和检验人员，有产品质量标准和产品质量保证体系等条件。

3. 化学肥料经营　《农业生产资料市场监督管理办法》规定，申请从事化肥经营的企业、个体工商户应当有相应的住所、经营场所；企业注册资本、个体工商户的资金数额不得少于 3 万元人民币。

4. 假劣化学肥料的规定　根据《肥料管理条例》规定，假肥料是指以非肥料冒充肥料，以一种肥料冒充另一种肥料。劣质肥料，是指以不符合产品质量标准的、肥料产品有效成分、含量与标签不符的、失去产品使用效能的，有害有毒物质不符合农用标准的肥料。

（三）农药的生产与经营

1. 新农药登记　国家实行农药登记制度。农药生产企业、向中国出口农药的企业应当依照本条例的规定申请农药登记，新农药研制者可以依照本条例的规定申请农药登记。国务院农业主管部门所属的负责农药检定工作的机构负责农药登记具体工作。省、自治区、直辖市人民政府农业主管部门所属的负责农药检定工作的机构协助做好本行政区域的农药登记具体工作。申请农药登记的，应当进行登记试验。

农药的登记试验应当报所在地省、自治区、直辖市人民政府农业主管部门备案。

2. 农药生产 农药生产应当符合国家产业政策。国家鼓励和支持农药生产企业采用先进技术和先进管理规范，提高农药的安全性、有效性。国家实行农药生产许可制度。

3. 农药经营 国家实行农药经营许可制度，但经营卫生用农药的除外。农药经营者应当具备一定的条件，并按照国务院农业主管部门的规定向县级以上地方人民政府农业主管部门申请农药经营许可证。

（四）兽药的生产与经营

1. 兽药生产 开办生产兽用生物制品的企业，必须由所在省、自治区、直辖市农业（畜牧）厅（局）审查同意，报农业部审核批准。新建、扩建、改建的兽药生产企业，必须符合农业部制定的《兽药生产质量管理规范》的规定。

2. 兽药经营 经营兽药的企业，应当具备下列条件：与所经营的兽药相适应的兽药技术人员；与所经营的兽药相适应的营业场所、设备、仓库设施；与所经营的兽药相适应的质量管理机构或者人员；兽药经营质量管理规范规定的其他经营条件。

3. 进出口兽药

（1）进口兽药。进口兽药的登记程序：外国企业首次向我国出口的兽药，必须向农业部申请注册，取得"进口兽药登记许可证"，"进口兽药登记许可证"有效期为五年。如继续在中国销售，应于期满前六个月内向原发证机关申请再注册。进口兽药的许可程序：凡进口已取得"进口兽药登记许可证"的兽药品种，进口单位必须向所在省、自治区、直辖市农业（畜牧）厅（局）申报，经审查批准发给"进口兽药许可证"。

（2）出口兽药。出口兽药须符合进口国的质量要求。如对方要求出具政府批准生产的证件或质量检验合格证明，应由出口兽药厂所在省、自治区、直辖市农业（畜牧）厅（局）兽药监察所提供。

4. 假劣兽药

（1）假兽药。以非兽药冒充兽药或者以他种兽药冒充此种兽药的；兽药所含成分的种类、名称与兽药国家标准不符合的；国务院兽医行政管理部门规定禁止使用的；依照规定应当经审查批准而未经审查批准即生产、进口的，或者依照规定应当经抽查检验、审查核对而未经抽查检验、审查核对即销售、进口的；变质的；被污染的；所标明的适应症或者功能主治超出规定范围的。

（2）劣兽药。成分含量不符合兽药国家标准或者不标明有效成分的；不标明或者更改有效期或者超过有效期的；不标明或者更改产品批号的；其他不符合兽药国家标准，但不属于假兽药的。

（五）饲料的生产与经营

饲料是指经工业化加工、制作的供动物食用的产品，包括单一饲料、添加剂预混合饲料、浓缩饲料、配合饲料和精料补充料。饲料添加剂是指在饲料加工、制作、使用过程中添加的少量或者微量物质，包括营养性饲料添加剂和一般饲料添加剂。

1. 饲料、饲料添加剂生产 设立饲料、饲料添加剂生产企业，应当符合饲料工业发展规范和产业政策，并具备相适应的厂房、设备和仓储设施；专职技术人员；产品质量检验机构、人员、设施和质量管理制度；有符合国家管理规定的安全、卫生要求的生产环境和污染防治措施以及农业行政主管部门制定的其他条件。

2. 饲料、饲料添加剂经营 饲料、饲料添加剂经营者应具备与经营饲料、饲料添加剂相适应的经营场所和仓储设施；具备饲料、饲料添加剂使用、贮存等知识的技术人员；有必要的产品质量管理和安全管理制度。

3. 假劣饲料、饲料添加剂 以非饲料、非饲料添加剂冒充饲料、饲料添加剂；以此种饲料、饲料添加剂冒充他种饲料、饲料添加剂；饲料、饲料添加剂不符合产品质量标准的；超过保质期的；失效、霉变的；所含成分的种类、名称与产品标签上注明不符的；未取得批准文号的或者批准文号过期作废的；停用、禁用或者淘汰的饲料、饲料添加剂；未经审定公布的。

（六）农机的生产与经营

1. 农业机械生产 《中华人民共和国农业机械化促进法》对农业机械生产作了如下规定：国家支持农业机械生产者开发先进适用的农业机械，采用先进技术、先进工艺和先进材料，提高农业机械产品的质量和技术水平，降低生产成本，提供系列化、标准化、多功能和质量优良、节约能源、价格合理的农业机械产品；国家支持引进、利用先进的农业机械、关键零配件和技术，鼓励引进外资从事农业机械的研究、开发、生产和经营；农业机械生产者应当对其生产的农业机械产品质量负责，并按照国家有关规定承担零配件供应和培训等售后服务责任；农业机械生产者应当按照国家标准、行业标准和保障人身安全的要求，在其生产的农业机械产品上设置必要的安全防护装置、警示标志和中文警示说明。

2. 农业机械经营　参照农业部办公厅《关于进一步规范农机购置补贴产品经营行为的通知》（农办机〔2012〕19号）规定。

3. 农业机械购置补贴　《中华人民共和国农业机械化促进法》规定：中央财政、省级财政应当分别安排专项资金，对农民和农业生产经营组织购买国家支持推广的先进适用的农业机械给予补贴。国家根据农业和农村经济发展的需要，对农业机械的农业生产作业用燃油安排财政补贴。燃油补贴应当向直接从事机械作业的农民和农业生产经营组织发放。

三、农业资源环境

（一）耕地资源利用保护

1. 耕地　耕地是指种植农作物的土地，包括熟地、新开发复垦整理地、休闲地、轮歇地、草田轮作地；以种植农作物为主，间有零星果树、桑树或其他树木的土地；每年能保证收获一季的已垦滩地和海涂。耕地中还包括南方宽度<1.0米，北方宽度<2.0米的沟、渠、路和田埂。根据不同的自然条件和社会生存条件，耕地可分为灌溉水田、望天田、水浇地、旱地和菜地5类。

（1）灌溉水田。有水资源保证和灌溉设施，在一般年景能正常灌溉生产、种植水稻、莲藕和席草等水生农作物的耕地，包括灌溉的水旱轮作地。

（2）望天田。无灌溉工程设施，主要依靠天然降雨用以生产的耕地，包括无灌溉设施的水旱轮作地。望天田主要用于种植水稻、莲藕和席草等水生农作物。

（3）水浇地。除水田、菜地外，有水源保证和灌溉设施，在一般年景能正常灌溉的耕地。水浇地主要分布在我国北方地区，灌溉方式一般都是浇灌、滴灌、畦灌和喷灌。

（4）旱地。无灌溉设施，主要依靠天然降水生长作物的耕地，包括没有固定灌溉设施，仅靠引洪淤灌的土地。旱地主要种植棉花、杂粮、油料等旱作物。

（5）菜地。种植蔬菜为主的耕地，包括温室和塑料大棚用地。

2. 土地用途管制　国家实行土地用途管制制度。国家编制土地利用总体规划，规定土地用途，将土地分为农用地、建设用地和未利用地。严格限制农用地转为建设用地，控制建设用地总量，对耕地实行特殊保护。

3. 农用地转用审批制度　建设占用土地，涉及农用地转为建设用地的，应当办理农用地转用审批手续。

4. 耕地征收 征收基本农田或基本农田以外的耕地超过 35 公顷的由国务院批转。否则，由省、自治区、直辖市人民政府批准，并报国务院备案。国家征收土地的，依照法定程序批准后，由县级以上地方人民政府予以公告并组织实施。被征用土地的所有权人、使用权人应当在公告规定期限内，持土地权属证书到当地人民政府土地行政主管部门办理征地补偿登记。

5. 土地开发整理复垦 国家鼓励单位和个人按照土地利用总体规划，在保护和改善生态环境、防止水土流失和土地荒漠化的前提下，开发未利用的土地；适宜开发为农用地的，应当优先开发成农用地。国家鼓励土地整理，县、乡（镇）人民政府应当组织农村集体经济组织，按照土地利用总体规划，对山、水、田、林、路、村综合整治，提高耕地质量，增加有效耕地面积，改善农业生产条件和生态环境。

（二）水资源利用保护

农业水资源是指可以为农业生产所使用的水资源，包括地表水、地下水和土壤水。

1. 水资源权属 《中华人民共和国水法》规定，水资源属于国家所有。水资源的所有权由国务院代表国家行使。农村集体经济组织的水塘和由农村集体经济组织修建管理的水库中的水，归该农村集体经济组织使用。国家鼓励单位和个人依法开发、利用水资源，并保护其合法权益。开发、利用水资源的单位和个人有依法保护水资源的义务。

2. 节约用水 国家厉行节约用水，大力推行节约用水措施，推广节约用水新技术、新工艺，发展节水型工业、农业和服务业，建立节水型社会；各级人民政府应当采取措施，加强对节约用水的管理，建立节约用水技术开发推广体系，培育和发展节约用水产业；单位和个人有节约用水的义务。各级人民政府应当推行节水灌溉和节水技术，对农业蓄水、输水工程采取必要的防渗漏措施，提高农业用水效率。

3. 水污染防治 《中华人民共和国水污染防治法》规定，水污染防治应当坚持预防为主、防治结合、综合治理的原则，优先保护饮用水水源，严格控制工业污染、城镇生活污染，防治农业面源污染，推进生态治理工程建设，预防、控制和减少水环境污染和生态破坏。

（三）森林资源利用保护

根据《中华人民共和国森林法实施条例》的规定，《中华人民共和国森林法》所称森林是指森林资源，包括森林、林木、林地以及林区野生的植物、动物和微生物。我国森林资源由法律规定属于集体所有的除外，属于国家所有。

（四）草原资源利用保护

根据《中华人民共和国草原法》，草原是指天然草原和人工草地。除由法律规定属于集体所有的以外，草原属于国家所有。国家所有的草原，由国务院代表国家行使所有权。任何单位或者个人不得侵占、买卖或者以其他形式非法转让草原。国家所有的草原，可以依法确定给全民所有制单位、集体经济组织等使用。使用草原的单位，应当履行保护、建设和合理利用草原的义务。

（五）渔业资源利用保护

渔业资源是自然资源的重要组成部分。渔业资源又称水产资源，是指水域中蕴藏的具有经济、社会、美学价值，现在或将来可以通过渔业得以利用的生物资源。它不仅包括水域中蕴藏的各种鱼类和水生经济动植物，还包括所有与渔业生产和环境有关的水生野生动物、水生饵料生物等。我国《中华人民共和国渔业法》适用于在中华人民共和国的内水、滩涂、领海、专属经济区以及中华人民共和国管辖的一切其他领域从事养殖和捕捞水生动物、水生植物等渔业生产活动。

（六）农业环境保护

1. 保护农业生态环境 农业环境是指影响农业生物生存和发展的各种天然的和经过人工改造的自然因素的总体，包括农业用地、用水、大气、生物等，是人类赖以生存的自然环境中的一个重要组成部分。《中华人民共和国环境保护法》规定，各级人民政府应当加强对农业环境的保护，防治水土流失、土地沙化等现象的发生和发展。《中华人民共和国农业法》也规定，发展农业和农村经济必须合理利用和保护土地；发展生态农业，保护和改善生态环境。

2. 防治农业环境污染 防治农业环境污染包括防治土壤污染和防治水污染。防治土壤污染的法律规定《国务院关于落实科学发展观加强环境保护的决定》（国发〔2005〕39号）提出以防治土壤污染为重点，加强农村环境保护。防治水污染法律和规定包括《中华人民共和国水污染防治法》《关于实行"以奖促治"加快解决突出的农村环境问题的实施方案》（国办发〔2009〕11号）。

3. 农村人居环境保护 《"十三五"生态环境保护规划》（国发〔2016〕65号）提出，持续推进城乡环境卫生整治行动，建设健康、宜居、美丽家园。

四、农业生产经营

农业生产经营体制是指农业生产经营形式及其制度的总称，具体指在一定生产资料所有制和经营范围下，农业生产经营过程在一定资源利用方式下的组织和管理制度。

（一）农村劳动力

农村劳动力政策主要包括农村劳动力就业政策、农村劳动力转移政策、农村劳动力资源开发政策。农村劳动力就业政策包括就业环境政策、就业保障政策与农村劳动力转移政策。农村劳动力资源开发政策包括以农业专业教育和农业职业教育为主的农业专业教育，以农民学校培训、岗位培训和资格证书培训为主的农民素质教育，以农村骨干、农技推广和管理人员继续教育为主的农村从业人员继续教育等。

1. 农村劳动力就业环境政策　农村劳动力的有序进城就业在统筹城乡发展、增加农民收入等方面起到了重要作用。我国在进一步做好促进农民进城就业管理和服务的基础上，清理和取消了针对农民进城就业等方面的歧视性规定及不合理限制，创造更加良好的劳动者自主择业、自由流动、自主创业的环境。形成稳定的促进就业政策和制度，健全城乡统一、内外开放、平等竞争、规范有序的劳动力市场，保持就业渠道通畅，进一步优化了农村劳动力就业环境。

2. 农村劳动力就业保障政策　通过法律规范保证农村劳动者在就业过程中的各项权利。《中华人民共和国劳动法》《中华人民共和国劳动合同法》等法律规范规定了劳动者享有的权利和维护权利的途径，同时规定了作为劳动者，如何确立与用人单位的劳动关系、如何签订劳动合同等问题。此外，国家还专门制定政策保证农村劳动者在就业过程中的平等地位和对农村劳动者就业的扶持机制。

3. 促进农村劳动力转移政策　农村劳动力转移包括产业间的转移、地域间的转移和城乡间的转移等几种。农村劳动力的产业转移既包括农业内部种植业与林、牧、渔业的转移，也包括从农业部门向其他非农业部门转移，还大量地转移到非农部门。农村劳动力区域转移主要是从中西部经济欠发达地区向经济发展较快地区转移。这种区域转移给经济欠发达地区积累了一定的发展基金，也培养了一批素质较高的劳动者。

4. 农村劳动力资源开发　农村劳动力资源开发就是在对农村人口、资源、环境和经济等分析的基础上，以发掘、培养、发展和利用农村劳动力资源为主要内容，以提高农村劳动力的思想、文化、技术和身体素质为目的，对农村人口生育、医疗保健和教育培训等方面进行投资的活动和过程，包括农业专业专门教育、农民素质教育、农业从业人员继续教育在内的教育、培训和智力开发以及农村从业人员的生命和健康保障。

（二）产业化经营

农业产业化经营是指以市场为导向，以家庭承包经营为基础，依托龙头企业、农民专业合作经济组织以及其他各种中间组织的带动与连接，立足于当地资源优势，确立农业主导产业和主导产品，将农业再生产过程中的产前、产中、产后诸环节连接成为完整的产业链条，实行种养加、产供销、贸工农等多种形式的一体化经营，把分散的农户小生产联结成为社会化、专业化的规模生产，形成系统内部有机结合、相互促进和"收益共享、风险共担"的经营机制，在更大范围内实现资源优化配置和农产品多次增值的一种新型农业生产经营形式。

1. 农业产业化经营的特征　主要有生产专业化、经营集约化、质量标准化、管理企业化、经营一体化的特征。

2. 农业产业化经营的模式　包括"公司＋农户"为代表的模式和农民专业合作社经济组织模式。

（三）社会化服务

农业生产社会化服务体系是以公共服务为依托、合作经济组织为基础、龙头企业为骨干、其他社会力量为补充、公益性服务和经营性服务相结合、专项服务和综合服务相协调的，为农业生产提供产前、产中、产后全过程综合配套服务的体系。它是现代农业的重要标志。其中产前服务包括农业资金信贷、农业生产资料供应、市场预测和信息服务；产中服务包括生产技术、农田灌溉、植保和兽医及农业机械服务；产后服务包括农副产品储藏、加工和农产品销售服务等。

1. 农业社会化服务体系构成　主要包括农业技术推广体系、动植物疫病防控体系、农产品质量监管体系、农产品市场体系、农业信息收集和发布体系及农业金融和保险服务体系。

2. 农业社会化服务体系主体　主要包括供销合作社、农民专业合作社、专业服务公司、专业技术协会、农民经纪人和龙头企业等。

（四）专业化合作

农民专业合作经济组织是农民自愿参加的，以农户经营为基础，以某一产

业或产品为纽带，以增加农民收入为目的，实行资金、技术、生产、购销、加工等互助的合作经济组织。

1. 农民专业合作社 以农村家庭承包经营为基础，通过提供农产品的销售、加工、运输、贮藏以及与农业生产经营有关的技术、信息等服务来实现成员互助目的的组织，从成立开始就具有经济互助性。拥有一定组织架构，成员享有一定权利，同时负有一定责任。

2. 农产品专业协会 由从事同类产品生产经营的农户自愿组织起来，在技术、资金、信息、购销、加工、储运等环节实行自我管理、自我服务、自我发展，以提高竞争能力，增加成员收入为目的的专业性合作组织。

（五）农产品流通（贸易）

农产品流通是指产品购销、仓储、运输以及相应的货币流转的总称。

农产品流通政策是指政府调节和引导农产品购销、仓储、运输以及相应的货币流转而制定的政策。一般分为价格政策对外贸易政策和市场结构政策。

1. 价格政策 价格政策是指能够直接影响到农产品价格水平的政策措施，包括国家价格政策和对外贸易政策。

（1）限制价格政策。限制价格政策也称最高限价政策，是指政府对某种农产品规定的最高价格的政策。

（2）支持价格政策。支持价格政策也称最低限价、干预价格、保护价格政策，是指政府为了扶植某一农产品生产而规定该产品最低价格的政策。

（3）双重价格政策。双重价格政策是指政府对某一农产品实行双重价格政策，既对生产者制定高于市场均衡水平的最低保护价格，又对消费者维持较低的最高限制价格的政策。

2. 农产品对外贸易政策 农产品对外贸易政策是政府为农产品对外贸易活动规定的基本行为准则和采取的重要措施的总称。

（1）农产品出口竞争政策。农产品出口竞争政策是指在世界贸易组织农业协议以及其他双边或多边国际协议等相关规则约束下，一个国家或地区政府为扩大本国或本地区农产品出口所采取的一些提高农产品国家市场竞争力的边境措施。

（2）农产品出口补贴。农产品出口补贴是指政府直接或间接付给农产品出口商的货币补贴或实物补贴。农产品出口补贴政策是一种最常见的出口竞争政策。

（3）农产品市场准入政策。农产品市场准入政策是指在世界贸易组织农业协议以及其他双边或多边国际协议等相关规则约束下，一个国家或地区政府为限制或减少国外农产品进入本国或本区域市场所采取的一系列构筑农产品贸易壁垒的边境措施。

（4）农产品关税壁垒。农产品关税壁垒是指在关税设定、计税方式及关税管理等方面阻碍进口的做法。

3. 市场结构政策　市场结构政策是指为促进市场均衡价格的形成，提高农产品市场宏观运行效率而制定的制约或引导市场各种要素之间的内在联系的政策。

（1）垄断措施。垄断措施是指政府为了特定目的，对某一种或某一些农产品实行垄断经营，规定只有某些指定的商业部门才有权收购、批发和零售这些农产品，禁止其他部门和个人参与经营的措施。

（2）市场透明度。市场透明度是指一般市场参与者通过合法的公众渠道就能取得决策所需的各种信息，对于市场交易的公平和效率具有重要的意义。

（六）农产品质量安全

详见第九章。

（七）植物检疫

详见第三章。

五、农业科技教育

（一）农业科技

1. 农业科技政策　农业科技政策是指政府部门为保证农业科技的应用和发展，使科技更好地服务农业经济和社会发展而制定的指导方针和行动准则。农业科技政策主要包括农业科技发展政策和农业技术推广政策。

2. 农业科技发展政策　农业科技发展政策是指农业科技发展的战略决策，包括科技体制、科技投资、结构和发展重点等方面的政策。

3. 农业技术推广政策　农业技术推广政策包括农业科学研究政策和农业技术政策两个方面。农业科学研究政策是指科技活动中涉及的所有关于农业科技组织管理的政策。农业技术政策是指与农业有直接关系的各种农业应用技术政策，包括技术引进、技术转让、环境保护和技术政策等。

4. 中华人民共和国农业技术推广法　1993 年 7 月 2 日第八届全国人民代表大会常务委员会第二次会议通过，根据 2012 年 8 月 31 日第十一届全国人民代表大会常务委员会第二十八次会议《关于修改〈中华人民共和国农业技术推广法〉的决定》修正，自 2013 年 1 月 1 日起施行。该法共六章三十九条，包括总则、农业技术推广体系、农业技术的推广与应用、农业技术推广的保障措施、法律责任、附则。

5. 农业知识产权　农业知识产权特指农业领域的知识产权保护。《农业部关于"十三五"农业科技发展规划》指出，建立知识产权保护与开发利用相关规则和机制，构建科学合理的农业科技成果评估体系。

6. 农产品地理标志　农产品地理标志是指标示某商品来源于特定地域，该商品的特定质量、信誉或者其他特征，主要由该地区的自然因素或者人文因素所决定，并以地域名称冠名的特有农产品标志。

7. 农业转基因生物　农业转基因生物是指利用基因工程技术改变基因组构成，用于农业生产或者农产品加工的动植物、微生物及其产品，主要包括：①转基因动植物（含种子、种畜禽、水产苗种）和微生物；②转基因动植物、微生物产品；③转基因农产品的直接加工品；④含有转基因动植物、微生物或者其产品成分的种子、种畜禽、水产苗种、农药、兽药、肥料和添加剂等产品。

（二）农业教育

1. 农业职业教育　农业职业教育包括加快农业职业教育发展，加强涉农院校建设，建立健全家庭经济困难学生资助政策体系，重点支持农业中等职业教育。

2. 农业继续教育　农业继续教育是指培养对象是具有中专以上文化程度或初级以上专业技术职务，从事农业生产、技术推广、科研、教育、管理及其他专业技术工作的在职人员。培养目标主要是针对初级、中级和高级农业专业技术人员。

3. 农业科技教育培训　农业科技教育培训包括全国农民教育培训、新型农民科技培训和常见农民培训工程。

六、农业行政执法

1. 行政处罚　行政处罚是指行政机关或者其他行政主体依法对违反行政法但尚未构成犯罪的行政相对人实施的制裁。

2. 行政诉讼　行政诉讼是指对具体行政行为不服而诉诸法律的行为。

3. 行政复议　行政复议是指对行政机构作为或者不作为的行为，向该行政机构的上级部门提出申请要求改变或撤销该行为的要求。

4. 行政赔偿　行政赔偿是国家赔偿的一种，指国家机关或国家机关工作人员因过错行使职务行为给其他人造成人身或财产损失的赔偿行为。

七、国家农业投入

农业投入是指用于种植业、畜牧业、渔业、农垦、农机、水利等农业及农村其他事业方面的资金、物质投入和劳动积累。从资金来源来看，农业投入可以分为财政支农资金、农业信贷资金和农业农村积累。财政支农资金是指国家财政支出中用于农业的资金；农业信贷资金是指国家信贷资金中用于农业的固定资产和流动资金的贷款，主要来源于各级农业银行和农村信用社；农业农村积累是指农村集体公共积累和农户个人积累中直接投资于农业生产活动的资金。

（一）财政支农

1. 农业财政　农业财政是指国家在农业领域参与社会产品的分配和再分配而形成的分配关系和经济活动，是农业中财政分配关系的总称。农业财政政策对农业实施宏观调控的政策手段主要包括农业税收政策和财政支农政策。

2. 财政支农政策　财政支农政策是指国家财政对农业、农村、农民的支持的政策。财政支农资金实际是指财政支出中直接用于支援农业生产或与农业生产联系较为密切的资金。

（二）农业金融

1. 农业信贷政策　农业信贷是农业经济活动中各种信贷活动的总称。农业信贷政策是指国家运用信贷手段控制、调节农业经济活动所遵循的准则和方略。我国农业信贷政策是由工程产业信贷政策、农村区域贷款政策和农村贷款利率政策等共同组成的。

2. 农村产业贷款政策　农村产业贷款政策是指国家依据农村产业政策和农村发展规划制定的信贷扶持产业的政策，通过贷款投向和投量来进行规范和引导产业发展。

3. 农村贷款利率政策　农村贷款利率政策是指充分发挥贷款利率的杠杆作用，调节农业贷款的投向、投量和贷款期限，以促进农村经济发展的措施。

（三）农业税收

税收政策主要是指通过税目的增减、税率的升降以及税收的附加、加成和

减免的实施发挥作用。农业财政政策主要是通过税收政策调节农业生产结构和农村收入分配。我国自 2006 年 1 月 1 日起，全面免征农业税。

（四）农业保险

1. 农业保险　农业保险通常指狭义农业保险，即种植业保险和养殖业保险。是指专为农业生产者在从事种植业和养殖业生产过程中，对遭受自然灾害和意外事故所造成的经济损失提供保障的一种保险。我国农业保险属于政策性农业保险。

2. 政策性农业保险　政策性农业保险是指保险公司开展的由政府提供保费补贴的特定农作物、特定养殖品种的保险。

3. 农业保险种类　农业保险按农业种类不同分为种植业保险、养殖业保险；按危险性质分为自然灾害损失保险、病虫害损失保险、疾病死亡保险、意外事故损失保险；按保险责任范围不同，可分为基本责任险、综合责任险和一切险；按赔付办法可分为种植业损失险和收获险。

4. 农业保险条例　《农业保险条例》已于 2012 年 10 月 24 日在国务院第222 次常务会议通过，2012 年 11 月 12 日中华人民共和国国务院令第 629 号正式公布。该《条例》分总则、农业保险合同、经营规则、法律责任、附则共 5章 33 条，自 2013 年 3 月 1 日起施行。

5. 农业保险投保　农业保险可以由农民、农业生产经营组织自行投保，也可以由农业生产经营组织、村民委员会等单位组织农民投保。由农业生产经营组织、村民委员会等单位组织农民投保的，保险机构应当在订立农业保险合同时，制定投保清单，详细列明被保险人的投保信息，并由被保险人签字确认。保险机构应当将承保情况予以公示。

八、农村社会保障

（一）农村最低生活保障

农村最低生活保障对象是家庭年人均纯收入低于当地最低生活保障标准的农村居民，主要是因病残、年老体弱、丧失劳动能力以及生存条件恶劣等原因造成生活常年困难的农村居民。

（二）农村社会养老保险

国务院决定，从 2009 年起开展新型农村社会养老保险（以下简称新农保）试点。探索建立个人缴费、集体补助、政府补贴相结合的新农保制度，实行社会统筹与个人账户相结合，与家庭养老、土地保障、社会救助等其他社会保障政策措施相配套，保障农村居民老年基本生活。

（三）新型农村合作医疗

新型农村合作医疗，简称"新农合"，是指由政府组织、引导、支持，农民自愿参加，个人、集体和政府多方筹资，以大病统筹为主的农民医疗互助共济制度。

（四）农村五保供养

农村五保供养是指以保吃、保穿、保住、保医、保葬为基本内容的农村五保供养制度。

（五）自然灾害生活救助

《自然灾害救助条例》已经于 2010 年 6 月 30 日国务院第 117 次常务会议通过，自 2010 年 9 月 1 日起施行。县级以上地方人民政府及有关部门应当制定相应的自然灾害救助应急预案。统筹规划设立应急避难场所，并设置明显标志。向社会发布规避自然灾害风险的警告，宣传避险常识和技能，提示公众做好自救互救准备。开放应急避难场所，疏散、转移易受灾害危害的人员和财产。

（六）农民转移就业

在城市规划区外，应保证在本行政区域内为被征地农民留有必要的耕地或安排相应的工作岗位，并纳入农村社会保障体系；对不具备生产生活条件地区的被征地农民，要异地移民安置，并纳入安置地的社会保障体系。

（七）农村扶贫

1. 扶贫政策的演变　中国扶贫政策经历四个阶段，即经济体制改革减贫政策（1978—1985 年）；大规模开发式扶贫政策（1986—1993 年）；扶贫攻坚政策（1994—2000 年）；基本消除贫困政策（2000 年以后）。中共中央国务院于 2011 年印发《中国农村扶贫开发纲要（2011—2020 年）》，总体目标为：到 2020 年，稳定实现扶贫对象不愁吃、不愁穿，保障其义务教育、基本医疗和住房。贫困地区农民人均纯收入增长幅度高于全国平均水平，基本公共服务主要领域指标接近全国平均水平，扭转发展差距扩大趋势。从专项扶贫、行业扶贫、社会扶贫、国际合作、政策保障和组织领导几方面推进农村扶贫工作。

2. 农村扶贫方式　具体的扶贫分为 3 种方式，即开发式扶贫；区域瞄准；

政府主导下的全方位扶贫。

3. 农村扶贫体系　我国农村扶贫体系包括 4 个方面，即整村推进扶贫开发；农业产业化扶贫；自愿移民扶贫模式；劳动力输出培训扶贫模式。

九、农民权益保护

（一）公民权利

农民享有的公民权利包括公民基本权利，妇女、儿童权利，消费者权利。

1. 公民基本权利　《中华人民共和国宪法》规定，中华人民共和国年满 18 周岁的公民依法享有人身自由权，平等权，选举权和被选举权，言论权，受教育权，人格权，住宅不受侵犯权等。中华人民共和国公民有言论、出版、集会结社、游行、示威的自由、宗教信仰自由的权利。禁止用任何方法对公民进行侮辱、诽谤和诬告陷害。禁止非法搜查或者非法侵入公民的住宅。

2. 妇女、儿童权利　《中华人民共和国宪法》规定，中华人民共和国妇女在政治、经济、文化、社会和家庭生活等各方面享有同男子平等的权利。国家保护妇女的权利和利益，实行男女同工同酬，培养和选拔妇女干部。婚姻、家庭、母亲和儿童受国家的保护。

3. 消费者权利　农民消费者在购买、使用商品和接受服务时享有人身、财产安全不受损害的权利，享有自主选择商品或者服务的权利和公平交易的权利。消费者因购买、使用商品或者接受服务受到人身、财产损害的，享有依法获得赔偿的权利。

（二）农民的民主权益

农民的民主权益包括两个方面：一是健全农村民主管理制度；二是强化农村社会管理。

（三）农民的社会保障权

我国农村公民依法享有农村社会保障制度所规定的最低社会保障、新型合作医疗、农村养老保险、农村救灾、农村社会福利、农村五保供养、农村医疗救助、被征地农民社会保障、农民工社会保障等各项社会保障权利。

（四）农民的财产权和继承权

财产权是以财产为内容并体现一定物质利益的权利，是公民的基本权利之一。继承权是指继承人依法取得被继承人遗产的权利。农民财产权主要有农村土地承包经营权和宅基地权。

（五）农民享有公共产品的权益

农民享有公共产品权益包括与农村基础设施建设相关的公共产品。还包括便捷的道路、清洁的饮水、畅通的广播电视与通讯、基本的文化服务，以及农村的稳定与安全等。

（六）农民纳税权益

农民和农业生产经营组织依照法律、行政法规的规定承担纳税义务。税务机关及代扣、代收税款的单位应当依法征税，不得违法摊派税款及以其他违法方法征税。

（七）农民维护自身利益的权利

农民或者农业生产经营组织为维护自身的合法权益，有向各级人民政府及有关部门反应情况和提出合法要求的权利，人民政府及其有关部门对农民或者农业生产经营组织提出的合理要求，应当按照国家规定及时给予答复。

（八）农民工权益

农民工是指在本地乡镇企业或者进入城镇务工的农业户口人员。农民工权益问题主要体现在劳动合同、工资、工伤保险、女工权益问题等。《国务院关于解决农民工问题的若干意见》指出，要尊重和维护农民工的合法权益，消除对农民进城务工的歧视性规定和体制性障碍，使他们和城市职工享有同等的权利和义务。

参 考 文 献

何忠伟，2009. 中国农业政策与法规 [M]. 北京：中国农业出版社.
扈艳萍，2012. 农业政策与法规 [M]. 北京：化学工业出版社.
肖勇，2012. 农业政策法规 [M]. 北京：中国农业科学技术出版社.

第二十三章　农村发展规划

农村发展规划一般是指各地区根据其当前经济、社会、技术、自然等状况和未来可能发展的趋势而制定的具有综合性、长期性的一种计划形式，是在特定的农村区域范围内进行农村经济和社会发展建设的总体部署，它具有全局性、导向性、差异性和动态性四大特点。

一、农村发展规划类型

（一）按照规划属性分类

1. 概念规划　概念规划是指对一个体系或者对象的发展战略所做的设计，研究的重点是该体系的发展方向和功能定位，强调对全局和长远的把握。农村发展规划的概念规划，要考虑农村资源、经济、生态、文化、环境、社会、科技等综合性问题。

2. 技术规划　技术规划是指对规划欲达到的技术水平、涉及范围、发展目标以及空间安排等进行的谋划，以及为实现概念规划目标而设计的途径、措施与步骤等。

（二）按照规划视角分类

1. 宏观规划　宏观规划是指面向全局，将经济、社会、生态统筹考虑，战略性、纲领性、原则性很强的规划。从绝对概念说，国家级各种规划是严格意义上的宏观规划，但对不同范围而言，宏观和微观分类会产生变化，如对某个省而言，省级规划可理解为宏观规划，对某个地区而言，区级规划也可理解为宏观规划。

2. 微观规划　从我国国情出发，一般把国家、地区、省级规划视为宏观规划，而把县、乡（镇）、企业、各部门和各行业的规划都视为微观规划。

（三）按照规划性质分类

1. 总体规划　总体规划也称综合规划，是指在一定区域内，根据国家社会经济可持续发展的要求和当地自然、经济、社会条件，对土地的开发、利用、治理、保护在空间上、时间上所做的总体安排和布局。

2. 专项规划　专项规划也称专题规划，是指针对系统的某一层面或组成元素，对经济、社会的某个领域（经济、科技、教育、卫生、生态、园区等），或某个行业，或某个产业，编制的规划。

3. 区域规划　区域规划是指从空间地理角度，针对不同规模的地域，如省、市、区、县等行政区、经济区、生态区、流域、沟域等，编制的规划。

（四）按照行政层次分类

①国家级规划。
②省区市级规划。
③市县级规划。
④乡镇级规划。
⑤村级规划。

（五）按照规划期限分类

1. 短期规划　短期规划一般是指 3～5 年的规划。
2. 中期规划　中期规划一般是指 5～10 年的规划。
3. 长期规划　长期规划一般是指 10 年以上的规划。

（六）按照规划内容分类

1. 城乡统筹规划　城乡统筹规划是指以城乡统筹发展为指导思想，以城乡一体化为目标，对一个地区的市镇村建设、产业布局、生态保护、设施网络的整体协调规划，城乡统筹是一种规划理念。

2. 农村土地利用总体规划　农村土地利用总体规划是指在一定规划区域内，根据当地自然和社会经济条件以及国民经济发展的要求，协调土地总供给与总需求，确定或调整土地利用结构和用地布局的宏观战略措施。

3. 新农村建设规划　新农村建设内涵涉及农村物质文明、精神文明和政治文明等多个方面。按照新农村建设要求，规划内容包括生产发展规划、生活宽裕规划、乡风文明规划、村容整洁规划和管理民主规划等。

4. 现代农业发展规划　现代农业发展规划一般是指根据国家和地区在一定时期内国民经济发展的需要，充分考虑现有生产基础以及自然、经济、技术条件和进一步利用改造的潜力与可能性，拟定具有一定年限的、有科学根据的农业发展设想、轮廓指标、投资安排及主要实施措施等，是全面的、长期的农业计划和部署。

5. 农村工业发展规划 农村工业发展规划是指在对基础资料进行搜集、整理和分析的基础上，遵循一定的原则，对农村地域上的工业发展做出行业发展和项目规划。

6. 农村社会事业发展规划 农村社会事业发展规划是指对一个地区的教育、文化体育、卫生、社会保障等几个方面的规划。

7. 村镇体系建设规划 村镇体系建设规划是指在一定的时期和行政区域内，以国民经济发展的要求为依据，以区域的自然资源、社会经济状况为条件，对区域内的集镇、村庄和主要建设项目进行的总体布局和全面安排。

8. 生态建设与环境保护规划 农村生态建设与环境保护规划是指对农业生产依赖的大气、水源、土地、光、热以及农业生产者劳动与生活的环境所做的总体布局和安排。

9. 农村人口与人力资源规划 农村人口与人力资源规划是指根据一定时期某个农村区域可持续发展要求，制定指导和调节农村人力资源发展的计划，使农村人力资源的数量、质量、结构以及配置等都能与该区域的资源、环境、经济与社会协调一致。

二、农村发展规划理论

（一）区域经济发展理论

1. 均衡与非均衡发展理论 区域经济均衡发展理论是以大推动理论为代表，它认为必须要对国民经济的几个主要部门同时进行大规模投资，以促进这些部门的平稳增长，从而达到推动经济发展的；区域经济非均衡发展理论主要包括增长极理论、循环因果累积原理和职能空间一体化理论，而以增长极理论为代表。

2. 梯度与反梯度理论 梯度理论的观点认为区域经济发展的兴衰主要取决于其产业结构的优劣，而产业结构的优劣又取决于区域经济部门特别是主导专业化部门在工业生命循环中所处的阶段；创新活动包括新产业部门、新产品、新技术、新的生产管理与组织形式等大都发源于高梯度地区，然后随着时间的推移，生命循环阶段的变化，按顺序逐步由高梯度地区向低梯度地区转移；梯度转移主要是通过多层次城市系统扩展开来。反梯度理论认为，现有生产力水平的梯度顺序，不一定等于引进先进技术和经济发展的顺序，这种顺序只能由经济发展的需要和可能决定。

3. 区域分工与要素流动理论 区域分工理论主要包括成本优势理论、要素禀赋理论、新贸易理论、国家竞争优势理论等；区域要素流动理论包括劳动力要素的流动、资本要素的流动和技术要素的流动等。

（二）空间经济理论

空间经济理论是在区位理论的基础上发展起来的，研究空间的经济现象和规律，研究生产要素的空间布局和经济互动的空间区位的多学科交叉融合支撑研究的结果。

（三）可持续发展理论

可持续发展是指满足当前需要而又不削弱子孙后代满足需要的能力的发展，可持续农业应当具备的特征包括协调性、可持续性、人口规模适度、高效性和公平性。

（四）区域生态经济系统理论

农村区域是一个由生态系统和经济系统组成的有机统一体，区域生态经济的理论内容有：区域是一个复杂的生态经济系统；生态系统与经济系统的统一；生态平衡与经济平衡的统一；生态效益与经济效益的统一。

三、农村发展规划方法

（一）系统分析法

系统分析法是指把要解决的问题作为一个系统看待，通过系统目标分析、系统要素分析、系统环境分析、系统资源分析、系统结构分析和系统管理分析，从而准确地诊断问题，找出解决问题的可行方案，并通过一定标准对这些方案进行比较，帮助决策者做出科学决策。

（二）综合平衡法

综合平衡法是指从国民经济总体上，通过社会总产值和国民收入的运动来考察和研究国民经济各部门、社会再生产各环节和各要素之间平衡关系的原则和方法。

四、农村发展规划指标

农村发展规划指标是指反映农村社会现象（现在或将来）的数量、质量、类别、状态、等级、程度等特性的项目。

（一）农村发展规划指标的特点

1. 计量性或可量度性 农村发展规划指标必须是可以计量的，或可用数字、符号进行量度的项目。

2. 具体性或可感知性 农村发展规划指标是具体的或可感知的项目。

3. 重要性或代表性 农村发展规划指标必须是对反映农村社会现象具有关键意义的或具有代表性的项目，而不能是次要的，说明不了问题的概念。

4. 时间性 农村发展规划指标必须是具有明确时间规定的项目，而不能是没有时间界限的概念。

（二）农村发展规划指标的类型

1. 客观指标和主观指标 客观指标是指反映客观社会现象的指标。主观指标是指反映人们对客观社会现象的主观感受、愿望、态度、评价等心理状态的指标，因此又称感觉指标。

2. 描述性指标和评价性指标 描述性指标是指反映农村社会现象实际情况的指标。如农村人口数、农业生产总值、农民纯收入、农民生活消费品支出等。评价性指标是指反映社会发展、社会效果在某些方面利弊得失的指标，也称为分析性指标或诊断性指标。

3. 经济指标和非经济指标 经济指标是指反映农村社会经济生活情况的指标。非经济指标是指反映农村经济领域之外的社会生活情况的指标。

4. 肯定指标、否定指标和中性指标 肯定指标是指反映农村社会进步或发展的社会现象的指标，又称正指标。这类指标值越大，说明农村社会越进步或越发展。否定指标是指反映阻碍农村社会进步或发展的社会现象的指标，又称逆指标或问题指标。这类指标值越大，说明农村社会问题越多、发展越慢。中性指标是指反映与农村社会进步或发展没有直接联系的社会现象指标。

5. 投入指标、活动量指标和产出指标 投入指标是指反映投向某一农村社会过程的人力、物力、财力等资源的指标。活动量指标是指反映农村社会过程的工作量、活动频率、承担次数等状况的指标。产出指标是指反映农村社会过程的结果的指标。

（三）农村发展规划指标的功能

1. 反映功能 反映功能是农村发展规划指标最基本的功能。

2. 监测功能 监测功能是反映功能的延伸，是一种动态的反映功能。

3. 比较功能 当农村发展规划指标被用来衡量两个或两个以上认识对象

的时候，农村发展规划指标就具有比较功能。

4. 评价功能　评价功能是农村发展规划指标的核心功能，它是反映功能、监测功能和比较功能的深化和发展。

5. 预测功能　预测功能是指在评价功能的基础上，对农村社会现象未来发展趋势的预先测算。预测功能包括农村社会发展预测和农村社会问题预测两方面。

6. 计划功能　计划功能是预测功能的延伸。计划是根据预测结果对实际工作所做的安排或采取的对策。

（四）农村发展规划指标体系

农村发展规划指标体系是根据一定目的、一定理论设计出来的综合反映农村社会现象的具有科学性、代表性和系统性的一组农村发展规划指标。它具有目的性、理论性、科学性、代表性和系统性等特点。

五、农村人口与人力资源规划

（一）农村人口结构分析

1. 年龄构成　人口的年龄构成是指各年龄组人口数量在总人口中的比例关系。规划中一般将年龄分为六组：托儿组（0～3 岁）、幼儿组（4～6 岁）、小学组（7～12 岁）、中学组（13～18 岁）、成年组（男 19～60 岁，女 19～55 岁）和老年组（男 61 岁以上，女 56 岁以上）。

2. 性别构成　性别构成是指人口中男女两性各自所占的比重，主要反应一定范围和时间内男性和女性人口之间的比例关系。

3. 职业构成　职业构成是指区域人口中，劳动人口在各个社会部门分配的比例，即各部门劳动职工或工作人员占在职总数的比例。

4. 文化构成　文化构成是指反映人口与人力资源的文化教育状况，反映人口与人力资源的质量。

5. 家庭构成　家庭构成反映农村人口的家庭人口数量、性别、辈分等的组合情况。

（二）农村人口变化分析

1. 人口的自然增长

（1）人口出生率。人口出生率是一个农村区域一年中新生婴儿数与年平均总人口数的比率，它受人口年龄构成、区域生产力发展水平、人口政策、卫生

水平及婚姻状况、宗教、风俗习惯、教育及就业等因素的影响。人口出生率计算公式为：

$$人口出生率（\%）=\frac{一年中新生婴儿数}{年平均总人口数}\times100$$

（2）育龄妇女生育率。育龄妇女生育率是指一年中新生婴儿数与育龄妇女人数比。计算公式为：

$$育龄妇女生育率（\%）=\frac{一年中新生婴儿数}{育龄妇女人口数}\times100$$

（3）人口死亡率。人口死亡率是指一个农村区域一年中死亡人数占总人口数的比率，它受性别、年龄构成、自然环境、战争、饥荒或营养缺乏、医疗卫生条件及其他社会因素影响。计算公式为：

$$人口死亡率（\%）=\frac{一年中死亡总人数}{年平均总人口数}\times100$$

（4）人口自然增长率。人口自然增长率是指出生率和死亡率之差，它反映了农村区域人口在出生和死亡相互作用下的人口自然增减状况。计算公式为：

$$人口自然增长率＝人口出生率－人口死亡率$$

2. 人口的机械增长　农村区域人口机械增长是指区域人口的净迁入，通常用机械增长率表示。人口机械增长率是指一地区（城市）本年内迁入和迁出人口的差数占总人口的比例。计算公式为：

$$人口机械增长率（\%）=\frac{本年迁入人口数－本年迁出人口数}{农村区域人口总数（年平均人数）}\times100$$

3. 人口平均增长速度　人口平均增长速度是指一定年限内，一个农村区域平均每年人口增长的速度，可以用人口平均增长率表示，计算公式为：

$$人口平均增长率（\%）=\left(\sqrt[年限]{\frac{期末人口数}{期初人口数}}-1\right)\times100$$

（三）农村人口素质分析

农村人口素质是指农村居民在改造自然和改造社会过程中所具有的体魄、智力、思想道德的总体水平，它反映的是农村人口自然因素和社会因素的总和。

（四）适度人口与人口容量

1. 适度人口　迄今为止，适度人口概念没有一个统一的定义。一般而言，所谓合理人口规模就是某一地区在一定时期内按一定标准所能够供养的最优人口数量。

2. 人口容量 人口容量是指某一地区在一定时期内所能供养的人口数量。

(五）农村人口预测

1. 农村区域总人口预测 农村区域总人口预测是指以某一农村区域人口现状为基础，并对未来该农村区域人口的发展趋势提出合理的控制要求和假定条件，来获得对未来人口数据提出预报的技术或方法。

2. 城镇化水平预测 城镇化简单释义为农业人口及土地转向非农人口的城市化的现象及过程。具体内容包括：人口职业的转变；产业结构的转变；土地及地域空间的变化。城镇化水平一般由城镇人口占总人口的比重表示，其计算公式为：

$$城镇化水平（\%）= \frac{城镇人口}{区域总人口} \times 100$$

3. 集镇人口预测 集镇通常指的是介于乡村与城市之间具有一定商业贸易活动的过渡性居民点，是对建制城镇以外的地方服务中心的统称。集镇的人口规模决定了集镇的用地规模及布局形态。一般根据集镇的人口规模及人均用地指标就能确定集镇的用地规模。

4. 村庄人口预测 村庄是农村社会基本的地域单位和聚居形式，农村社区各种发展活动的经济、社会、组织基础。按常住人口规模分为大、中、小型三种。村庄人口规模决定了村庄居住用地规模，也是村庄公共设施和基础设施配置的重要决定因素。

(六）农村人力资源规划

农村人力资源规划是指根据一定时期某个农村区域可持续发展要求，制定指导和调节农村人力资源发展的计划，使农村人力资源的数量、质量、结构以及配置等都能与该区域的资源、环境、经济和社会协调一致。农村人力资源发展规划包含农村人力资源数量预测与规划、质量规划和合理配置三个方面；其内容涉及了农村区域人力资源的预测、教育培训、合理配置、社会保障、使用调控、人地协调等农村人力资源发展环节。

1. 农村人力资源规划编制 农村人力资源发展规划编制的步骤为五个阶段：准备阶段、预测阶段、规划阶段、评估阶段、实施调整阶段。

2. 农村人力资源数量规划 农村人力资源数量规划是指依据一定时期某个农村区域的变化发展，确定规划期内农村区域人力资源的数量、类型及比例，并在此基础上制定农村区域人力资源供给计划。

3. 农村人力资源质量规划 农村人力资源质量规划即农村人力资源素质

规划，是指根据某个农村区域人力资源素质发展现状，规划农村人力资源质量提高的途径，并进行相应的政策设计。

4. 农村人力资源合理配置规划　农村人力资源合理配置是指农村人力资源在其可能的配置空间上的有机组合。通过各种配置手段和途径，合理调整农村人力资源存在地区间、产业间、部门间以及季节间的分布和结构，力求合理化、科学化，从而使每个农村劳动者各尽所能，同时又能最充分地发挥群体的最佳组合优势。

六、农村土地利用总体规划

土地利用总体规划是在一定规划区域内，根据当地自然和社会经济条件以及国民经济发展的要求，协调土地总供给和总需求，确定或调整土地利用结构和用地布局的宏观战略措施。

(一) 总体规划内容

土地利用总体规划内容包括农业生产布局和土地利用的合理安排、人口远景预测和小城镇居民点布局、工业企业合理布局及其用地的选定、水资源综合开发利用和水利工程规划、交通运输干线规划、农村生态环境建设项目的确定和土地保护工程规划。

(二) 农业用地合理配置

农业用地的配置标准，必须在土地利用现状调查和土地等级评定工作的基础上，在现场通过研究分析各类典型地段的合理用途来确定。农业用地的配置主要包括大田作物、蔬菜、林业用地、水土保持林、油料作物等用地的配置。

1. 大田作物用地配置　大田主要生产粮食作物、经济作物和油料作物。应该把土壤肥沃、宜于大田作物生长的土地全部划作大田作物用地。一般大田作物用地应满足以下条件：土壤肥沃、土层深厚和水源充足；地形坡度条件便于耕作，一般来讲，45°以上的坡地，人的行走已很困难，30°以上坡地大牲畜难于活动，15°以上坡地不利于拖拉机耕作；土地集中连片，外形规整，以便发挥机械作用和便于其内部规划设计。

2. 蔬菜地的配置　蔬菜地要求土壤肥沃，土地平整，水源充足，水质良好。缓坡下部、河滩和湖滨滩地是配置蔬菜地的好地方，应充分利用老菜园地。应尽可能将蔬菜地配置在居民点和畜牧场附近，以便于运输。

3. 林业用地的配置　在北京地区主要是果园用地配置。果园的位置应满足果树生长的需要，附近应有良好的水源，以便于灌溉和喷药，通常把果园配置在居民点附近，具有便利的交通条件。

4. 水土保持林用地配置　水土保持林包括水流调节林、固沟林和护岸护滩林，分别配置在山腹坡地大约 300m 以上的地方、土壤侵蚀严重地区和河岸、湖边、池塘、水岸周围。

（三）村级土地利用规划

1. 村级土地利用规划内容　村级土地利用规划的内容包括各用地类型的数量指标与空间配置、各用地类型的内部设计和设计方案的可行性分析三个方面的内容。

2. 村级土地利用规划编制方法　农户"参与法"是村级土地持续利用规划编制与实施的基础，定量与定性相结合的分析方法是村级土地利用系统分析的有效工具。在定量分析的基础上，使用政策条件下的定性解释与描述，能客观地反映土地利用系统的发展变化规律。

3. 村级土地利用规划编制程序

第一，应进行土地利用的自然条件和社会经济条件调查，调查内容包括农用土地、建设用地和未利用地在内的土地利用现状调查和区位与市场因素调查。

第二，进行土地利用分析，包括土地利用现状调查分析，分析当前土地利用中的优势与劣势及其存在的问题，并进行土地多宜性评价和生产潜力估算，确定土地资源结构与利用结构。

第三，在县乡级土地利用总体规划的基础上及农户的参与下，确定村级可持续发展战略，根据发展战略确定产业结构调整目标以及土地利用结构。

第四，进行土地资源的优化配置；最后对规划方案进行可行性分析与上报审批、组织实施。

七、现代农业发展规划

（一）现代农业区域

1. 农业区域　农业区域是指农业生产特征类似且空间联系密切的地区，即在农业生产上具有类似的条件、特征和发展方向的一定地域。

2. 农业区域的类型　根据农业区域所具有的本质属性，农业区域可分为农业类型区域和农业综合区域。

（1）农业类型区域。农业类型区域是着眼于农业地区的类似性、均质性而划分的区域，这种同质性的农业类型区域，可以根据不同的标准、指标划定，从而有多种多样的农业类型区域。

（2）农业综合区域。农业综合区域是指根据农业区域本身所具有的内聚力和农业区域各要素的功能关联性而划定的，以服务大城市为主要目的，围绕大城市周围分布的各种农业地域单元，耦合形成的区域。

3. 现代农业区域的类型 适应现代农业发展的我国区域农业类型，大体可分为优势农业区和生态农业区 2 个农业类型区和 7 个基本类型区。基本类型区以县级行政区域为单元。

（1）优势农业区。优势农业区是指农业产业发展具有优势的区域，一般具有资源条件优越、产业基础扎实、农产品生产比较效益高等基本特征，以及现代农业发展所需要的产业化、贸易体系等条件。优势农业区包括基础农产品优势区、特色农产品优势区和国际贸易产品优势区。

①基础农产品优势区指单一性的自然资源总量大，主要生产专用农产品的区域。通常包括粮棉油糖肉等关系国计民生的基本农产品，主要是大众农产品的优势产区。

②特色农产品优势区指具有区域特定资源优势，形成一定市场规模的特色农产品和一定生产规模的特色产业的区域。

③国际贸易产品优势区是在贸易全球化中发挥我国农业资源优势，形成具有竞争力农产品的区域。

（2）生态农业区。生态农业区的突出功能是实现农业的自然和社会经济生态作用。依据区域农业的主导功能，生态农业区分为草原牧区、农牧交错区、山地农区和都市农区四个类型。

（二）现代农业发展规划依据

1. 种植业规划依据

（1）生活需要量。生活需要量是指吃、穿、用等生活消费量。生活需求量一般是依据人口增长量、人民收入水平、消费结构变化等确定。

（2）生产需要量。生产需要量规划一般包含农业生产、轻工业生产、加工业生产原料的需要量。农业生产需要量包括种子、饲料、原料等。

（3）国家需要量。国家需要量包括储备需要量和出口需要量，一般以核定的农业税和合同订购的数量，以及与有关部门签订的内、外销收购合同来确定；也可以按历史数据类比确定。

2. 林业规划依据 林业规划的主要依据就是满足生态环境建设和社会经济发展的需要。合理安排防护林，用材林，经济林、薪炭林、特用林和四旁树的比例，从而应对市场需求。

3. 畜牧业规划依据　畜牧业生产涉及两个密切相关的生产过程，牲畜、家禽本身的生长、繁殖过程和饲草、饲料的生产过程，因此畜牧业规划必须综合考虑畜（禽）群规划、养畜定额、畜产品产量规划和饲料需要。

4. 渔业规划依据　渔业规划包括海水养殖及捕捞业和淡水养殖业，其规划依据包括水产品需要量、养殖面积、单位养殖面积产量。

（三）现代农业发展规划内容

1. 现代农业规划的思路　现代农业规划应从调整优化农业产业结构、全面提高农产品质量、优化农业区域布局等几个方面综合考虑。

2. 现代农业规划的重点　现代农业规划的重点包括稳定的农产品基地、优质的畜产品基地和持续的良种供应。

（四）现代农业发展规划指标

1. 种植业规划指标　种植业规划指标包括播种面积、复种指数、单位面积产量、总产量等指标。

2. 林业规划指标　林业规划指标包括规划期末有林地面积、森林覆盖率、林产品产量、木材产量和林业产值。

3. 畜牧业规划指标　畜牧业规划指标包括适宜载畜量和畜产品产量指标等。

4. 渔业规划指标　渔业规划指标包括捕捞生产量、养殖生产量、放养密度、混合放养与搭配比例及渔业产值。

（五）现代农业发展规划方法

1. 策划三个阶段

（1）第一阶段。知己、知彼、知环境。

（2）第二阶段。谋略。

（3）第三阶段。评估。

2. 农业 SWOT 分析　农业 SWOT 分析是指将引起事物变化的优势（S）、劣势（W）、机遇（O）与威胁（T），予以综合集成的定性分析方法。

3. 线性规划方法

①决策变量的确定。

②约束方程的建立。

③效益系数的确定。

4. 总体规划框架　总体规划报告，依据当地的特点，文字部分通常设置

13~15章，另附有若干图。文字部分包括总论、规划对象的基本情况、农业现状与评价、农业发展分析、农业的属性与定位、农业发展方向、目标及指导思想、功能区的划分、重点建设任务、组织与支撑体系建设、建设进度安排、总投资与资金筹措、经济社会效益估测、环境评价及风险分析及规避对策等。

5. 产业规划框架 产业发展规划报告的框架结构基本上与总体规划报告相同，但有几点需要强调，包括总论与当地的基本情况、当地农业现状与评价、当地农业发展分析、市场分析与预测、建设项目的选择与策划。

（六）现代农业园区规划设计

1. 农业科技园区规划 农业科技园区规划应体现因地制宜原则、科技与创新原则、可持续发展原则、市场导向原则、突出特色原则和效益统筹原则。规划主要内容包括战略规划、产业规划与布局、硬件建设规划、保障措施及图纸部分。其中战略规划包括目标定位和战略思想；产业规划包括功能定位、主导产业选择、主导产品与项目的选择规划、盈利模式选择；功能分区与空间布局包括农业科研区、农业高新技术展示示范区、农业高新技术推广区、农业科技培训区、农业观光和休闲区以及综合服务区；硬件建设包括道路交通系统、园林绿化景观系统、建筑工程、农业工程设施、服务设施以及市政工程设施。

2. 农业产业园区规划 农业产业园区规划，需从实际出发，遵循国家农业产业化政策、市场需求、因地制宜、多重效益、发展循环经济和以人为本等原则，规划内容包括基础资料分析、确定指导思想和战略目标、功能布局、项目规划、园区运行模式以及其他内容。

3. 休闲农场规划 休闲农场规划要符合国家和当地发展的规划和方向，突出旅游功能，遵循因地制宜、突出特色、协调性、经济性、参与性、生态性、文化性和多样性原则，规划内容包括功能分区、道路交通、景观规划和绿化规划。

4. 生态农庄规划 生态农庄规划需遵循生态性原则、因地制宜原则、体验经济原则、协调性原则、公众参与原则和经济性原则。规划内容包括生态农庄选址、功能定位、产业规划、功能分区、生态景观、游憩规划、道路交通系统、废弃物处理系统、公共基础设施工程和环境评价等。

八、农村第三产业发展规划

第三产业是指提供各种服务的产业，也称广义服务业。

（一）农村第三产业类型

1. 三次产业划分标准 一般认为，区分三次产业有三个标准：①产品是否有形。有形的属第一、二产业，无形的属第三产业。②生产与消费是否同时进行。生产与消费不同时进行的属第一、二产业，同时进行的属第三产业。③生产者与消费者的远近。最远的是第一产业，次远的是第二产业，最近的是第三产业。

2. 第三产业四个层次 根据我国实际情况，第三产业可分为两大部分：一是流通部门；二是服务部门。具体可分为四个层次，第一层次为流通部门，包括交通运输业、邮电通讯业、商业饮食业、物资供销和仓储业；第二层次是为生产和生活服务的部门，包括金融业、保险业、地质普查业、房地产管理业、公用事业、居民服务业、旅游业、咨询信息服务业和各类技术服务业等；第三层次是为提高科学文化水平和居民素质服务的部门，包括教育、文化、广播电视事业，科学研究事业，卫生、体育和社会福利事业等；第四层次是为社会公共需要服务的部门，包括国家机关、党政机关、社会团体以及军队和警察等。

（二）流通行业规划

1. 农村交通运输业 农村交通运输系统规划内容包括：①对相关建设资料及数据进行建档；②进行环境现状的调查与分析诊断以及运输需求分析；③明确综合交通运输系统发展的有关政策、目标和规划准则；④运输体制和财政的现状分析与未来预测；⑤运输供给能力以及区际整体运输能力的预测；⑥运输组织管理的现状及改善的措施，编制出综合运输系统方案，进行全面的分析与评价等；⑦运输供给短缺关键项目的分析与评价。

2. 农村物流业 农村物流规划基本目标为根据国家物流体系的总体发展战略和布局，结合区域资源特点及市场需求，制定相应的农村物流发展规划，通过加强本区域物流基础设施建设，尤其是农村物流配套设施和市场体系建设，充分利用当地的区位优势、经济优势、资源优势，来满足农用品和农产品物流需要和降低农产品物流成本，提高区域农业竞争力，促进农村经济发展和城镇农产品供应的需要。规划内容包括建设农村区域物流中心点和区域物流网。

3. 农村商品零售业 农村商品零售业是指面向农村市场提供生产资料与生活资料的零售商业，农村零售商业服务的对象是"三农"。农村零售商业年销售额的绝对量比较大，占整个社会零售额的40%左右。

（三）服务行业规划

1. 农村旅游业 农村旅游空间组织规划是由五个从低级到高级的要素构成的完整区域。在点上，应因地制宜，打造特色旅游项目；线，应科学合理，规划动线视线；网，应集中整合，进行合理功能分区；面，应综合协调，优化空间布局；流，应区域联动，搭建市场平台。

2. 农村金融服务业 农村金融服务体系需要形成政策性金融、商业性金融、合作型金融和小额贷款组织等多种形式的机构并存、合理分工、功能互补、有序竞争和可持续发展的多层次新型农村金融体系。

3. 信息服务业 农村信息服务业规划应按照农村市场经济要求进行整合与开发，整合农村市场信息资源、建立农村市场信息分析预测系统，建设农村市场信息大型数据库。

参考文献

朱朝枝，2009. 农村发展规划［M］. 北京：中国农业出版社.

文化，2009. 农业发展规划编制的方法与案例［M］. 北京：中国农业科学技术出版社.

第二十四章　农业信息与新闻宣传

一、信息

　　信息是物质存在和运动状态、过程及其结果的表征，它可以通过存在物之间及存在物内部构成要素之间的相互作用表现出来，是物质存在、运动的状态、轨迹、趋势的连续的、完整的数据集合。人类可以捕获、认识和理解信息，并用这些信息来消除人类思想和行为中的各种不确定性。

（一）信息的特征

　　1. 信息的普遍性　信息是事物运动的状态和状态变化的方式，因此，只要有事物的存在、只要事物在不断地运动，就会有它们运动的状态和状态变化的方式，也就存在着信息，所以信息是普遍存在的，信息具有普遍性。

　　2. 信息的客观性　信息是事物的特征和变化的客观反映。由于事物的特征和变化是不以人的意志为转移的客观存在，所以反映这种客观存在的信息，同样带有客观性。

　　3. 信息的表征性　信息是客观事物存在和运动的状态与形式的反映，而不是客观事物本身，因此信息具有表征性。

　　4. 信息的动态性、时效性　信息具有动态性质，一切活的信息都随时间而变化，因此，信息也是有时效的。

　　5. 信息的相对性　信息是无限的，但人类的认识能力是有限的，认识、理解能力也存在差异，因此每个人从同一个事物中获得的信息量必然是不一样的。信息具有使用价值，但是这个价值的有或无，大或小是相对而言的，对于不同的人，需求不同，对信息的理解认识和利用的能力就不同，这就是信息相对性。

　　6. 信息的依附性　信息对于物质载体的依赖性。信息必须借助某种物质存在，如：声波、纸张、光盘等等，并通过一定的方式表现出来。但内容不会因为记录手段和物质载体的变化而改变。

　　7. 信息的可传递性　传输是信息的一个要素，也是信息的明显特征，应高效地传递信息，没有传递就没有信息，就失去了信息的有效性。同样，传递的快慢，对信息的效用影响极大。

8. 信息的可加工性 信息的内容可以进行各种加工，使其在内容、结构上更精炼，形式上更便于传递和利用。

9. 信息的可共享性 信息可以广泛传播扩散，供所有人共享，这一特征使信息可以在尽可能大的范围内发挥作用。

10. 信息的可伪性 信息的可伪行是指在衍生、传递的过程中，受各种原因的影响，信息可能会扭曲的反映客观实际或者信息内容完全虚假。

11. 信息的能动性 没有物质和能量就没有信息，但信息在和物质、能量的关系中不是完全消极的被动的，而是具有巨大的能动作用。在一定条件下，信息可以转化为物质、能量、时间、效益等。

（二）信息的构成

1. 信源 信源就是信息的发生源，即产生信息的地方。

信息的发生源可以分为原始的发生源和非原始的发生源。信息的原始发生源是指某一信息最初产生的地方，这是直接的、未经加工的信息。信息的非原始发生源是指加工和转化信息的地方。原始信息经过一定的加工处理，变成非原始而再次发出，这个发出非原始信息的地方就构成非原始信息发生源。

2. 载体 传递信息的中间物质叫载体。

3. 信宿 信宿就是信息的归宿之意。信宿与信源相对而言，信源发出的信息，必须被接受体理解，才能成为信息，接收体的理解称为信宿。

信息的三个要素构成信息作用的全过程，缺少任何一个要素，信息过程就不能进行，因而也就不能形成信息。

（三）信息的撰写

1. 信息的组成

（1）标题。标题要精练、准确、鲜明。

（2）导语。信息的第一句话或第一段话，要把最主要的事实和思想意义概括出来。

（3）主体。主体是消息的中心部分，详细地叙述事实，说明问题，用充分、具体、典型的材料对导语所作的叙述充分地展开，要求清晰，具体。

（4）背景。信息发生的原因和环境，这部分许多时候可以省去。

（5）结尾。结尾要简洁有力，同导语紧密呼应。

2. 信息的写作特点

（1）标题。做到题文一致、概括得当、一语破的、简洁凝练。

①数字型。数字最具说服力，在题目制作中找出全篇信息具有关键性、代表性的数字，来表明信息的主题或基本含义。这类标题直观明白，一目了然，不看信息内容就知道信息的中心议题。此类信息标题一般在反映工程进度、工作成绩等信息中比较常见。

②词汇型。此种类型的信息标题充分体现简明扼要的特点，常用来说明事情的发展过程。在制作此类标题中忌凭空产生，要通过对信息材料的分析、整理，找出内在规律，得出正确结论，用有代表性的词汇来代替。这些标题可以直接看出整篇信息的基本框架、结构、中心内容，通过对信息标题的阅读就可以知道所要说明的目的。此类标题一般在经验介绍、工作措施等推介性类型的信息中较为常见。

③杂合型。此种类型的信息标题是词句和数字并用，在表述上更全面准确，通过标题就能知道事情发展的过程和结果。这些标题能够充分反映出信息的概况，达到不留悬念的效果。此类信息标题一般在综合性、突发性、动态性信息中比较常见。

（2）结构。由导语和主体构成，或者开门见山，直接由主体构成。信息行文力图简明扼要，就事论事，把问题交代清楚即可，一般采取两段论即问题和对策。如特别敏感、复杂的问题，一时拿不出很好的对策，将问题交代清楚亦可。

（3）形式。相对固定规范，一篇一事。每篇信息文稿一般控制在 1 500 字以内。

（4）超前性。即可以是已经发生的事件，也可以是即将发生的事件。要做到有情况、有分析、有建议，陈述客观事实，少用主观臆想。

（5）规范。信息要通俗易懂，但不可过分口语化，要注意行文规范。杜绝"有些""据说""可能""大概""我感觉""我听说"等用语。

（四）政务信息

政务信息是信息的一个重要门类，是反映政府活动和政府管理服务对象的各种情况及其二者之间相互关系的，为特定利用者需要的各种载体和形式的信息。政务信息应当同时符合三个条件，一是由政府机关掌握的信息，是指政府机关合法产生、采集和整合的；二是与经济、社会管理和公共服务相关的信息；三是由特定载体所反映的内容。

1. 政务信息的独有特性

（1）公共性。现代社会中，政务信息已经成为公共信息资源的一个重要组

成部分，它不以政府及其部门的活动作为唯一来源，它的内容也不仅仅反映各级政府及其部门的活动情况，其服务对象也不仅限于各级政府及其部门。

（2）政治性。政务信息必然是在政务活动中产生或与之有紧密联系的信息，政务信息的首要服务对象和领域是政府及其部门的政务活动。

（3）权威性。指其令人信服的力量和权威。

（4）宏观性。政务信息是一种涉及面宽、涉及范围大或涉及整体的信息。反映全局性、关键性问题和关系全社会利益问题的信息占主导地位，反映大政方针的信息占主导地位。

（5）机密性。政务信息内容由于涉及国家和地方的一些大政方针、重大政务活动等，需要在一定时间和范围内限制其传播使用。

2. 政务信息质量（国务院公报《政务信息工作暂行办法》）

①反映的事件应当真实可靠，有根有据。重大事件上报前，应当核实。

②信息中的事例、数字、单位应当力求准确。

③急事、要事和突发性事件应当迅速报送；必要时，应当连续报送。

④实事求是，有喜报喜，有忧报忧，防止以偏概全。

⑤主题鲜明，文题相符，言简意赅，力求用简练的文字和有代表性的数据反映事物的概貌和发展趋势。

⑥反映本地区、本部门的新情况、新问题、新思路、新举措、新经验，应当有新意。

⑦反映情况和问题力求有一定的深度，透过事物的表象，揭示事物的本质和深层次问题，努力做到有情况、有分析、有预测、有建议，既有定性分析，又有定量分析。

⑧适应科学决策和领导需要。

3. 政务信息的撰写要求 撰写政务信息必须要考虑其实用价值，即对于利用者来说能引起他们的注意，起到了解情况，提供参考或作为决策依据的作用。

①选准角度，主题有一定的新意和高度。

②深入挖掘，提升信息的价值。

③外延适当扩大，提高信息的完整性。

④喜忧兼报，保持客观性。

⑤语言简洁明快，风格多种多样。

⑥提供准确具体的信息来源。

4. 政务信息的收集方法

（1）综合法。将肤浅、零碎的信息材料进行分析、提炼，然后归纳总结出带有规律性的东西。综合法常常能反映出某一情况和问题的普遍性。采用这种方法编写的信息，便于领导掌握面上的情况和带有规律性、普遍性的东西。

（2）追踪法。以事件发生、发展的全过程或工作落实的各个阶段为线索，追踪收集不同时期、不同阶段的情况。此类信息要注意通过客观上报国家大政方针在基层贯彻落实中出现的困难和问题，如实反映基层的新要求、新建议，为基层和群众争取政策调整，帮助领导完善决策，而不是反映本级政府工作不到位、造成的一些工作失误。

（3）调研法。这种收集材料的方法有较强的目的性，一是按照上级或领导要求，确定专题开展调查研究，目的在于发现典型、总结典型经验，指导推动工作。二是针对倾向性、苗头性问题开展调查研究，目的在于找出问题的根源和症结，为领导决策提供依据。

（4）逆向思维法。当某项活动处在高潮时，或某个问题被大多数人肯定或否定时，可以让思维不受从众效应的影响，从问题的另一方面进行思考，分析一下有无偏差，或存在一种倾向掩盖另一种倾向的问题，往往会产生意想不到的效果。

（5）会议收集法。每次会议都包含大量的信息，通过参加各种会议及阅读会议文件材料，可以从中发现有价值的信息线索。

（6）工作总结法。由各部门单位提供自身工作总结和计划，根据不同部门单位的工作信息进行有选择的筛选，从中发现有价值的信息。

5. 政务信息的结构和写法　政务信息要做到结构严谨、层次清晰，常用的方法有：一是以时间先后为顺序，这种结构多用于反映事件类信息。二是以逻辑为顺序，按照大与小、重与轻、主与次等原则，对内容进行布局。三是时间顺序与逻辑顺序交叉运用。

信息写作公式：标题＋做法＋数字＋（例子）＝信息

（1）标题。政务信息的标题应该醒目、生动、简洁而直白，能够吸引人的注意力，最快了解信息发生地域、文稿的主题和信息的喜忧程度。标题有三部分构成：地域＋主题＋信度。

（2）正文。正文也分三部分：信时＋信域＋信体。

信时：指一条政务信息发生的时间。

信域：政务信息发生的行政区域。

信体：政务信息文稿中包含信息含量、容纳信息要素的主体，它是由一些或一个层次的含量按要素要求构成的，是对标题中揭示的主旨的具体体现。

开头要单刀直入，不要过多渲染，结尾要干净利索，不要画蛇添足。篇幅尽量短小。风格可以多样，可以语体庄重平实，也可以生动活泼。

二、新闻

新闻是指新近发生事实的报道。

（一）新闻的特性

1. 真实性 新闻是事实信息的报道，新闻只能按照客观事物的本来面貌做真实的陈述。真实是新闻存在的内在因素，是新闻的一个本质特征和基本特性。

2. 新鲜性 新闻是能够带给人们新消息、新知识、新意见的具有新意的新鲜的事实信息。新闻的灵魂是"新鲜"。

3. 及时性 时效性是确保新闻实现其价值并且获得预期传播效果的决定性条件。

4. 公开性 新闻是公开传播的情报。公开传播是新闻产生的外部条件。

（二）新闻的价值

1. 时效性（或称时间性、新鲜性） 报道及时，内容新鲜。事件发生和公开报道之间的时间差越短，新闻价值越大；内容越新鲜，新闻价值越大。

2. 重要性 对国计民生的影响越大，就越重要，新闻价值也越大。

3. 接近性 包括地理上的接近，利害上的接近，思想上的接近，感情上的接近。凡是具有接近性的事实，受众关心，新闻价值就大。

4. 显著性 新闻报道对象（包括人物、团体、地点等）的知名度越高，新闻价值越大。

5. 趣味性 具有趣味性的事实，往往有新闻价值。

（三）新闻传播的途径

报刊、广播、电视、互联网等各类不同的媒体都是新闻传播的途径。

（四）新闻的结构

1. 标题 概括新闻的主要内容。一般包括引标题、正标题和副标题。

2. 导语 立片言以居要，导语是新闻开头的一段话，要简明扼要地揭示新闻的核心内容。

3. 主体 主体是新闻的主要部分，要求具体清楚，内容翔实，层次分明。用充足的事实表现主题，是对导语内容的进一步扩展和阐释。

4. 背景 新闻发生的社会环境与自然环境（有时可无）。

5. 结语 对新闻内容的小结。有些新闻可无结语。

背景和结语有时可以暗含在主体中。

（五）新闻稿件六要素（5W＋H）

"5W"即谁（Who）、何时（When）、何地（Where）、何事（What）为何（Why）；"H"即结果如何（How）。

（六）新闻角度的选取

①紧跟时代选角度，根据不同需求选取最佳角度去写。

②以小见大选角度，不要笼统概述事件的经过，而是选取某一个特定的方面，逐渐发散开来，通过这种特定的方面反映出整个的事件。

③从特殊性中选角度，要从共性中找出特殊性。

三、信息与新闻的关系

信息与新闻是两种不同的现象，各自有着不同的内在特征及呈现方式，并非互无关联或互相排斥，而是存在着紧密的联系。

（一）信息与新闻的相同之处

新闻是日常活动的信息。从这个角度来看，新闻与信息是一致的，同样具有可传递性、共享性、寄载性和可塑性。

①信息与新闻都是对客观事物的反映和表述。

②信息与新闻都有利于减少接受者对事理认知上的不确定性。

③信息与新闻都讲求真实和准确。

④信息与新闻都是可传递的。

（二）信息与新闻的不同之处

①信息的外延比新闻大，新闻包含在广义的信息之中。新闻是进入新闻传播的信息，只有在传播中才得以实现。所有新闻都是公开的，而信息可以是公开的，也可以是秘密的。

②信息的时效性不及新闻强，新闻所传播的事实是新近变动的信息，具有时新性。新闻主要反映客观事物存在方式和运动状态中的"现态"和"趋态"，不仅要求内容新，而且要求传播的时间和事件发生的时间相近。

③新闻是具有新闻价值的信息，而一般信息没有。

④新闻除了具有信息的一般属性——真实性以外，还具有社会属性。新闻常常表现出主观性、倾向性，透露出传播者的价值观和个人感情色彩。

⑤新闻与一般信息的传播方式有所不同，信息的传播形式多于新闻。新闻的传播要通过新闻机构完成，是一种社会性的大众传播；而信息的传播可能是人际传播、组织传播或者自身传播。

⑥信息的服务效益强于新闻。

信息虽不全是新闻，但所有的新闻都是信息。

四、新媒体时代

（一）新媒体

（1）新媒体就是"数字化互动式新媒体"，借助计算机传播信息的载体。具有即时性、开放性、个性化、分众化、信息的海量性、低成本全球传播、检索便捷、融合性等特征，其本质是技术上的数字化、传播上的互动性。

（2）新媒体包括互联网、手机媒体和智能电视。

（3）新媒体的优势。①传播与更新速度快、成本低。②信息量大、内容丰富。③低成本全球传播。④检索便捷。⑤多媒体传播。⑥超文本。⑦互动性。

（二）微博

1. 微博　微博是一个基于用户关系的信息分享、传播以及获取平台，用户可以通过 Web、WAP 以及各种客户端组建个人社区，以简短的文字更新信息，并实现即时分享。

2. 微博的优势　简单易用、主动性强、及时性强、发布平台的开放与多样性。

3. 微博对新闻行业的影响

①微博成为重要的消息来源。

②微博在一定程度上影响着重大新闻事件的发展。

③微博是媒介组织传播产品的新方式。

④微博成为媒介组织网络口碑营销的工具。

⑤微博在媒介组织内的应用使微博有望成为一种新的组织内沟通的媒介。

4. 微博的不足

①发布信息随意性强，真实性没保障。

②微博具有草根性，实质是娱乐化平台。

③微博已经成为商业炒作的工具。

④微博传播的不准确消息容易导致社会不稳定。

⑤微博缺乏有效的盈利模式。

⑥有效管理微博十分困难。

中国"微博实名制"新规于 2011 年 12 月 16 日由北京市率先推行。优点在于：提供了更好的说话环境，让网民发言更负责任；能够限制网站或商业公司设立虚假微博户头，通过制造"僵尸粉"来冲人气，骗取广告费。

（三）微信

1. 微信　微信是移动互联网代表性产品。通过网络快速发送免费（需消耗少量网络流量）语音短信、视频、图片和文字。

2. 微信的优势

①人性化设计，操作便捷。

②多媒体传播。

③系统开放，免费使用。

④用户黏度高。

⑤传播主体——双向性、互动性。

⑥传播内容——私密性、即时性。

⑦传播渠道——多媒体平台集成共享。

⑧用户分析——全方位、立体化的社交网络。

⑨传播效果——扩散性、准确性。

3. 微信存在的问题　信息过载、存在泄露隐私的可能性、用户范围较窄。

4. 微信为传统媒体数字化转型提供平台　基于微信的传播特征，微信公众平台很适合被传统媒体借用进行更为有效的大众传播。

①纸媒使用微信账号。

②微信在广播上应用。

③微信在电视媒体中应用。

④媒体类公众平台的发展。

⑤传统媒体与微信融合发展。

新媒体是未来媒体发展的重点，是媒体传播市场发展的趋势和必然方向。

参考文献

匡文波，2012. 新媒体概论［M］. 北京：中国人民大学出版社.

王英伟，2010. 信息管理导论［M］. 北京：中国人民大学出版社.

郑保卫，2014. 新闻理论新编［M］. 北京：中国人民大学出版社.

图书在版编目（CIP）数据

现代农业技术推广基础知识读本/王克武主编；北
京市农业技术推广站组编 . —北京：中国农业出版社，
2018.11（2019.12 重印）
　　ISBN 978-7-109-23734-6

　　Ⅰ.①现… 　Ⅱ.①王…②北… 　Ⅲ.①农业科技推广
Ⅳ.①S3-33

中国版本图书馆 CIP 数据核字（2017）第 322827 号

中国农业出版社出版
（北京市朝阳区麦子店街 18 号楼）
（邮政编码 100125）
责任编辑　高　原　张川奇

北京万友印刷有限公司印刷　　新华书店北京发行所发行
2018 年 11 月第 1 版　　2019 年 12 月北京第 2 次印刷

开本：720mm×960mm 1/16　　印张：27.5
字数：500 千字
定价：75.00 元
（凡本版图书出现印刷、装订错误，请向出版社发行部调换）